개정판

식사요법 및 실습

DIET THERAPY & PRACTICE

머리말

질병의 치료와 관리를 위해서는 우선적으로 질병의 원인을 찾아내어 과학적이고 적합한 치료방법을 선택하고, 질병에 따른 영양소 대사의 변화로 나타날 수 있는 증상의 감소와 예방을 위하여 식사관리를 중심으로 한 영양관리가 이루어져야 합니다. 본《식사요법 및 실습》은 각 질병의 정의와 원인, 증상 및 영양소 대사 변화에 대한 임상영양학적 이해를 기반으로 환자의 영양문제를 진단하고, 식사요법을 통한 영양중재를 계획하고 실시할 수 있는 실무 적용능력을 갖추도록 하는 목표를 가지고 있습니다. 이를 위해 대학에서 식사요법을 강의하고 있는 교수진과 임상영양 분야에서 오랜 실무경험을 가지고 있는 임상영양사가 함께 지혜를 모아 집필하였습니다. 2018년 초판을 발행한 이후 2019년 말부터 시작된 코로나19의 확산으로 만성질환뿐만 아니라 바이러스에 의한 전염성질환의 예방과 관리 차원에서 식사관리에 대한 중요성과 관심이 더욱 고조되었습니다. 질병의 치료를 돕고 합병증을 예방 및 관리하고자 하는 식사요법의 기본목표는 변하지 않지만, 과학과 의학기술의 발달로 질병의 치료방법과 약물의 작용기전 등이 달라지면서 이에 대응하는 식사요법에도 끊임없는 변화가 일어나고 있습니다. 저자들은 이번 개정을 진행하면서 질병의 치료와 관리에 있어 변화된 기준과 지침, 연구결과 등의 최신 정보를 반영하고자 노력하였습니다.

이 책은 영양사를 희망하는 학생들을 위하여 영양사국가시험 및 임상영양사 교육과정 학습목표를 달성할 수 있도록 내용을 구성하였습니다. 또한, 각 질병에 대응하는 식사요법을 계획 · 관리 · 중재하는 업무에 종사하는 영양사와 앞으로 영양사가 되려는 학생, 간호사, 그리고 기타 관련 의료 · 보건 직종에 근무하는 전문인의 교육과 전문지식 향상을 위하여 사용될 수 있도록 집필되었습니다.

개정판의 출판을 마무리하면서 여전히 미흡함이 있음에 아쉬움을 느끼며, 급속하게 발전해 나가는 의과학 기술에 발맞추어 지속적으로 수정·보완에 게을리하지 않을 것을 약속드립니다. 이 개정판이 나오기까진 애써주신 도서출판 파워북 관계자 여러분의 노고에 진심으로 감사드립니다.

2022년 3월

저자 일동

차례

CHAPTER 3

위장관질환

CHAPTER 4

간 · 담도계 · 췌장질환

CHAPTER 5

비만과 체중부족 5

CHAPTER 6

당뇨병

CHAPTER 7

심혈관계 질환

CHAPTER 8

콩팥질환 8

CHAPTER 9

암

CHAPTER 10

호흡기질환

CHAPTER 11

면역 및 식품 알레르기

11

CHAPTER 12

수술 및 화상

12

CHAPTER 13

빈혈

CHAPTER 14

골격계 및 신경계 질환

CHAPTER 15

선천성 대사장애

식사요법 실습

부록

CHAPTER 1

식사요법의 개요 및 영양관리과정

1. 식사요법의 목적 및 중요성 | 2. 환자의 영양관리과정 |
3. 환자의 영양상태 평가 | 4. 환자의 식사 계획 |
5. 식품교환표를 이용한 식단 작성

CHAPTER 1

학습목적

질병치료와 식사요법의 관계를 이해하고, 치료를 위한 식단 작성에 활용할 수 있다.

학습목표

- 식사요법의 목적과 중요성을 설명할 수 있다.
- 환자의 영양관리과정을 설명할 수 있다.
- 영양관리 시 고려사항을 설명할 수 있다.
- 환자의 영양판정의 의의와 단계별 방법을 설명할 수 있다.
- 영양판정을 위해 영양소 섭취기준을 활용할 수 있다.
- 환자의 영양소 필요량을 산정할 수 있다.
- 식품교환법을 설명할 수 있다.
- 식품교환단위당의 열량 및 주요 영양성분의 양을 열거할 수 있다.
- 식품군별 1교환단위의 양을 인지할 수 있다.
- 식품교환법을 이용하여 식단 작성에 활용할 수 있다.

1. 식사요법의 목적 및 중요성

식사요법diet therapy은 질병이나 상해를 치료하거나 예방하고 건강을 유지 또는 증진시키기 위하여 대상자의 질병이나 신체상태에 맞도록 식사를 조절하는 영양적 치료를 의미한다. 식사요법의 목적은 합리적인 영양관리를 통해 질병의 치료와 더불어 합병증 및 재발을 방지하고 궁극적으로 환자의 삶의 질을 향상시키는 데 있다. 식사요법을 통한 영양관리는 환자에게 적절한 영양을 공급하고 영양상태를 개선함으로써 치료 효과와 회복속도를 높여 주는 데 중요한 작용을 한다.

많은 질환이 병태에 따른 영양소 요구량에 변화를 초래하여 영양불량을 일으킬 수 있고, 불량한 영양상태는 질병의 치료 및 회복에 악영향을 줄 수 있다. 따라서 환자들의 질병상태에 따른 적절한 대처가 중요하다. 즉, 각종 질병상태와 연계한 특이적 대사상태를 이해하고 영양섭취의 적합도를 평가하여 적절하게 식이 조절을 실시해야 하며, 영양지도와 상담을 통해 전반적으로 식생활을 개선하도록 해야 한다. 식사요법은 환자의 치료에 있어 의료 및 간호와 동등한 중요성을 가지며, 세 가지 진료 분야가 영양관리팀을 이루어 상호 협조적인 관계를 이루어야 한다.

2. 환자의 영양관리과정

1) 영양관리과정의 개요

질병의 치료를 위해서는 우선적으로 질병의 원인을 찾아내어 합리적이고 효과적인 치료방법을 선택하고, 그와 함께 질병에 따른 영양소 대사 변화로 나타나는 증상의 회복을 위하여 식사관리를 중심으로 한 영양관리가 이루어져야 한다.

2002년 미국영양사협회Academy of Nutrition and Dietetics, AND에서는 임상영양관리의 경쟁력을 높이고, 임상영양사의 체계적인 업무수행 향상을 위하여 영양관리과정Nutrition Care Process, NCP을 개발하였다. 영양관리과정은 질병치료를 목적으로 임상영양사 또는 영양전문가가 수행하는 영양관리과정으로 임상영양치료를 보다 효율적으로 제공하기 위하여 표준화시킨 일련의 과정을 의미한다그림 1-1. 영양관리과

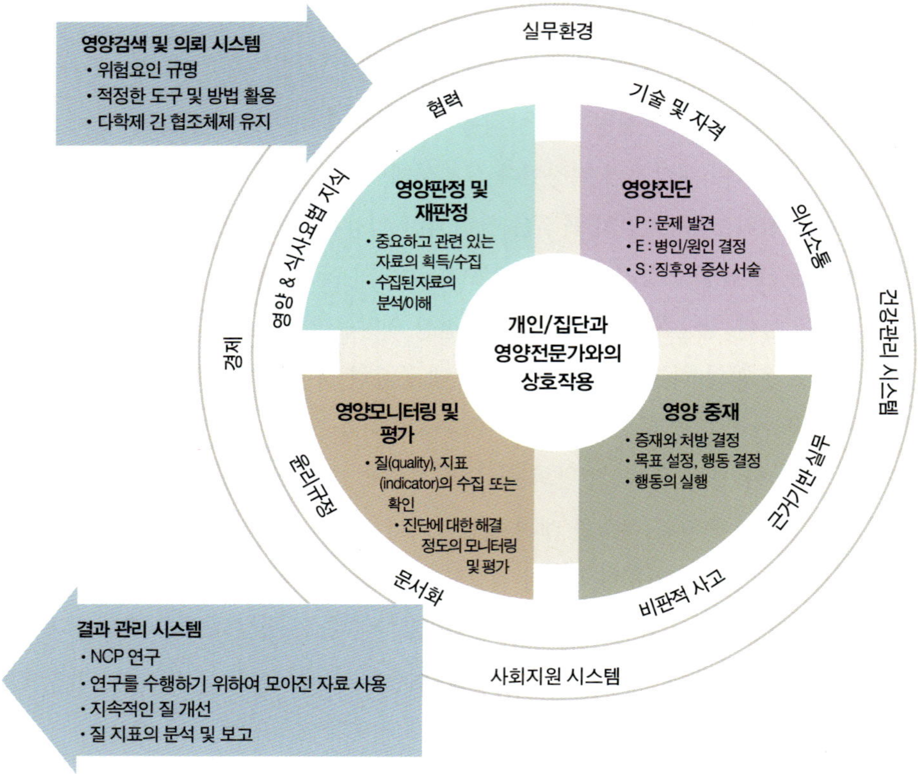

그림 1-1 영양관리과정 모델

출처 : Manhan & Raymond, Food and nutrition care process(14th ed.), 2016에서 재인용

정은 ① 영양판정, ② 영양진단, ③ 영양중재, ④ 영양모니터링 및 평가의 단계로 구성되어 있으며, 표준화된 영양관리과정을 통해 임상영양사들이 개인 환자 혹은 집단을 대상으로 양질의 개별화된 영양관리업무를 체계적으로 시행하여 임상 경과의 예측이 가능하도록 하였다.

2) 영양관리과정의 단계

(1) 영양판정

영양판정nutrition assessment 단계는 환자 개개인의 영양문제를 분석하고 영양상태를 중재할 수 있는 영양치료 계획에 대한 구체적인 근거 자료를 수집하는 단계이다.

영양판정 단계에서는 식품/영양소와 관련된 식사력, 생화학적 자료 및 의학적 검사와 처치, 신체계측, 영양 관련 신체 검사 자료, 과거력 등 5개의 영역으로 구분하여 정보를 수집한다표 1-1. 영양판정에 필요한 영양지표가 결정되고 자료가 수집되면, 이를 과학적 근거가 있는 객관적인 표준치와 비교하고 분석하여 판정을 한다. 이때 영양판정에 사용되는 자료의 종류 및 도구는 대상자에 따라 적절한 종류를 이용한다.

표 1-1 영양판정 단계에 필요한 영양정보

조사 영역	정보	
식품/영양소와 관련된 식사력	식품과 영양소 섭취	식품과 영양소의 섭취 구성과 적절성, 식사와 간식 패턴, 현재와 과거의 식사, 식사 조절, 식사환경 등
	약물과 약용식물 보충제 사용	처방약물, 자가로 복용한 비처방약물, 약용식물제품과 보완의학제품 등
	지식/신념/태도	영양과 관련된 개념의 이해와 사실에 대한 확신, 영양과 관련된 진술, 현상에 대한 느낌/감정, 영양과 관련된 행동 변화에 대한 의지 등
	행동	영양치료 목표 달성에 영향을 주는 환자의 활동
	식품과 식품/영양 관련 자원 이용 정도	건강에 도움이 되면서 안전한 식품의 충분한 섭취, 식품/영양 관련 자원(조리기구, 조리시설, 섭취 보조 기구 등)의 이용에 영향을 주는 요인 등
	신체적 활동 및 기능	모유 수유나 자가 식사를 할 수 있는 신체활동 및 인지력이나 신체적 능력 등
	영양 관련 환자 중심 평가	영양중재가 환자의 삶에 얼마나 영향을 미쳤는지에 대한 인식
생화학적 자료 및 의학적 검사와 처치	• 각종 생화학 검사 • 기능 검사(위 배출 속도, 안정 시 대사율 등)	
신체계측	신장, 체중, 체질량지수, 성장률/백분위수, 체중 변화 등	
영양 관련 신체 검사 자료	근육과 피하지방의 손실, 구강 건강상태, 빨기/삼킴/호흡능력, 식욕 및 감정 등	
과거력*	• 개인의 과거력(성별, 연령, 인종/언어, 교육 수준, 가정에서의 역할 등) • 환자/가족의 병력 및 건강력(영양상태에 영향을 줄 수 있는 환자 가족의 질병상태) • 사회력(사회경제적 상태, 거주상태, 의료보험, 사회활동 정도 등)	

* '영양모니터링 및 평가' 단계에서는 사용하지 않음
출처 : 대한영양사협회, 국제임상영양표준용어지침서, 2011

(2) 영양진단

영양진단nutrition diagnosis은 영양관리과정NCP의 주요 특징적인 요소로서 영양판정 자료를 근거로 환자 개개인의 주요 영양문제가 무엇이고, 문제를 일으키는 주요 원인은 무엇이며, 주요 판단의 근거가 무엇인지를 명확히 파악하는 단계이다. 영양진단은 영양문제problem, 원인etiology, 증상이나 징후symptom/sign로 구성되며, 영양진단문(PES문)이라고 부르기도 한다. 이때 영양문제는 영양상태의 변화나 문제점을 설명하는 문구로서, 과다 · 부족 · 부적절이라는 용어로 주로 표현되며, 원인은 영양판정과정에서 수집된 자료 중 환자의 문제에 기여하는 요인으로, 나중에 영양중재의 근거로 사용될 수 있다. 증상 및 징후는 영양문제의 근거자료가 되는 증상으로서 영양모니터링의 근거를 나타낸다. 영양진단 용어는 섭취 영역(34종), 임상 영역(11종), 행동－환경 영역(15종)으로 분류되어 있다표 1-2, 부록 1.

표 1-2 영양진단 용어의 분류

구분	섭취 영역(34)*	임상 영역(11)	행동 – 환경 영역(15)
정의	경구 또는 영양집중지원을 통해 섭취한 열량, 영양소, 수분, 생리활성물질의 섭취와 관련된 문제	의학적/신체적 상태와 관련된 영양적인 결과/문제	지식, 태도/신념, 물리적 환경, 식품의 이용 또는 식품 안전과 관련된 영양적 결과 또는 문제점
분류	• 열량 평형(3) • 경구 또는 영양집중지원 섭취(5) • 수분 섭취(2) • 생리활성물질(3) • 영양소(21)	• 기능적(4) • 생화학적(3) • 체중(4)	• 지식과 신념(7) • 신체활동과 기능(6) • 식품안전과 이용(2)
예	[열량 평형] • 열량 소비 증가 • 열량 섭취 부족 • 열량 섭취 과다	[기능적] • 삼킴 장애 • 저작 곤란 • 모유 수유 곤란 • 위장관 기능 변화	[지식과 신념] • 식품 및 영양 관련 지식 부족 • 식품 및 영양 관련 사항에 대한 유해한 신념, 태도 • 식사/생활 양식 변화에 대한 준비 부족 • 자기 모니터링 부족 • 잘못된 식사 패턴 • 영양 관련 권장사항에 대한 순응도 부족 • 바람직하지 못한 식품 선택

* 영역별 진단 용어의 개수
출처 : 대한영양사협회, 국제임상영양표준용어지침서, 2011

Check

영양진단(PES) 기술의 예

문제(P)	원인(E)	징후/증상(S)
지방 섭취 과다	패스트푸드의 잦은 섭취	총 열량 섭취량 중 지방 열량 비율이 40%, 혈중 총 콜레스테롤 250 mg/dL

[기술 형태] 환자는 '지방 섭취 과다'의 문제점을 가지고 있다. 이는 '패스트푸드의 잦은 섭취'와 연관되었고, 근거는 '총 열량 섭취량 중 지방 열량비율이 40%로 높고, 혈중 콜레스테롤이 240 mg/dL 이상'이라는 것이다.

(3) 영양중재

영양중재nutrition intervention는 영양진단 과정에서 도출된 영양문제를 해결하기 위해 환자 개인별로 구체적인 목표와 실행 계획을 세우고 실천해 가는 과정을 의미한다. 영양중재는 영양과 관련된 행동이나 환경적 조건, 건강과 관련된 영양적 측면을 변화시키려는 데 목적을 두며, 영양사는 영양중재가 시행되는 동안 가능한 언제든지 환자 및 다른 건강관리 제공자들과 협력해야 한다.

영양중재는 계획과 시행 영역으로 구성되어 있으며, 계획에서는 영양진단의 우선순위 결정, 환자와의 협의, 영양중재의 목표 설정과 특정 영양중재 전략을 포함한다. 시행에서는 계획한 것을 실제로 수행하고, 지속적으로 자료를 수집하며, 필요한 경우 영양중재 전략을 수정하고 보완하는 과정을 포함한다표 1-3. 영양중재 시 환자의 상태에 따라 식품/영양소 제공, 영양교육, 영양상담 및 영양관리를 위한 다분야

표 1-3 영양중재에서의 활동

구분	계획	시행
활동	• 영양진단의 우선순위 결정(문제의 심각성, 안전, 환자의 요구 등 고려) • 영양처방 구체화 • 영양중재 전략 설정 • 목표 설정(환자 중심) • 영양관리 기간과 빈도 설정	• 계획에 따라 영양중재 수행 • 영양중재 수행과 관련하여 관련 부서들과 의사소통 • 지속적 자료 수집 • 영양중재 전략 수정 및 보완

출처 : 대한영양사협회, 국제임상영양표준용어지침서, 2011

표 1-4 영양중재 활동 영역별 분류

구분	식품/영양소 제공	영양교육	영양상담	영양관리를 위한 다분야 협의
정의	식품/영양소 공급을 위한 개별적 접근	환자의 건강증진 또는 유지를 위해 스스로 식품을 선택하고 식습관을 교정 또는 관리하는 데 도움이 되는 지식을 가르치거나 기술을 교육/훈련시키는 과정	상담자와 환자 간의 상호협동적인 관계를 통하여 환자 개인의 건강상태를 치유하거나 개선할 수 있도록 도와주는 과정	영양 관련 문제의 치유나 관리를 도울 수 있는 다른 분야의 전문가, 기관, 대행기관에 영양관리를 위해 의뢰하거나 협의하는 과정
분류	• 식사와 간식 • 장관과 정맥영양 • 보충제 • 식사지원 • 식사환경 • 영양 관련 약물관리	• 초기/기본 영양교육 • 포괄적 영양교육	• 중재를 계획하고 실행하기 위해 사용되는 이론적 근거/접근 • 특정 목표를 달성하기 위해 계획된 조치에 대한 전략	• 영양관리 중에 타 분야와 유기적 협조 • 퇴원 계획과 타 기관 의뢰

출처 : 대한영양사협회, 국제임상영양표준용어지침서, 2011

협의 등 4개의 영역 등을 다양하게 활용하여 실시한다표 1-4.

(4) 영양모니터링 및 평가

영양모니터링 및 평가monitoring and evaluation of nutritional care는 영양진단과정에서 도출된 영양문제를 해결하기 위해 실시하는 영양중재가 제대로 진행되고 있는가에 대해 평가하는 과정이다. 영양모니터링 및 평가 영역에서는 영양관리과정의 첫 단계인 영양판정의 5개 영역 중 과거력을 제외한 나머지 4가지 영역을 모두 평가하여 표 1-1, 영양중재의 효과를 판정하고, 계획하였던 목표와의 차이를 분석하게 된다. 이때 해결되지 않은 문제가 있다고 판정되면 새로운 PES문을 작성하면서, 영양관리과정을 다시 진행하게 된다.

영양모니터링 및 평가 단계에서 영양사는 영양중재가 계획대로 잘 실행되고 있는지 판단하고, 영양중재가 환자의 행위 및 영양/건강상태를 변화시키는지에 대한 증거를 제시함으로써 환자의 영양관리과정을 모니터링한다. 또한 영양사는 영양처방/중재 목표 혹은 참고 표준치와 비교함으로써 영양적 성과를 측정하거나 건강 관련 성과를 측정할 수 있다. 영양 관련 성과로는 식사 개선, 지식의 향상, 행동의 바람직한 변화, 신체계측지표의 정상화, 생화학지표 및 검사지표의 정상화 등이 있으며, 건강 관련 성과로는 위험요인 감소, 질병 또는 상태 개선, 합병증 예방, 내원 횟수 감소, 장애 감소, 삶의 질 향상 등이 있다.

3. 환자의 영양상태 평가

환자의 영양상태는 얼마나 구체적으로 자세하게 평가하느냐에 따라서 영양선별 검사nutrition screening와 영양판정nutrition assessment으로 구분된다. 환자가 병원에 입원하게 되면 우선적으로 영양선별 검사를 실시하여 영양문제가 있는지, 혹은 영양적 위험인자가 있는지를 선별해 낸다. 영양선별 결과 영양문제나 영양적 위험인자

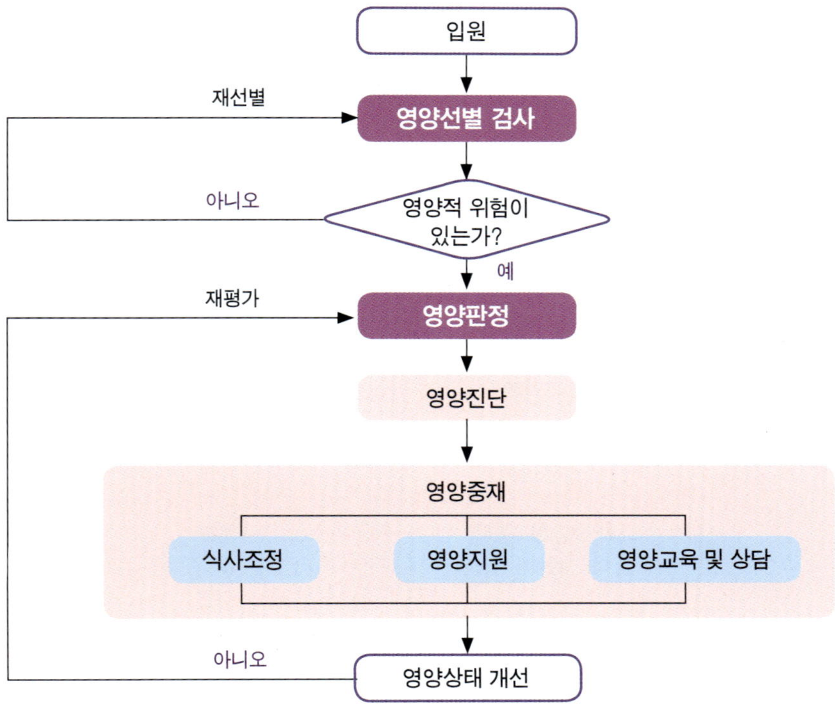

그림 1-2 환자의 영양판정 흐름도

가 있으면 그 다음 단계로 영양판정을 실시한다. 영양판정 결과, 더 심도 있고 구체적인 영양판정이 필요한 경우 검사를 추가적으로 실시한다. 환자의 영양상태 평가 단계를 도식화하면 그림 1-2와 같다.

1) 환자의 영양판정 단계

(1) 영양선별 검사(Nutrition screening)

영양선별 검사는 영양불량이 있거나 그 밖에 영양적으로 문제가 있는 환자들을 정확히 가려내기 위하여 영양문제와 관련이 있는 것으로 알려진 특성을 환자에게서 찾아내는 과정으로, 이미 정해진 위험요인nutritional risk factors 기준과 각 환자의 자료를 비교함으로써 영양적 위험이 있는 환자를 선별하는 것이다. 영양선별 검사 결과 영양문제가 있을 것으로 분류된 환자에 대해서는 영양판정을 실시하여 영양문제를 해결하기 위해 관리방안을 수립하고 이를 시행한다. 영양선별 검사를 빨리 실시할수록 해당 환자에게 필요한 영양지원이 이루어질 수 있기 때문에 모든 환자는 입원 후 24시간 이내에 실시하도록 권고하고 있다.

영양선별 검사는 개인면담이나 의무기록, 현지조사 컴퓨터 프로그램 등의 여러 가지 방법으로 수행될 수 있고, 선별 검사의 결과에 따라 구체적인 영양평가의 필요 여부를 결정할 수 있어 비용이 효과적으로 절감될 수 있는 장점이 있다. 영양선별

표 1-5 영양불량 선별지표 예시

구분	내용
질병력	• 내 · 외과적 병력, 투약력 • 호소 증상
신체조사	• 체질량지수 : <18.5kg/m^2 • 체중 감소 : 최근 1개월 내 5% 이상의 체중 감소 최근 6개월 내 10% 이상의 체중 감소 • 영양결핍을 나타내는 신체상태 : 부종, 복수, 표피 탈락, 사지 근육량 감소
혈액 검사	• 혈청 알부민 : <3.3g/dL • 프리알부민 : <12mg/dL • 헤모글로빈 : <12.0g/dL
식사상태	• 과거 혹은 현재 식사 섭취상태 • 식사 섭취에 영향을 미치는 요인 : 저작 및 연하곤란, 식욕부진, 소화 정도

검사 도구를 구성하는 객관적인 지표로는 신장, 체중, 체중 감소 등을 들 수 있으며 주관적 지표로는 식사 섭취 감소, 식욕 정도 등을 들 수 있다. 영양위험도를 결정하는 데 사용되는 위험요인 및 범주에는 식품과 영양소 섭취 양상, 신체조건 및 질환, 생화학적 검사 결과, 주관적 자료 등이 포함된다표 1-5.

(2) 영양판정(Nutrition assessment)

영양선별 검사에 의해 환자가 영양적인 위험이 있음이 밝혀지면 다음 단계로 환자의 영양장애의 심각성과 원인을 알아내고 현재의 영양장애가 그 환자의 질병상태를 악화시킬 것인지와 영양공급에 대한 환자의 반응을 평가하기 위해 영양판정을 실시한다. 영양판정에 포함되는 것은 환자의 현재와 과거의 체중, 신장, 식습관의 기초적인 평가, 의사에 의해 조사된 병력과 신체계측을 통해 얻은 정보, 정기적인 생화학적 분석치이다.

영양판정은 명백한 영양결핍 환자를 알아내고 어떤 환자에게 더 자세한 평가를 실시해야 하는지를 선별해 주는 역할을 한다. 영양판정에 사용되는 평가지의 예는 그림 1-3과 같다.

영양불량 위험이 높은 환자이거나 영양판정에서 영양소 대사 관련 지표의 추가적인 검사가 필요하다고 판정된 환자를 대상으로 더 자세한 신체계측치와 생화학적 수치, 환자의 식사 섭취에 대해 폭넓게 평가하게 된다. 즉, 대사영양지표는 적합한 지표를 선정하여 평가할 수 있고 예시는 그림 1-3의 표시(*)와 같다.

2) 주관적 종합판정

주관적 종합판정Subjective Global Assessment, SGA은 환자의 과거력으로부터 얻은 정보와 임상적 조사 시 나타난 신체적 특징을 종합하여 영양판정을 하는 방법이다. 주관적 종합판정은 신체계측이나 생화학적 검사치와 같은 객관적 자료에 의존하지 않고, 환자의 과거력 5가지 요소(최근의 체중 감소, 평상시 식사의 변화, 중요한 위장증상의 존재, 환자의 신체기능력, 대사 변화)와 신체 조사내용 4가지 요소(피하지방의 손실, 근육소모, 부종, 복수)를 평가한다. 주관적 종합판정의 평가지의 예는 그림 1-4와 같다.

등록번호	
성명	
연령	성별
진료과/주치의	병실

영양상태 판정
(Nutritional Status Assessment)

현재 영양요법 ....
진단명 ....
약물 ....
신체계측 신장 .... cm 현재체중 .... kg 표준체중 .... kg 체질량지수 .... kg/m²
평소체중 ....kg 체중 변화(증가, 감소)/기간 .... kg/..........
*상완위둘레(Mid-Arm Circumference) : .... cm
*피하지방두께(Skin Fold Thickness) :
이두박근부위(biceps) .... mm 삼두박근부위(triceps) .... mm
견갑골하부(subscapular) .... mm 장골능상부(suprailiac) .... mm
신체증후 ☐ 몹시 여윔/근육소모 ☐ 비만 ☐ 부종 ☐ 복수 ☐ 황달 ☐ 기타 ....
검사 결과
T-Pro/S-alb .... /.......... T-Chol/TG .... /.......... Bun/Cr .... /.......... B.P .... /..........
AST/ALT .... /.......... Hgb/Hct .... /.......... TLC .... Na/K/Cl .... /.......... /..........
기타 ....
진단명 ....

식사 시 문제점 ☐ 식욕부진 ☐ 연하곤란 ☐ 저작곤란 ☐ 설사 ☐ 메스꺼움 ☐ 구토
☐ 식품알레르기 .... ☐ 기타 .... (기간 : ....)

평가

척도		수치	영양불량 정도			
			없 음	약 간	보 통	심 함
%체중감소	1개월		거의 없음	< 5%	5%	> 5%
	3개월			< 7.5%	7.5%	> 7.5%
	6개월			< 10%	10%	> 10%
%표준체중(현재/평소)			> 90%	85~90%	75~84%	< 75%
*피하지방두께			> 91%	51~90%	30~50%	< 30%
*상완위둘레			> 91%	81~90%	70~80%	< 70%
부종/복수			없음	약간 있음	보통 있음	심함
피하지방손실/근육소모			없음	약간 있음	보통 있음	심함
NPO			없음	3일 미만	3~4일	5일 이상
식욕/식사 섭취상태(밥 · 죽 · 미음)			양호하여 변화 없음	약간 감소 (<2주)	불량함 (>2주)	불량하고 계속 감소
식사 시 문제점(메스꺼움 · 구토 · 설사 · 변비 · 연하/저작곤란)			없음	간간히 약간 있음	가끔 있음 (>2주)	자주/매일 있음(>2주)
Albumin(g/dL)			> 3.2	2.8~3.2	2.1~2.7	< 2.1
Total Lymphocyte Count(TLC)(mm³)			≥ 1,500	1,200~1,499	800~1,199	< 800
*Transferrin(μg/dL)			≥ 200	150~199	100~149	< 100
*Prealbumin(mg/dL)			≥ 16	10~15	5~9	< 5

영양상태 평가 ☐ Adequate ☐ Mild malnutrition ☐ Moderate malnutrition
☐ Kwashiorkor ☐ Marasmus ☐ Other protein-energy malnutrition(PEM)
☐ Other severe malnutrition
활동도 ☐ 침상 안정 ☐ 침상 외 거동 가능 : 휠체어/ 부축보행/ 보행 가능
대사적 스트레스 ☐ 없음 ☐ 약간 ☐ 보통 ☐ 심함
영양요구량 기준체중(평소/표준/현재/조정) : .... kg 기초대사량 .... kcal/day
열량요구량.......... × .... kcal/day = ... kcal/day
단백질요구량 .... × .... g/day = ... g/day 수분 .... mL/day
현재 영양섭취 열량 ____ kcal/day ☐ 적당 ☐ 부족 ☐ 과다 / 단백질 .... g/day ☐ 적당 ☐ 부족 ☐ 과다
영양목표 체중 ☐ 증가 ☐ 감소 ☐ 유지
열량 ☐ 충족 ☐ 감소 ☐ 유지 단백질 ☐ 충족 ☐ 감소 ☐ 유지

임상영양치료 계획
☐ 영양공급 중재 ....
☐ 영양교육 및 상담 ....
☐ 영양지원 필요 ....
☐ 기타 ....
제언 ....

임상영양사 ....

*좀 더 심도 있는 영양판정 시

그림 1-3 영양판정 평가지의 예

환자력

1. 체중 변화
최대 체중 ______________
6개월 전 체중 ______________
최근 체중 ______________

$$\%\text{체중변화} = \frac{\text{6개월 전 체중} - \text{최근 체중}}{\text{6개월 전 체중}} \times 100$$

지난 6개월간의 체중 감소량 ______________
지난 6개월간의 체중 감소 비율 ______________
지난 2주간의 변화 ________ 증가 ________ 변화 없음 ________ 감소

2. 식사 섭취상황(평소 식사와 비교하여 기록)
변화 없음 ______________ 변했음 ____________________________
기간 : 주 ______________
형태 : ______________ 섭취량 증가 ______________ 반고형식
______________ 일반유동식 ______________ 정맥주사 또는 맑은 유동식
______________ 굶음

3. 위장 증상(2주 이상 지속된 경우만)
없음 ______________
______________ 오심 ______________ 구토 ______________ 설사 ______________ 식욕부진

4. 신체기능 능력
______________ 기능장애 없음 ______________ 기능장애 있음
기간 : ______________
형태 : ______________ 정상은 아니나 기능은 함
______________ 외래통원 ______________ 병상에 누워만 있음

5. 질병에 따른 대사량 변화
________ 스트레스 없음 ________ 낮은 스트레스 ________ 중정도 스트레스 ________ 심한 스트레스

신체진단

(각 질문마다 정상이면 0, 약한 정도면 +1, 중 정도면 +2, 심하면 +3으로 가입)
_________ 피하지방 손실(어깨, 삼두근, 가슴, 손) _________ 근육소모(삼각근, 대퇴사각근)
_________ 발목부종 _________ 복수

등급판정

_________ A = 영양상태 양호
_________ B = 중정도의 영양불량 또는 영양불량이 의심됨
_________ C = 심한 영양불량

그림 1-4 **주관적 종합판정 평가지**

출처 : Detsky et al., JPEN J Parenter Enteral Nutr 11 : 8–13, 1987

4. 환자의 식사 계획

1) 식사 계획의 기본

(1) 영양의 균형

환자의 식사를 계획하는 데 있어서 가장 기본은 영양의 균형이다. 균형 잡힌 식사 계획을 위하여 한국인 영양소 섭취기준, 한국인을 위한 식사지침, 식사 구성안 등이 이용된다.

한국인 영양소 섭취기준이란 한국인의 건강을 최적상태로 유지할 수 있는 영양소 섭취 수준이다부록 2. 한국인 영양소 섭취기준Dietary Reference Intakes Koreans, KDRIs은 섭취 부족의 예방을 목적으로 하는 3가지 지표인 평균필요량Estimated Average Requirements, EAR, 권장섭취량Recommended Nutrient Intake, RNI, 충분섭취량Adequate Intake, AI과 과잉섭취로 인한 건강문제 예방을 위한 상한섭취량Tolerable Upper Intake Level, UL, 그리고 만성질환위험감소섭취량nChronic Disease Risk Reduction intake, CDRR으로 구성되어 있다. 한국인 영양소 섭취기준은 식사 섭취의 평가나 식사 계획에도 다양하게 활용이 가능하며 건강증진을 위한 식사 섭취 방향을 포괄적으로 제시할 수 있다. 개인의 섭취기준은 연령, 체격, 성별 및 생애주기에 따라 조정되어 적용되어야 한다.

식사 계획을 위해 영양소 섭취기준을 사용할 때는 다음 사항에 유의하여야 한다. 평균필요량은 개인의 영양섭취 목표로 사용하지 않으며, 개인의 영양섭취 목표는 상한섭취량 미만으로, 권장섭취량 또는 충분섭취량에 가깝게 하는 것이다. 또한 집단의 영양섭취 목표는 섭취량이 평균필요량 미만인 사람의 비율과 상한섭취량 이상인 사람의 비율을 최소화하는 것이다.

(2) 환자의 영양 필요량 산정

환자의 영양관리 계획 수립 시 영양 필요량을 산정하기 위해서는 다음 사항을 고려해야 한다.

Know

환자의 영양 필요량 산정 시 고려사항

- 정상인의 요구량
- 체내 영양소 보유능력
- 약물과 영양소의 상호작용
- 질환의 종류
- 피부, 소변 또는 장관을 통한 영양소 손실량
- 영양소 간의 상호작용

① 열량 필요량 산정

환자의 열량 필요량은 기초대사량, 대사적 스트레스, 비만도와 활동 정도를 고려하는 방법 등으로 산정할 수 있다.

기초대사량을 이용하는 방법

환자의 열량 요구량은 해리스-베네딕트Harris-Benedict 공식을 이용하여 기초대사량을 계산하고, 환자의 스트레스계수stress factor와 활동계수activity factor를 고려하여 1일 필요 열량을 산출한다표 1-6.

해리스-베네딕트 공식

남자 → 기초대사량(kcal) = 66.5 + [13.8×체중(kg)] + [5.0×신장(cm)] − [6.8×연령]
여자 → 기초대사량(kcal) = 655.1 + [9.6×체중(kg)] + [1.9×신장(cm)] − [4.7×연령]

1일 필요 열량(kcal) = 기초대사량 × 활동계수 × 스트레스계수*

* 스트레스가 없는 경우 생략한다.

표 1-6 환자의 활동계수와 스트레스계수

활동 정도	활동계수	임상적 상태	스트레스계수
누워만 있을 때	1.0~1.2	선택적 수술	1.0~1.1
거동 가능 상태	1.3	다발성 외상	1.4
매우 가벼운 운동	1.3	심한 감염	1.2~1.6
가벼운 운동(여)	1.5	복막염	1.05~1.25
가벼운 운동(남), 중등도 운동(여)	1.6	외상에 의한 감염	1.3~1.55
중등도 운동(남), 심한 운동(여)	1.7	패혈증	1.2~1.4
심한 운동(여)	1.9	암	1.1~1.45
심한 운동(남)	2.1	화상	1.5~2.1

출처 : ADA, Manual of Clinical Dietetics(5th ed.), 1996 ; ADA, Manual of Clinical Dietetics(6th ed.), 2000

대사적 스트레스를 이용하는 방법

대사적 스트레스에 따라 필요 열량을 산정할 수 있다. 대사적 스트레스 정도는 소변 중 요소질소의 배설량을 통해 알 수 있다표 1-7. 스트레스가 없는 경우 1일 체중 kg당 28kcal, 약한 경우 30kcal, 보통인 경우 35kcal, 심한 경우 40kcal를 제공한다.

표 1-7 대사적 스트레스 정도에 따른 소변 중 요소질소의 배설량

소변 중 요소질소 배설량(g/d)	스트레스 정도	소변 중 요소질소 배설량(g/d)	스트레스 정도
0~5	없음	10~15	보통
5~10	약간	>15	심함

비만도와 활동 정도를 고려하는 방법

어느 정도 활동이 가능한 환자의 경우 현재의 비만도와 활동 정도에 따라 1일 열량 필요량(kcal)을 산정한다표 1-8.

1일 필요 열량(kcal) = 실제 체중(kg) × 활동 정도에 따른 단위체중당 열량 필요량(kcal)

표 1-8 활동 정도에 따른 열량 필요량

비만도 \ 활동 정도	가벼운 활동*	중등도 활동**	심한 활동***
과체중	20~25kcal/kg	30kcal/kg	35kcal/kg
정상	30kcal/kg	35kcal/kg	40kcal/kg
저체중	35kcal/kg	40kcal/kg	45kcal/kg

* 거의 앉아서 일을 함
** 걷기, 자전거 타기 등 가벼운 운동을 정기적으로 함
*** 달리기, 수영 등 강도 있는 운동을 1주일에 4~5회 정도 함
출처 : 대한영양사협회, 임상영양관리지침서(제3판), 2008

비만도가 높은 비만 환자의 경우 실제 체중 대신 조정체중이나 표준체중을 적용할 수 있다. 비만 환자의 실제 체중 적용 시에는 단위체중당 16~19kcal로, 표준체중 적용 시에는 단위체중당 30~35kcal로 열량 필요량을 계산한다. 또한 체중 증가가 필요한 환자는 체중 유지에 필요한 열량 요구량에 1,000kcal의 열량이 별도로 요구된다.

② 단백질 필요량 산정

스트레스 정도에 따른 단백질 필요량

건강한 정상 성인의 1일 단백질 평균 필요량은 0.73g/kg이다. 감염이나 외상, 골절, 화상 등의 스트레스는 단백질의 필요량을 증가시킨다표 1-9.

표 1-9 스트레스 정도에 따른 단백질 필요량

스트레스 정도	건강 및 질병상태	단백질 필요량(g/kg)
없음	건강	0.73
보통	가벼운 수술, 약한 감염	0.8~1.2
중정도	어려운 수술, 중정도 감염, 외상	1.2~1.8
심함	심한 감염, 심한 외상, 화상	1.8~2.2

질소평형을 이용한 단백질 필요량

질소평형 유지를 위한 질소 손실량을 이용하여 단백질 필요량을 계산한다. 질소 손실량은 24시간 요중 질소량과 대변, 피부, 비요소질소 손실량 상수(3~4g)를 고려한다.

$$1\text{일 단백질 필요량(g)} = [24\text{시간 요중 질소량(g)} + 3\sim4\text{(g)}] \times 6.25$$

열량 필요량에 대한 질소의 비율

1일 열량 필요량이 결정되면 이에 따른 질소량 비율을 이용하여 단백질 필요량을 결정할 수 있다. 일반적으로 비단백열량 : 질소의 비율nonprotein calorie : N ratio은 스트레스가 없는 환자의 경우 150 : 1, 스트레스가 있는 경우 80~100 : 1을 적용한다. 열량 : 질소 비율을 이용하여 단백질 필요량을 계산하는 방법은 다음과 같다.

$$1\text{일 질소 필요량(g)} = \frac{1\text{일 필요 열량(kcal)}}{\text{열량 : 질소 비율(kcal : N) 또는 비단백열량 : 질소 비율(nonprotein kcal : N)}}$$

$$1\text{일 단백질 필요량(g)} = 1\text{일 질소 필요량(g)} \times 6.25$$

③ 수분 필요량 산정

체중에 의한 계산

보통 체격의 성인의 경우 수분 필요량은 단위체중당 30~35mL로 계산하며, 아동의 경우 체중이 20kg일 때까지는 1일 1,500mL의 수분을, 체중이 20kg 초과 시에는 1,500mL에 초과체중 kg당 20mL를 추가하여 계산하기도 한다. 또한 연령별로 18~64세의 경우 단위체중당 30~35mL, 65세 이상 노인의 경우 25mL로 계산한다.

열량 필요량에 의한 계산

섭취 열량 1kcal당 1mL의 물이 필요하며, 고단백 음식 섭취 시 질소를 소변으로 배설하기 위해 섭취한 질소 1g당 100mL의 물이 추가로 더 필요하다.

④ 비타민과 무기질 및 기타 미량 영양소의 필요량

영양소 섭취기준은 건강인을 대상으로 책정되었고, 환자의 영양소 섭취기준은 따로 책정되어 있지 않다. 따라서 비타민 및 무기질은 건강인의 영양소 섭취기준에 따라 공급한다. 그러나 체내에서 동화작용이 필요한 환자의 경우 충분한 비타민과 무기질의 공급이 필수적이다.

2) 식사의 조정

환자는 건강인과 달리 질병에 따라 열량이나 특정 영양소를 제한하거나 다량 보충해야 하는 경우가 있다. 또한 환자의 기호도와 수용도에 따라 식사의 내용이나 양, 횟수를 조절하기도 하고, 구강, 식도, 위장관의 상태 등에 따라 식사의 공급방법이 달라지기도 한다. 이러한 식사의 조정은 담당의사의 진단에 따라 계획된다.

환자는 건강인과 달리 심리적으로 매우 예민한 상태에 놓여 있고, 소화기의 기능이 떨어져 있는 경우가 많으므로 식품의 선택과 분량, 조리법 등에 주의가 필요하다. 같은 식품군 내에서도 가능하면 소화 흡수가 쉬운 식품을 선택하고 튀김이나 구이 등의 조리방법보다는 찜이나 조림 등의 소화가 용이한 조리방법을 택하는 것이 바람직하다.

한편, 환자는 지나치게 영양적인 면만을 강조하다 보면 식사에 적응하는 데 어려움을 겪게 되어 식사 섭취가 감소하게 되는 결과를 초래할 수 있다. 또한 식품기호에도 매우 예민하므로 기호와 식습관을 존중해야 한다. 그러나 환자의 편식이 지나치게 심할 경우에는 영양상담을 통하여 식사에 대한 이해도를 높이고 환자 스스로가 식사에 적응하려는 노력을 할 수 있도록 지도해야 한다.

5. 식품교환표를 이용한 식단 작성

1) 식품교환표의 정의

식품교환표는 식품을 영양소 조성이 비슷한 것끼리 묶어서 곡류군, 어육류군, 채소군, 지방군, 우유군, 과일군의 6가지 식품군으로 나누고 같은 군내에서 식품을 자유롭게 교환 선택할 수 있도록 만든 표이다.

2) 식품교환단위당 영양성분

식품교환단위당 영양성분의 구성은 표 1-10과 같으며, 식품교환표의 교환단위별 식품의 무게 및 목측량은 부록 3에 제시하였다.

표 1-10 식품교환표의 식품군별 영양소 기준 및 대표식품의 1교환단위

식품군		주 영양소	1교환단위의 예			영양소			열량 (kcal)
			식품	중량(g)	목측량	탄수화물(g)	단백질(g)	지방(g)	
곡류군		탄수화물	밥	70	1/3공기	23	2		100
어육류군	저지방	단백질	육류 어류	40 50	작은 1토막		8	2	50
	중지방						8	5	75
	고지방						8	8	100
채소군		비타민 무기질	채소	70	1/3컵(익힘)	3	2		20
지방군		지방	기름	5	1작은스푼			5	45

식품군		주 영양소	1교환단위의 예			영양소			열량 (kcal)
			식품	중량(g)	목측량	탄수화물(g)	단백질(g)	지방(g)	
우유군	일반 우유	단백질	일반우유	200mL	1컵	10	6	7	125
	저지방 우유		저지방우유	200mL	1컵	10	6	2	80
과일군		탄수화물	사과	80	중 1/3개	12			50

출처 : 대한영양사협회, 식사계획을 위한 식품교환표(개정판), 2010

3) 식품교환표를 이용한 식단 작성

(1) 영양기준량의 설정

① 1일 처방열량의 결정

현재 체중 × 활동별 열량 요구량 = ______kcal

연습 1단계

신장 158cm, 몸무게 52kg, 보통 활동을 하는 20세 여성

- 표준체중 = (158 − 150) × 0.5 + 50 = 54kg
- 비만도 = $\frac{52-54}{54}$ × 100 = −4% → 정상
- 52 × 35 ≒ 1,800kcal

* 비만도에 따른 활동별 열량 요구량 산정 : 표 1–8 참조

② 탄수화물, 단백질, 지방의 열량 비율의 배분

정상인의 탄수화물, 단백질, 지방의 열량 적정 구성비 55~65% : 7~20% : 15~30%

- 탄수화물 ____kcal × 0.55~0.65 = ____kcal ÷ 4 kcal/g = ____g
- 단백질 ____kcal × 0.07~0.2 = ____kcal ÷ 4 kcal/g = ____g
- 지방 ____kcal × 0.15~0.3 = ____kcal ÷ 9 kcal/g = ____g

연습 2단계

1,800kcal에 대한 탄수화물, 단백질, 지방의 열량 비율의 배분

- 탄수화물 1,800kcal × 0.6 = 1,080kcal ÷ 4kcal/g = 270g
- 단백질 1,800kcal × 0.2 = 360kcal ÷ 4kcal/g = 90g
- 지방 1,800kcal × 0.2 = 360kcal ÷ 9kcal/g = 40g

(2) 각 식품군별 교환단위수를 결정

① 탄수화물을 함유한 식품군의 교환단위수 결정

탄수화물을 주된 영양소로 제공하는 식품군은 아니지만 탄수화물을 함유한 식품인 우유군, 채소군, 과일군의 교환단위수를 기호에 따라 결정하고, 이들 식품에서 공급된 탄수화물량을 총 탄수화물 기준량에서 뺀 다음, 곡류군 1교환단위에 함유된 탄수화물 g수인 23으로 나누어 곡류군 교환단위수를 결정한다.

② 어육류군 교환단위수 결정

우유군, 채소군, 곡류군에서 얻은 단백질량을 단백질 기준량에서 뺀 다음 어육류군 1교환단위에 함유된 단백질량 g수인 8로 나누어 어육류군의 교환단위수를 결정한다.

③ 지방군 교환단위수 결정

우유군과 어육류군에서 얻은 지방량을 지방 기준량에서 뺀 다음 지방군 1교환단위에 함유된 지방 g수인 5로 나누어 지방군의 교환단위수를 결정한다.

연습 3단계

교환단위당 단위수의 결정

순서	식품군	교환단위수	탄수화물(g)	단백질(g)	지방(g)	열량(kcal)
1	우유군(일반)	2	20	12	14	250
2	채소군	6	18	12		120
3	과일군	2	24			100
	탄수화물 : 270 − 62 = 208 곡류군 : 단위수 결정 208 ÷ 23 = 9					

4	곡류군		9	207	18		900
	단백질 : 90 − 42 = 48 어육류군 단위수 결정 : 48 ÷ 8 = 6 6단위 ⇒ 저지방 4단위 중지방 2단위						
5	어육류군	저지방	4		32	8	200
		중지방	2		16	10	150
	지방 : 40 − 32 = 8 지방군 단위수 결정 : 8 ÷ 5 = 1.6 ⇒ 2						
6	지방군		2			10	90
합계				269	90	42	1,810

(3) 설정된 교환단위수의 끼니별 배분

연습 4단계

교환단위수의 끼니별 배분

구분	곡류군	어육류군	채소군	지방군	우유군	과일군
아침	2	저지방 2	2	0.5		
간식					일반우유 1	
점심	3	저지방 1 중지방 1	2	0.5		1
간식	1				일반우유 1	
저녁	3	저지방 1 중지방 1	2	1		1
총량	9	6	6	2	2	2

(4) 식품교환표에서 식품선택

끼니별로 배분한 교환단위에 맞추어 식품교환표에서 식품을 선택하여 식단을 계획한다.

연습 5단계

식단의 작성

구분	식단명	식품명	중량(g)	교환단위수
아침	쌀밥	백미	45	곡류군 1.5
	쇠고기뭇국	쇠고기	20	어육류군(저) 0.5
		무	35	채소군 0.5
	감자볶음	감자	70	곡류군 0.5
		양파	35	채소군 0.5
		기름	1.5	지방군 0.3
	북어포무침	북어	15	어육류군(저) 1
		참기름	1	지방군 0.2
	오이무침	오이	35	채소군 0.5
	김치	배추김치	25	채소군 0.5
간식	두유	두유	200	우유군(일반) 1
점심	보리밥	보리쌀	30	곡류군 1
		백미	60	곡류군 2
	순두부찌개	순두부	200	어육류군(중) 1
		바지락	17.5	어육류군(저) 0.25
	버섯쇠고기볶음	느타리버섯	50	채소군 1
		쇠고기	30	어육류군(저) 0.75
		기름	2.5	지방군 0.5
	채소스틱	풋고추	35	채소군 0.5
		당근	35	채소군 0.5
	사과	사과	80	과일군 1
간식	인절미	인절미	50	곡류군 1
	우유	우유	200	우유군(일반) 1
저녁	현미밥	현미	15	곡류군 0.5
		백미	60	곡류군 2
	오징어국	오징어	50	어육류군(저) 1
		무	35	채소군 0.5
	달걀말이	달걀	55	어육류군(중) 1
		기름	2.5	지방군 0.5
	도토리묵무침	도토리묵	100	곡류군 0.5
		쑥갓	20	채소군 0.3
	호박볶음	애호박	50	채소군 0.7
		기름	2.5	지방군 0.5
	김치	배추김치	25	채소군 0.5
	토마토주스	토마토주스	100	과일군 1

CHAPTER 2

병원식과 영양지원

1. 병원식 | 2. 영양지원

CHAPTER 2

학습목적

병원식의 종류와 특징을 이해하고, 환자의 특성에 알맞은 식단 작성에 활용할 수 있다.

학습목표

- 병원식의 정의를 설명할 수 있다.
- 일반식과 치료식을 구분하여 설명할 수 있다.
- 일반식, 연식, 유동식 등 일반치료식의 특성을 알고, 환자의 식단에 알맞게 적용할 수 있다.
- 경관영양법을 설명할 수 있다.
- 정맥영양법을 설명할 수 있다.

1. 병원식(Hospital diet)

환자가 입원을 하게 되면 진단 결과에 따라 적절한 식사처방이 주어진다. 병원에서 의사에 의해 처방되고 환자에게 주어지는 식사를 병원식이라고 하며, 일반치료식, 특별치료식, 검사식 등으로 분류할 수 있다.

일반치료식은 특정 영양성분의 조절 없이 기계적 요소만을 주로 고려해서 필요한 영양소를 제공하는 식사로 일반식(밥식), 연식(죽식), 유동식(미음식) 등이 있다. 치료식은 질병을 치료하거나 증상을 완화시키기 위해 열량이나 영양소의 비율 또는 함량 등이 조정된 식사이다. 검사식은 특정 질환의 진단을 목적으로 제공되는 식사이다.

1) 일반치료식

(1) 일반식(General diet)

일반식은 영양적으로 적절한 정상식사로서 특별한 식사 조정이나 부가적인 영양지원을 필요로 하지 않는 환자를 위한 식사이다. 건강인의 식사와 같이 환자의 연령, 성별, 체중에 따라 병상생활에 적합한 열량 및 영양소 필요량을 공급한다. 특정한 영양소나 질감texture상의 조정이 필요하지 않은 환자에게 적용한다. 또한 환자의 기호를 고려하여 식사를 제공할 수 있다.

일반식은 보통식common diet, 상식regular diet, 정상식normal diet, 표준식standard diet, 통상 병원식routine hospital diet, 또는 일반 치료식general therapeutic diet으로 다양하게 불리기도 한다. 일반식의 영양소, 식품군, 식단 구성의 예는 표 2-1~2-3과 같다.

표 2-1 일반식의 1일 영양소 구성 예시

열량(kcal)	탄수화물(g)	단백질(g)	지방(g)
2,000	298	88	53

표 2-2 일반식의 식품군별 교환단위 배분 예시

식품군	곡류군	어육류군		채소군	지방군	우유군	과일군
		저지방	중지방				
교환단위수	10	2	3	8	4	2	2

표 2-3 일반식의 1일 식단 예시

구분	식단명	식품명	중량(g)	식품군 단위수*
아침	쌀밥	백미	90	곡류군 3
	시금치된장국	시금치	35	채소군 0.5
	쇠고기애호박볶음	쇠고기/애호박/양파	40/25/10	어육류군(중) 1/채소군 0.5
	두부조림	두부	80	어육류군(중) 1
	숙주나물	숙주	70	채소군 1
	배추김치	배추김치	25	채소군 0.5
간식	파인애플	파인애플	100	과일군 1
	두유	두유	200	우유군 1
점심	보리밥	백미/보리	90/15	곡류군 3.5
	쇠고기뭇국	쇠고기/무	20/35	어육류군(중) 0.5/채소군 0.5
	조기구이	조기	50	어육류군(저) 1
	감자채볶음	감자	70	곡류군 0.5
	오이생채	오이/양파	50/20	채소군 1
	배추김치	배추김치	25	채소군 0.5
간식	사과	사과	80	과일군 1
	흰우유	흰우유	200	우유군 1
저녁	검정콩밥	백미/검정콩	90/10	곡류군 3/어육류군(중) 0.5
	콩나물국	콩나물	35	채소군 0.5
	닭볶음	닭고기/당근/양파/피망	40/25/25/20	어육류군(저) 1/채소군 1
	근대나물	근대	70	채소군 1
	느타리버섯무침	느타리버섯	50	채소군 1
	깍두기	깍두기	25	채소군 0.5

* 조리용 기름에 해당하는 지방군은 별도 표시 안 함

(2) 연식(Soft diet)

연식이란 주식이 죽과 같은 부드러운 식사 형태로서 일반식 적응이 불가능한 환자에게 부드럽고 소화하기 쉬우면서 영양을 충족시키는 음식을 공급하기 위한 식사이다. 강한 향신료의 사용을 제한하고 식이섬유 및 결체조직이 적은 식품으로 구성하며, 생채소 및 생과일의 사용은 제한한다. 이 식사는 환자가 적절한 양을 섭취할 경우 영양적으로 부족하지는 않다. 섭취량을 증가시킬 필요가 있을 경우 식사량을 늘리거나 간식을 제공하기도 한다.

연식은 유동식에서 일반식으로 이행되는 과정에서 이행식으로 사용되기도 한다. 또한 쇠약해진 환자나 혹은 위장에 문제가 있는 경우에 적용될 수 있다. 연식에 사용되는 죽의 농도별 조리법과 영양소 함량은 표 2-4와 같다. 연식 제공 시 허용식품과 제한식품은 표 2-5에 제시하였으며, 연식의 식단 구성 예는 표 2-6~2-8과 같다.

표 2-4 죽 종류의 조리

종류	미음 : 죽 용량 비율	개별로 만들 때		100g 기준 영양가		
		쌀(g)	물	열량 (kcal)	탄수화물 (g)	단백질 (g)
미음	10 : 0	10(1T)	1L	28	5.9	0.5
1부죽	9 : 1	15(1/10C)	1L	32	6.8	0.6
3부죽	7 : 3	50(1/3C)	1L	41	8.7	0.8
5부죽	5 : 5	75(1/2C)	1L	50	10.6	1.0
7부죽	3 : 7	100(2/3C)	1L	59	12.4	1.1
전죽	0 : 10	150(1C)	1L	72	15.2	1.4

표 2-5 연식 제공 시 허용식품과 제한식품

종류	허용식품	제한식품
죽	흰죽, 감자죽, 옥수수죽(껍질 제거), 우유죽, 잣죽, 깨죽, 호박죽	껍질 · 식이섬유가 많은 잡곡죽
면류	칼국수, 물국수	라면, 자장면, 스파게티
빵류	토스트(가장자리 제거), 기름기 없는 크래커	기타 빵류, 피자
과자류	카스텔라, 비스킷, 푸딩, 커스터드	도넛, 파이, 케이크, 기름기 많은 과자류
감자류	감자(껍질 제거), 토란	감자튀김, 포테이토칩, 고구마 조리 일체
육류	지방과 결합조직이 적은 육류 · 가금류 다진 것, 닭간, 고기 힘줄 부분을 끓여서 만든 족편	결합조직이 많은 쇠고기, 돼지고기, 햄, 소시지, 튀긴 고기요리
어류	부드럽고 기름이 적은 흰살생선, 굴	기름기가 많은 생선, 건어물, 어묵, 생선튀김, 생선자반, 새우, 조개류
난류	반숙란, 수란, 찜, 스크램블에그	달걀프라이
두류	두부, 순두부, 두유	유부, 거르지 않은 콩비지, 콩조림
우유류	우유, 연유, 분유, 바닐라 아이스크림, 연질 및 순한 맛의 치즈, 요구르트	경질치즈, 혼합 아이스크림(견과류, 딸기 등)
채소류	채소즙, 부드럽게 익힌 저식이섬유 채소(당근, 시금치, 아욱, 애호박, 쑥갓, 아스파라거스, 근대, 아욱 등)	모든 생채소(양상추 제외), 건조채소, 향이 강한 채소, 고식이섬유 채소(고사리, 고비, 도라지 등)
과일류	과즙 및 주스류, 익은 바나나, 사과소스, 과일통조림	생과일(바나나 제외), 건조 과일, 덜 익은 과일
유지류	소량의 버터, 마가린, 크림, 양념기름	기타
당류	설탕, 꿀, 물엿, 시럽, 젤리	잼, 마멀레이드
음료	커피, 차, 코코아	보리미숫가루, 알코올음료, 생강차
향신료	계핏가루, 후추	맛과 향이 강한 향신료, 고춧가루, 겨자, 카레가루, 고추냉이(와사비)

표 2-6 연식의 1일 영양소 구성 예시

열량(kcal)	탄수화물(g)	단백질(g)	지방(g)
1,800	249	82	53

표 2-7 연식의 식품군별 교환단위 배분 예시

식품군	곡류군	어육류군		채소군	지방군	우유군	과일군
		저지방	중지방				
교환단위수	8	2	3	7	4	2	2

표 2-8 연식의 1일 식단 예시

구분	식단명	식품명	중량(g)	단위수*
아침	흰죽 굴국 닭가슴살무침 동태무조림 가지나물 나박김치	쌀죽 굴/애호박/양파 닭가슴살 동태/무 가지 나박김치	280 35/20/15 40 25/35 35 35	곡류군 2 어육류군(저) 0.5/채소군 0.5 어육류군(저) 1 어육류군(저) 0.5/채소군 0.5 채소군 0.5 채소군 0.5
간식	우유	흰우유	200	우유군 1
점심	쌀두유죽 아욱된장국 달걀찜 갈치조림 김무침 동치미	백미/두유 아욱 달걀 갈치 김 동치미	60/200 35 55 50 2 70	곡류군 2/우유군 1 채소군 0.5 어육류군(중) 1 어육류군(중) 1 채소군 1 채소군 1
간식	잣죽 사과주스	백미/잣 사과주스	60/8 100	곡류군 2/ 지방군 1 과일군 1
저녁	흰죽 달걀실파국 어묵채소조림 오이나물 나박김치 바나나	쌀죽 달걀/파 어묵/당근/양파 오이 나박김치 바나나	280 27/10 25/20/15 70 52 50	곡류군 2 어육류군(중) 0.5/채소군 0.25 어육류군(중) 0.5/채소군 0.5 채소군 1 채소군 0.75 과일군 1

* 견과류를 제외하고 조리용 기름에 해당하는 지방군은 별도 표시 안 함

(3) 유동식(Liquid diet)

유동식은 고형식품을 소화하기 어려운 환자에게 수분을 공급하기 위한 식사로 위장관 자극을 줄이고, 쉽게 소화·흡수되도록 상온에서 액체 또는 반액체상태의 식사이다. 유동식은 수술 후 또는 정맥영양에서 연식으로 이행하기 전 단계의 환자, 식도나 위장관 협착, 위장염, 얼굴이나 목 성형수술, 급성질환 환자에게 적용된다. 주로 탄수화물과 수분으로 구성되어 있어 대부분의 영양소가 부족하므로 3일 이상 계속 공급하는 경우 영양보충액의 사용을 고려해야 한다.

① 맑은 유동식(Clear liquid diet)

맑은 유동식은 위장관의 자극을 최소한으로 줄이면서 탈수 방지와 갈증 해소를 위해서 수분과 전해질을 공급하기 위한 식사이다. 수술 및 검사 전후, 급성위장장애, 심하게 쇠약해진 환자가 경구급식을 시작할 때, 정맥영양에서 일반 유동식으로 이행되기 전 단계에 적용한다. 맑은 유동식의 하루 열량 공급량은 500kcal 정도에 불과하고 여러 가지 필수영양소의 부족이 초래되기 쉬우므로 3일 이상 공급하지 않도록 하며, 장기간 사용해야 할 경우 경장영양액을 보충하거나 정맥영양을 병행한다. 위장관의 잔사를 최소화하기 위하여 우유 및 지방류의 사용을 제한한다. 끓여서 식힌 물, 맑은 과일 주스, 보리차, 연한 홍차, 녹차, 기름기 없는 맑은 장국이나 육즙, 묽은 미음 등을 공급한다. 맑은 유동식의 영양소 구성 및 식단의 예는 표 2-9, 2-10과 같다.

표 2-9 맑은 유동식의 1일 영양소 구성 예시

열량(kcal)	탄수화물(g)	단백질(g)	지방(g)
550	120	6	1.5

표 2-10 맑은 유동식 식단 예시

아침	간식	점심	간식	저녁
맑은 조미음 300mL 맑은 채소 국물 100mL 물김치 국물 100mL	사과주스 100mL	맑은 조미음 300mL 떠먹는 젤리 100mL 물김치 국물 100mL	오렌지주스 200mL	맑은 조미음 300mL 미역 국물 100mL 포도주스 200mL 물김치 국물 100mL

② 전유동식(Full liquid diet)

전유동식은 맑은 유동식으로부터 연식으로 옮겨지는 중간식을 말하며 일반 유동식이라고도 한다. 수술 후 환자나 위장관 염증, 머리나 목에 병적 증세가 있어 단단한 음식을 씹고 삼키고 소화하기 어려운 환자에게 제공하는 식사이다. 이 식사는 맑은 유동식에서 허용되는 식품과 기타 체온 정도의 액체식품 및 우유나 유제품 등으로 구성된다. 열량 밀도가 낮아 3일 이상 사용할 경우 영양 보충액을 추가로 지원하며, 환자의 상태에 따라 열량이나 단백질 함량을 증가시키거나 나트륨 함량을 감소시키는 등 식사를 변형할 수 있다. 전유동식의 영양소 구성 및 식단의 예는 표 2-11, 2-12와 같으며, 허용식품은 표 2-13에 제시하였다.

③ 농축 유동식

농축 유동식은 구강이나 식도의 염증, 궤양, 치아가 없을 때, 기타 질병상의 이유로 장기간 유동식을 섭취해야 하는 경우에 제공되는 액체 형태의 식사이다. 식품을 체에 거르거나, 으깨기, 믹서나 블렌더에 갈기 등의 방법으로 제조할 수 있으며, 최근에는 상업용 영양액을 이용하여 환자의 요구량에 맞는 농축 유동식을 제공할 수 있다. 미음 형태의 식사 이외에 비교적 부드럽고 씹을 필요가 거의 없는 식품을 포함한다. 농축 유동식의 허용식품은 표 2-13과 같다.

표 2-11 전유동식의 1일 영양소 구성 예시

열량(kcal)	탄수화물(g)	단백질(g)	지방(g)
1,500	200	45	55

표 2-12 전유동식 식단 예시

아침	간식	점심	간식	저녁
조미음 200mL 물김치 100mL 달걀찜 100mL 뉴케어 200mL	우유 200mL	조미음 200mL 크림수프 200mL 연두부찜 150mL 호상요구르트 100mL	땅콩미음 150mL	잣미음 200mL 미역 국물 200mL 우유 200mL 포도주스 200mL

표 2-13 유동식의 종류별 허용식품

종류	전유동식	농축 유동식
곡류	미음(쌀, 조, 대추, 조제미음)	미음(쌀, 조, 조제미음), 쌀죽(3부죽), 덩어리 없는 호박죽
감자류	으깬 감자를 수프나 국 국물 또는 미음에 넣은 음식	으깬 감자를 수프나 국 국물 또는 미음에 넣은 음식
육류	기름기 없는 고기 국물, 젤라틴 젤리, 젤리수프	이유식용 균질육, 기름기 없는 고기 국물, 젤라틴 젤리, 젤리수프, 닭고기의 부드러운 부위를 삶아서 간 것
어류	기름기 없는 어류로 만든 국 국물	신선한 병어나 가자미를 쪄서 간 것, 기름기 없는 어류로 만든 국 국물
난류	부드러운 커스터드, 푸딩, 부드러운 달걀찜	반숙 달걀, 부드러운 커스터드, 푸딩, 부드러운 달걀찜
두류	두유, 두유음료	두유, 두유음료, 연두부, 된장국 국물
우유류	우유, 바닐라 아이스크림, 과일 덩어리가 없는 요구르트	우유, 바닐라 아이스크림, 과일 덩어리가 없는 요구르트, 옥수수전분 푸딩, 크림수프, 순한 연질 치즈
채소류	삶아서 으깬 순한 맛의 채소, 채소주스	삶아서 으깬 순한 맛의 채소, 채소주스
과일류	과일주스, 과일넥타, 사과소스	과일주스, 과일넥타, 사과소스, 으깬 과일(바나나, 잘 익은 복숭아)
유지류	수프용 버터 또는 마가린	수프용 버터 또는 마가린
당류	설탕, 꿀, 물엿, 시럽	설탕, 꿀, 물엿, 시럽
음료	우유, 커피, 차, 코코아, 보리차, 유자차(알코올 성분, 생강차는 금함)	우유, 커피, 차, 코코아, 보리차, 유자차, 꿀차
향신료	계피에 한함(자극성은 일체 금함)	계피에 한함(자극성은 일체 금함)

2) 특별치료식(Therapeutic diet)

특별치료식은 환자의 질병상태에 수반되는 증상을 완화시키거나 혹은 질병을 치료하기 위해 의사와 영양사가 환자 개개인을 대상으로 작성한 식사처방에 따라 특정 영양소의 양을 제한 또는 증가시켜 제공하는 식사를 말한다. 예를 들면, 당뇨병식, 고식이섬유식, 저단백식, 저나트륨식, 글루텐 제한식 등이 특별치료식에 속한다. 특별치료식의 종류 및 영양적 고려사항은 표 2-14와 같다.

표 2-14 특별치료식의 종류 및 영양적 고려사항

분류	종류	영양적 고려사항
열량 조절식	고열량식	질병으로 손실된 열량 보충
	저열량식	열량 제한
탄수화물 조절식	저탄수화물식	탄수화물을 총 열량의 20~30%로 제한
	유당 제한식	유당 제한
	갈락토스 제한식	갈락토스, 유당 제한
식이섬유 및 잔사량 조절식	고식이섬유식	식이섬유를 1일 25~50g 포함
	저식이섬유식	식이섬유를 1일 10~15g으로 제한
	저잔사식	식이섬유, 결체조직이 많은 육류와 유제품 등 변량을 증가시키는 식품 제한
지방 조절식	저지방식	지방을 1일 20g 이내로 제한
	저콜레스테롤식	콜레스테롤을 1일 200~300mg 이내로 제한
단백질 조절식	고단백식	단백질을 1일 100~150g 포함
	저단백식	단백질을 1일 25~40g으로 제한
	아미노산 조절식	측쇄아미노산과 방향족아미노산의 비율 조정, 특정 아미노산 제한 등
무기질 조절식	저나트륨식	나트륨을 1일 500~2,000mg으로 제한
	저칼륨식	환자의 질병상태에 따라 칼륨 섭취 제한
	고칼슘식	칼슘을 1일 1,000~1,500mg 포함
	저칼슘식	칼슘을 1일 400~600mg으로 제한
	저요오드식	요오드 섭취 제한
기타	퓨린 제한식	퓨린 섭취 제한
	글루텐 제한식	글루텐이 포함된 식품의 제한
	케톤식	저탄수화물 고지방식으로 케톤증 유도

3) 검사식(Test diet)

검사식은 질병의 진단과 임상 검사의 목적으로 환자에게 제공되는 특수 식사를 말한다. 검사식의 종류로는 고칼슘뇨증을 검사하기 위한 400mg 칼슘 검사식, 당내응력 검사식, 지방변 검사식, 위장관 내의 악성종양을 진단하기 위한 5-HIAA5-Hydroxy Indole Acetic Acid 검사식, 고혈압 환자의 레닌 활성도를 평가하기 위한 레닌 검사식 등이 있다.

2. 영양지원

질병이나 수술 등으로 인해 일상적인 식사 섭취로 영양상태의 유지와 회복이 어

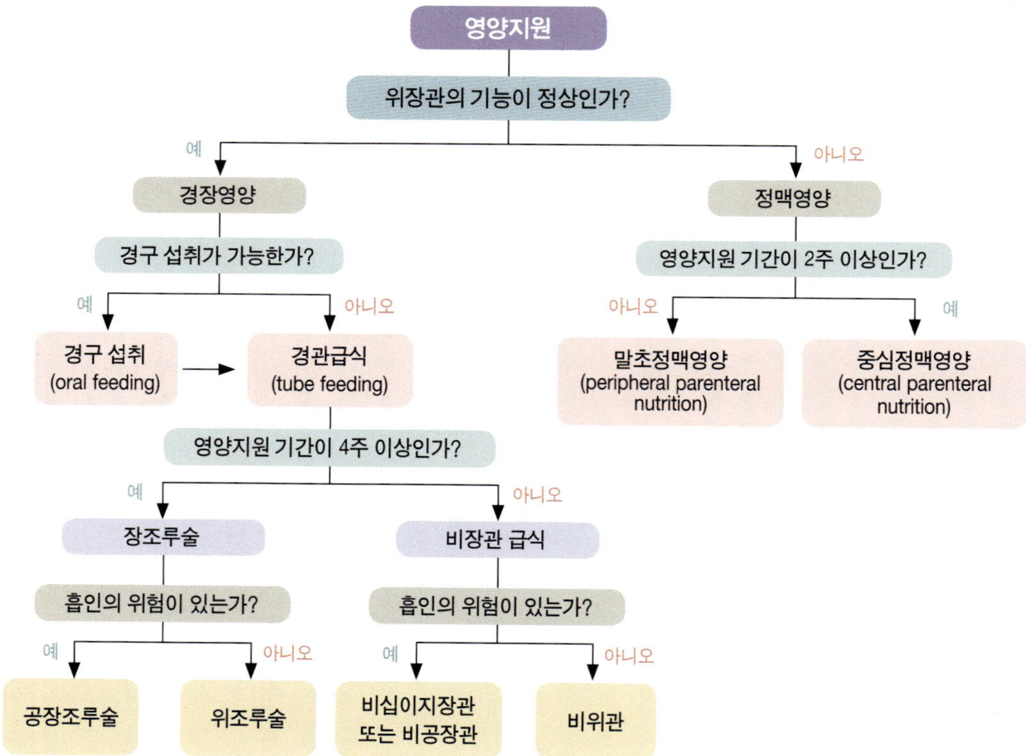

그림 2-1 영양지원방법의 선택 흐름도

려운 환자들에게 영양상태 회복 및 질병치료를 목적으로 경구, 경장 혹은 정맥으로 영양소의 전부 혹은 일부를 더 적극적인 방법으로 공급하는 것을 영양지원nutrition support이라 한다. 영양지원은 크게 경장영양enteral nutrition과 정맥영양parenteral nutrition으로 분류된다. 환자의 영양지원방법의 결정과정은 그림 2-1과 같다.

1) 경장영양(Enteral nutrition)

(1) 정의

경장영양은 넓은 의미로는 경구뿐 아니라 비위장, 비장관, 혹은 경피적 경로로의 영양공급을 뜻하나, 좁은 의미로는 구강으로 음식을 섭취할 수 없는 환자에게 관tube을 이용하여 위장관을 통해서 영양을 지원하는 경관급식tube feeding을 뜻한다. 경장영양은 영양소를 소화·흡수할 수 있는 위장관 기능이 충분한 환자에게만 사용되며, 정맥영양에 비하여 경장영양이 가지고 있는 장점 때문에 정맥영양에 우선하는 영양지원방법으로 이용된다. 경장영양의 적용 대상은 표 2-15와 같다.

경장영양의 장점

- 영양소의 대사효율성이 높다.
- 장의 면역체계를 유지시켜 감염성 합병증을 줄일 수 있다.
- 장점막의 정상적인 기능 유지에 도움이 된다.
- 체내 이화반응 속도를 완화시킨다.
- 전해질 및 수분 조절이 용이하다.
- 완전한 영양섭취가 가능하다.
- 정맥영양에 비해 비용이 적게 든다.

표 2-15 경장영양의 적용 대상

적용 대상	금기 대상
위장관이 기능을 하지만 경구 섭취가 불가능하거나, 부족하거나, 위험한 경우 • 만성질환에서 입맛이 없어서 경구 섭취를 못하는 사람 • 신경학적 질환이나 목인두의 문제로 연하장애가 있는 사람 • 심한 외상이나 화상, 중한 질환 등으로 대사성 요구량을 충족시킬 수 없는 사람 • 수술 전 심한 영양결핍이 있는 사람 등	• 수술이 어려운 기계적 장폐색 • 약물적 치료에 반응하지 않는 난치성 구토, 설사 • 심한 단장증후군(100cm 미만의 소장) • 마비성 장폐색증 • 원위부 고배출량 장피누공 • 심한 위장관 출혈 • 심한 위장관 흡수장애 • 위장관으로의 접근이 불가능한 경우 • 경장영양에 의한 적극적 중재가 바람직하지 않을 때 • 적극적인 중재가 바람직하지 않거나 환자가 원하지 않는 경우

출처 : 공성호 외, Surgical Metabolism and Nutrition 4 : 51–57, 2013

(2) 공급 경로

경장영양의 공급 경로는 예상되는 투여 기간, 흡인 여부, 환자의 상태에 따라 결정되며, 크게 비장관급식nasoenteric tube feeding과 장조루에 의한 급식enterostomy tube feeding으로 나뉜다. 비장관급식은 코를 통해서 위, 십이지장, 혹은 공장으로 관을 삽입하는 방법으로서 4주 미만의 단기간 동안 관급식을 제공할 때 사용되며 코에서 위(비위관 급식nasogastric tube feeding)로, 코에서 십이지장(비십이지장관 급식nasoduodenal tube feeding), 코에서 공장(비공장관 급식nasojejunal tube feeding)의 3가지 유형이 있다.

4주 이상의 장기간 동안 관급식을 시행할 때, 폐색 등으로 입이나 코로 관 삽입이 불가능할 때, 흡인의 위험이 있을 때 수술적 방법을 통하여 장루를 설치한다. 수술 위치에 따라 식도루esophagostomy, 위루gastrostomy, 공장루jejunostomy로 분류된다. 경장영양의 투여 경로와 각각의 적용 대상 및 장단점은 그림 2-2, 표 2-16과 같다.

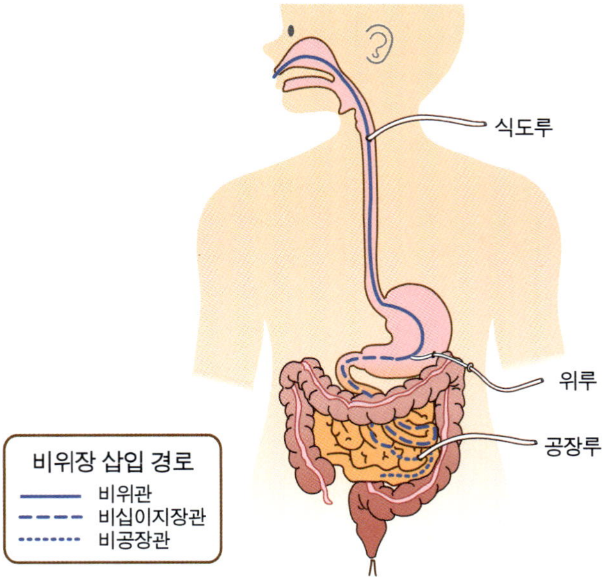

그림 2-2 경장영양의 투여 경로

표 2-16 경장영양의 투여 경로에 따른 적용 대상 및 장단점

투여경로	적용	장점	단점/합병증
비위관 (nasogastric tube)	• 개구반사(gag reflex) 및 위장 기능이 정상인 환자 • 식도로의 역류 위험이 없고 위장관 기능이 정상일 때	• 수술이 불필요하고 투입이 용이 • 위를 사용하므로 저장 용량이 큼(볼루스 주입이 가능)	• 흡인 위험이 높고 환자가 관을 의식하게 됨
비십이지장관 또는 비공장관 (nasoduodenal or nasojejunal tube)	• 흡인(aspiration) 위험이 높은 환자 • 위무력(gastroparesis)이나 식도 역류(reflux)가 있는 경우	• 흡인의 위험이 적음 • 비공장관은 수술 후나 외상 후의 조기 영양 공급을 가능하게 해줌	• 영양액의 주입 속도에 따라 위장관의 부적응이 초래될 수 있음 • 관의 위치 확인을 위한 X-ray 촬영 필요
위루 (gastrostomy)	• 위장관 기능이 정상인 장기 경관급식 환자 • 비강으로의 관 삽입이 어려운 환자	• 위장관 수술 시 병행 가능 • 관의 지름이 커서 막힐 위험이 적음 • 위를 사용하므로 저장량이 큼 • 환자가 관을 덜 의식하게 됨	• 수술이 필요함 • 흡인의 위험 • 관 부위의 감염방지를 위한 관리 필요 • 소화액의 유출로 인한 피부의 손상(excoriation) • 관 제거 이후 누공이 생길 수 있음

투여경로	적용	장점	단점/합병증
공장루 (jejunostomy)	• 장기 경관급식 환자 • 흡인 위험이 높은 환자 • 식도 역류 환자 • 상부 위장관으로의 관 삽입이 어려운 환자 • 위무력증 환자	• 위장간 수술 시 병행 가능 • 수술 후나 외상 후의 조기 영양 공급을 가능하게 해줌 • 환자가 관을 덜 의식하게 됨	• 목표 수준의 주입속도로 투여 시 위장관의 불내성이 나타날 수 있음 • 관 부위의 감염 방지를 위한 관리 필요 • 소화액의 유출로 인한 피부의 손상 • 관 제거 이후의 누공 우려 • 수술이 필요함 • 관의 지름이 작아 관이 막힐 우려가 있음

출처 : Gottschlich et al., Nutrition Support Dietetics Core Curriculum(2nd ed.), 1993

(3) 경장영양액

① 혼합액화 영양액

혼합액화 영양액blenderized formulas은 일상식품을 혼합, 분쇄하여 액화시킨 영양액으로 탄수화물, 단백질, 지방이 거의 일반 식사와 동일하게 구성되어 있기 때문에 위장관 기능은 정상이나 구강 내 문제가 있거나, 삼키기 어려운 환자에게 적용된다. 혼합액화 영양액은 조제 및 보관과정에서 오염되기 쉬우며, 입자가 너무 크고 농도가 진해지기 쉬우며, 식품 이용에 제한이 많아 권장하지는 않는다.

② 상업용 영양액

최근에는 상업용 영양액이 많이 상용화되어 사용되고 있다. 상업용 경장영양액에는 표준영양액, 가수분해영양액, 질환별 영양액, 영양보충급원 등이 있다. 경장영양액의 종류에 따른 특성은 표 2-17, 부록 4와 같다.

표 2-17 경장영양액의 종류에 따른 특성

분류	적용	삼투압	조성	특징
표준 영양액	소화 · 흡수 기능이 정상인 환자	등장성	• 1~1.5kcal/mL • 카제인염, 대두단백, 달걀알부민 • 말토덱스트린 • 중쇄중성지방, 옥수수유, 대두유 • 유당 제외	• 환자의 열량 및 영양소 필요량 공급 기능 • 대부분의 경장영양액에 해당
가수분해 영양액	소화 · 흡수 기능이 손상된 환자(염증성 장질환, 췌장염)	높음	• 1~1.2kcal/mL • 올리고펩티드, 트리펩티드, 디펩티드 • 포도당, 덱스트린 • 중쇄중성지방, 소량의 필수지방산 • 유당 제외	• 단백질과 탄수화물의 부분 또는 완전 가수분해물로 구성 • 쉽게 소화 흡수됨 • 설사, 복부 팽만감, 구토 등 초래 위험
질환별 영양액	영양소 성분의 조정이 필요한 환자	대부분 높음	당뇨병용, 호흡기질환용, 콩팥질환용, 간질환용, 면역기능증진용, 소아영양액 등	영양적으로 충분하지 못할 수 있음
영양보충 급원	암, 에이즈, 패혈증, 외상, 화상, 수술 후 등	높음	탄수화물, 단백질, 지방 보충제	열량이나 영양소의 농도 조절을 위해 위에 소개된 영양액에 추가하여 사용

(4) 경장영양액의 주입방법

경장영양액의 주입방법이 적절해야 필요한 영양소를 안전하게 공급하고 환자의 수용도를 최대화시킴으로써 효과적인 영양지원이 가능해진다. 영양액의 주입방법은 투여 경로와 환자의 적응도, 위장관의 기능 정도와 사용된 영양액의 종류, 열량과 단백질 요구량 그리고 환자의 운동성에 따라 달라진다. 대체로 처음에는 목표량의 1/3~1/2 정도로 시작하여 환자의 적응도에 따라서 점진적으로 증가시켜야 한다. 주입방법은 주입 펌프infusion pump나 중력을 이용하는 지속적 주입continuous infusion과 간헐적 주입intermittent infusion 그리고 주사기를 이용한 볼루스 주입bolus

표 2-18 경장영양액의 주입방법에 따른 적용 대상과 장단점

주입방법	적용	장점	단점
지속적 주입 (주입펌프나 중력 이용)	• 경관급식의 초기 • 중환자 • 소장으로의 주입 • 간헐적 주입에 부적응시 사용	• 흡인의 위험과 위내 잔여물을 최소화 함 • 혈당 상승과 같은 대사적 합병증의 위험을 최소화 함	• 행동의 제약 • 24시간에 걸친 주입 • 퇴원 후 가정에서 사용시 비용 증가
간헐적 주입 (주입펌프나 중력 이용)	• 중환자가 아닌 일반 환자 • 가정에서의 경관 급식 • 회복기 환자	• 급식기간 이외에는 자유로움	• 흡인과 위장관 부적응의 위험 증가 • 주입 속도의 증가에 따른 위장관의 부적응 초래 가능
볼루스 주입 (주사기 이용)		• 주입이 용이함 • 저렴 • 단시간의 주입(15분 미만)	

출처 : Gottschlich et al., Nutrition Support Dietetics Core Curriculum(2nd ed.), 1993

infusion과 일정한 시간 동안에만 정기적으로 시행하는 주기적 주입cyclic infusion으로 구분할 수 있다. 주입방법에 따른 적용 대상과 장단점은 표 2-18과 같다.

① 지속적 주입(Continuous feeding)

펌프나 중력에 의해서 24시간 동안 계속적으로 투여하는 방법으로 관급식의 부적응을 최소화할 수 있어 가장 바람직하나 보행이나 다른 활동에 제약을 받는다. 시간당 20~50mL에서 시작하여 환자의 적응도에 따라서 매 8~12시간마다 10~25mL씩 점진적으로 증가시켜서 목표량에 도달하도록 한다.

② 간헐적 주입(Intermittent feeding)

매 4~6시간 간격으로 매번 60~120분 정도에 걸쳐서 용액을 주입하는 방법이다. 급식 사이에 자유시간을 가질 수 있으나 구토, 복통, 설사 등의 부작용의 위험이 지속적 주입의 경우보다 높다. 120~200mL를 매 4~6시간마다 투여하기 시작하여 환자의 적응도에 따라서 매 12~24시간마다 60~100mL씩 증가시키면서 점진적으로 목표량에 도달하도록 한다.

③ 볼루스 주입(Bolus feeding)

볼루스 주입은 주사기 등을 이용하여 5~10분 동안에 400~500mL의 용액을 한꺼번에 주입하는 방법이다. 용액을 주입하기가 쉽고 시간이 짧게 걸리나 흡인, 설사, 구토, 복통 등의 위험이 매우 높아서 중환자에게는 적합하지 않고 재택환자 중 위로 주입하는 경우에만 사용하는 것이 바람직하다.

(5) 관리방법

① 경장영양의 관찰

일단 경장영양이 실시되면 환자의 실제 섭취량과 적응도를 자주 관찰monitoring하여 영양목표를 달성하도록 해야 한다. 경장영양 환자는 가능한 위 잔여물을 매 4시간마다 관찰해야 한다. 또한 부종이나 탈수의 흔적 및 증후, 수분 섭취량 및 배설량, 대변 배설량 및 점도 등을 매일 관찰하며, 질소균형, 혈청 포도당, 칼슘, 마그네슘, 인의 농도를 매주 관찰해야 한다. 체중은 주 1~2회 이상, 혈청 전해질, 혈중요소질소blood urea nitrogen, 크레아티닌creatinine은 주 2~3회 정도 관찰하는 것이 바람직하다.

② 경장영양의 합병증 관리

경장영양 시 합병증은 위장관 합병증, 기계적 합병증, 대사적 합병증이 있고, 경장영양 시 나타날 수 있는 합병증과 관리방안은 표 2-19와 같다.

재개급식증후군(Refeeding syndrome)

재개급식증후군이란 오랫동안 기아상태에 있던 환자에게 영양지원을 적극적으로 재개할 때 나타나는 증상으로, 혈액 내에 인, 마그네슘, 칼륨 등의 농도가 급격히 저하되거나, 고혈당 증세가 유발된다. 정맥영양뿐 아니라 경장영양이나 경구 섭취의 경우에도 발생될 수 있다.
발생을 피하기 위하여 증상에 대해서 주지하고 고위험 환자를 특히 주의한다. 영양지원 시 전해질 결핍을 먼저 교정하고, 초기 2~3일 동안은 기초대사량만을 제공하면서, 영양지원을 주의 깊게 진전시킨다. 안정될 때까지 매일, 안정된 후는 매주 2회 전해질, 혈당, 인, 마그네슘을 모니터링한다.

표 2-19 경장영양 시 나타날 수 있는 합병증과 관리방안

<table>
<tr><th colspan="2">종류</th><th>대책</th><th colspan="2">종류</th><th>대책</th></tr>
<tr><td rowspan="5">위장관 합병증</td><td>오심/구토</td><td>• 가능한 등장성 영양액을 공급하며, 초기에는 주입속도를 늦추고 환자의 순응도에 따라 속도를 점차 증가
• 주입속도에 따라 공급 횟수, 1회 공급량 등을 조정</td><td rowspan="2">기계적 합병증</td><td>관막힘</td><td>• 영양액이나 약물 주입 전후로 관에 30~50mL의 수분을 주입해 관막힘을 방지
• 가능한 액상 약물을 사용하며, 알약의 경우 곱게 갈아 충분한 물을 이용하여 공급</td></tr>
<tr><td>위마비</td><td>• 매 급식 전 위잔류량 확인을 통해 위잔류량이 지속적으로 과다하게 관찰되거나 위장관 운동이 저하된 환자의 경우 위장운동 촉진제 사용을 고려</td><td>흡인</td><td>• 관의 위치와 위잔류량을 확인
• 하부식도괄약근의 기능 저하를 막기 위해 소구경관을 사용
• 급식 시작과 함께 완료 후 20~30분간 상체를 30도 이상 올림</td></tr>
<tr><td>설사</td><td>• 관련 약제 조정, 영양액 공급 속도 및 농도 조정, 관련 질환에 대한 의학적 처치를 실시</td><td rowspan="3">대사적 합병증</td><td>고혈당</td><td>• 인슐린이나 경구혈당강하제, 저탄수화물용 제제 사용
• 주입속도 감소</td></tr>
<tr><td rowspan="2">변비</td><td rowspan="2">• 충분한 수분 섭취와 함께 식이섬유가 함유된 영양액을 공급하거나, 변비완화제와 같은 약물 사용
• 필요 시 관장을 실시</td><td>재개급식 증후군</td><td>• 영양공급 시작 시 소량으로 시작하여 서서히 목표량까지 도달시킴</td></tr>
<tr><td>탈수</td><td>• 매일 체중 변화, 혈청 전해질, BUN/Cr 등을 관찰하여 수분 손실 여부를 평가
• 경관이나 정맥으로 충분한 수분을 공급</td></tr>
</table>

Know

경장영양 시 주의사항

- 영양액과 용기를 위생적으로 사용한다.
- 영양액을 8시간 이상 걸어두지 않는다.
- 실온이나 체온의 온도로 영양액을 주입한다.
- 영양액 주입 전후에 30~50mL의 물로 관을 세척한다.
- 영양액 주입 시와 주입 후 20~30분 정도는 침대 머리 부분을 30도 정도 높게 한다.
- 영양액 주입 시 주스나 약을 혼합하지 않는다.
- 환자에게 제공된 후 상온에서 4시간 이상 방치된 영양액은 폐기한다.

2) 정맥영양

(1) 정의

정맥영양Total Parenteral Nutrition, TPN은 정상적인 경로인 소화관으로 영양소를 공급할 수 없는 환자들에게 정맥을 이용하여 비경구적으로 영양을 공급하는 방법으로 공급경로에 따라 중심정맥영양Central Parenteral Nutrition, CPN과 말초정맥영양Peripheral Parenteral Nutrition, PPN으로 분류된다.

(2) 적용지침

정맥영양의 적용지침은 표 2-20과 같다.

표 2-20 입원한 성인 환자의 정맥영양(TPN) 사용에 관한 지침

구분	내용
TPN이 치료의 일환으로 시행되는 임상적인 예	• 위장관으로의 영양소 흡수가 불량한 환자 – 소장의 많은 부분을 절제한 환자 – 소장질환 환자 – 방사선치료(radiation therapy)에 의한 장염 환자(radiation enteritis) – 극심한 설사 환자 – 조절되지 않는 심한 구토 환자 • 다량의 화학요법(chemotherapy), 방사선 요법을 받는 환자와 골수이식 환자 • 중등도 혹은 극심한 췌장질환 환자 • 위장관의 기능이 저하된 심한 영양불량 환자 • 영양불량의 여부와 상관없이 5~7일 이상 위장관을 사용하지 못하는 심한 이화 상태(catabolic state)에 있는 환자
TPN을 금해야 하는 임상적인 예	• 위장관의 기능이 정상이고 영양소의 충분한 흡수가 가능한 환자 • TPN 단독 사용이 5일 이하로 예상되는 경우 • 응급수술을 요하는 환자로 수술이 TPN으로 인해 지연될 가능성이 있는 환자 • 환자 혹은 법적 대리인이 적극적 영양지원을 요구하지 않으며 이러한 행위가 병원의 정책과 현행법에 저촉되지 않는 경우 • 진단 결과 영양지원을 필요로 하지 않는 경우 • TPN의 시행에 따른 위험이 다른 치료의 장점을 오히려 상쇄한다고 판단될 때

출처 : ASPEN Board of Direction, JPEN J Parenter Enteral Nutr 10 : 441–445, 1986

(3) 투여경로

중심정맥CPN영양은 그림 2-3 (a)와 같이 상대정맥, 쇄골하정맥, 혹은 경정맥 등 대정맥을 통해서 영양액을 공급하는 것이다. 대정맥을 통과하는 혈류는 속도가 빠르기 때문에 삼투압이 높은 고농도의 용액을 공급해도 혈관에 손상을 주지 않아서 장기간 환자의 영양소 요구량을 용이하게 충족시킬 수 있다. 그러나 대사적 · 물리적 합병증과 감염 발생의 위험이 높다.

말초정맥PPN영양은 그림 2-3 (b)에서 보는 바와 같이 손이나 팔 앞쪽에 있는 작은 말초정맥을 통해서 영양소를 공급하는 것이다. 말초정맥은 고농도의 정맥용액에 의해서 통증이 유발되고 쉽게 손상될 수 있기 때문에 10~14일 정도의 단기간 동안만 사용될 수 있다. 또한 정맥염의 발생을 방지하기 위해 2~3일마다 교체해 주어야 하고, 말초정맥용액의 삼투압은 900mOsm/L 이하로 제한해야 하므로 수분 제한이 필요한 경우에는 영양소 공급에 제한이 따른다.

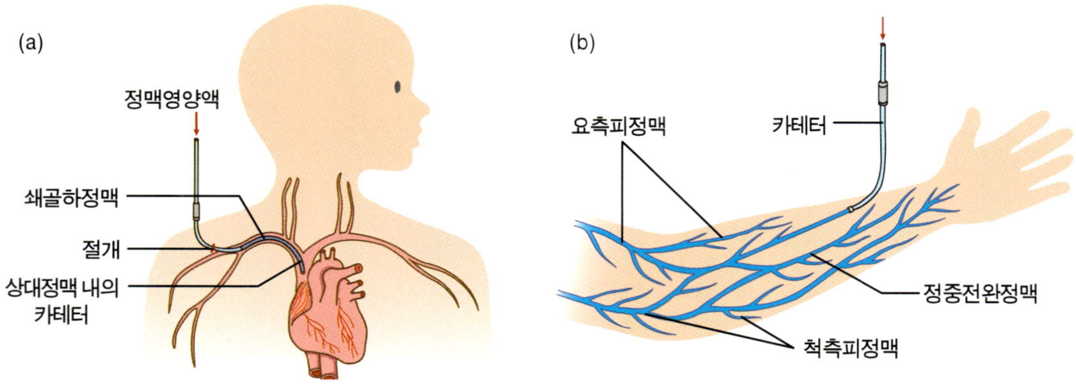

그림 2-3 중심정맥영양(a)과 말초정맥영양(b) 시의 튜브 삽입 위치

(4) 정맥영양액의 구성 성분

① 단백질

정맥영양액의 단백질 급원은 주로 아미노산 형태이다. 상업용 표준용액은 필수아미노산과 비필수아미노산이 결정 형태로 균형 있게 혼합되어 있으며 농도는 3~15%로 다양하며, 체중 kg당 4kcal의 열량을 공급한다부록 4.

② 탄수화물

탄수화물은 주된 열량원으로 탄수화물의 공급량 결정 시 환자의 열량 필요량, 포도당의 산화속도, 탄수화물과 지방의 비율을 고려하여야 한다. 탄수화물은 덱스트로즈 모노하이드레이트dextrose monohydrate 형태로 5~70%까지 농도가 다양하며 체중 kg당 3.4kcal의 열량을 제공한다. 두뇌와 적혈구 등은 열량원으로 탄수화물을 반드시 필요로 하므로 이를 위해 최소 요구량은 1mg/kg/min(약 100g/day)이며, 최대 공급량은 포도당의 산화속도를 고려하여 4~7mg/kg/min을 넘지 말아야 한다. 과다한 탄수화물 공급은 고혈당, 지방간, 탄산가스 생성 증가 등을 초래할 수 있기 때문에 주의가 필요하다.

③ 지방

지방은 유화액의 형태로 되어 있으며 필수지방산과 농축열량을 공급한다. 지방유화액의 성분은 대두유나 홍화유로 된 장쇄중성지방과 난황인지질 및 글리세롤로 구성되어 있다. 농도는 10~30% 정도이며, 10%, 20%, 30% 지방유화액은 각각 1.1kcal/mL, 2kcal/mL, 3kcal/mL의 열량을 제공한다. 난황의 인지질이 유화제로 이용되므로 달걀 알레르기가 있는 사람은 주의가 필요하다.

④ 비타민

정맥영양에 포함되는 비타민은 비타민 A, D, E, B_1, B_2, B_{12}, 니아신, 엽산, 판토텐산, 비오틴, 비타민 C 등이다. 한편, 상당수의 TPN 환자들이 항응고제를 공급받기 때문에 비타민 K는 정맥영양에 포함되지 않으며 필요시 근육이나 피하주사로 공급될 수 있다.

⑤ 전해질 및 무기질

정맥용액에 함유된 전해질은 칼슘, 마그네슘, 인, 나트륨, 칼륨, 염소 등이다. 수분 및 전해질 균형을 유지하기 위하여 매일 환자의 상태에 따라서 전해질 공급량을 적절하게 조정하여야 한다.

⑥ 수분

하루에 공급되는 정맥용액은 대체로 1.5~3L 정도이다. 중환자의 경우에는 처방된 정맥영양 용량이 전반적인 치료 계획과 조화를 이루어야 한다. 또한 심폐질환, 신장질환, 간부전 등이 있는 환자들은 수분공급에 대해 매우 예민하기 때문에 정맥으로 주입되는 약물이나 혈액으로 공급하는 수액제 등 기타 수분 공급량을 주의 깊게 관찰하여야 한다.

(5) 관리방법

정맥영양은 대사적 합병증을 초래할 가능성이 높기 때문에 안전하고 효율적인 영양지원을 위해서 주기적인 관찰이 실시되어야 한다. 정맥영양 시 가장 흔히 발생되는 합병증은 카테터catheter 부위에 병균의 침입으로 인한 감염이다. 이 밖에도 탈수, 저혈당, 고혈당, 각종 전해질 및 산염기 불균형 등의 대사적 합병증이 발생될 수 있고, 담즙울체, 간기능 이상, 위장 융모의 퇴화 등 소화기관의 합병증이 발생될 수 있다.

Know

특수의료용도식품

- 특수의료용도식품은 정상적으로 섭취, 소화, 흡수 또는 대사할 수 있는 능력이 제한되거나 손상된 환자 또는 질병이나 임상적 상태로 인하여 일반인과 생리적으로 특별히 다른 영양요구량을 가진 사람의 식사의 일부 또는 전부를 대신할 목적으로 이들에게 경구 또는 경관급식을 통하여 공급할 수 있도록 제조, 가공된 식품이다.
- 식품위생법으로 관리되고 있으며 분류체계는 다음과 같다.

특수의료용도식품		
표준형 영양조제식품	맞춤형 영양조제식품	식단형 식사관리식품
(1) 일반환자용 균형영양조제식품 (2) 당뇨환자용 영양조제식품 (3) 신장질환자용 영양조제식품 (4) 장질환자용 단백가수분해 영양조제식품 (5) 암환자용 영양조제식품 (6) 열량 및 영양공급용 식품 (7) 연하곤란자용 점도조절 식품	(1) 선천성대사질환자용조제식품 (2) 영 · 유아용 특수조제식품 (3) 기타환자용 영양조제식품	(1) 당뇨환자용 식단형 식품 (2) 신장질환자용 식단형 식품 (3) 암환자용 식단형 식품

출처: 식약처 누리집, www.mfds.go.kr

CHAPTER 3

위장관질환

1. 위장관의 구조와 기능 | 2. 식도질환 | 3. 위질환 | 4. 장질환

CHAPTER 3

학습목적

위장관의 기능과 주요 위장관질환의 병태생리를 이해하고, 위장관질환 환자의 영양평가 시행 결과에 따른 식사요법에 활용할 수 있다.

학습목표

- 소화기의 구조와 기능에 대해 설명할 수 있다.
- 연하곤란의 특성을 설명할 수 있다.
- 위식도역류질환의 원인과 증상을 알고 식사요법에 활용할 수 있다.
- 위염, 위하수증, 소화성궤양의 원인과 증상을 알고 식사요법에 활용할 수 있다.
- 덤핑증후군의 원인과 증상을 알고 식사요법에 활용할 수 있다.
- 설사 및 장염의 원인과 증상을 알고 식사요법에 활용할 수 있다.
- 이완성변비와 경련성변비의 원인과 증상을 알고 식사요법에 활용할 수 있다.
- 염증성장질환, 게실질환의 식사요법을 설명할 수 있다.
- 흡수불량증후군의 원인과 증상을 알고 식사요법에 활용할 수 있다.
- 과민성장증후군의 원인과 증상을 알고 식사요법에 활용할 수 있다.

1. 위장관의 구조와 기능

소화기계는 구강을 시작으로 인두, 식도, 위, 소장(십이지장, 공장, 회장), 대장(맹장, 결장, 직장), 항문으로 구성된다. 소화기계는 음식물을 섭취하여 소화·흡수하고 배설하는 소화관과 음식물을 소화·흡수하는 데 필요한 물질을 생성·분비하는 타액선, 간, 담낭, 췌장 등의 부속기관으로 구성되어 있다그림 3-1.

소화관은 일반적으로 점막층mucosa, 점막하층submucosa, 근육층muscularis propria, 장막층serosa의 구조로 이루어져 있고, 근육층은 윤상근과 종주근으로 이루어져 연동 운동과 분절 운동이 가능하다그림 3-2.

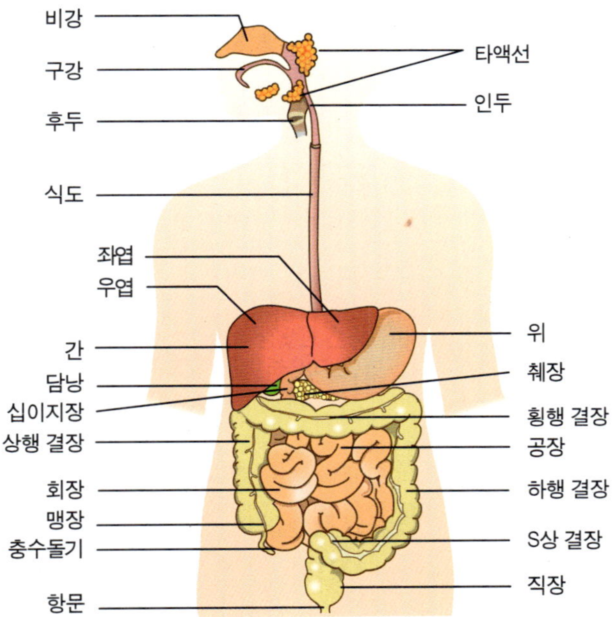

그림 3-1 소화기계 구조

1) 구강(Oral cavity)

구강은 입과 인두로 구성되며 식도로 연결이 된다. 구강에서는 섭취한 음식물이 치아에 의해 잘게 부서지고(저작 운동) 타액에 함유된 소화효소와 잘 혼합되어(소화작용) 음식물이 인두로부터 식도로 내려가게(연하 운동) 된다. 타액은 탄수화물 소화효소인 프티알린ptyalin, α-amylase을 함유하고 있어 전분을 덱스트린과 맥아당으로 가수분해하여 탄수화물 소화를 시작한다.

식도는 인두에서 위로 음식을 전달하는 관이다. 구조는 소장과 유사하나 장간막mesentery이나 융모막chorion이 없고 흡수 기능을 갖지 않는다. 식도 상부에 있는 상부식도괄약근은 음식물을 삼킬 때를 제외하고는 공기가 위로 들어가는 것을 방지하기 위해 항상 닫혀 있고, 식도와 위의 경계에 있는 하부식도괄약근은 위의 내용물이 식도로 역류하는 것을 방지하기 위해 항상 수축하고 있다.

2) 위(Stomach)

위는 횡격막 아래 좌측에 위치하고 있으며 J자 형태로 위저부, 위체부, 전정부로 구성되어 있고, 식도와 연결되는 부분을 분문, 십이지장으로 연결되는 부분을 유문이라 한다그림 3-2. 분문부와 유문부는 괄약근 구조로 이루어져 있어 음식물이 일단 위로 넘어가면 역류를 막아주며, 섭취한 음식물을 저장하고 혼합하여 미즙chyme상태가 된 후 십이지장으로의 위배출을 조절하는 일을 한다그림 3-3. 위 용량은 개인차가 있지만 성인은 1,200~1,400mL 정도이다.

위 점막에는 많은 주름이 잡혀 있고, 위 점막 속 깊이 주름을 덮고 있는 세포들은

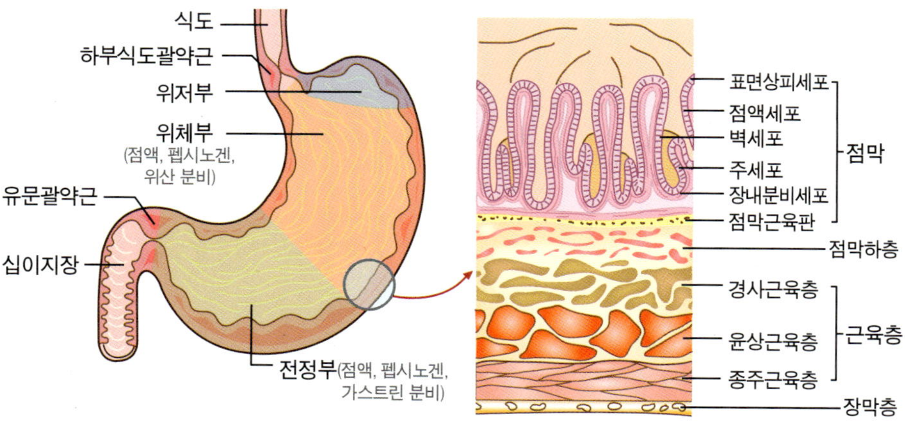

그림 3-2 위의 구조

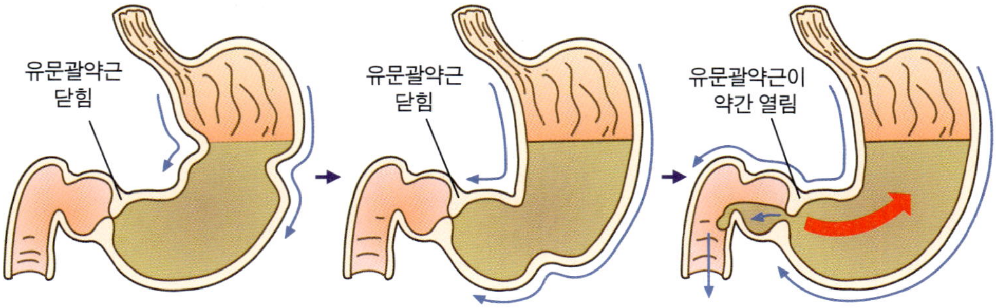

그림 3-3 위 배출

위선을 형성하여 이곳에서 위액을 분비한다. 위액은 위산HCl, 펩신pepsin, 점액mucus과 내인성 인자intrinsic factor를 함유하고 있으며, 보통 1~2L 정도이고 질병 시에는 8L에 달하는 경우도 있다. 위액 분비는 육류나 아미노산, 칼슘, 카페인, 알코올 등에 의해 촉진된다.

점막에 분포하는 벽세포parietal cell는 위산과 내인성 인자를 분비한다. 위산은 평균 pH 1.6~2.0으로 강력한 살균 기능이 있어 위와 소장의 감염을 예방하며, 주세포chief cell에서 분비되는 비활성형 펩시노겐을 활성형 펩신으로 전환하여 단백질 소화를 돕고, 철을 Fe^{3+}에서 Fe^{2+}로 환원시켜 철 흡수를 촉진시킨다. 또한 위산은 G세포에서 분비되는 호르몬인 가스트린gastrin 분비를 억제하고 세크레틴의 분비를 자극한다. 내인성 인자는 비타민 B_{12}와 결합하여 회장에서 B_{12}의 흡수를 돕는다. 주세포는 펩시노겐을 분비하고, 점액세포mucous cell는 점액을 분비하여 점막층을 형성하므로 위액 분비로 인한 자가소화를 막는다.

2. 식도질환

1) 연하곤란(Dysphagia)

연하곤란은 입으로 들어온 음식물이 인두, 식도로 이동하는 과정에서 음식물을 삼키는 것이 어렵거나 불편한 증상을 말한다. 연하과정은 구강 단계, 인두 단계, 식

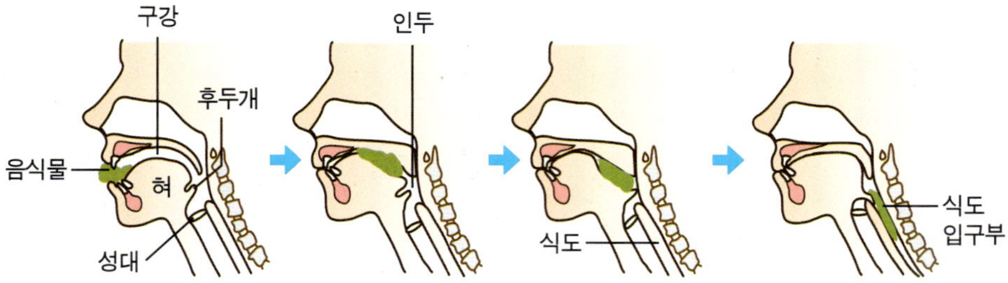

그림 3-4 연하과정

도 단계로 구분할 수 있다그림 3-4. 구강 단계는 입 안의 음식물을 혀를 이용하여 인두의 뒷부분으로 밀어내는 구강 통과가 이루어지는 단계이다. 인두 단계는 음식물이 인두를 통해 상부식도괄약근으로 이동하는 단계이며, 식도 단계는 식도로 들어온 음식물을 위로 내려 보내는 단계이다.

(1) 원인과 증상

연하곤란은 연하과정의 모든 단계에서 나타날 수 있다. 특히, 인두 단계에서의 연하곤란은 뇌졸중, 뇌손상, 파킨슨병, 신경계 마비 등에 의해 연하 중추가 손상되어 인두에서 연하운동이 제대로 이루어지지 않아 나타난다. 식도 단계에서의 연하곤란은 식도의 종양, 협착 등으로 식도 내경이 좁아지거나 식도운동장애가 원인이 되어 나타난다. 이처럼 연하운동의 문제나 식도의 직경이 좁아져 음식물을 통과시키기에 문제가 발생되어 나타나는 것으로 구분할 수 있다.

연하곤란의 증상은 음식물이 기도로 들어가면서 사레가 들리거나 기침이 발생하는 경우 등이 있다. 연하장애와 함께 후각과 미각의 저하, 식욕 저하, 타액 분비의 저하 등으로 식사섭취가 감소될 수 있으며 이로 인해 체중감소, 영양소 결핍 등이 나타날 수 있다. 액체를 삼킬 수 없는 경우 탈수의 위험이 증가한다.

(2) 식사요법

연하곤란은 원인에 따라 식사 형태를 다르게 제공한다. 음식물이 식도가 아닌 기도로 넘어가 흡인성 폐렴이 발생될 우려가 있으므로 식사 시 바른 식사자세와 같은 식행동의 주의가 필요하다.

① 연하운동 장애에 의한 연하곤란인 경우

- 음료나 국물과 같은 유동식은 흡인성 폐렴의 위험이 크므로 피하고, 필요시 점도 증진제를 이용하여 점도를 조절하여 제공한다.
- 육류나 생선과 같은 고형식은 부드럽게 조리하고, 환자의 상태에 따라 갈거나 다져서 제공한다.
- 입 안에서 끈적끈적하게 달라붙거나 건조해서 흩어지는 음식은 피하고, 부드럽고 걸쭉한 형태로 제공한다.
- 자극이 될 수 있는 향신료, 너무 뜨겁거나 찬 음식은 피한다.

② 식도 단계에서의 연하곤란인 경우

- 고형식은 식도에서의 이동이 어려우므로 점도를 조정하여 제공하거나 유동식 형태로 제공한다.

③ 연하곤란 시 식사 행동

- 똑바로 앉은 자세에서 턱을 약간 아래로 당기는 자세를 가능한 식사 후 20~30분 동안 유지한다.
- 소량씩 천천히 섭취하도록 하고, 음식물을 삼킨 상태에서 두세 번 더 삼키는 과정을 반복한다.
- 식사에 집중할 수 있도록 말을 하지 않도록 하고, 젓가락 사용을 금하며 숟가락을 사용한다.

2) 위식도역류질환(Gastroesophageal Reflux Disease, GERD)

정상적인 식도는 하부식도괄약근의 수축으로 위 내용물이 역류되는 것을 막는데 위식도역류질환은 위 내용물이 식도로 역류하여 불편한 증상을 유발하거나 이로 인하여 합병증을 유발하는 질환이다. 전 세계적으로 유병률이 점차 증가하고 있으며, 우리나라의 경우도 유병률이 증가하고 있다.

위식도역류질환은 하부식도괄약근의 이완 또는 압력 감소에 의해 발생할 수 있다. 하부식도괄약근은 식사(고지방식, 가스 발생식품 : 커피, 마늘, 양파), 음주, 흡연, 약물, 호르몬(가스트린, 에스트로겐, 프로게스테론) 분비 증가, 식도의 운동 이상, 잦은 구토 등으로 인해 압력이 감소할 수 있다. 복부비만, 지나치게 조이는 옷, 임신도 복압을 상승시켜 위식도역류질환의 원인이 될 수 있고, 식사 후 바로 눕기, 취침 전 음식 섭취 등도 식도 역류를 초래할 수 있다그림 3-5. 또한 횡격막과 하부식도괄약근을 연결하는 부분이 느슨해져 발생하는 열공성 탈장도 위식도역류질환을 발생시킨다그림 3-6.

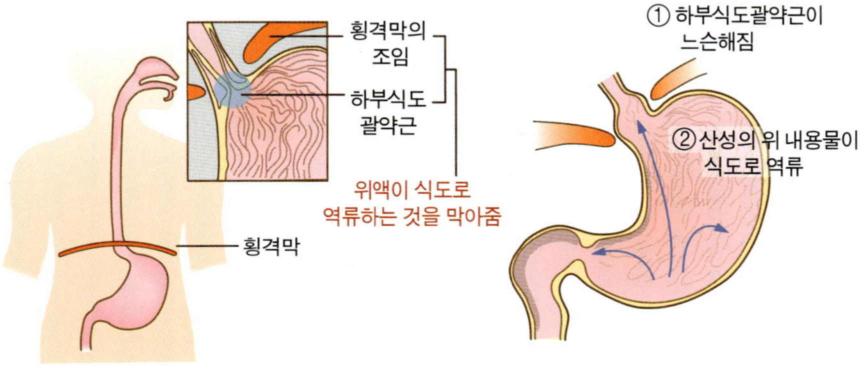

그림 3-5 위식도역류질환

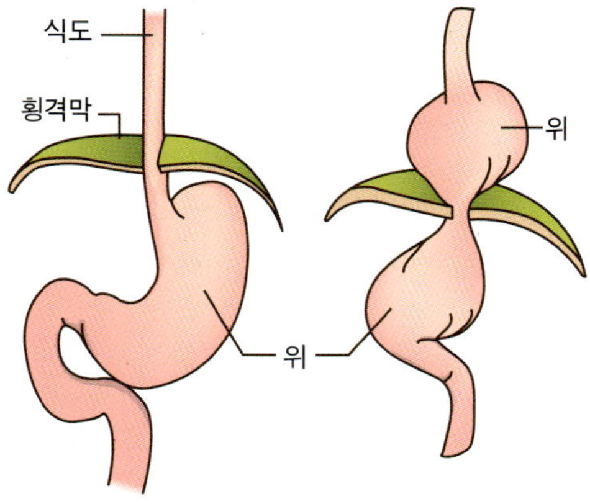

그림 3-6 열공성 탈장

대표적인 증상은 위액의 식도 역류가 발생하여 가슴의 중앙 부위가 타는 듯한 통증을 느낄 수 있고, 만성적으로 나타나면 식도 점막이 손상되어 출혈이 발생하며 염증이나 궤양이 나타날 수 있고 심한 경우 식도 협착의 원인이 되기도 한다.

3) 식도염(Esophagitis)

식도 점막에 염증이 발생하는 질환으로 가장 흔한 원인으로는 위산 역류가 있으며 바이러스 감염, 약물 복용, 관 삽입, 방사선 치료 등에 의해 식도 점막이 손상되어 발생되기도 한다. 증상이 없는 경우도 있고 음식물을 삼킬 때 통증이나 연하곤란 등이 나타나며 심한 경우 출혈이 나타난다. 식사요법은 위식도역류증과 유사하다.

4) 식도질환의 식사요법

식도질환에서는 위산 분비를 촉진하는 식품 및 식도에 자극이 될 수 있는 식품을 제한하고, 손상된 조직이 재생될 수 있는 식사요법을 실시한다.

- 비만으로 인한 경우 체중 감량을 계획한다.
- 소화가 잘되는 음식을 소량씩 자주 섭취하고 고지방식, 과식을 피한다.
- 하부식도괄약근을 이완시킬 수 있는 술, 담배, 카페인, 초콜릿, 커피, 가스 발생 식품(탄산음료, 양파, 마늘 등) 및 강한 향신료는 제한한다.
- 감귤류 주스, 토마토 등 산도가 높은 음식과 거친 음식은 피한다.
- 위산이 식도로 역류하는 것을 막기 위해 식후 곧바로 눕지 않으며 꼭 끼는 옷은 삼간다.
- 취침 3~4시간 전부터 음식물 섭취를 피하고, 식사 후 바로 눕지 않는다.

3. 위질환

1) 위염(Gastritis)

위염은 위 점막에 염증이 발생하여 통증이 동반되는 것으로 염증과 증상이 급격하게 나타나는 급성위염과 몇 달이나 몇 년에 걸쳐 증상이 심해졌다 약해졌다 반복적으로 나타나는 만성위염이 있다그림 3-7.

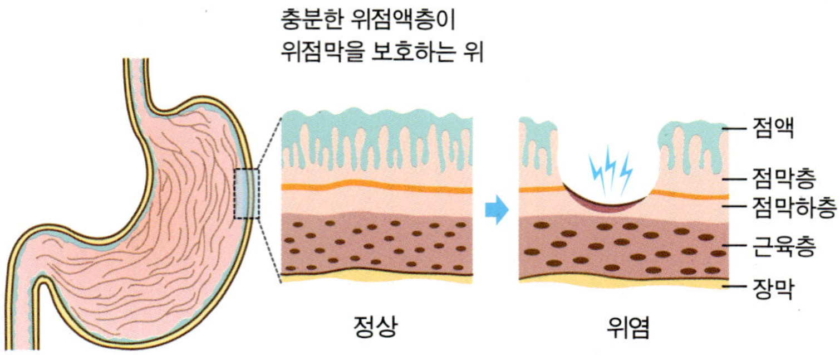

그림 3-7 위염 발생기전

(1) 급성위염(Acute gastritis)

① 원인과 증상

급성위염은 폭음, 폭식, 특정한 식품의 알레르기, 약물의 복용, 극심한 스트레스, 식중독, 부적절한 식사, 헬리코박터 파일로리*Helicobactor pylori* 감염 등의 원인에 의해 발생한다. 2~3일 정도면 치료가 되지만 오래 방치하면 만성화되어 치료하기 어려워진다.

급성위염의 증상으로 구토, 상복부 통증, 발열, 속쓰림, 메스꺼움, 위 팽만감, 식욕부진, 설사 등이 있으며, 심한 경우 토혈, 하혈, 쇼크를 일으킨다.

② 식사요법

급성위염은 대개 특정한 원인이 있으므로 원인이 되는 물질을 제한하고, 적절한 식사관리를 하여 만성위염으로 진행되지 않도록 한다.

Know

헬리코박터 파일로리(*Helicobactor pylori*)

- 위점막과 점액 사이에 기생하는 나선 모양의 세균이다.
- 주로 유문 부위에 살면서 요소를 분해하는 효소인 우라아제(urease)를 분비하여 암모니아를 생성하고 위산을 중화함으로써 헬리코박터 파일로리가 살기 좋은 환경을 만들고 독성물질을 분비하여 위점막을 손상시킨다.
- 감염 경로는 정확하게 알려지지 않았지만 경구감염, 내시경 등의 의료기구, 액상 음식을 한 그릇에 놓고 함께 먹거나 비위생적인 생활습관을 통해 전염된다.
- 증상은 대부분 무증상이고 일부에서만 가벼운 소화불량, 위염(급성 · 만성활동성, 미란, 만성위축성), 궤양(위, 십이지장), 위암 등의 질환으로 나타난다.
- 진단은 혈액 검사나 위내시경하 조직검사, 요소호기 검사((Urea Breath Test, UBT) : 튜브를 통해 숨을 내쉬게 하여 공기를 모아 검사)를 통해 알 수 있다.
- 이 세균에 감염된 모든 환자가 치료를 받아야 할 필요는 없으나 궤양, 조기 위암, 변연부 B세포 림프종 등의 환자는 반드시 치료를 받아야 한다.
- 치료는 제균 치료인 항생제와 궤양을 치료하는 약제를 섞어 약 1~2주 정도 약을 복용하고, 복용 후 70% 정도 균이 없어지며 치료 4주 후에 세균이 모두 박멸되었는지 재검사를 시행해야 한다.

- 원인이 되는 요인을 제거하고, 1~2일간 절식을 한다. 이때 구토가 심한 경우에는 비경구적으로 수분과 전해질을 공급한다.
- 증상이 가라앉으면 맑은 유동식(보리차, 맑은 사과주스, 끓여서 식힌 물, 맑은 국 국물 등)을 시작하고, 환자의 상태가 호전되면 미음에서 연식, 일반식으로 진행한다.

(2) 만성위염(Chronic gastritis)

① 원인과 증상

만성위염은 급성위염으로부터 이행되기도 하고, 처음부터 만성으로 진행되어 발병하기도 한다. 염증이 점막 표층부에 생기는 표재성 위염(급성위염)이 초기에 나타나고, 이때 위산 분비는 증가한다. 이후 염증이 지속되면 위분비선이 위축되어 위산 분비가 저하되는 위축성위염(저산성위염)이 나타난다. 위축성위염은 원인이 확실하지는 않지만 고령자에게 많이 나타나 노화에 따른 위점막의 위축과 관련이 있고, 불규칙적인 생활습관, 폭음, 폭식 등에 의한 것으로 알려져 있다. 증상은 일정하지 않으며 급성위염의 증상 외에 압박감, 변비, 권태감, 체중 감소, 철과 비타민 B_{12} 흡수불량으로 인한 빈혈 등이 나타난다.

② 식사요법

만성위염은 위액 중의 산농도 차이에 따라 저산성(무산성)과 과산성위염으로 구분하여 식사요법에 차이를 둔다.

저산성 만성위염

저산성 만성위염은 노화에 따른 위선 위축과 위액 분비 장애로 주로 노인에게 많이 나타난다. 위산 분비 감소로 음식물 살균작용 저하, 단백질 소화장애, 철 흡수 저하, 내인성 인자 생성 부족으로 인한 비타민 B_{12} 흡수불량 등이 나타날 수 있다. 이러한 증상이 지속되면 영양소의 소화흡수 장애로 인해 체력저하가 나타난다. 따라서 위점막을 보호하고, 위선의 위축을 억제하며 위액 분비를 촉진하는 것을 식사요법의 원칙으로 한다.

- 식사시간을 규칙적으로 지키고, 소량씩 자주 섭취한다.
- 단백질 소화에 장애가 있으므로 영양가가 높고, 소화흡수가 좋은 단백질 식품을 선택한다. 지방을 제거한 육류, 흰살생선, 달걀, 우유, 치즈 등을 부드럽게 조리하여 영양공급을 한다.
- 빈혈을 예방하기 위해 철 함량이 많은 식품(쇠간, 쇠고기, 굴, 난황 등)을 섭취하도록 한다.
- 위에 부담이 적은 탄수화물 위주의 식이섬유가 적은 식사를 한다.
- 지방은 위에서 배출 속도를 지연시키므로 제한한다.
- 위산 분비를 촉진하는 유자차, 홍차, 주스, 요구르트 등을 식전에 섭취하는 것도 도움이 될 수 있다.
- 과일, 과즙, 향신료(파, 마늘, 생강) 등은 식욕을 향상시키므로 적당히 이용한다.
- 알코올과 커피는 위액 분비를 촉진시키지만 위염이 있는 경우는 피하도록 한다.

과산성 만성위염

과산성 만성위염은 위산 분비가 항진되어 음식물의 자극에 예민하므로 저산성 만성위염의 식사요법과 반대로 실시한다.

- 과음, 과식, 지나치게 뜨겁거나 찬 음식, 알코올, 탄산음료, 향신료, 커피, 흡연 등 위점막을 자극해서 위액 분비를 촉진시키는 음식을 제한한다.
- 일반적인 식사를 하되 부드럽고 소화가 잘되는 식품을 선택한다.
- 탄수화물 위주로 열량을 충분히 공급한다.
- 적절한 단백질과 유화지방 공급으로 위벽을 보호하고 재생시켜 통증을 완화시킨다. 단백질은 위산의 완충작용도 하지만 위산 분비를 촉진시키는 작용도 있어 상처 부위를 자극할 수 있으므로 단백질이 과다 섭취되지 않도록 주의한다.
- 만성위염은 장기간 계속된 질병이므로 영양부족이 되지 않도록 주의한다.
- 식사시간을 규칙적으로 하며, 공복시간이 너무 길지 않도록 횟수를 조절한다.
- 음식을 천천히 잘 씹어 섭취하는 바람직한 식습관을 갖도록 한다.

2) 소화성궤양(Peptic ulcer)

소화성궤양은 위나 소장의 점막이 펩신이나 위산에 노출되어 점막조직이 헐어 조직이 떨어져 나간 것뿐 아니라 근육층까지 침범한 것을 말한다그림 3-8. 궤양 발생 부위에 따라 식도궤양esophageal ulcer, 위궤양stomach ulcer, 십이지장궤양duodenal ulcer 등으로 불린다.

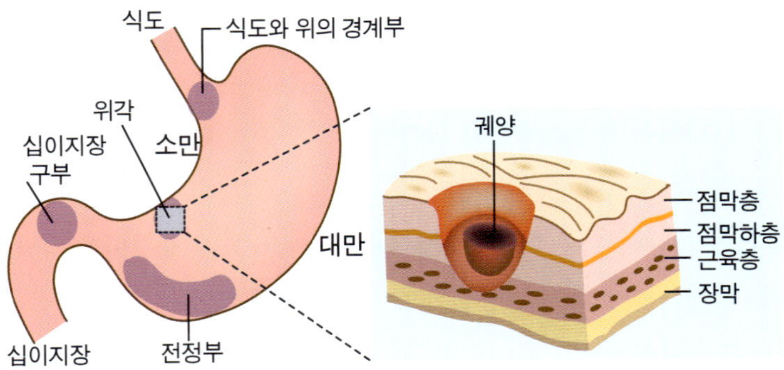

그림 3-8 소화성궤양의 주요 발병 부위

(1) 원인과 증상

소화성궤양은 위에서 분비되는 위산이나 펩신 같은 공격인자와 산에 의한 내막 손상을 방지하는 점액, 중탄산염, 점막 혈류 등의 보호인자 간의 균형이 깨질 경우 발생할 수 있다그림 3-9. 최근에는 비스테로이드성 소염제Non-Steroidal Anti-Inflammatory Drugs, NSAID나 헬리코박터 파일로리의 감염에 의한 궤양이 발생할 수 있고, 스트레스, 흡연, 음주, 자극적인 식사, 불규칙적인 식사시간 등도 소화성궤양을 유발하는 요인이 된다.

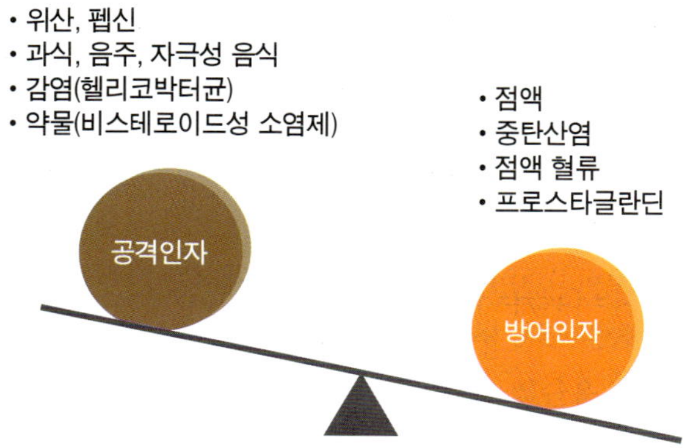

그림 3-9 소화성궤양의 공격인자와 방어인자

십이지장궤양은 위궤양보다 4~5배 많이 발생하는데, 위산의 과잉 분비와 위의 빠른 배출이 십이지장 내에서의 중화능력을 감소시켜 발생할 수 있다. 위궤양은 음식물 섭취로 인해 통증이 유발되어 식사 섭취가 감소하는 반면, 십이지장궤양은 음식물이 위를 빠져나간 후 공복 또는 야간에 통증이 나타나기 때문에 식욕은 증가한다표 3-1.

궤양의 증상은 없는 경우도 있고, 출혈, 천공과 같은 심각한 합병증에 이르기까지 다양하게 나타나는데 대표적으로 상복부 통증과 속쓰림이 가장 많다. 그 외에 잦은 신트림, 더부룩한 느낌, 식욕부진, 상부 위장관 출혈, 천공에 따른 심한 복통 및 발열, 반복적인 궤양에 따른 합병증으로 위장관 폐쇄 등의 증상이 나타날 수 있다. 또한 음식물 섭취가 감소하여 영양결핍으로 인한 체중 감소와 철 흡수 불량으로 빈혈이 나타나기 쉽다.

표 3-1 위궤양과 십이지장궤양의 차이

상태	위궤양	십이지장궤양
통증 부위	명치를 중심으로 넓은 부위, 특히 소만 부위에 발생이 많음	명치의 약간 오른쪽 국소 부위, 유문 바로 아래, 십이지장이 시작되는 부위에 발생
통증 시기	식후 30~60분	식후 2~3시간, 야간(자정~새벽 3시)
통증 증상	쓰리거나 뒤틀리게 아픔	찌르듯이 아픔
증상	식후 복부 팽만감, 오심, 구토	공복감이 있으면서 쓰리고 찌르는 통증(음식물 섭취로 통증 완화)
식욕	저하	증가
출혈 양상	토혈	혈변

(2) 식사요법

소화성궤양의 식사요법 목표는 궤양의 원인 요소를 제거하고 충분한 영양을 공급하여 신속하게 상처를 회복하는 것이다. 식사요법은 급성 단계(출혈 시)와 회복 단계(비출혈 시)로 구분된다.

① 급성궤양식(출혈 시)

- 출혈이 있으므로 지혈이 목적이고, 1~2일간 금식을 하면서 절대 안정한다.
- 출혈이 멈추면 맑은 유동식으로 시작하여 유동식, 연식의 단계로 서서히 진행한다.

② 만성궤양식(비출혈 시)

위 점막을 자극하고 과량의 위산 분비를 유발하는 식품과 음료, 위장 점막에 손상을 주는 음식을 제한하고, 소화가 잘되고 자극성이 없는 식사로 상처 회복에 필요한 영양소를 충분히 보충하는 것이 중요하다. 회복되는 상태에 따라 식사 횟수와 양을 조절한다.

- 위 점막을 자극하는 알코올, 카페인, 흡연, 약물, 고춧가루, 후추, 겨자 등의 강한 향신료 섭취는 피한다.
- 단백질은 위산 분비를 촉진시키지만 궤양의 치유와 회복을 위해 양질의 단백질과 비타민 C가 필요하다. 따라서 소화되기 쉬운 형태의 흰살생선, 달걀, 두부, 살코기와 시지 않은 과일을 섭취한다.

- 탄수화물은 위산 분비를 촉진하지 않고, 위에 체류하는 시간이 짧아 위에 자극이 적으므로 충분히 섭취한다.
- 식이섬유는 위산 중화 효과와 위장관 통과속도를 늦추므로 수용성 식이섬유로 섭취한다.
- 우유는 일시적으로 위산 중화 효과가 있으나, 섭취 후 2~3시간 후에는 단백질과 칼슘이 위산 분비를 증가시키므로 다량의 우유 섭취는 제한한다.
- 소화가 잘되는 조리법(찌기, 데치기, 끓이기, 삶기 등)을 선택한다.
- 야간의 위산 분비를 억제하기 위해서 저녁 간식은 금한다.

(3) 궤양에 제한해야 하는 음식

맵고 짠 음식(김치류, 찌개 등), 지방이 많은 음식(부침, 볶음, 튀김 등), 인스턴트식품, 식이섬유가 많은 식품(나물, 겉절이, 해조류, 샐러드 등), 과자류(탄산나트륨

표 3-2 소화성궤양 환자에게 허용하는 식품과 주의해야 할 식품

구분	허용식품	주의식품
곡류	도정한 곡류, 쌀밥, 죽, 정제된 밀, 비스킷, 빵, 크래커, 감자	통밀, 종자류, 현미, 도정하지 않은 곡류, 팝콘
어육류	기름기 적은 육류, 흰살생선, 닭고기, 달걀, 두부	향신료를 많이 사용한 육류, 훈제품, 말린 콩
국, 수프류	향이 진하지 않고 식이섬유가 적은 채소로 된 국과 크림수프	진한 고깃국, 진한 멸칫국물
채소	통조림, 조리 또는 냉동한 것, 향이 약하고 식이섬유가 많지 않은 채소	향이 강한 채소(셀러리, 미나리 등), 식이섬유가 많은 채소(산나물 등) 줄기와 껍질 부위
지방	크림, 버터, 식물성유지	견과류, 양념을 많이 한 샐러드 드레싱
우유	우유, 두유	당분 함량이 높은 요구르트
과일	통조림, 조리한 과일, 주스, 시지 않은 과일	식이섬유가 많거나 신맛이 강한 과일
후식	당분과 지방질이 많지 않은 후식류	수정과, 식혜, 잼, 초콜릿, 견과류가 포함된 사탕류
음료	곡류 음료, 카페인이 없는 커피	탄산음료, 커피
기타	간장, 소금, 버터, 마가린, 식용유, 설탕, 된장, 마요네즈	고춧가루, 후춧가루, 겨자, 파, 마늘, 카레, 매운 김치 등

이 첨가된 것, 약과 등), 각종 조미료 등은 위산 분비를 자극하고, 위점막을 손상시키므로 제한해야 한다표 3-2.

3) 덤핑증후군(Dumping syndrome)

덤핑이란 '한꺼번에 쏟아버린다'라는 뜻으로 위를 부분 또는 전체 절제하는 수술을 받은 환자에게 대부분 나타나는 증상이다. 이 증상은 위절제 수술 정도에 따라 발생 정도도 다르게 나타나지만, 수술 후 6개월에서 길게는 1~3년간 나타나기도 한다.

(1) 원인과 증상

위절제 수술로 인해 유문이 절제되거나 위나 식도를 공장에 연결시키는 수술로 인해 음식물이 위에서 유미즙이 되어 연동운동을 통해 천천히 십이지장으로 이동되는 정상적인 소화과정을 거치지 못하고, 위의 음식물이 십이지장이나 공장으로 빨리 한꺼번에 쏟아져 들어가면서 나타나는 증상이다. 덤핑증후군의 증상은 식후 경과시간에 따라 조기 덤핑증후군과 후기 덤핑증후군으로 구분된다그림 3-10.

조기 덤핑증후군 증상은 식후 10~30분 이내에 나타난다. 덩어리진 음식이 십이지장과 공장으로 급속히 들어오면서 소장의 내용물이 고농도가 되고, 이에 삼투 농도를 낮추기 위해 혈장이나 세포 외액이 소장 내로 들어와 장은 팽만해지며 설사와 복통이 나타난다. 이러한 체액 흐름의 변화로 순환하는 혈액의 양이 줄어들어 심박출량은 감소하고 심박동수는 증가하며, 순환하는 혈류량 감소로 인해 기립성저혈압과 현기증이 나타난다.

후기 덤핑증후군 증상은 식후 1~3시간 사이에 나타난다. 소장에서 영양소의 흡수가 빠르게 일어나면서 급격한 혈당 상승으로 고혈당이 나타나고, 이로 인해 인슐린이 과다 분비되어 저혈당이 나타나 식은땀, 손발 떨림, 불안, 현기증, 무력증 등의 증상이 나타난다.

일반적으로 덤핑증후군에서는 위산과 펩신 부족으로 단백질 소화와 철 흡수에 장애가 생기고, 내인성 인자 생성 부족으로 비타민 B_{12} 흡수가 저하되며, 십이지장의 팽창으로 담즙 분비가 억제되어 지방의 소화가 어려워진다.

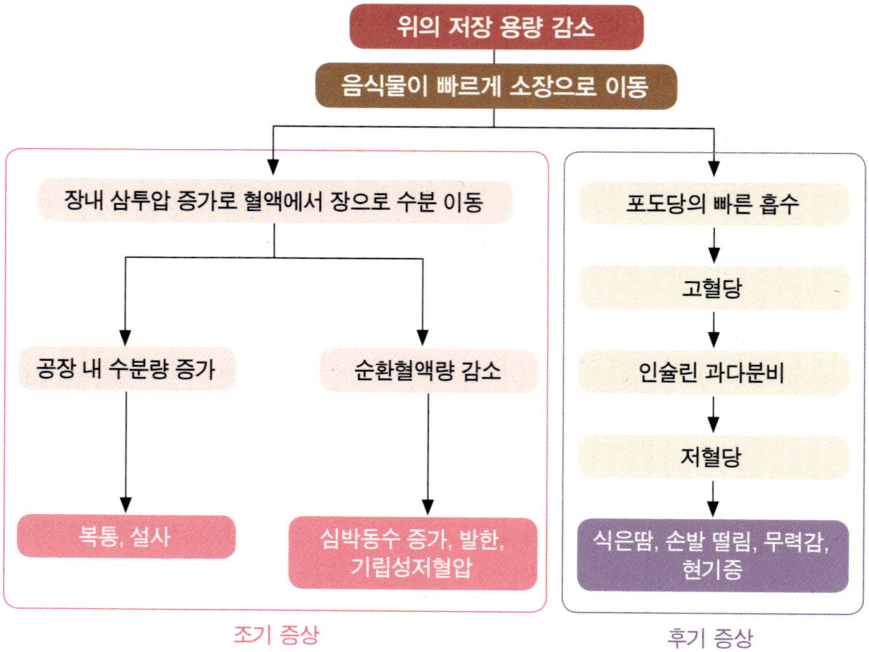

그림 3-10 덤핑증후군의 증상

(2) 식사요법

덤핑증후군 증상을 최소화하기 위해서는 고장액을 유발하는 음식 섭취를 피하고 음식물이 천천히 이동할 수 있게 소량씩 자주 섭취하도록 한다. 덤핑증후군의 식사는 고단백, 중지방, 중탄수화물 식사로 제공하는 것을 원칙으로 한다.

- 식사는 소량씩 자주 섭취하며, 횟수는 개인의 적응 정도에 따라 6~8회로 한다.
- 단순당은 소장에서 가수분해가 빨라 덤핑 증상을 가속화하기 때문에 엄격히 제한한다.
- 단백질과 지방을 주 열량 공급원으로 하며 만일 지방변이 있으면 지방도 제한한다. 이때에는 중쇄중성지방Medium Chain Triglyceride, MCT 오일을 사용할 수 있다.
- 액체는 식사 도중에는 피하고 물은 식간에 조금씩 마신다.
- 유당불내증이 있으면 일반 우유를 제한하고 락토프리 제품을 사용하거나 두유로 대체할 수 있다.
- 과일이나 채소에 함유된 펙틴과 같은 적당량의 식이섬유는 덤핑증후군의 치료

Know

중쇄중성지방(Medium Chain Triglyceride, MCT)

중쇄중성지방은 탄소수 8~12개 정도의 지방산으로 구성된 것으로 1g당 8.3kcal의 열량을 내며, 장쇄중성지방과 다르게 소화, 흡수, 운송되기 때문에 지방 소화가 어려울 때 이용될 수 있다. 중쇄중성지방의 특징은 다음과 같다.

- 흡수되기 위해 담즙염에 의한 미셀을 형성할 필요가 없다.
- 림프관을 통해 들어오지 않고, 문맥을 통해 빠르게 운송된다.
- 킬로마이크론을 형성하지 않으므로 산화되기 위해 지단백 분해효소가 필요하지 않다.

에 도움이 된다. 식이섬유는 음식물이 위를 통과하는 시간을 지연시키고, 탄수화물 흡수를 지연시켜 저혈당 증세를 완화시킨다.

- 식사는 체온과 비슷한 온도로 제공한다.
- 음식물이 소장으로 넘어가는 속도를 지연시키기 위해 식후 바로 움직이지 않고 누워 있으면 도움이 된다.

4) 위하수증(Gastroptosis)

위하수증은 위가 배꼽 아래까지 길게 늘어진 상태를 말하는데 위의 내용물을 장으로 내려 보내는 힘이 약하고 소화능력도 떨어진다.

(1) 원인과 증상

위하수증의 원인으로는 활동부족인 생활과 과식 및 폭식 등이 있다. 증상은 식후 위의 압박감이나 복부 팽만감 등을 느끼고, 소량의 식사에도 만복감을 갖게 된다.

(2) 식사요법

위에 장시간 머무르지 않으면서 위에 부담을 주지 않고 소화가 잘되며, 식욕을 촉진시켜 줄 수 있는 식사요법을 실시한다.

- 수분이 많은 식사와 과식을 피하고 소량씩 자주 섭취한다.

• 식이섬유가 적고 부드러운 채소를 선택한다.
• 수분과 우유, 주스 등을 섭취할 때는 식사와 식사 사이에 섭취한다.
• 늘어난 내장과 복근을 단련하는 운동을 한다. 앉아서 일하는 대신 온몸을 움직이는 활동을 권한다. 식사 후 30분 정도 가벼운 활동을 하며 복근 강화운동을 꾸준히 한다.
• 조이는 옷을 피하고 약물의 남용은 증세를 더욱 악화시키므로 주의한다.

4. 장질환

1) 소장과 대장의 구조와 기능

(1) 소장

소장은 위의 유문부와 연결되어 길이 6~7m, 직경 2.5~3cm 정도의 좁고 긴 관 형태로 십이지장duodenum, 공장jejunum, 회장ileum의 세 부위로 구성되어 있다. 소장벽의 점막층에는 수많은 주름이 있고, 그 표면에 융모가 있어서 음식물과의 접촉면을 넓혀 소화흡수를 돕는 중요한 역할을 한다그림 3-11.

십이지장은 위로부터 산성의 유미즙이 들어오면 세크레틴secretin이 분비되어 췌장액(pH 7~8, 중탄산염) 분비를 촉진시키고, 십이지장 내 내용물은 알칼리성의 장액, 췌장액, 담즙 등에 의해 소화효소의 작용을 받아 가수분해가 이루어진다. 십이지장 내에 단백질과 지방 음식물이 들어오면 콜레시스토키닌Cholecystokinin, CCK이

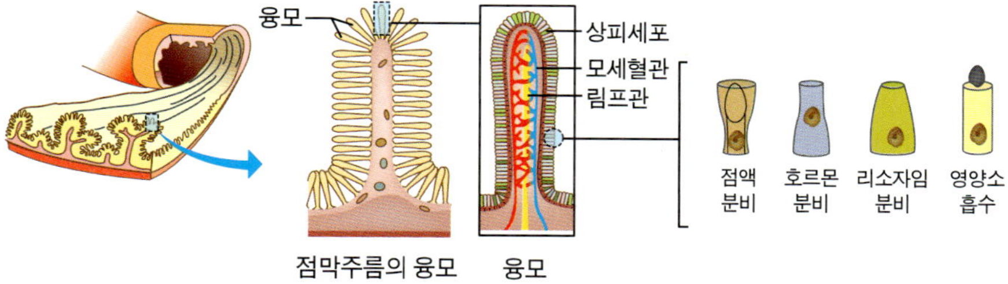

그림 3-11 소장벽의 구조와 소장 융모막의 구조

분비되어 담낭을 수축하여 담즙 분비를 촉진시킨다. 담즙은 지방을 유화시키고, 리파아제 작용을 촉진하여 지방의 소화와 지방산의 흡수를 돕는다그림 3-12, 표 3-3.

소장에서는 탄수화물은 단당류로, 지방은 지방산과 글리세롤로, 단백질은 아미노산으로 소화가 완료되어 소장의 상부(십이지장과 공장 상부)에서 대부분의 영양소가 흡수된다표 3-4. 단당류와 아미노산은 확산과 능동수송에 의해 문맥을 거쳐 간으로 운반되고, 지방 성분은 림프관을 통해 순환기계로 운반된다.

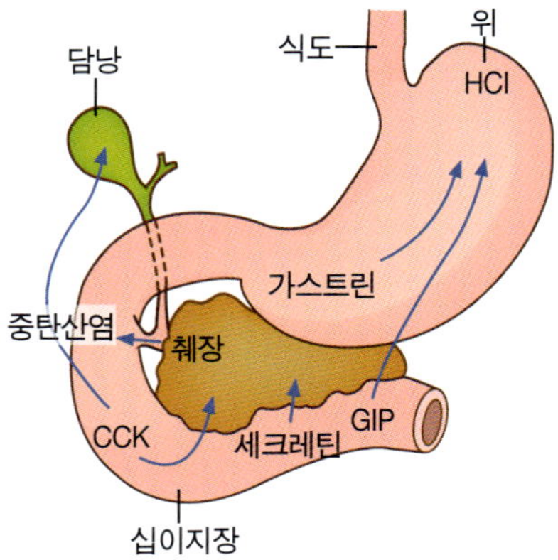

그림 3-12 호르몬의 작용

표 3-3 소화에 관여하는 호르몬

호르몬	생성 장소	생성을 위한 자극	표적 장기	활성
세크레틴 (Secretin)	십이지장 점막	산성의 유미즙	위	위 연동운동 억제
			췌장	중탄산염 이온이 풍부한 췌액 분비 증가
			십이지장	십이지장 운동 감소
			간	담즙 분비 촉진
콜레시스토키닌 (Cholecystokinin, CCK)	소장 상부	지방 유미즙, 부분적으로 소화된 단백질(펩티드, 아미노산), 위산	위	위 연동운동 억제
			췌장	효소가 풍부한 췌액 분비 증가
			담낭	담낭 수축을 자극하여 저장된 담즙 분비
			오디 괄약근	담즙과 췌장액이 십이지장으로 들어가도록 이완
위억제펩티드 (Gastrin Inhibition Peptide, GIP)	소장	포도당, 지방	위	위선 분비 억제

표 3-4 소화효소의 특징

분비기관	효소	기질			생성물	비고
		탄수화물	단백질	지방		
췌장	α-아밀라아제	전분, 덱스트린			덱스트린, 말토스	
	트립신		단백질, 폴리펩티드		펩티드, 디펩티드	트립시노겐 $\xrightarrow{\text{엔테로키나아제}}$ 트립신
	카이모트립신		단백질, 펩티드		펩티드, 디펩티드	카이모트립시노겐 $\xrightarrow{\text{트립신}}$ 카이모트립신
	카르복시펩티다아제		폴리펩티드		아미노산	프로카르복시펩티다아제 $\xrightarrow{\text{트립신}}$ 카르복시펩티다아제
	엘라스타아제		섬유상 단백질		펩티드, 아미노산	프로엘라스타아제 $\xrightarrow{\text{트립신}}$ 엘라스타아제
	리파아제			지방	모노글리세리드, 지방산	
	콜레스테롤에스터라아제			콜레스테롤 에스테르	콜레스테롤, 지방산	
	포스포리파아제			인지질	리소인지질, 지방산	
소장	α-덱스트리나아제 (이소말타아제)	덱스트린 (이소말토오스)			포도당	
	락타아제	유당			포도당, 갈락토스	
	말타아제	맥아당			포도당	
	수크라아제	서당			포도당, 과당	
	아미노펩티다아제		폴리펩티드		아미노산	
	디펩티다아제		디펩티드		아미노산	
	엔테로키나아제		트립시노겐		트립신으로 활성화	
	뉴클레오티다아제		핵산		뉴클레오티드, 인산	
	뉴클레오시다아제, 포스포릴라아제		뉴클레오시드		퓨린, 피리미딘, 오탄당인산	
	리파아제			단쇄지방, 중쇄지방	글리세롤, 단쇄지방산, 중쇄지방산	

(2) 대장

대장은 길이가 1.5~2m, 굵기는 소장의 2배 정도인 5~7cm 지름의 관 형태로, 소장의 회장에 연결된 맹장cecum 부위로부터 결장colon, 직장rectum의 세 부위로 되어 있다그림 3-13. 결장은 상행, 횡행, 하행, S상 결장으로 나누어지고 이어서 직장에 항문이 연결된다. 대장은 소화과정이 일어나지 않고 소장에서 흡수되지 않은 수분과 전해질 등을 재흡수하고, 소화·흡수되지 않은 음식물 찌꺼기, 탈락된 장점막 상피세포, 장내 세균 등으로 이루어진 변을 형성하여 배출시키는 것이 주된 기능이다.

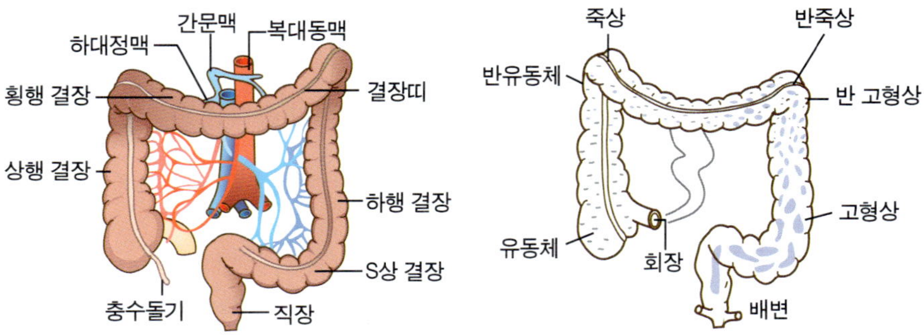

그림 3-13 대장의 구조와 장 내용물 이동

2) 장염(Enteritis)

장염은 소장이나 대장 내에 염증이 생기는 것으로 복부경련과 발열, 지속적이거나 간헐적인 설사, 혈변 등이 나타나며, 급성장염과 만성장염으로 나눌 수 있다.

(1) 급성장염(Acute enteritis)

급성장염은 장점막의 급성염증으로 2주 미만의 설사를 동반한다.

① 원인과 증상

급성장염에는 이질균, 장염비브리오, 살모넬라, 콜레라 등의 세균과 바이러스 등이 원인이 되는 감염성 장염과 폭음, 폭식, 식중독, 약물이나 알레르기 등이 원인이 되는 비감염성 장염이 있다. 증상은 복통과 설사가 주로 나타나며, 발열, 구토, 오심이 있다. 대변의 형태는 죽 또는 액체상태이고 황색 또는 녹색을 띠며, 거품과 점액이 있고 악취가 심하다.

② 식사요법

장관에 안정을 주고, 설사로 인한 탈수를 예방할 수 있도록 식사요법을 실시한다.

- 초기 1~2일은 절식하며, 충분한 수분을 공급한다. 맑은 유동식부터 시작하여 증세가 호전됨에 따라 전유동식, 연식으로 이행한다.
- 우유나 지방은 설사를 유발하므로 급성기에는 공급하지 않는다.
- 소화가 잘되는 부드러운 무자극, 저잔사식을 공급한다.
- 지나치게 뜨겁거나 차가운 음식, 향신료와 자극적인 음식은 피한다.

Know

저잔사식이란?

잔사(residue)는 소화, 흡수, 분비, 발효과정 후 최종적으로 남는 결과물을 의미한다. 저잔사식은 소화 · 흡수 후 대장에 남는 소화되지 않은 식이섬유, 약간의 지방과 세포 찌꺼기뿐 아니라 우유나 고기의 결체조직 부위 등 식이섬유의 함량은 낮으나 변의 용적을 증가시킬 수 있는 것도 함께 제한하는 식사다. 저잔사식은 장수술 전후와 크론병, 궤양성 대장염과 같은 급성염증성장질환, 게실염, 부분적 장폐색 시 적용될 수 있으며, 변의 잔사량을 최소화시킴으로써 장에 휴식을 주기 위한 것이다.

저잔사식에 제한해야 할 식품

유당, 섬이섬유(20g 이상), 당알코올(소르비톨, 만니톨, 자일리톨 : 1일 10g 이상), 과당(식사 시 20~25g 이상), 설탕(식사 시 25~50g 이상), 카페인, 알코올 음료(와인, 맥주)

(2) 만성장염(Chronic enteritis)

만성장염은 원인이 뚜렷하지 않고 설사와 변비와 같은 배변 이상을 동반한다.

① 원인과 증상

만성장염의 원인으로는 급성장염의 치료가 불충분하여 만성화되거나 궤양성대장염, 과민성장증후군, 대장암 등이 있다. 증상은 급성장염 증세가 반복적으로 몇 개월 또는 몇 년간 계속되면서 배변이 불규칙해지고 지속적인 설사 또는 설사와 변비가 반복된다.

② 식사요법

원인이 확실한 경우는 원인을 치료하고, 소화가 잘되는 식품과 조리법을 선택한다. 지속적인 설사가 있으므로 영양이 풍부한 식품을 공급하도록 한다.

- 소화가 잘되고 자극성이 적은 음식을 제공한다.
- 양질의 단백질과 식이섬유가 적은 식품을 제공한다.
- 지방은 유화지방인 우유, 달걀, 버터 등으로 공급한다.

3) 설사(Diarrhea)

설사는 임상적으로 배변 횟수가 하루 4회 이상, 하루 250g 이상의 묽은 변이 있을 때이거나 대변의 수분이 80% 이상인 경우(정상 대변의 수분 함량 : 70~80%)를 의미한다. 즉, 설사는 수분이 비정상적으로 많이 포함된 대변으로 대장의 운동이 지나치게 항진되어 장의 내용물이 소장을 빨리 통과하거나 대장벽에서 수분을 흡수하는 능력이 부족할 때 발생한다.

설사발생 기전은 여러 가지가 있다. 삼투성 설사osmotic diarrhea는 장관 내에 영양소 등 삼투성 물질의 흡수가 잘 되지 않을 때 장관 내 삼투압의 증가로 인해 수분이 혈액에서 장관 내로 이동하게 되어 발생하게 되며, 주로 유당, 잘 소화되지 않는 당류(과당, 당알코올 등)의 과잉 섭취 및 덤핑증후군 등에 의해 유발된다. 분비성 설사secretory diarrhea는 박테리아성 독성 물질, 바이러스, 소장 호르몬의 증가 등으로 인해 소장 상피세포가 물과 전해질을 과도하게 분비해서 유발되는 현상이다. 삼출성 설사exudative diarrhea는 점막의 손상과 관련되어 있으며 점액, 장액, 혈액, 혈장 단백질 등이 유출됨으로써 장에 전해질과 수분 축적이 일어나 발생하게 되며 크론병, 궤양성대장염, 방사선에 의한 장염 등에서 일어난다.

(1) 급성설사(Acute diarrhea)

① 원인과 증상

급성설사는 원인에 따라 감염성설사와 비감염성설사로 구분할 수 있다. 감염성설사는 이질, 콜레라, 세균성식중독, 바이러스성 균에 의한 감염 등에 의해 나타나고, 비감염성설사는 중금속, 약물에 의한 중독성, 과식, 방사선 조사 등에 의해 나타난다. 급성설사는 갑자기 일어나고, 심한 경우 탈수와 전해질 손실로 위험한 상태에 빠질 수 있다.

② 식사요법

급성설사는 우선 절식을 하고 원인에 따른 적절한 치료가 필요하다. 감염성설사인 경우 항생제 등의 약물치료가 필요하고 비감염성설사인 경우 먼저 그 원인을 제거한다.

- 급성설사는 단기간에 치료되므로 증상이 회복됨에 따라 유동식, 연식 등으로 이행한다. 설사로 인한 수분 손실을 충분히 보충한다.
- 영양가가 높은 식품을 부드럽게 조리하여 소화되기 쉬운 형태로 제공한다.
- 장 점막을 자극하는 식이섬유가 많은 채소와 과일, 발효되기 쉬운 식품, 자극적인 식품은 제한한다.
- 지방은 설사를 유발하기 쉬우므로 버터, 크림, 마요네즈 등의 유화지방으로 제공한다.

(2) 만성설사(Chronic diarrhea)

① 원인과 증상

만성설사는 다음과 같은 소화기관의 장애로 나타날 수 있다.

- 만성위축성위염, 위절제, 위암 등 저산증에서 오는 위장성 설사
- 장결핵, 소장절제, 장암, 크론병 등으로 인한 소장성 설사
- 궤양성대장염, 악성종양, 과민성대장질환, 크론병, 장결핵 등으로 인한 대장성 설사

- 간과 담낭질환, 만성췌장염과 췌장암으로 인한 설사
- 기타 만성감염증과 기생충증이나 내분비질환, 요독증, 신부전 같은 전신성 질환으로 인한 설사

만성설사는 1개월 이상 설사가 지속되고 1일 배변 횟수는 적으며 설사와 변비가 반복되어 나타난다. 장기간의 만성설사는 영양소 흡수불량을 초래하며 무기질과 단백질 손실이 심화되어 영양불량이 나타난다. 영양불량은 융모 길이를 짧아지게 하고 효소 분비 감소 등 장의 변화를 야기하여 흡수불량이 나타난다. 특히, 장출혈로 인한 철 손실로 빈혈이 나타나고, 칼륨 손실은 장운동에 영향을 주고 식욕부진을 초래한다.

② 식사요법

만성설사는 주로 소화기관 장애가 원인이므로 원인을 치료하도록 한다. 만성설사는 탈수와 전해질 불균형을 초래하고, 영양불량이 야기된다. 따라서 적극적인 영양공급이 필요하므로 소화가 잘되는 식품과 조리법을 택하고 자극성이 없는 저식이섬유, 저잔사식을 제공한다.

- 열량, 단백질, 무기질, 비타민 등을 충분히 공급한다.
- 수분과 나트륨, 칼륨 등이 손실되므로 수분과 전해질을 충분히 공급하고, 경구섭취가 어려운 경우 비경구적으로 공급한다.
- 자극성 식품과 장운동을 심하게 항진시키는 식이섬유를 피하고 저식이섬유식, 저잔사식을 공급한다.
- 지방은 설사를 악화시키므로 튀김요리, 볶는 음식은 제한한다.
- 과량의 당알코올, 유당, 과당(꿀) 및 설탕의 섭취는 삼투성 설사를 악화시킬 수 있으므로 제한한다.
- 사과주스, 배주스, 자두주스 등은 설사를 악화시키므로 제한한다.
- 향신료, 알코올이나 찬 음료, 카페인 음료 등은 장을 자극하여 설사를 촉진시키므로 제한한다.

(3) 소화성설사(발효성 · 부패성설사)

위와 소장에서 소화가 충분히 되지 않은 내용물이 대장에 도달되어 대장의 세균에 의해 발효 또는 부패가 일어나 설사를 일으킨다.

① 원인과 증상

발효성설사는 과식, 과음, 난소화성 다당류의 지나친 섭취, 불충분한 저작과 소화액 감소 등이 원인으로 주로 탄수화물의 소화흡수장애로 일어난다. 소화되지 못한 탄수화물이 대장 내 세균에 의해 발효가 일어나 가스가 발생하여 장점막을 자극하므로 이로 인한 설사가 일어나며, 배설된 분변은 전분 입자를 함유한 황갈색이다. 부패성설사는 단백질의 소화흡수에 장애가 생긴 것으로 장내 세균에 의해 부패되어 심한 악취가 나는 대변을 배설한다.

② 식사요법

- 발효성설사에는 식사 내 발효작용이 있는 탄수화물 식품을 제한하고 식이섬유가 많은 식품을 제한하여 장내 세균의 번식과 장의 자극을 피한다.
- 부패성설사에는 우유를 비롯한 단백질 식품을 제한하며 설사 증상이 호전됨에 따라 음식의 섭취량을 서서히 증가시킨다.

4) 변비(Constipation)

변비란 대변이 대장 안에 보통 시간 이상 머물러 있어 만족스럽게 배변이 되지 않아 불편감을 주는 것을 말한다. 배변은 개인에 따라서 차이가 있으나 건강한 사람은 1일 1~2회, 수분이 70~80% 정도 함유된 약 100~200g의 대변을 보게 된다. 소화기계의 정상적인 통과시간이 대략 18~48시간임을 감안할 때, 1일 3번에서 매 3일마다 1번 정도의 배변은 정상이라고 할 수 있다. 하루에 1~2회 배변을 하여도 배변량이 적고 불완전 배변감이 있는 경우, 변이 너무 딱딱하거나 무리하게 배변하는 경우, 장의 움직임이 빈번하지 않은 경우를 변비라고 하고, 2~3일에 1회씩 배변을 한다 해도 아무런 불쾌감이 없다면 변비에 속하지 않는다.

변비는 기능성변비와 기질성변비로 분류할 수 있고 기능성변비는 환경 변화나 정신적 스트레스에 의해 한시적으로 나타날 수 있는 일시성변비와 습관적으로 변비가 지속되는 지속성변비로 분류할 수 있다. 지속성변비로는 이완성변비, 경련성변비 등이 있다. 기질성변비로는 장관의 협착, 기계적인 장 통과장애, 치질이나 직장암과 같은 직장, 항문의 형태 이상 및 대장의 형태 이상으로 인한 변비가 있다.

(1) 이완성변비

이완성변비는 결장벽의 긴장과 이완부족으로 연동운동이 저하되어 장의 내용물이 오랫동안 장관 내에 머물러 분괴의 통과가 늦어져 하행, S상 결장의 부위가 커지는 것으로 만성적인 지속성변비는 대부분 이완성변비이다그림 3-14.

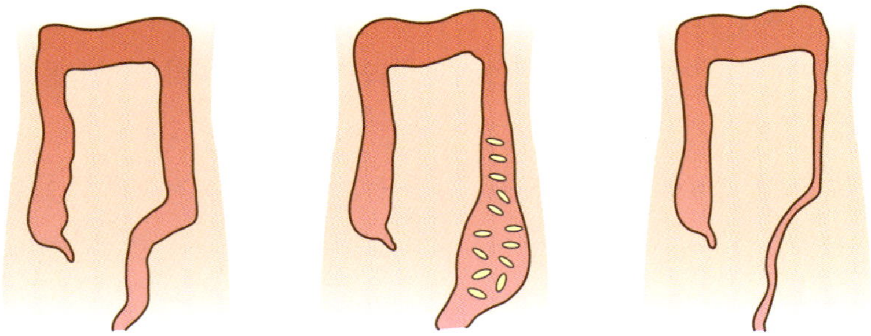

그림 3-14 이완성변비와 경련성변비

① 원인과 증상

이완성변비는 시간적인 제약으로 배변을 참는 경우, 신진대사과정이 느리고 운동이 부족한 노인이나 장기간의 입원 환자, 비만인, 고열 환자, 임신부, 완하제의 과다 사용의 경우에 나타날 수 있다. 증상으로는 식욕부진, 현기증, 두통, 구토, 복부팽만감, 신경과민, 피로감, 불면, 하복부의 통증과 불쾌감 등이 있다.

② 식사요법

이완성변비의 예방과 치료를 위해서는 무엇보다 규칙적인 배변 습관과 장벽에 자극을 주어 장의 연동운동을 촉진시키는 식품을 선택하는 것이 중요하다.

- 식이섬유와 수분(1일 1~2L 정도)을 충분히 섭취한다. 식이섬유는 난소화성

성분으로 섭취 시 흡수되지 않은 상태로 대장에서 세균에 의한 발효과정을 통해 단쇄지방산과 가스로 분해되는데 이러한 물질이 많으면 세균 증식이 촉진되어 프리바이오틱스prebiotics 작용을 하며 장벽이 자극되어 대장 통과시간이 단축될 수 있다. 또한 식이섬유는 수분을 흡수하는 성질이 강하여 대변량을 늘리고 변을 부드럽게 해주며 변비 해소에 도움이 된다. 따라서 변비의 치료를 위해서는 수용성 및 불용성 식이섬유의 적절한 섭취가 중요하다.

한국인 영양소 섭취기준에 의하면 1일 식이섬유 충분섭취량은 성인 남자에서 30g, 여자에서 20g이며 현미나 도정하지 않은 전곡, 생채소 및 생과일, 두류 및 견과류 등을 통해 섭취하는 것이 좋다표 3-5. 그러나 식이섬유 섭취 과다는 가스를 발생시켜 헛배부름 같은 복부 불쾌감을 유발할 수 있고 탈수상태에서의 고식이섬유식은 대장에서 수분의 흡수가 증가되어 작고 딱딱한 변을 보는 변비 증상이 악화될 수 있으므로 개인의 상태에 따라 식이섬유의 섭취를 점차로 증가시키는 것이 좋다.

- 유당은 장내 세균에 의해 유기산을 만들어 연동운동을 촉진시킬 수 있으므로 유당, 지방 및 각종 유기산을 많이 함유하고 있는 우유 및 유제품을 섭취한다.
- 식이섬유, 펙틴, 당분, 유기산 등이 많은 과일을 섭취한다.
- 탄산음료, 식초, 향신료는 장벽을 자극하여 연동운동을 촉진하지만 과량 사용은 피한다.
- 탄닌은 장 내에서 일종의 수렴작용을 하므로 변비를 일으키기 쉬워 제한한다.

표 3-5 식품 중 식이섬유 함량

(100g당)

구분	5~10g 미만	10g 이상
곡류	밤, 현미, 메밀, 차조	보리, 귀리(오트밀), 통밀, 찰수수
콩류	낫토, 된장(개량식)	콩(대두), 쥐눈이콩, 서리태, 동부
채소류/해조류	쑥, 애호박, 고춧잎, 들깻잎, 풋고추, 애호박잎, 두릅, 아보카도, 목이버섯(생), 송이버섯	석이버섯(건), 목이버섯(건), 쑥(건), 표고버섯(건), 가죽나물(건), 고사리(건), 머위(건), 취나물(건조, 삶은 것), 뽕잎, 고추(건), 고구마줄기(건), 가지(건), 무말랭이(건), 애호박(건)
과일류	대추(생), 곶감, 유자, 연시	무화과(건)
종실류	해바라기씨	참깨, 들깨, 아몬드, 땅콩, 피스타치오

출처 : 농촌진흥청, 국가표준식품DB 9.3, 2021

프리바이오틱스(prebiotics)

프리바이오틱스는 대장 내 유용 미생물에 의해 이용되어 미생물의 생육이나 활성을 촉진함으로써 장내 건강에 좋은 효과를 나타내는 난소화성 식품성분이다.

예 라피노스, 올리고당, 락툴로스 등

프로바이오틱스(probiotics)

프로바이오틱스는 섭취하여 장에 도달하였을 때 장내 환경에 유익한 작용을 하여 건강에 좋은 효과를 주는 살아 있는 균으로 대부분의 프로바이오틱스는 유산균이다. 프로바이오틱스는 유당불내증 개선, 면역기능 개선, 유해한 세균 성장 방지, 결장암 예방 등의 기능이 있다.

(2) 경련성변비

경련성변비는 지속성변비의 일종으로 이완성변비의 경우와는 달리 자율신경계의 장애로 인해 결장의 하부가 과민한 상태이며, 하행 결장벽의 긴장 항진으로 장벽이 불규칙하게 수축되어 있어 경련성 수축을 일으키고 분괴의 통과가 어려워 배변에 지장을 주는 일종의 과민성대장증후군irritable bowel syndrome을 나타낸다그림 3-4.

① 원인과 증상

경련성변비의 원인으로는 장기간의 긴장이나 스트레스, 알코올의 과음, 지나친 흡연, 불면, 과로, 수분 섭취 부족, 장염 환자, 거친 음식의 섭취, 감정의 불안정, 장기간의 항생제 치료, 과민성대장증후군 등이 있다. 또한 탄닌이나 카페인이 많은 음료를 과음할 경우에도 발생할 수 있다. 과민성대장증후군은 특히 청소년에게 많이 나타나고 신경이 예민한 사람, 대장질환 병력이 있는 경우와 남자보다는 여자에서 주로 나타난다.

증상으로는 복통, 복부 팽만, 경련, 체중부족 등이 있으며 변에 점액이 섞이기도 하는데 변의 형태가 가늘거나 염소 분처럼 조그맣게 굳은 변으로 설사와 변비가 번갈아 일어나기도 한다.

② 식사요법

식사요법은 대장벽을 예민하게 작용시키는 원인을 제거하고, 과도한 대장의 연동운동을 가능한 감소시키도록 기계적 자극이 적은 식품을 선택한다.

- 식품 중 식이섬유나 난소화성 다당류의 섭취를 제한하는 것이 좋으나 난소화성 다당류의 섭취가 너무 적으면 장 내용물의 양이 부족해서 배변활동이 둔해지므로 식이섬유가 적은 식품을 부드럽게 조리한 후 제공하는 것도 좋다.
- 지방은 유화지방으로 주고 음식의 온도는 체온과 비슷하게 하며 담백한 맛으로 한다.
- 경련성변비 환자는 대부분 섭취량이 적기 때문에 영양부족이 되기 쉬우므로 양질의 단백질과 지방을 함유한 식품을 선택하고, 소화가 잘되는 후식이나 영양 간식으로 보충해 줄 필요가 있다.
- 장을 자극하는 찬 음식과 탄산음료, 카페인, 알코올, 유당이나 소르비톨과 같이 흡수되지 않는 탄수화물을 제한한다.

5) 염증성장질환(Inflammatory bowel disease)

염증성장질환이란 소장이나 대장에 만성적으로 염증이나 설사, 통증 등을 유발하는 질환을 의미한다. 정확한 원인은 아직 밝혀지지 않았지만 유전적 요인과 환경적 요인이 관여한다고 한다. 원인과 염증이 생기는 부위에 따라 궤양성대장염과 크론병으로 나눌 수 있다그림 3-15, 표 3-6.

(1) 궤양성대장염(Ulcerative colitis)

궤양성대장염은 주로 15~30세 정도의 청 · 장년기에 많이 발생하는 난치의 만성 염증성장질환으로 직장과 S상 결장에 발병한다. 특히, 직장의 점막에 염증과 궤양이 생기는데 염증과 궤양이 장을 따라 확산되고 주된 조직의 변화는 점막과 점막하층에서 일어난다.

스트레스, 장내 세균 감염, 바이러스 등이 관여하고 있다고 하지만 정확한 원인은 아직 불분명하다. 증상으로는 잦은 잠혈변 설사가 오랫동안 계속되면서 진행되

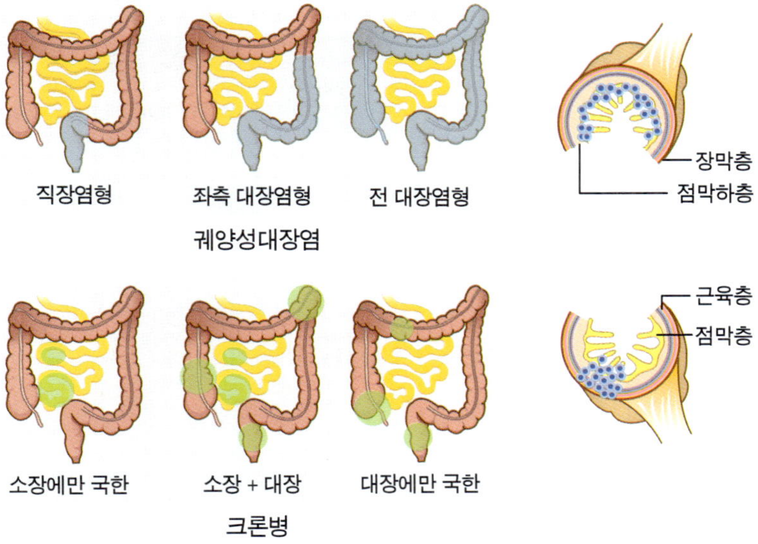

그림 3-15 궤양성대장염과 크론병

며 대장이 위축되거나 단축되며 내강이 좁아지고, 장의 협착과 천공, 출혈 등이 일어난다. 복통, 발열, 장출혈에 따른 영양불량을 일으키고 중증의 경우 저열량, 저단백 등의 영양장애로 인하여 면역력이 감소된다.

(2) 크론병(Crohn's disease)

크론병은 서구 선진국에서 흔한 질병이었으나 최근 우리나라에서 발병률이 지속적으로 증가하고 있다. 크론병은 소화기관 어느 부위에도 발생할 수 있으나 주로 회장과 대장에서 발생한다. 궤양성대장염과는 다르게 정상 부위와 병변 부위가 섞여 있는 특징을 가지고 있으며 염증이 장세포에 깊숙이 퍼지고 장막층까지 침범하면서 광범위하게 발생하는데 상처난 조직은 장벽이 두껍고 단단해져 협착, 폐색, 누관 형성 및 농양 등의 증상을 수반하게 된다.

원인은 명확하게 알려져 있지 않고 완치할 수 있는 방법도 뚜렷하지 않은 상태이다. 장점막의 염증성 질환이기 때문에 영양소의 흡수불량이 일어나고, 만약 회장에 문제가 생긴다면 비타민 B_{12}의 흡수 및 담즙산의 재흡수에도 문제가 생기게 된다. 비타민 B_{12}의 결핍과 다른 영양소의 흡수불량으로 인해 빈혈이 야기될 수 있고, 담

표 3-6 궤양성대장염과 크론병의 비교

구분	궤양성대장염	크론병
발생 부위 및 병리 증상	• 직장과 대장(S상 결장)에서 주로 발생 • 직장에서 시작하여 결장으로 이동 • 점막층과 점막하층에 나타남 • 장벽이 얇아짐 • 육아종(granuloma) 없음	• 소화기관 어디에서나 발생 가능하나 회장과 대장에서 주로 발생 • 병변이 연속되지 않고 군데군데 정상 부위가 있음 • 장막층까지 침범 • 장벽이 두꺼워지며 협착이 흔히 발생 • 육아종 있음
발생률	• 어느 나이에도 발생 가능하나 20~40대에 가장 많이 발생 • 여자에서 약간 많음	• 어려서 나타나고 15~25세에 가장 많이 발생 • 성별에 따른 차이 없음
임상 증상	• 혈액이 섞인 설사 • 복부 통증, 구토, 고열 • 빈혈, 저알부민혈증 • 부종, 탈수, 발진, 관절염 등	• 복부 통증, 구토, 메스꺼움, 고열 • 분비성설사로 인한 심한 체중 감소, 빈혈 • 지방변 • 궤양성대장염과 임상 증상이 유사함
합병증	• 대장 내 천공을 일으킴 • 대장암 발생 빈도의 증가	• 누공, 섬유화, 장관의 협착 • 장폐색, 천공, 출혈 등이 나타남 • 소장이나 대장암 발생률 증가

즙의 재흡수 불량으로 인해 지방, 지용성 비타민의 흡수가 저해되며, 칼슘, 마그네슘, 아연 등의 흡수불량도 야기될 수 있다. 또한 크론병 환자의 70~80%에서 체중 감소가 보고되고 있어 적절한 영양관리가 요구된다.

(3) 염증성장질환의 식사요법

염증성장질환 환자는 질병 자체로 인해 영양소의 흡수불량이 유발될 수 있기 때문에 많은 영양문제가 일어날 수 있다. 환자의 질환 정도와 영양상태에 따라 식사요법을 진행한다.

- 설사가 심한 경우 정맥영양을 하고 가벼운 증상에는 경구급식을 한다.
- 유동식으로 시작하여 증세가 호전됨에 따라 연식, 일반식으로 이행한다.
- 영양상태 회복과 체중유지를 위해 고열량, 고단백질 식이를 공급하고, 장을 자극하지 않도록 소량씩 자주 제공한다.

- 급성기에는 저잔사, 저식이섬유로 소량씩 자주 공급하고, 호전되면 수용성 식이섬유로 섭취량을 늘린다.
- 지방은 흡수불량이 있는 경우 지방 섭취를 줄이고 중쇄중성지방으로 제공하며, 항염증 효과가 있는 ω-3 지방산을 제공한다.
- 유당불내증이 있는 경우 우유 및 유제품은 대장 내 세균에 의해 장내 발효를 일으켜 장점막을 자극할 수 있으므로 제한한다.
- 소화가 잘되는 조리법을 택하여 장에 자극이 가지 않도록 하고 무기질과 비타민 공급에 유의한다.
- 설사로 인한 탈수증을 예방하기 위해 수분은 충분히 섭취한다.
- 향신료, 커피, 알코올 등은 제한한다.

6) 게실염(Diverticulitis)

게실이란 결장 장벽에 생긴 조약돌만한 점막 주머니를 의미한다. 게실증은 장벽에 게실이 생긴 것을 의미하며 게실 내 세균이 번식하여 염증이 생기면 게실염이 발생하고 게실증 환자의 10~25%가 게실염으로 진단된다. 게실증은 서양인의 경우 S상 결장에서, 동양인은 하행 결장에서 많이 발생하며, 연령이 증가할수록, 여자보다 남자에게서 많이 발생한다.

(1) 원인과 증상

게실염의 원인으로는 식이섬유의 섭취 부족과 노화로 인한 대장 근육의 긴장 약화를 들 수 있다. 식이섬유를 충분히 섭취하면 장 내용물의 부피는 커지고, 장벽 근육의 수축으로 인해 종적으로 압력이 가해지면서 변이 배출된다. 그러나 장 내용물이 적으면 장벽 근육의 수축에 의해 장 내용물이 연결되지 않고 폐색이 일어나므로 게실이 발생할 수 있다그림 3-16. 게실증이 발생한 부위에 변이 뭉쳐 축적되면 장염이 발생되며, 심한 경우 궤양과 천공이 생겨 게실염을 일으킨다.

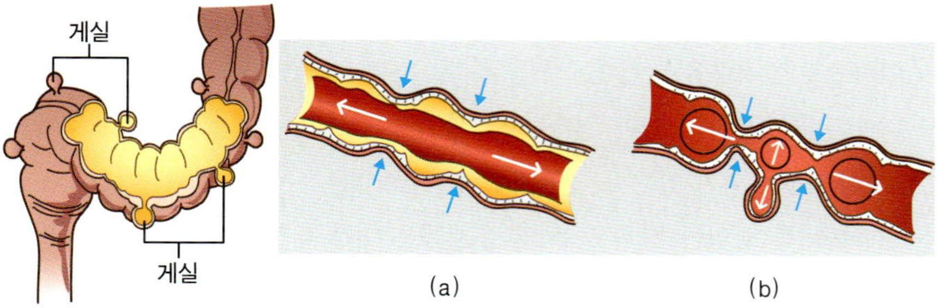

(a) 식이섬유의 충분한 섭취 시 장 내용물의 부피가 커지므로, 근육이 수축하면서 종적(세로)으로 압력을 가하면서 장 내용물이 배출됨

(b) 장 내용물이 너무 적으면 수축에 의해 장 내용물이 연결되지 않고 폐쇄되며, 압력이 대장벽 쪽으로 가해져 게실이 생기게 됨

그림 3-16 식이섬유 섭취 부족에 의해 게실이 생기는 기전

(2) 식사요법

변비를 완화시키고 장벽에 압력이 생기지 않는 식사요법을 원칙으로 하므로 고식이섬유식을 권장한다. 고식이섬유식은 배변량을 늘리고 빠르고 쉬운 배변으로 대장 내 압력을 저하시키는 데 효과적이다.

7) 흡수불량증후군

(1) 글루텐 과민성 장질환(Gluten-sensitive enteropathy)

글루텐 과민성 장질환은 비열대성 스프루nontropical sprue 또는 셀리악병celiac disease이라고도 한다. 이 질병은 유아들이 글루텐의 구성 성분인 글리아딘을 함유한 곡류를 먹기 시작할 때 나타날 수도 있지만 위장관 수술, 스트레스, 임신 또는 바이러스 감염에 의해서 중년이 된 후에 나타날 수도 있다.

① 원인과 증상

글루텐 과민성 장질환은 정확한 기전은 알려져 있지 않으나 유전적 결함으로 글루텐에 대해 비정상적인 T세포 매개 자가면역반응을 일으켜 소장 점막에 염증반응을 일으키는 질환이다. 특히, 소장 점막 중 십이지장과 근위부 공장 점막에 있는 융모를 위축시키면서 소장 점막이 평평해져 소장 점막의 표면적이 줄어들게 된다. 그 결과 흡수불량이 되어 설사나 영양실조, 지방변증 등이 나타날 수 있다.

증상으로는 단백질, 지방, 지용성 비타민, 비타민 B_{12}, 엽산, 철, 칼슘 등의 영양소가 제대로 흡수되지 않아 체중 감소, 골연화증, 골다공증, 난치성 철결핍성빈혈 등을 일으킬 수 있다.

② 식사요법

식사요법으로 글루텐이 함유된 식품을 철저히 제한하면 어느 정도 기간이 지난 후에 점점 임상증세가 호전된다. 그러나 증상이 완화되어 특별한 증상이 없다 해도 글루텐 제한식을 평생 동안 지속해야 한다.

- 글루텐이 함유된 밀, 보리, 호밀, 귀리, 기장 등을 제한한다 표 3-7 .
- 대체식품으로 옥수수, 쌀, 대두, 감자전분, 글루텐을 제거한 밀가루 등을 이용할 수 있다.
- 질병이 심해져 빈혈이 있을 경우에는 철, 엽산, 비타민 B_{12}, 출혈이나 자반병 purpura이 있을 경우에는 비타민 K, 골연화증이 있으면 칼슘과 비타민 D를 보충한다.
- 심한 설사로 인한 탈수 현상이 있는 환자에게 전해질과 수분 보충은 필수적이다.
- 상업용 시판제품을 사용할 경우에는 성분표시를 자세히 살펴본 후 선택하고 성분을 확실히 알 수 없을 경우에는 섭취를 피한다.
- 흡수장애에 따른 체중 감소를 막기 위하여 고열량, 고단백식을 섭취한다.
- 이차적 유당불내증이 있는 경우 우유 및 유제품도 제한한다.

표 3-7 글루텐 함유 식품

식품군	글루텐 함유 식품
곡류	빵, 호밀빵, 보리빵, 보리, 귀리, 국수, 마카로니, 크래커, 비스킷
육류	햄버거, 돈가스, 탕수육, 소시지, 핫도그
어류	어묵
채소류	밀가루 반죽을 입힌 채소류
과자류	케이크, 파이, 푸딩, 약과
음료류	맥주, 보리음료, 보리미숫가루

(2) 지방변증(Steatorrhea)

건강한 사람은 섭취한 지방의 90~98%가 흡수되어 대변 중의 지방 함량은 하루 2~5g 정도이다. 지방변증은 지방의 흡수장애로 20% 이상의 지방이 대변으로 배출되는 경우를 말한다.

① 원인과 증상

지방의 흡수불량으로 인한 지방변증은 소장 점막의 구조와 기능 변화에 의해 일어나는데 열대성 스프루, 크론병 등과 같이 소장 점막의 구조와 기능 변화로 인하여 흡수불량이 야기될 수 있고, 단장증후군short bowel syndrome의 경우에도 장 통과시간과 흡수면적이 감소되어 흡수불량이 나타날 수 있다. 또한 췌장염 등으로 인한 지방분해효소의 결핍, 간·담낭질환 시 담즙산의 생산이나 분비 저해, 회장질환이나 회장을 절제할 경우에는 담즙산의 능동적 흡수가 어려워져 담즙염의 보유량이 감소하게 되고, 담즙염의 감소는 지방산이 미셀로 유화되는 작용이 충분하지 못하여 지방의 소화·흡수에 지장을 주게 된다.

지방변증은 단순히 지방의 흡수만 저하되는 것이 아니라 지방과 함께 흡수되는 여러 지용성 영양소나 무기질의 흡수도 저하될 수 있다. 흡수되지 않은 지방은 장에서 칼슘과 결합하여 칼슘의 배출을 증가시키므로 칼슘 부족이 올 수 있고, 수산은 보통 음식물 중에서 칼슘과 결합하여 배설되는데 칼슘 부족 시 유리상태로 존재하다가 흡수가 증가되며, 흡수된 수산은 체내에서 대사되지 않으므로 소변을 통해 배설하게 된다. 이때 소변으로 수산 배설량이 증가하면 신장결석 발생 위험이 높아지게 된다. 따라서 지방변증이 계속되면, 체중 감소, 영양실조, 필수지방산 결핍증, 뼈의 손실 위험 증가, 신장의 수산결석 위험 증가 등이 나타난다.

② 식사요법

식사요법의 원칙은 환자의 지방 소화 흡수능력을 고려하여 지방 함량이 높은 음식의 사용을 줄이고, 지방변으로 인해 발생되는 영양소 흡수불량과 합병증을 예방해야 한다.

- 지방은 환자가 소화시킬 수 있는 범위 내에서 섭취하도록 하며, 충분한 열량 공급을 위해 필요 이상 제한하지 않는다.

- 지방 제한식에서는 1일 25~50g 정도의 지방 섭취를 권장한다.
- 지방 급원으로 담즙의 도움 없이 소화가 용이한 중쇄중성지방을 사용한다.
- 시금치, 근대, 무청 등의 수산(옥살산) 함량이 높은 식품의 섭취를 제한한다.
- 지용성 비타민과 무기질의 흡수가 저하되므로 보충이 필요하다.

(3) 단장증후군(Short bowel syndrome)

단장증후군이란 선천적으로 또는 질병이나 외상 등의 후천적 원인에 의해 장이 2m 이하로 남아 있는 것을 말한다.

① 원인과 증상

단장증후군의 가장 큰 원인은 크론병과 같은 염증성장질환 등으로 인한 장 절제술에 의해 나타난다. 증상으로는 복통과 설사, 지방변증 등이 나타나고, 짧아진 소장은 영양소 흡수 기능이 저하되어 섭취한 식품으로부터 영양소를 충분히 흡수하지 못하게 된다. 따라서 장기능 부전으로 단백질 결핍이 심한 전신 부종, 영양 결핍에 의한 체중 감소, 비타민의 흡수 장애 등이 나타난다.

② 식사요법

소장의 십이지장과 공장은 거의 모든 영양소의 소화와 흡수가 일어나는 부위이고, 회장은 비타민 B_{12}와 담즙산 등의 흡수 부위이므로 절제 부위에 따른 영양문제를 고려하여 식사요법을 진행한다표 3-8, 그림 3-17.

단장증후군 식사관리의 일반적 고려사항은 다음과 같다.

- 농축된 당과 음료의 섭취를 제한한다.
- 고형음식과 액상음식을 분리하여 섭취한다.
- 식사 중에 수분 섭취를 제한한다.
- 조금씩 자주 섭취한다.
- 결장이 없는 경우 짭짤한 음식이나 간식을 섭취한다.
- 필요 시 소화가 용이한 중쇄중성지방을 사용한다.
- 유당불내증이 있는 경우 유당이 함유된 우유 및 유제품을 제한한다.
- 알코올, 카페인 등 장을 자극하는 식품을 제한한다.

표 3-8 장 절제술 후 영양소 흡수와 영양문제

구분	흡수되는 영양소	장 절제술 후 영양문제
십이지장/공장	• 단순당 • 아미노산 • 지방 • 비타민 • 무기질 • 수분	십이지장 절제 시 칼슘과 철 흡수 불량
회장	• 담즙산 • 비타민 B_{12} • 수분	• 단백질 흡수불량 • 지방 흡수불량 • 지용성 비타민과 비타민 B_{12} 흡수불량 • 칼슘, 아연, 마그네슘 흡수불량 • 수분 손실 • 설사, 지방변
대장	• 수분 • 전해질 • 단쇄지방산	• 수분 손실 • 전해질 손실 • 설사

출처 : 임경숙 외, 임상영양학, 2014

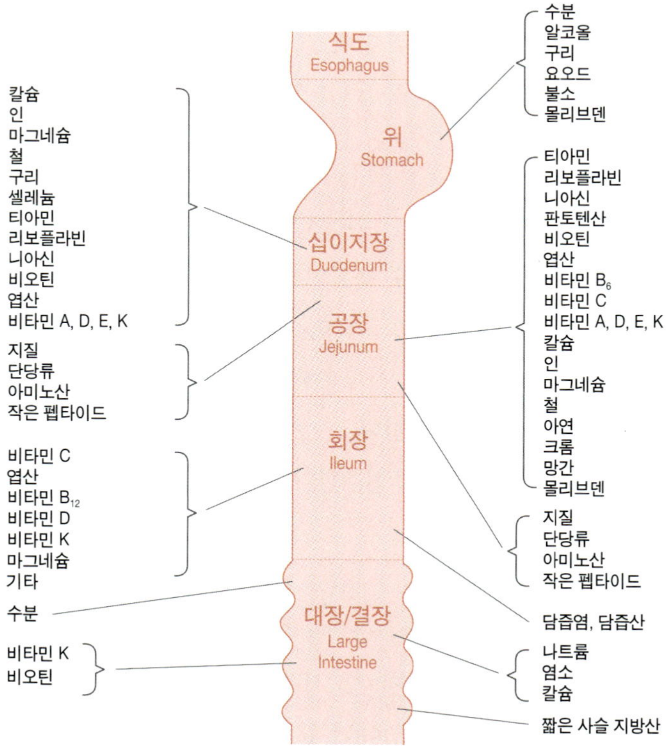

그림 3-17 위장관에서의 영양소 흡수

출처: Gropper et al. Advanced nutrition and human metabolism, 6th ed, 2013

(4) 유당불내증(Lactose intolerance)

유당불내증은 선천적으로 유당 분해효소인 락타아제lactase 분비량이 부족하거나 활성이 저하된 상태로 유당이 단당류로 가수분해되지 못하여 유당을 먹었을 때 장내 불편 증상이 나타나는 것을 말한다.

① 원인과 증상

유당불내증의 원인은 유당 분해효소가 불충분하거나 결핍될 경우에 소화되지 않은 유당이 장내에 잔류하면서 삼투 효과를 내어 장관 내로 수분이 유입됨으로써 장내에서 문제가 발생되며, 대장에서 장내 세균에 의해 발효되어 지방산, 탄산가스 및 수소가 발생된다. 증상은 우유나 유제품 섭취 후 즉시 또는 몇 시간 후에 복부 경련, 팽만, 복통과 설사가 일어나며 유당 섭취량, 개인의 불내증의 정도에 따라 증상이 차이가 나고 소량의 우유 섭취 시에는 아무런 증상을 나타내지 않는 경우도 있다.

② 식사요법

유당의 소화능력에 따라 우유나 유당을 포함한 음식을 제한 또는 감소하여 1일에 보통 유당 0~10g 정도 함유하는 식사를 공급한다. 엄격한 제한식이 아닐 경우 유당 분해효소로 처리한 우유를 섭취하거나 우유 및 유제품을 유당 분해효소 정제 lactase tablet와 함께 섭취할 수 있다.

- 치즈나 요구르트와 같은 발효된 유제품은 부분적으로 가수분해된 상태이므로 유당불내증 환자도 섭취할 수 있다.
- 유제품을 한꺼번에 먹는 것보다 여러 번에 걸쳐 소량씩 나누어 먹는 것이 좋다.
- 찬 우유보다는 따뜻한 우유로 소량씩 섭취하되 내성이 생기면 그 양을 점점 늘려간다.
- 우유를 단독으로 마시는 것보다 다른 식품에 첨가하여 조리한 음식으로 먹으면 적응하기가 쉬워진다.
- 유당 제한식은 유당 제한 정도와 개인의 영양 요구량에 따라 칼슘, 리보플라빈, 비타민 D가 부족되기 쉬우므로 이들 영양소를 보충해 줄 필요가 있다.

8) 과민성장증후군

과민성장증후군irritable bowl symdrome, IBS은 기질적 원인 없이 배변 양상의 변화와 복통, 복부 불편감을 만성적 또는 반복적으로 나타내는 기능성 장질환이다.

(1) 원인과 증상

과민성장증후군의 원인은 정확히 밝혀지지 않았으나, 자극적인 식품 섭취, 폭음, 과량의 찬 음식 섭취, 알코올 등 식사성 요인과 과민한 장 점막, 과로, 불안과 긴장 등의 정신적 스트레스 요인 등이 있다. 소장이나 대장의 운동이 지나치게 항진하여 복통이 일어나고 설사와 변비가 반복적으로 나타난다. 식욕 부진, 복부 팽만감, 흉통, 복통, 메스꺼움, 구토, 식도 이물감 등의 소화기 증상 외에 피로, 우울감, 불면, 두통, 요통, 빈뇨, 야뇨, 잔뇨감, 월경통, 수족냉증 등 다양한 비소화기적 증상이 나타나기도 한다.

(2) 식사요법

심리적 안정이 우선이며 장운동을 자극하는 원인 식품을 제한하고 변비와 설사 시 증상에 맞게 식사요법을 한다. 장을 자극하는 찬 음식과 탄산음료, 카페인, 알코올, 유당, 당알코올, 단당류 등은 섭취를 제한한다. 또한 충분한 수용성 식이섬유소의 섭취가 배변 습관의 정상화를 위해 권장된다. 과식을 피하고 소량씩 자주 먹도록 하며, 충분한 수분을 섭취한다.

Know

저포드맵 식사(Low FODMAP diet)

저포드맵 식사란?

과민성대장증후군 환자의 증상을 개선시키기 위해 포드맵 고함유식품을 피하고, 포드맵이 적게 함유된 식품들로 구성하는 식사요법이다.

포드맵(fermentable, oligosaccharides, disaccharides, monosaccharides, and polyols, FODMAP)이란?

식이 탄수화물의 일종으로, 장에서 잘 흡수되지 않고 남아서 발효되는 올리고당(프럭탄, 갈락탄), 이당류(유당), 단당류(과당), 폴리올(당알코올)을 말한다.

포드맵 함유 식품은?

프럭탄 함유 식품에는 잡곡, 호밀, 보리가 있고, 갈락탄은 여러 가지 콩류에 함유되어 있다. 유당은 대부분의 유제품에 함유되어 있고, 과당은 주로 과일주스, 콜라, 사이다와 같은 탄산음료나 꿀, 시럽류에 들어 있다. 폴리올은 당알코올로 자일리톨, 만니톨, 락티톨과 같은 인공감미료, 일부 과일과 채소에 함유되어 있다.

CHAPTER 4

간 · 담도계 · 췌장질환

1. 간의 기능 및 간질환 시 대사장애 | 2. 비알코올 간질환 |
3. 알코올 간질환 | 4. 담낭질환 | 5. 췌장질환

CHAPTER 4

학습목적

간과 담낭, 췌장질환 환자의 영양평가 시행 결과에 따른 식사요법에 활용할 수 있다.

학습목표

- 간의 구조와 기능을 알고, 간질환 시 대사장애를 설명할 수 있다.
- 비알코올 간질환(지방간, 간염, 간경변증)의 식사원칙을 알고 식사요법에 활용할 수 있다.
- 간성뇌증의 식사요법을 설명할 수 있다.
- 알코올 간질환의 특징을 설명할 수 있다.
- 담낭염과 담석증의 특징을 알고, 식사요법에 활용할 수 있다.
- 췌장의 기능과 구조에 대해 알고, 급성췌장염과 만성췌장염의 식사요법에 활용할 수 있다.

1. 간의 기능 및 간질환 시 대사장애

1) 간의 구조

간liver은 횡격막 아래 오른쪽 상복부에 위치하며 무게는 약 1.2kg 정도이다. 간은 크게 좌엽과 우엽으로 구분되며 우엽은 간 전체의 3/4을 차지한다그림 4-1. 간은 혈관이 발달되어 적갈색을 띠며 간으로 들어오는 혈관에는 간문맥hepatic portal vein과 간동맥hepatic artery이 있다그림 4-2. 간문맥은 소화기관에서 소화·흡수된 영양소를 함유한 혈액으로 간으로 들어오는 혈액의 약 75%를 차지하고, 간동맥은 산소를 공급하는 혈액으로 간으로 들어오는 혈액의 약 25%를 차지한다.

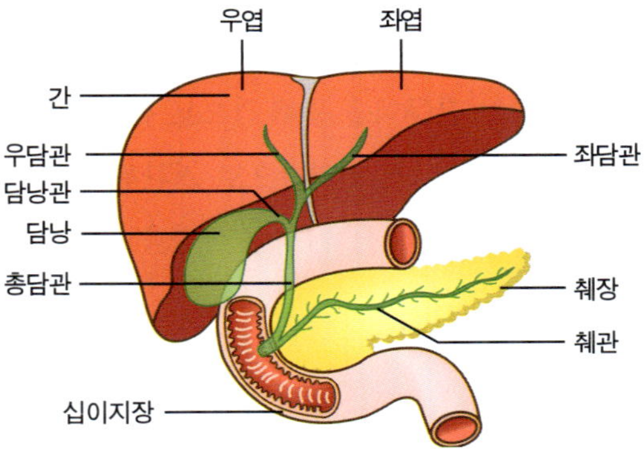

그림 4-1 간의 구조

간은 100만 개 정도의 간소엽으로 이루어져 있다. 간소엽은 간세포, 모세혈관(시누소이드sinusoid), 모세담관이 중심정맥을 중심으로 방사상 모양을 가지고 있다그림 4-3. 간문맥과 간동맥으로 들어온 혈액은 많은 모세혈관을 거쳐 중심정맥에 모인 후 간정맥으로 합류되어 대정맥으로 나간다. 이때 모세혈관망인 시누소이드에 영양소와 산소를 공급하고, 모세혈관벽에 있는 쿠퍼세포Kupffer cells는 혈액 속 이물질을 제거하는 식균작용을 한다.

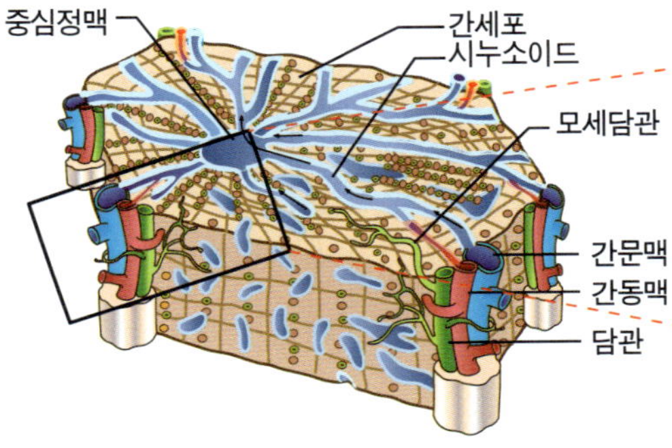

그림 4-2 간조직의 구조

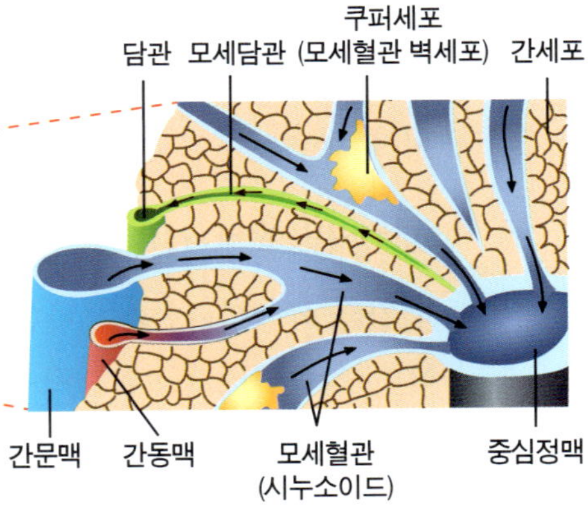

그림 4-3 간소엽 단면과 혈관

2) 간의 기능

(1) 영양소 대사

① 탄수화물 대사

탄수화물 대사는 혈당 조절에 있어 중요한 역할을 담당한다. 식후 흡수된 단당류는 간문맥을 통해 간으로 유입되어 열량을 공급하고 여분의 포도당은 글리코겐으로 저장되거나 지방으로 전환된다. 공복 시 혈당이 낮아지면 글리코겐이 분해되고 당신생 반응이 나타나 혈당을 조절하게 된다.

② 단백질 대사

아미노산 중 일부는 간에서 혈액 단백질, 효소 등과 같은 단백질 합성에 이용되거나 이화과정을 거쳐 포도당 또는 지방을 합성하고 일부는 다시 간정맥을 통해 다른 조직으로 운반되어 이용된다. 간은 알부민, 글로불린, 트랜스페린, 세룰로플라스민 등의 혈장 단백질과 피브리노겐, 프로트롬빈 등의 혈액 응고인자 및 여러 효소 단백질을 합성한다. 또한 비필수아미노산을 합성하고 아미노산 대사로 생성된 암모니아를 무독성의 요소로 전환시킨다.

③ 지방 대사

간은 중성지방과 지방산, 인지질, 콜레스테롤 및 콜레스테롤 에스테르 등의 지방이 간 중량의 5% 정도를 차지하며, 중성지방 합성, 인지질 및 콜레스테롤 합성, 지단백질 합성, 담즙산 합성 및 지방산 대사 등 체내 지방 대사의 상당 부분이 간에서 일어난다. 정상인의 경우, 간에 저장되어 있는 지방은 활발히 대사되며 항지방간 인자인 메티오닌, 콜린, 레시틴, 셀레늄, 비타민 E 등의 작용으로 일정량 이상은 증가되지 않는다.

④ 비타민과 무기질 대사

간은 여러 비타민과 무기질의 대사, 운반, 활성화 및 저장에 관여하며 비타민 A, 아연, 철 운반에 관련된 단백질을 합성한다. 간은 카로틴을 비타민 A로, 비타민 D는 25(OH)D25-hydroxycholecalciferol로, 엽산을 활성형 엽산5-methyl tetrahydrofolic acid으로 전환하고, 비타민 K로부터 프로트롬빈을 생성한다. 지용성 비타민(A, D, E, K)과 비타민 B_{12}를 간에 저장한다. 철과 구리는 페리틴과 세룰로플라스민 형태로 저장하고, 아연, 마그네슘 등을 저장한다.

(2) 해독작용

간은 외부에서 들어온 유독물질이나 내부에서 생성된 유해물질을 독성이 적은 물질로 바꾸거나 배설되기 쉬운 형태로 만든다. 암모니아를 요소로 전환하여 독성을 제거하고, 쿠퍼세포의 식균작용에 의해 바이러스나 이물질을 제거함으로써 면역작용에 관여한다.

(3) 담즙 생산

간은 콜레스테롤을 이용하여 1일 900mL 정도의 담즙을 생산하여 담낭에 농축·저장한다.

3) 간질환 시 대사장애

간은 영양소 대사와 화학물질의 대사과정에 중요한 역할을 담당하므로 간 손상 시 영양소 대사와 해독작용 등에 장애가 나타난다. 간 손상 시에는 간에 저장된 글리코겐 양이 감소하고 당신생이 저하되어 저혈당증이 나타나기도 하는데, 급성간염이나 알코올성 간질환, 간경변증 시 인슐린 저항성으로 말초조직에서 포도당 이용이 감소되어 혈당이 상승하는 탄수화물 대사장애가 나타난다. 단백질 대사장애로 단백질 합성이 저하되어 저단백혈증이 나타나고, 암모니아가 요소 합성으로 진행되지 않아 혈중 암모니아 수준이 상승하여 간성혼수가 나타난다. 간경변증에서는 단백질 분해가 증가하여 결국 내장과 근육조직 단백질이 소모된다. 지방 대사장애로 지방산 산화는 감소되는 반면, 지방 합성이 증가하고 합성된 지방을 간으로부터 방출하는 지단백질의 합성도 저하됨으로써 간에 지방이 축적되어 지방간이 된다. 또한 비타민(A, D, E, K, B_{12})과 무기질 결핍 증상이 나타난다.

표 4-1 간질환 시 영양소 대사장애

구분	내용
탄수화물 대사	• 글리코겐 저장량 감소와 당신생 저하로 저혈당증 발생 • 간경변증 시 말초조직의 인슐린 저항성 증가로 고혈당증 발생
단백질 대사	• 혈청 단백질 중 알부민 합성 저하 • 요소 합성 저하로 혈중 암모니아 상승 • 간경변증 : 단백질 분해 증가로 내장과 근육의 조직 단백질 소모
지방 대사	• 간 내 지방산 산화 감소, 지방 합성 증가, 지단백 합성 저하로 인한 지방의 방출 감소로 지방간 발생 • 담즙 생성 장애로 지방의 소화 · 흡수 저하 • 혈중 빌리루빈의 간 내 유입과 대사 저하로 황달 발생
비타민과 무기질 대사	• 비타민 및 무기질의 저장량 저하로 인한 결핍증 발생 • 간기능 저하와 비타민 K 고갈로 프로트롬빈 합성이 감소되어 혈액응고 지연 및 출혈 위험 증가

2. 비알코올 간질환

비알코올 간질환은 알코올을 섭취하지 않는 환자에서 알코올성 간 손상과 유사한 간조직 손상 및 간기능 장애가 초래된 경우를 말한다그림 4-4. 비알코올 간질환과 알코올 간질환을 구별하는 알코올 섭취량의 상한선은 1일 10~40g으로 다양하게 정의되고 있으나, 유럽 진료 가이드라인에서는 알코올 섭취량을 주당 남자 210g, 여자 140g 이상인 경우로 정의하고 있다.

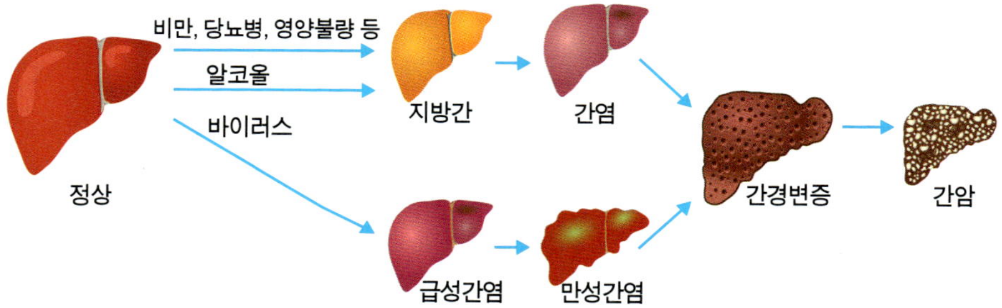

그림 4-4 간질환의 진행

1) 비알코올 지방간(Nonalcoholic fatty liver)

정상적인 간은 중성지방이 3~5% 정도 존재하는데 이 보다 많은 양의 지방이 축적된 상태를 지방간이라 하며 간세포의 손상이나 섬유화 소견이 없는 경우를 말한다 그림 4-5.

(1) 원인과 증상

비알코올 지방간의 원인은 단순히 지방 과잉 섭취에 의해 발생하지 않으며 비만(복부비만), 당뇨병, 이상지질혈증, 대사증후군과 관련이 있다. 지방간이 나타나는 기전은 다음과 같다.

- 미토콘드리아 내 지방산의 합성이 증가하거나 산화율이 감소되면서 중성지방 생성이 증가되는 경우
- 간세포에서 중성지방 방출이 감소되어 간 내 축적량이 증가되는 경우
- 탄수화물 과잉 섭취로 인해 지방산 합성이 증가되어 간 내 중성지방이 증가되는 경우

지방간은 가끔 오른쪽 상복부의 불편감이나 통증, 피로감, 무기력증, 허약, 식욕부진 등이 동반되나 대부분 증상이 없다.

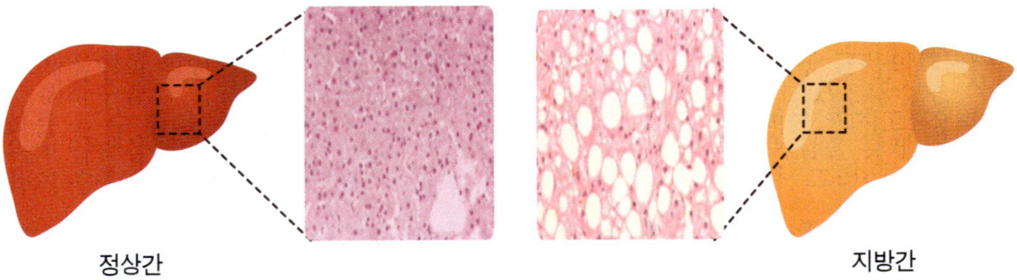

그림 4-5 현미경으로 본 정상간과 지방간

(2) 식사요법

지방간의 원인을 제거하는 것이 가장 중요하므로 원인에 따라 식사를 계획한다. 주요 원인인 비만, 당뇨병, 이상지질혈증, 대사증후군인 경우는 체중 감량을 위해 열량 섭취를 줄이고 균형식에 맞게 식사를 제공하며 이에 따른 식사요법을 진행한다. 단, 영양불량에 의한 지방간인 경우 고열량, 고단백식이를 제공한다.

- 총 열량 섭취 권고량보다 25% 정도 줄여 간세포에 중성지방이 축적되는 것을 막고 열량이 과다 섭취되지 않도록 주의한다. 체중 감량이 필요한 경우 하루 500kcal 정도 줄이는 것이 적절하며 짧은 기간 내 지나친 체중 감량은 오히려 지방간을 악화시킬 수 있으므로 현재 체중의 10%를 3~6개월 내에 서서히 줄이도록 한다.
- 탄수화물 과잉 섭취는 중성지방 생성을 증가시키므로 1일 총 섭취 열량의 60%가 넘지 않도록 하고, 단순당 섭취를 제한한다. 당류가 많은 음료수 대신 물을 마신다.
- 지방은 1일 섭취 열량의 20~25% 정도로 구성하고 고콜레스테롤혈증, 이상지질혈증이 있는 경우 포화지방산 및 콜레스테롤을 제한한다. 기름 사용량이 많은 튀김이나 볶음류의 조리법보다 찌거나 삶는 조리법을 사용한다.
- 항지방간 인자인 콜린, 메티오닌, 레시틴, 셀레늄, 비타민 E를 공급하여 간의 지방 축적을 줄인다.
- 규칙적인 식사를 하며 야식과 과식을 피한다.
- 일주일에 3번 이상, 1회 최소 30분 이상 유산소 운동을 실시하여 열량 소모를 통해 간 내 지방이 감소하도록 한다.

2) 비알코올 간염(Nonalcoholic hepatitis)

비알코올 간염은 간 내 지방 침착을 보이면서 간세포 손상을 동반한 염증과 일부 섬유화를 동반하는 지방간염과 바이러스가 원인이 되어 간 조직에 염증을 발생시키는 바이러스성간염이 있다. 간의 염증은 대부분 바이러스에 의해 발생하며 발생 양상에 따라 급성과 만성으로 구분한다.

(1) 급성간염(Acute hepatitis)

급성간염은 간염 바이러스나 기타 원인에 의해 간에 염증이 갑자기 발생하는 것으로 대개 3~4개월 내 회복되며 6개월 이상 지속되면 만성간염으로 진단한다.

① 원인과 증상

원인은 바이러스에 의한 바이러스성간염과 약물 또는 유해물질에 의한 독성간염이 있다. 바이러스성간염은 A, B, C, D, E형의 종류가 있다표 4-2. 우리나라의 경우 바이러스성간염이 대부분이며 그중 2/3는 B형간염이다.

증상은 식욕부진이 가장 흔하며 구토, 구역질, 우측 상복부 통증, 진한 색의 소변, 황달이 나타난다. 급성간염의 일반적인 증상은 4단계로 나뉜다. 1단계는 초기로서 간염 환자의 25%에서 발열, 관절통, 발진, 혈관부종이 나타난다. 2단계는 황달 전기로 권태, 피로, 근육통, 식욕부진, 구토, 미각장애가 나타난다. 3단계는 황달기로 황달이 나타나 4~6주 지속되는 시기로 체중감소, 진한 갈색 소변, 황달, 피부 가려움증이 나타난다. 4단계는 회복기로 황달과 그 외의 다른 증상이 가라앉는 시기이며 간 기능의 완전한 회복은 2~3개월 정도 걸린다.

표 4-2 급성바이러스 간염의 종류와 특징

종류	감염경로	특징
A형	경구 감염 (오염된 물이나 음식물 섭취)	급성간염을 일으키며, 만성화되지 않음
B형	비경구 감염 (혈액, 체액 등)	급성간염과 만성간염 모두를 일으킬 수 있으며, 급성간염이 발병한 이후에 B형 간염 표면항원이 6개월 이상 지속적으로 검출되면 만성간염으로 이행
C형	비경구 감염 (혈액, 체액 등)	급성간염은 대부분 증상이 없는 불현증 감염으로 인지되지 않는 경우가 많고, 급성 C형 간염의 50~80%가 만성간염으로 이행
D형	비경구 감염 (혈액, 체액 등)	• B형 간염 바이러스와 동시에 감염되거나 이미 B형 간염 바이러스가 있는 경우 이차적으로 중복감염 • 동시감염의 경우에는 대부분 자연 치유되나 중복감염의 경우 중한 급성 경과를 보여 B형 간염의 악화 야기
E형	경구 감염 (오염된 물이나 음식물 섭취)	만성화되는 일은 드물고 급성이 흔함

출처 : 대한간학회, 한국인 간질환 백서, 2021

Know

황달

혈액 중 빌리루빈 양이 상승하여 피부 및 점막 내 담즙의 축적으로 피부가 황색을 띠는 것을 말한다.

증상

눈의 흰자나 피부가 노랗게 변한다. 빌리루빈이 피부에 축적되어 피부 가려움증이 동반된다.

원인

- 간질환(간염, 간경변증) 시 간세포에서 빌리루빈을 대사하지 못하여 빌리루빈이 혈액으로 역류되면서 혈중 빌리루빈 수치가 상승하게 된다.
- 담낭질환(담낭염, 담석증)으로 담관 폐색이 일어나 담즙이 정상적으로 배출되지 못하면서 담즙의 구성성분인 빌리루빈이 혈중 내 축적되어 상승된다.

② 식사요법

충분한 영양 공급을 통해 손상된 간세포를 재생시키는 것을 목표로 한다.

- 몸을 움직이지 않고 누워 있으면 간으로 가는 혈류량이 증가하여 간에 영양소와 산소의 공급량이 증가되므로 간세포의 회복을 위해 절대안정을 취한다.
- 발병 초기에는 식욕이 없고, 구토, 메스꺼움이 있으므로 기호에 맞는 식욕을 촉진시키는 식품을 준비하고, 소화가 잘 되고 열량이 높은 식품을 소량씩 자주 섭취하여 위에 부담을 덜어준다. 식욕이 개선됨에 따라 연식, 무른 음식을 섭취하면서 일반식으로 이행하여 식사량을 늘린다.
- 열량 섭취가 부족하면 간세포 단백질이 열량으로 소모되기 때문에 이를 막기 위해 열량을 충분히 공급하되 비만이나 지방간이 유발되지 않도록 체중 kg당 35~40kcal로 공급한다.
- 간세포의 재생을 위해 양질의 단백질을 체중 kg당 1.5~2.0g으로 보통 1일 100~120g 공급하되 1/2 이상을 필수아미노산이 풍부한 동물성 단백질로 공급하도록 한다. 지방 함량이 적은 어육류, 우유 및 유제품, 달걀, 두부가 좋다.
- 급성기인 황달기에는 지방 소화가 어려우므로 지방 섭취를 제한한다. 회복기에는 단백질 섭취를 늘리면서 황달 증상이 소멸됨에 따라 지방 섭취를 늘린다. 필수지방산 섭취를 위해 식물성 기름을 이용한다. 간질환으로 인해 담즙 생성

과 분비가 저하되어 있으므로 우유, 버터, 치즈, 난황 등의 유화지방 섭취량을 늘린다.

- 간 손상으로 비타민 저장과 활성화가 저하되므로 지용성 비타민(A, D, E, K)을 보충하고, 간세포 재생을 위해 콜라겐 합성에 관여하는 비타민 C, 열량 대사를 위해 비타민 B_1, B_2, 니아신 등을 충분히 공급한다.

(2) 만성간염(Chronic hepatitis)

만성간염은 간염이 발병된 후 6개월 이내에 회복되지 않고 지속된 상태이다.

① 원인과 증상

주 원인은 바이러스성 C형 간염이며, B형과 D형 간염 바이러스도 원인이 된다. A형과 E형 간염은 만성간염으로 진행되지 않는다. 증상은 피로, 권태감, 식욕부진으로 인한 체중 감소, 황달, 복부 팽만감, 복부 불편감 등이 나타난다. 간세포 손상이 서서히 진행되어 간세포가 섬유화되고, 간경변증이나 간기능 부전까지 진행될 수 있다. 만성간염이나 간경변증 환자는 정상인보다 간암 발생 위험이 높다.

② 식사요법

간세포의 재생과 회복을 위해 정상체중을 유지하는 범위 내에서 고열량, 고단백, 고비타민, 고무기질 식사를 원칙으로 한다.

- 열량은 체중 kg당 30~35kcal로 공급한다. 탄수화물은 글리코겐의 형태로 간에 저장되어 간을 보호하고 단백질 절약작용을 하기 때문에 충분히 공급한다.
- 단백질은 간세포의 재생과 간기능 개선을 위해 체중 kg당 1.0~1.5g으로 1일 80~100g 정도 양질의 단백질로 충분히 섭취하도록 한다.
- 식욕이 없고, 복통이 있는 경우 소화되기 쉬운 형태의 조리법을 이용하며, 식사 횟수는 4~5회로 나누어 공급한다.
- 비타민과 무기질이 함유된 신선한 채소와 과일을 충분히 섭취하도록 한다.
- 소금은 1일 10g 이내로 공급하고, 복수나 부종이 있으면 1일 5g 이내로 제한한다.

3) 비알코올 간경변증(Nonalcoholic liver cirrhosis)

비알코올 간경변증은 만성 간질환의 마지막 단계이다. 어떤 원인이든 간세포에 손상이 장기간 지속되면 섬유성 결체조직이 증식되면서 흉터가 생기고, 결과적으로 이러한 흉터가 과도하게 쌓여 간섬유화가 진행되는데 간경변증은 간섬유화가 가장 심한 상태를 말한다. 간섬유화는 간 조직을 딱딱하게 하여 간혈류에 장애를 일으켜 간세포는 정상 기능을 하지 못하게 되고, 정상으로의 재생은 어려워진다. 정상간은 표면이 매끄럽고 조직이 고르며 부드러운 데 반해, 경변된 간은 불규칙하고 결절이 있는 울퉁불퉁한 모양을 한다그림 4-6.

(1) 원인과 증상

비알코올 간경변증의 원인은 다양하다. 우리나라에서 간경변증의 원인으로는 만성 B형 간염이 약 70% 정도로 가장 많고, 그 다음은 만성 C형 간염이다. 그 외에도 유전질환(자가면역성 간염, 경화성 담관염, 윌슨병 등), 영양불량, 약물이나 독성물질 등으로 인하여 발생되는데 여러 발병인자가 장기간에 걸쳐 지속적으로 작용하여 서서히 발병한다.

초기에는 대부분 증상이 없다가 중기 이후 합병증이 나타난다. 주로 식욕부진, 소화불량, 복부 불쾌감, 황달, 체중 감소가 나타나고, 복수가 차면 복부 팽만감과 하지 부종이 발생하며 이뇨제 사용 시 식욕부진과 메스꺼움을 악화시키기도 한다. 또한 위·식도정맥류, 간성뇌증 등의 증상이 나타난다.

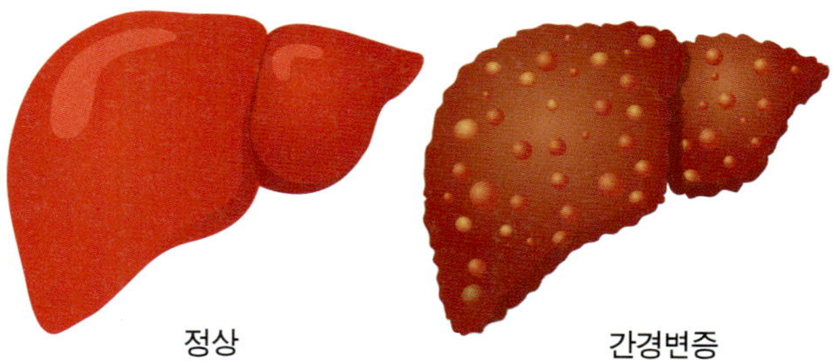

그림 4-6 정상간과 간경변증 간

(2) 식사요법

간경변증 시 식사량 감소, 소화 및 흡수 기능 저하, 영양소 대사 변화, 영양 요구량 증가, 복수나 부종 등의 원인으로 영양 결핍이 발생될 수 있으므로 초기부터 영양불량을 개선하고 간 조직의 재생을 촉진하여 합병증을 예방 · 개선하는 것이 목표이다.

- 열량은 표준체중 또는 건체중 kg당 30~35kcal로 충분히 공급한다. 복수로 인해 포만감을 느껴 식사량이 충분하지 못한 경우 소량씩 자주 섭취하며, 간식으로 감자, 고구마, 과일, 주스, 사탕, 꿀 등의 농축된 탄수화물을 섭취하거나 영양보충 음료를 활용한다.
- 단백질은 표준체중 또는 건체중 kg당 1~1.5g으로 충분히 공급한다. 간경변증에서 체조직 분해는 촉진되고 단백질 합성은 저하되므로 충분한 단백질의 섭취가 필요하나, 간성혼수가 있는 경우에는 단백질의 제한이 필요하다.
- 탄수화물은 충분히 공급한다. 적당량의 탄수화물은 간의 글리코겐을 증가시키고 단백질을 절약하여 단백질의 주된 기능인 간 조직을 재생하도록 돕는다. 간질환 환자의 경우 간기능이 감소하여 당신생은 떨어지고 글리코겐 분해도 적어 공복 시에 저혈당증이 나타나므로 탄수화물을 자주 섭취하여 공복이 되지 않도록 한다.
- 지방은 황달이나 지방변이 있으면 1일 20g으로 제한하고, 소화가 잘되는 중쇄중성지방으로 공급한다. 간경변증 환자의 절반 정도에서 지방변증을 보이므로 지용성 비타민 흡수와 필수 지방산 공급을 위해 적정량의 지방 섭취가 필요하다.
- 비타민 및 무기질은 채소와 과일 섭취를 통해 충분히 공급한다. 간질환 시에는 비타민 B_1, 비타민 B_2, 비타민 B_6, 엽산이 부족되기 쉽고, 지방변증이 있을 때 비타민 A, 비타민 D, 칼슘, 마그네슘, 아연 등의 무기질이 결핍될 수 있어 보충이 필요하다. 레티놀결합단백질을 충분히 합성하지 못하면 비타민 A를 공급받지 못할 수도 있고, 비타민 D를 활성화시키지 못하기 때문에 칼슘이 결핍되므로 칼슘을 보충한다. 또한 혈액 응고시간이 지연되기 때문에 비타민 K를 보충한다.
- 변비가 있을 경우, 락툴로스lactulose를 투여하기도 한다.

Know

락툴로스란?

유당과 과당의 합성이당류로 된 물약으로 구강이나 관장으로 투여한다. 체내로 흡수되지 않으면서 장내 세균 활동을 통해 결장 내 환경을 산성화시켜 암모니아를 배출한다. 또한 설사를 유발하므로 복용량을 조절하여 1일 2~3회 대변을 볼 수 있도록 한다.

(3) 합병증

간경변증의 합병증에는 식도 정맥류, 복수, 부종, 간성뇌증 등이 있으며, 합병증의 예방 및 관리를 위해 적절한 식사요법이 필요하다.

① 식도 정맥류(Esophageal varices)

간에 섬유화가 과도해지면 간 조직이 단단하게 굳어지고 간 조직으로 혈액 유입이 힘들어지면서 간문맥압이 증가하게 된다. 문맥압이 증가하면 간으로의 혈액 이동이 힘들게 되고, 식도 등 다른 부위로 혈액이 이동되면서 측부 혈관이 확장된다. 문맥압 상승이 심해지면 식도와 위에 혈관이 커지게 되고, 혈관벽이 얇아져 파열되면서 출혈이 발생하게 된다. 그러므로 문맥고혈압 합병증으로 식도 및 위정맥류가

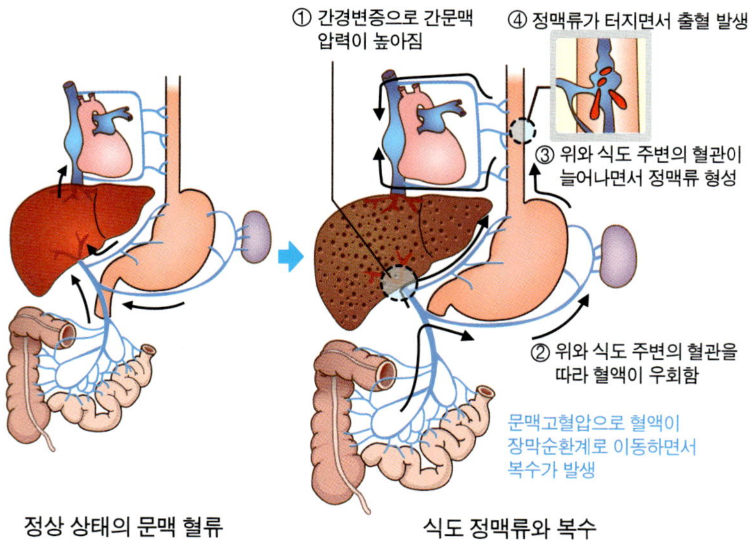

그림 4-7 식도 정맥류와 복수

생기게 된다그림 4-7.

식도 정맥류란 식도에 있는 정맥이 혹처럼 부풀어 오르는 병으로 간경변증 환자 중 정맥류를 진단받은 환자의 30% 정도가 2년 내 정맥출혈 증세를 보인다. 출혈이 있는 경우 6주 내 사망률이 20%에 달하는 응급질환으로 간경변증 환자의 주요 사망 원인 중 하나이다.

식도 정맥류가 생기더라도 출혈이 없으면 아무 증상이 없다. 식도 정맥류 파열 시, 출혈이 경미할 때는 특별한 자각 증상 없이 검은색의 대변을 볼 수 있다. 출혈이 심하면 위에 혈액이 다량으로 고이고 토혈을 하게 되고 빈혈이 발생되므로 피부가 창백해지고 혈압이 떨어져 어지러움증이 생기며, 기운이 없어지고 식은 땀이 나며 다량의 혈액이 흡수되어 간성혼수가 나타날 수 있다.

식사요법

출혈 부위에 자극을 줄이기 위해 식도에 자극이 적은 음식을 공급하고 출혈로 인해 부족한 영양소를 공급한다.

- 출혈을 막기 위해 딱딱하거나 거친 음식(건오징어류, 잡곡류, 견과류, 튀김류, 마른 과일 등), 식이섬유가 많은 생채소, 자극적이고 결체조직이 많은 식품은 피하고, 연하고 소화가 용이한 것을 선택하여 소량씩 자주 공급한다.
- 혈관벽의 구성물질 성분인 단백질, 비타민 C, 필수지방산의 공급량을 늘린다.
- 혈관벽의 세포와 세포의 결합을 도와주는 칼슘, 프로트롬빈 생성의 보조효소인 비타민 K, 위장관 출혈 시에는 철을 보충한다.

② 복수(Ascites)와 부종(Edema)

간경변증이 진행되면 간이 알부민을 합성하지 못하여 저알부민혈증으로 인한 혈장 교질삼투압 저하로 수분이 혈관 밖으로 유출되어 순환 혈액량이 적어지고, 혈액 속의 액체 성분이 복강 내에 축적이 되면 복수가 차고, 조직 내에 저류되면 부종이 나타난다. 또한 문맥 고혈압으로 인해 혈액이 전신순환계로부터 장막순환계로 쏠리게 되며 혈관의 이완을 촉진하는 인자들이 유리되는데 이로 인해 알도스테론의 분비가 항진됨에 따라 나트륨이나 수분의 재흡수를 촉진시켜 수분 보유가 증가되어 부종이 나타난다. 복수가 찰 경우 허리둘레가 증가하며 옆구리 쪽의 팽만이 심하게 나타나고 배가 임신을 한 것처럼 볼록하게 부풀어 오른다. 바로 눕지 못해 옆으로 눕고, 복수 무게만큼의 무게를 지니고 다녀야 하므로 임산부가 느끼는 불편함과 피로를 느낀다.

- 복수와 부종이 있는 경우 나트륨 섭취는 복수를 더 심하게 하므로 나트륨 섭취를 제한한다.
- 염분 섭취를 하루 5g 이내로 줄인 저염식을 한다.
- 복부 팽만감 및 소화불량으로 식사량이 적을 시에는 음식을 소량씩 자주 섭취한다.
- 칼륨이 배설되는 이뇨제 사용 시 칼륨 섭취를 고려한다.

③ 간성뇌증(Hepatic encephalopathy)

간성뇌증은 말기 간부전 상태로 중추신경계에 이상이 나타나면서 의식이 나빠지거나 행동에 변화가 생기게 되며 4단계로 진행된다. 간성뇌증이 발생한 경우 회복은 가능하나 1년 생존율이 40% 정도로 낮다.

원인과 증상

가장 큰 원인은 간의 요소회로urea cycle에 이상이 생기면서 암모니아가 요소 합성으로 진행되지 않아 혈중 암모니아 농도가 증가하여 중추신경계 장애가 나타난다. 혈중 암모니아가 증가하는 원인은 식도·위 정맥류 출혈로부터 위에 유입된 혈액 단백질(내인성)이 장에서 박테리아의 분해작용에 의해 암모니아가 다량 생산되기 때문이며 단백질 과잉 섭취도 원인이 된다.

간에서 아미노산은 탈아미노반응을 거쳐 탄소골격 부분α-케톤산과 아미노기 부분으로 분해된다. α-케토산은 포도당이 되거나 아세틸 CoA를 거쳐 에너지를 생성하기도 하고 케톤체나 지방을 합성하기도 하며, 아미노기는 암모니아가 된 후 간에서 요소회로를 거쳐 무독성인 요소로 전환되어 신장을 통해 배설된다. 건강한 사람의 간에서는 측쇄 아미노산Branched-Chain Amino Acid, BCAA(루신, 이소루신, 발린)이 거의 대사되지 않고 근육에서 대사되는데, 근육에서 측쇄 아미노산 분해효소의 활성이 간보다 약 80배 정도 더 높기 때문이다. 따라서 측쇄 아미노산은 근육으로 이동하기 위해 간으로부터 혈중으로 방출되어 혈중 측쇄 아미노산의 농도는 높다. 한편, 방향

간성뇌증 진행단계

- 1단계 : 수면장애로 인해 불면증이 생기며, 반응이 느리고 자제력이 약해진다.
- 2단계 : 날짜와 시간이 혼동되고, 양팔을 쭉 펴서 손끝은 위로 향하고, 손바닥은 앞으로 향하게 펴면, 손끝이 떨리거나 아래로 떨어지는 증상이 나타난다. 이 단계에서는 인격장애가 나타나 성격이 난폭해지고 공격적으로 바뀌는 경우가 많다.
- 3단계 : 사람을 잘 알아보지 못하는 상태가 되고, 아플 정도로 자극을 주어야만 눈을 뜬다.
- 4단계 : 혼수상태로써 자극에 대하여 반응이 없으며, 뇌부종이 심한 상태다.

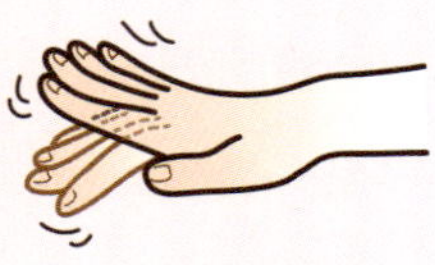

손끝이 떨리거나
아래로 떨어지는 현상

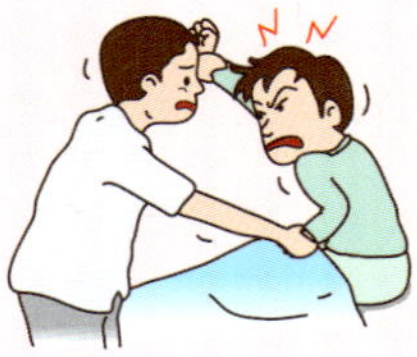

성격 변화

족 아미노산Aromatic Amino Acid, AAA(트립토판, 페닐알라닌, 티로신)은 간에서만 대사되고 혈중으로 방출되지 않으므로 혈중 방향족 아미노산 농도는 낮다.

간 손상 시 측쇄 아미노산은 간에서 이상 분해되므로 혈중 농도는 낮아지는 반면, 방향족 아미노산은 간에서 대사되지 못하므로 혈중 농도가 높아진다. 또한 간 손상으로 당신생과 케톤체 생성이 줄어들면 근육, 심장, 뇌는 측쇄 아미노산을 분해하여 열량으로 사용하여 측쇄 아미노산의 농도는 더 낮아지고, 근육 단백질 분해 증가로 혈중 방향족 아미노산의 농도는 더욱 증가한다. 따라서 혈액-뇌관문을 통과할 때 높아진 방향족 아미노산은 측쇄 아미노산과 경쟁하여 측쇄 아미노산의 유입을 억제하기 때문에 뇌로 다량 유입된 방향족 아미노산은 암모니아와 결합하여 허위신경전달물질을 형성한다. 이로 인해 뇌신경장애를 일으키는 간성뇌증을 초래한다. 이처럼 측쇄 아미노산(BCAA)/방향족 아미노산(AAA)의 비가 떨어짐으로써 뇌의 신경전달물질에 변화가 일어난다. 이 비율이 3.5~4.0이면 정상이고, 간경변증은 2.5 이하로 떨어지며, 간성혼수는 1 이하로 내려간다.

Know 측쇄 아미노산과 방향족 아미노산 함유식품

구분	함유식품
측쇄 아미노산	밥, 떡, 감자, 고구마 등의 곡류, 과일류, 채소류
방향족 아미노산	육류, 동물의 내장, 간, 생어패류

식사요법

식사요법의 목표는 간세포의 재생, 복수와 부종의 개선, 식도·위 정맥류 및 출혈 방지, 간성혼수 예방으로 간경변증의 식사요법을 기본으로 하고, 다음과 같은 사항을 추가적으로 고려한다.

- 단백질은 적당량 공급한다. 혈중 암모니아 농도가 높은 것은 식사로 섭취한 단백질이 원인이라기보다는 식도·위 정맥류의 출혈로 인한 영향이 더 크다. 따라서 단백질 섭취량을 제한하면 체조직 단백질이 분해되어 체조직 단백질 손실이 커지므로 상태가 더욱 악화될 수 있어 지나친 제한은 피한다.
- 간성혼수 증세가 나타나면 단백질은 1일 30~40g 정도로 제한하다가 증세가 호전되면 단백질을 조금씩 증가시킨다. 단백질 음식을 늘릴 때 한 번에 몰아서 먹지 말고 세 끼니에 걸쳐 소량씩 나누어 섭취한다. 심한 경우에는 우유 및 유제품도 금지하여 단백질을 1일 20g 이하로 제한한다.
- 단백질 급원으로 유제품(우유, 치즈)이나 식물성 단백질(콩, 두부)을 섭취한다. 식물성 단백질은 육류보다 암모니아를 형성하는 성분과 방향족 아미노산이 적으며, 측쇄 아미노산이 많고 식이섬유가 많이 함유되어 있다.
- 식이섬유는 암모니아의 장내 흡수를 억제하고 변비를 예방하기 위해 채소를 섭취하는 것이 좋으나 식도·위정맥류가 있을 때에는 출혈의 위험이 있으므로 제한한다. 락툴로스를 복용하면서 대변을 2회 정도 볼 수 있도록 한다.
- 단백질을 제한한 식사는 비타민 B_1, 비타민 B_2, 니아신, 칼슘, 철, 엽산 등이 부족하므로 보충한다.
- 충분한 열량 제공을 위해 단순당 및 식물성 기름을 적절하게 사용하고, 부종 및 복수가 있는 경우에는 나트륨 섭취량을 줄인다.

간질환의 종류와 1일 영양기준량

영양소	급성간염	만성간염	간경변증	간성뇌증
열량	35~40kcal/kg	30~35kcal/kg	30~35kcal/kg*	30kcal/kg*
단백질	1.5~2.0g/kg	1.0~1.5g/kg	1.0~1.5g/kg*	30~40g
나트륨	3,000~4,000mg	급성간염에 준함 (부종 시 2,000mg)	복수 시 1,000~2,000mg (이뇨제 사용 시 칼륨 보충)	간경변증에 준함
기타	• 초기에 지방 제한 • 황달 시 지방 20g 이하로 제한		위·식도 정맥류가 있으면 무자극성식	측쇄 아미노산이 많은 우유, 유제품 및 식물성 식품 이용

*표준체중 또는 건체중

간기능 장애에 따른 증상과 기전

간기능 장애	증상	기전
알부민 합성 저하	복수, 말초부종	• 저알부민혈증 → 삼투압 저하 → 혈중 수분이 복강 내로 삼출 → 복수 • 혈중 수분 감소 → 신혈류량 저하 → 신세뇨관에서 나트륨과 수분 재흡수 촉진 → 체내 나트륨과 수분 저류 → 말초부종
프로트롬빈 합성 저하	출혈	• 저프로트롬빈혈증 → 출혈
간혈류 장애 (문맥계 울혈)	위·식도 정맥류	• 간혈류 장애 → 문맥울혈 → 위·식도 정맥류 → 파열로 인한 출혈 ↘ 문맥 혈중 수분이 복강 내 삼출 → 복수
혈중 빌리루빈 유입 및 분비 저하	황달	• 간 손상 → 혈중 빌리루빈이 간으로 유입되기 어려움 • 간 손상 → 담즙이 담낭으로 분비되기 어려움 → 혈중 빌리루빈 농도 증가 → 황달
콜레스테롤 합성 저하	지방 소화·흡수 불량	• 저콜레스테롤혈증 → 담즙 생성, 분비 감소 → 지방 소화·흡수 불량
요소회로 장애	간성뇌증	• 단백질 대사산물인 독성의 암모니아를 요소로 전환시키지 못함 → 고암모니아혈증 → 간성뇌증
대사 변화	고혈당	• 혈당 조절 대사 이상(인슐린저항, 내당능장애) → 공복 혈당 및 식사 2시간 후 혈당 상승 → 고혈당
	• 혈중 유리지방산 ↑ • 측쇄 아미노산 ↓ • 방향족 아미노산 ↑	• 간경변 시에는 장기간의 기아상태와 같이 열량의 60% 이상을 지방으로부터 충족 → 혈중 유리지방산 증가 • 혈청 단백질 합성 저하 → 근육단백질 소모 증가 → 혈중 아미노산의 비율 변화(측쇄 아미노산 감소, 방향족 아미노산 증가)

출처 : 이보경 외, 이해하기 쉬운 임상영양관리 및 실습, 2021

3. 알코올 간질환

알코올 간질환은 지나친 알코올 섭취로 인해 발생하는 것으로 1단계 알코올 지방간은 알코올중독 환자의 80~90%에서 발생하는 가장 흔한 병변이고, 알코올중독 환자 중 2단계 알코올 간염, 3단계 알코올 간경변증으로 진행된다고 보고된다. 알코올 간질환은 알코올의 종류보다 알코올 총 섭취량과 음주 기간, 영양상태와 관련이 있다.

알코올은 위에서 일부 흡수되고, 약 90%는 소장 상부에서 확산에 의해 흡수되어 간에서 대사가 진행된다. 흡수된 알코올은 간에서 산화과정을 거쳐 체외로 배출되는데, 간에서의 알코올 대사능력은 개인에 따라 다르다. 보통 사람이 간에서 알코올을 산화시키는 양은 1시간당 약 15mL로 알코올 도수 17.8°인 소주의 경우 약 85mL에 해당한다.

알코올은 간에서 알코올분해효소alcohol dehydrogenase에 의해 독성이 있는 아세트알데하이드acetaldehyde가 되고 아세트알데하이드분해효소acetaldehyde dehydrogenase의 작용을 거쳐 아세테이트acetate로 된 다음 TCA 회로를 거쳐 7kcal/g의 에너지를 발생하고 물과 이산화탄소로 완전히 분해되어 체외로 배출된다. 알코올 자체는 간 내의 대사작용에 의해 유리기와 산화물이 생기게 되고 이러한 대사물들이 세포의 투과성을 떨어지게 하므로 세포 내 지방, 단백질, 물 등의 과잉 대사를 일으킨다. 그 결과 산

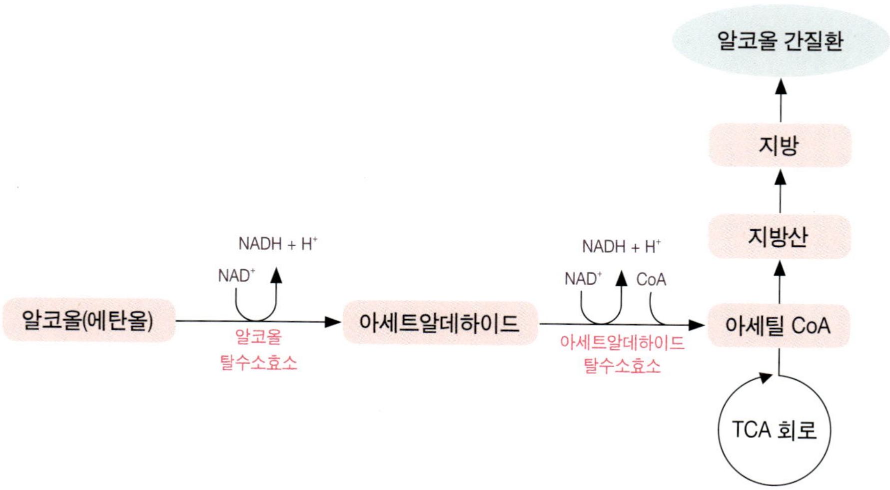

그림 4-8 알코올성 간질환에서의 알코올 대사과정

하루 평균 알코올 섭취량 계산하기 Check

술의 양(mL) × 술의 도수(%) × 알코올의 비중(0.785)으로 계산한 1회 알코올 섭취량에 주간 평균 횟수를 곱한 값을 7로 나눈다.

예 19% 소주 1병(360mL)을 1주일에 평균 3회 마신다면,
1회 알코올 섭취량 : (19% × 360mL × 0.785) ÷ 100 = 53.694g
하루 평균 알코올 섭취량 : 53.694g × 3회 ÷ 7일 = 약 23g

소 요구량이 증가되면서 저산소증을 일으켜 간이 비대해지고 나아가서 간세포 괴사를 일으킨다그림 4-8.

같은 음주를 해도 여자가 남자보다 혈중 알코올 농도가 높아 알코올 간질환의 위험이 더 높다. 간경변증이 발생하는 최소 알코올 양은 남자는 하루 40g 이상, 여자는 20g 이상이다. 우리나라 보건복지부에서 제시하는 1 표준잔은 알코올 7g이 포함된 소주/맥주 1잔을 의미하며, 일주일에 2회 이상 1회 평균 음주량이 남자일 경우 7잔 이상일 때, 여자의 경우 5잔 이상일 때 고위험음주로 정의하고 있다. 과다한 음주가 지속되면 간세포 손상이 동반되어 급성 · 만성간질환인 알코올 지방간, 알코올 간염, 알코올 간경변증이 발생하게 된다.

1) 알코올 지방간(Alcoholic fatty liver)

알코올 지방간은 간에 지방이 축적된 것을 말하는데, 과음으로 인한 알코올 섭취로 아세틸 CoA가 수소를 생성하는 TCA 회로로 들어가지 못하고 수소를 소모하는 반응인 중성지방 합성이 증가하게 된다. 또한 간에서 중성지방이 혈류로 분비되지 못하는 장애와 말초지방조직으로부터 유리된 지방이 간으로 많이 들어오며, 반대로 간에서의 지방산 산화과정은 저하되기 때문에 지방간이 발생하게 된다. 이처럼 간에 축적된 지방은 중성지방으로 이것은 알코올 양과 음식 중의 지방 섭취량에 좌우된다. 지방간은 알코올만 섭취하고 다른 음식물을 섭취하지 않을 때나 섭취하더라도 단백질, 비타민, 무기질 섭취가 부족할 때 더욱 심해진다. 알코올 지방간에서는 피로감 및 무력감 등이 동반될 수 있고, 알코올 지방간은 간질환의 가장 가벼운 상

태로서 음주를 중단하면 회복된다.

2) 알코올 간염(Alcoholic hepatitis)

알코올 간염은 흔히 지방세포의 침윤과 더불어 간 조직의 염증 반응이 일어나는 경우를 말한다. 알코올 과잉 섭취로 인한 아세트알데하이드는 간 내의 글루타치온 glutathione의 합성 및 단백질 합성, 이동, 분비를 방해하여 체내에서 독성을 일으킨다. 이때 단백질, 비타민, 무기질이 결핍되면 간염의 진행을 촉진한다. 알코올 간염의 증상은 식욕부진, 메스꺼움, 체중 감소(10% 정도)가 나타나며, 간비대로 인한 간 부위 팽창과 황달, 발열, 비장 증대가 나타난다.

3) 알코올 간경변증(Alcoholic liver cirrhosis)

알코올 간경변증은 상습 과음자의 15~30%에서 발생된다. 알코올 간경변증 진단시점에서 1/4은 합병증이 없지만 55%는 복수가 있고 6%는 정맥류 출혈, 4%에서는 복수와 정맥류 출혈이 동반되어 있으며 11%는 간성뇌증이 있다. 알코올 간경변증의 사망위험도는 일반인에 비해 5~30배 높다.

알코올 섭취로 인해 생성되는 아세트알데하이드는 간세포 미토콘드리아의 막 구조에 손상을 주고 기능을 변화시키게 된다. 즉, 간세포 손상으로 간세포가 죽어가는 괴사가 일어나고 딱딱한 결절이 형성되는 알코올 간경변증이 나타난다. 지속적인 알코올 섭취는 간에 콜라겐을 증가시키고 간세포 재생을 방해하게 한다. 간세포 손상으로 간경변증이 나타나면 간세포는 정상적인 간세포로 돌아갈 수 없다.

4) 알코올 간질환의 식사요법

알코올이 원인이므로 금주를 하는 것이 가장 중요하다. 알코올 간질환 환자의 대부분에서 영양불량이 나타나고, 대사가 항진되며 이화작용이 증가하므로 음주로 인해 부족해진 영양소를 보충하는 것이 필요하다. 알코올 지방간과 간염은 금주 후 완전히 회복될 수 있다. 그러나 간경변증이 진행되면 회복이 불가능한 상태로 악화된다. 식사요법은 금주를 제외한 비알코올 간질환의 식사요법과 동일하다.

- 알코올 간질환 환자는 금주해야 한다. 알코올 지방간은 금주와 식사요법을 시작하면 4~8주가 지나면서 간에서 지방이 제거되기 시작하여 3~4개월 정도 금주하면 완치될 수 있다.
- 열량은 체중 kg당 30~35kcal로 체조직의 이화작용을 막고 표준체중을 유지할 수 있는 정도로 공급한다.
- 단백질은 체중 kg당 1~1.5g으로 1일 60~80g 정도를 권장하고, 간성뇌증이 있는 경우 단백질 제한과 함께 락툴로스를 공급한다.
- 비타민(B_1, B_2, 니아신, 엽산)과 무기질(아연, 마그네슘)을 충분히 공급한다.
- 영양불량인 환자의 경우 간기능과 영양상태를 개선시키기 위해 경관급식이나 정맥영양을 통해 측쇄 아미노산을 보충한다.

4. 담낭질환

1) 담도계의 구조와 기능

담도계는 담낭과 담관을 총칭하는 말이다. 담낭은 우측 상복부 간의 아래에 위치하고 있고, 간에서 생성된 담즙을 농축하여 저장한다. 담즙은 하루 600~800mL 정도 분비된다. 담즙의 성분은 수분, 콜레스테롤, 지방산, 레시틴, 담즙산, 빌리루빈 및 각종 전해질 등이다. 십이지장 내로 지방이 들어오면 담즙이 분비되어 지방의 소화를 도와주는 유화제 역할을 한다. 그 외 지용성 비타민 A, D, E, K의 흡수를 돕고, 대변이 나오게 하는 약간의 하제 역할을 한다. 지방의 소화흡수에 도움을 주는 담즙은 대부분이 회장말단에서 흡수되어 간문맥을 통해 간으로 다시 들어가 담즙 생산에 재활용되는데 이 과정을 장간순환enterohepatic circulation이라고 한다. 간으로 흡수되지 못한 담즙은 대변으로 배설되고, 배설된 만큼 간에서 담즙을 생산하여 인체 내 담즙의 양을 일정하게 유지한다.

Know

장간순환

간에서 생성된 담즙은 담낭을 거쳐 십이지장으로 배출된다. 배출된 담즙 중 담즙산은 회장에서 재흡수되어 간문맥을 통해 간으로 되돌아가 다시 담즙을 생성하는 데 사용된다.

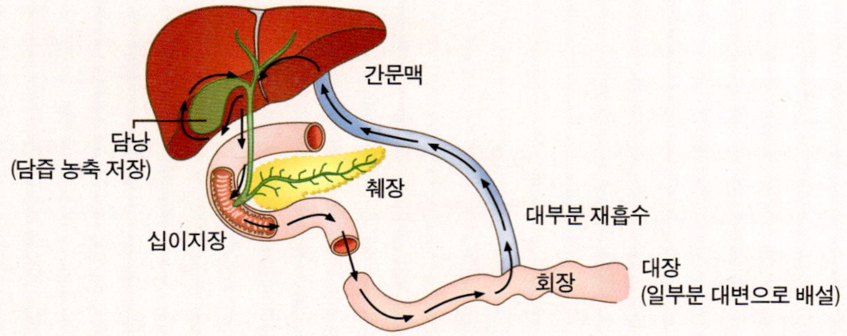

담즙의 장간순환

2) 담석증(Cholelithiasis)

담석증은 담낭이나 담관 내에 담석이 존재하는 것을 말한다. 담석은 담즙의 구성 성분의 비율에 변화가 생기면서 일부 성분이 결정화되어 돌처럼 단단하게 굳어져 발생하는데, 담석의 종류에는 콜레스테롤 결석과 빌리루빈 결석이 있다. 과거에는 빌리루빈 결석이 많았지만 최근에는 식이가 서구화되고 비만 등으로 인하여 콜레스테롤 결석이 증가하고 있다그림 4-9.

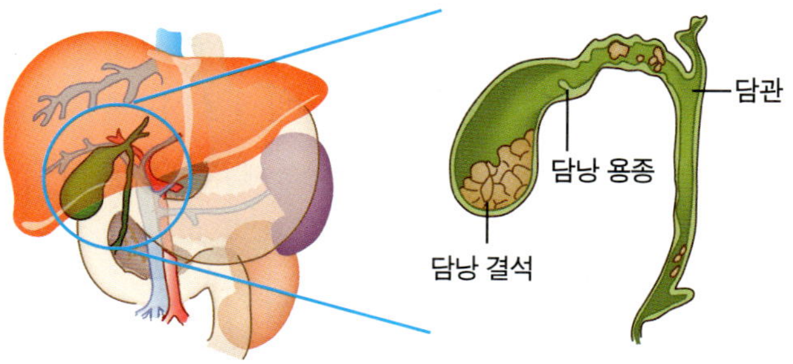

그림 4-9 담석증

출처 : 서울아산병원(www.amc.seoul.kr), 2018

(1) 원인과 증상

콜레스테롤 결석은 여자female, 다출산fertile, 비만fatty, 40대forties에게 많이 발생한다. 남자보다 여자에게서 많이 발생하는 이유는 여성호르몬이 담즙 내 콜레스테롤 수치를 높이는 기능을 하기 때문이며, 다출산 여자는 임신 중 담낭의 기능이 떨어지는 것이 한 가지 이유이다. 비만인 사람은 혈중 콜레스테롤 수치가 높기 때문에 담석의 위험이 높고, 회장을 절제한 사람이나 고열량, 고콜레스테롤 식사를 하는 경우에 발생하기 쉽다.

빌리루빈 결석은 빌리루빈 중합체나 빌리루빈 칼슘염으로 이루어졌으며 서양인에 비해 동양인에게서 더 자주 발생한다. 주로 담낭이나 담관에서 발견되고, 박테리아 감염이나 만성적인 용혈에 의해 발생된다.

담석증은 60~80% 정도 증상이 없고, 명치와 오른쪽 상복부에 심한 통증, 어깨 쪽으로 통증이 퍼져 나갈 수 있다. 대개 갑자기 통증이 시작되고 1~4시간 동안 지속되다가 통증이 사라지며, 오심, 구토, 발열, 오한 등이 동반된다. 통증이 가라앉지 않고 지속되면 담석 용해술, 체외 충격파나 담낭 제거술로 치료하고, 담낭 제거술을 시행한 경우에는 간에서 생성된 담즙이 담낭에 농축 저장되지 않고 십이지장으로 직접 분비된다.

(2) 식사요법

식사요법의 목적은 담낭의 활동을 최소화하고 재생을 도와주는 데 있다.

- 급성발작이나 통증이 지속되면 하루 동안은 금식하고 정맥영양을 실시한다.
- 지방이 많은 음식물을 섭취하면 담즙의 분비가 촉진되므로 저지방식을 권장한다. 포화지방산과 콜레스테롤은 제한하고, 소화흡수가 좋은 불포화지방산이나 유화지방 형태의 식품을 선택한다.
- 열량은 표준체중을 유지하도록 조절하고 탄수화물과 단백질은 권장량을 공급한다. 열량 섭취가 많으면 담즙 분비를 촉진하므로 제한하고, 급성기에는 절식 후 유동식에서 시작하여 연식, 소화가 잘되는 일반식으로 이행한다.
- 담낭의 자극을 최소화하기 위해 자극적이고, 가스를 형성하는 고식이섬유식은

피한다. 그러나 식이섬유는 혈중 콜레스테롤을 낮추기 때문에 콜레스테롤 담석 형성을 예방하고 변비를 예방하는 효과가 있어 적당히 공급한다.

- 단백질은 콜레시스토키닌의 분비를 촉진하여 담낭 수축을 자극하므로 제한이 필요하지만 담낭 염증 세포를 재생하기 위해 필요하므로 적당량 공급하도록 한다. 급성기 후기에는 30~40g의 단백질을 공급하기 위해 지방 함량이 적은 탈지유나 크림을 뺀 코티지치즈 등으로 공급하다가 회복됨에 따라 기름이 적은 어육류나 달걀을 기름 사용이 적은 조리법으로 제공한다.
- 지방을 제한하므로 지용성 비타민을 충분히 공급한다.

3) 담낭염(Cholecystitis)

담낭염은 담낭에 염증, 팽창, 화농 등이 발생한 질환이다.

(1) 원인과 증상

담낭의 염증성 질환으로 90% 이상이 담석증으로 발생하고 그 외 대장균, 포도상구균, 기생충 등이 원인이 될 수 있다. 우측 상복부의 통증, 오한, 발열 등이 있고, 담관에 염증이 있는 경우 황달을 동반하는 경우가 많다.

(2) 식사요법

염증 세포에 자극을 최소화하기 위해 무자극식을 제공하고, 적당량의 식사를 규칙적으로 공급한다. 담석증에 준하는 식사요법을 실시한다.

5. 췌장질환

1) 췌장의 구조와 기능

췌장pancreas은 위와 십이지장 사이의 뒤편에 길이 15cm, 70~120g 정도의 크기

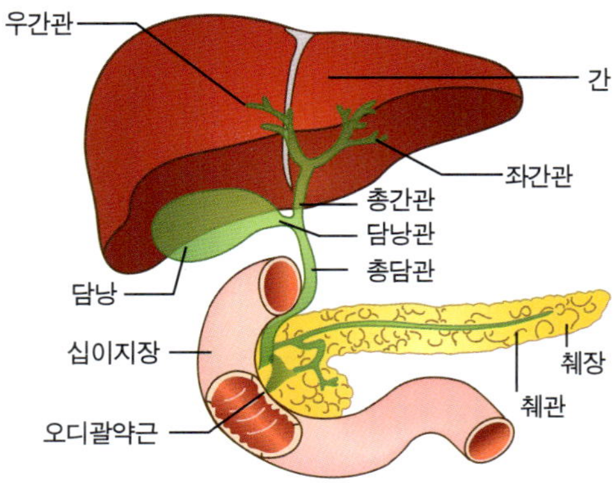

그림 4-10 췌장의 위치

로 위치하고 있으며, 혈당 조절에 관여하는 호르몬을 분비하는 내분비선과 소화효소와 중탄산염을 십이지장 내로 분비하는 외분비선을 가지고 있다그림 4-10.

내분비 기능은 췌장의 랑게르한스섬langerhans islets의 α -세포에서 분비되는 글루카곤이 혈당 부족 시 간에 저장된 글리코겐을 분해시켜 혈당을 증가시키고, β -세포에서 분비되는 인슐린은 증가된 혈당을 글리코겐으로 저장시켜 혈당을 정상으로 유지하도록 조절한다.

외분비 기능은 소화효소와 다량의 중탄산염을 함유하고 있는 췌액을 십이지장 내로 분비한다. 췌장액은 약 알칼리성(pH 8.0~8.5)으로 1일 1~2L 정도 분비된다. 소화효소는 트립시노겐, 키모트립시노겐, 카복시펩티다아제, 프로테아제, 리파아제 및 아밀라아제 등을 포함하고 있고, 불활성상태로 있다가 십이지장 내에서 활성화되어 소화효소로서의 역할을 하게 된다.

2) 췌장염(Pancreatitis)

췌장염이란 췌장에 염증이 생긴 질환을 의미하며, 부종, 세포성 삼출, 지방조직의 괴사 등이 나타난다. 췌장염의 정확한 원인은 아직 잘 밝혀져 있지 않지만, 가능한 원인으로 만성알코올중독, 담낭계 질환, 담석증, 약물, 종양, 이상지질혈증, 고칼슘혈증 및 바이러스에 의한 감염 등을 들 수 있다.

(1) 급성췌장염(Acute pancreatitis)

급성췌장염은 췌장에서 생산되는 효소가 활성화되어 췌장 조직을 자가 소화하여 괴사 등이 나타나는 질환이다.

① 원인과 증상

담석증과 알코올의 과잉 섭취가 주 원인으로 전체 원인의 약 80%를 차지한다. 총담관과 췌관이 만나 십이지장으로 내려오는 부위에 담석이 생기면 췌액이 흐르지 못하여 역류하고, 담즙은 췌관을 따라 췌장으로 흘러 췌장의 세포를 손상시킨다. 또한 과도한 알코올 섭취로 인해 췌관의 압력이 증가하거나 췌액 성분의 변화로 췌장 조직이 분해되어 췌장염이 발생한다. 그 외에 이상지질혈증, 당뇨병, 부갑상선기능항진증, 약물복용이 원인이 되어 발생할 수 있다.

급성췌장염의 증상은 지방이 많은 식사를 섭취하거나 음주 후에 갑자기 상복부에 심한 통증이 일어나면서 1~3일간 지속되고 구토, 오심, 복부 팽만, 냉한과 발열을 수반하며 안색이 창백해진다. 담석이 원인인 경우 황달이 나타나기도 하고, 기름진 음식이 소화되지 않으므로 회색 변을 보기도 한다. 급성일 경우 혈액 중의 췌장효소가 십이지장으로 분비되지 못한 채 혈액 순환계로 역류되어 혈액 중 아밀라아제나 리파아제 농도가 상승되므로 지방조직 분해로 유리된 지방산과 칼슘이 염을 형성하여 혈청 칼슘 농도가 심하게 저하될 수 있다. 발병 후 췌장농양, 복막염, 패혈증 등을 일으켜 사망하는 경우가 많다.

② 식사요법

급성기에는 엄격하게 절식을 하여 췌장액 분비를 억제함으로써 췌장을 쉬게 한다. 또한 정맥영양과 수액을 충분히 공급하여 절식과 췌장 내 소화액 상실 등으로 인해 발생 가능한 탈수와 쇼크를 방지한다.

- 급성기에는 절식하면서 정맥영양을 통해 영양소를 공급하다가 서서히 탄수화물액으로 경구 섭취를 시작하고, 췌장 기능이 부족하므로 1일 5~6회 나누어 식사를 제공한다.
- 지방은 다른 영양소보다 췌장을 더 자극하므로 저지방식이로 제공한다. 증세

가 호전되어도 일정기간 동안 지방 섭취는 제한하며 장액의 리파아제에 의해 쉽게 분해되는 중쇄중성지방MCT으로 제공하는 것이 좋다.

- 지용성 비타민이 결핍되지 않도록 비타민 A, D, E, K와 탄수화물 대사에 필요한 비타민 B_2의 보급이 필요하다.
- 급성기에는 아미노산이 콜레시스토키닌 분비를 자극하여 췌액 효소 분비가 촉진되므로 단백질을 제한하다가 환자의 증상이 호전되면 췌장 세포의 재생을 위해 소화가 잘되는 단백질 식품을 선택하여 충분히 공급한다. 지방 함량이 적은 어육류, 달걀, 두부 등을 이용하여 기름을 사용하지 않는 조리법으로 만든 담백한 음식을 제공한다.
- 비타민과 무기질 섭취를 위해 소화가 잘되는 채소와 과일을 이용한 수프를 제공한다.

(2) 만성췌장염(Chronic pancreatitis)

만성췌장염은 췌장의 만성 염증과 손상된 췌장 세포 수가 증가하고 섬유화로 인해 췌장의 내분비와 외분비 기능이 저하되며, 췌장의 변화가 비가역적으로 일어나는 질환이다.

① 원인과 증상

급성췌장염이 회복되지 않고 만성적으로 이행되는 경우도 있으며 담석증 환자나 알코올중독자에게서 많이 발생된다. 만성췌장염의 60~80%는 음주가 원인으로 알코올 섭취량이 많을수록 만성췌장염에 걸릴 확률이 높아진다.

췌장의 내분비 기능에 장애가 생기면 인슐린 부족으로 당뇨병이 발생하게 되며, 외분비 기능이 감소하면 각종 영양소 소화 흡수에 장애가 발생하는데, 특히 지방 흡수장애로 지방변증이 생기고 체중감소가 나타난다. 또한 식욕부진, 오심, 구토, 상복부의 통증, 복부 팽만, 변비 등이 나타난다.

② 식사요법

증상이 심하면 급성췌장염과 같이 절식을 하며, 정맥영양으로 영양관리를 한다. 또한 만성췌장염은 췌장의 인슐린 분비능력이 저하되어 포도당 내성이 나타나는 경우가 발생하며, 이러한 경우에는 당뇨병에 준하는 식사요법을 적용한다.

- 반드시 금주한다.
- 지방변이 있는 경우 지방 섭취를 줄이고 MCT를 사용하며, 지용성 비타민을 보충한다.
- 췌장의 트립신 부족으로 비타민 B_{12}가 R단백질과 분리되지 못해 비타민 B_{12} 흡수 장애가 발생하므로 비타민 B_{12}를 비경구적으로 보충한다.
- 자극성이 강한 향신료, 조미료, 카페인 섭취를 제한한다.
- 식욕 저하로 식사량이 감소되어 영양상태가 나빠지기 쉬우므로 식욕 증진을 위한 식사관리가 필요하다.

CHAPTER 5

비만과 체중부족

1. 비만 | 2. 대사증후군 | 3. 저체중 | 4. 섭식장애

CHAPTER 5

학습목적

체중의 과부족에 따른 건강문제를 이해하고, 영양평가 결과에 따라 적정 체중 유지를 위한 식사요법에 활용할 수 있다.

학습목표

- 비만의 정의 및 원인을 설명할 수 있다.
- 비만과 열량 및 영양소와의 관계를 설명할 수 있다.
- 비만치료를 위한 식사요법, 행동수정요법, 운동요법을 설명할 수 있다.
- 대사증후군의 원인과 건강 관련 위험성을 설명할 수 있다.
- 체중부족의 정의와 원인, 식사요법을 설명할 수 있다.
- 섭식장애의 종류별 특징 및 식사요법을 설명할 수 있다.

1. 비만(Obesity)

1) 정의 및 유병률

비만은 비지방 성분lean body mass과 비교하여 지방조직이 과도하게 축적된 상태를 의미한다. 비만에는 식습관 및 생활습관과 같은 다양한 위험요인이 복합적으로 관여하며, 섭취 열량이 소비 열량보다 많아 소비되고 남은 부분이 지방으로 전환되어 축적되는 현상이다.

2019년 국민건강영양조사 결과에 의하면 만 19세 이상 성인의 비만 유병률(체질량지수 25kg/m^2 이상 기준)은 33.8%였으며, 남자에서 41.8%, 여자에서 25.0%로 남자가 여자보다 높았다. 또한 비만의 유병률은 계속적으로 증가하고 있는 추이를 보이고 있는데, 1998년 19세 이상 성인의 비만율은 26.0%, 2016년 34.8%로 1998년 대비 8.8%p 증가하였으며, 이후 약간 감소 추세를 이고 있으나, 2005년 이후 계속적으로 30% 이상의 유병률을 보이고 있다그림 5-1.

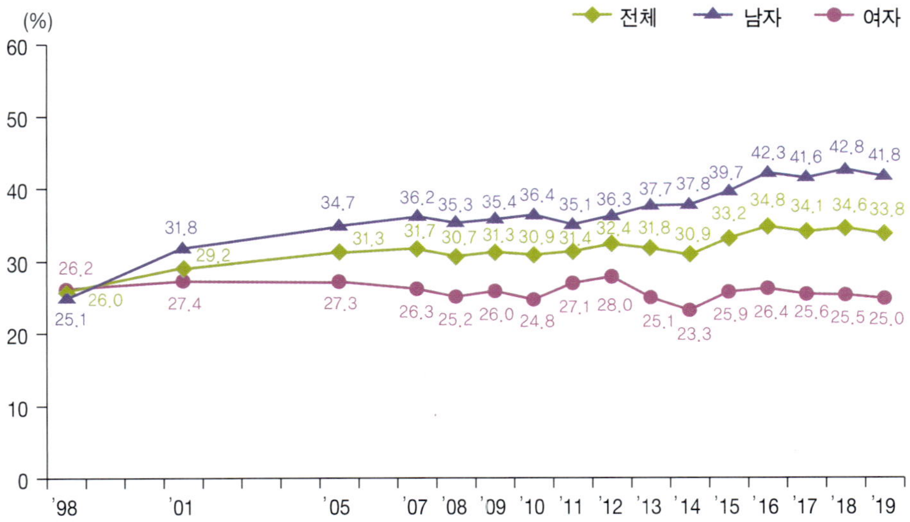

* 비만 유병률 : 체질량지수 25kg/m^2 이상인 분율, 만 19세 이상

그림 5-1 비만 유병률 추이(체질량지수 기준)

출처 : 보건복지부, 2019 국민건강통계, 2000

2) 원인과 관련 질환

(1) 원인

① 유전적 요인

비만에서 유전적 요인은 그 자체로도 하나의 위험요인이 될 수 있으며, 또한 식품 섭취량, 활동량, 대사과정에 광범위하게 영향을 미치면서 비만을 결정하는 인자로 작용하게 된다. 인체에서는 체질량 변이의 40~70%가 유전적 원인에서 비롯된다. 쌍둥이들을 대상으로 한 연구에 의하면 일란성 쌍둥이가 이란성 쌍둥이들에 비해 체질량지수 간의 연관성이 유의하게 높았다. 또한 입양아를 대상으로 한 연구에서는 이들의 비만 경향은 양부모보다는 오히려 친부모와 가까운 것으로 보고된 바 있다.

② 열량 섭취와 소비의 불균형

비만은 장기간의 식생활과 생활습관이 축적되면서 야기될 수 있는데, 섭취하는 열량이 소비하는 열량에 비해 너무 과다하거나 인체가 소비하는 열량이 저하될 때 나타날 수 있다. 이와 같은 열량 불균형과 관련된 요인은 다음과 같다.

잘못된 식사 행동

- 비만은 체내의 대사 이상보다 잘못된 식행동에 의해 더 많은 영향을 받을 수 있다.
- 식사 횟수를 제한하는 경우 지방생성효소의 활성이 증가하며, 식사 간격이 길어질수록, 즉 식사 횟수가 적을수록 인슐린 분비량은 많아지고 지방생성효소의 활성은 증가하여 비만을 초래하게 된다.
- 식사속도가 빠르고 씹는 횟수가 적을수록, 소화흡수의 속도는 느리고 혈당상승 속도도 저하된다. 따라서 뇌 시상하부의 섭식중추는 계속 자극되고 포만중추는 억제되므로 결국 섭취량이 많아져 과식을 유발하게 된다.
- 간식을 통해 주로 섭취되는 설탕과 같은 단순당은 소화흡수 속도가 빨라 지방으로의 전환이 쉬우며, 그 결과 지방의 합성과 저장이 증가하게 된다. 또한 밤에는 부교감신경이 활발하여 교감신경(열량 소비 촉진)의 작용은 억제시켜 열

량을 축적시키게 되는데, 밤에 섭취하는 야식이 늘어나면, 열량이 과잉 축적되기 쉬운 상태가 된다.

- 스트레스 시 코르티솔의 분비가 증가하면서 식욕억제 호르몬인 렙틴leptin의 작용을 악화시켜 배가 고픈 것처럼 느껴지게 되고, 이는 과식을 유발할 수 있다. 또한 정신적 스트레스와 심리적인 불안 등을 음식을 통해 해결하려고 하면서 과식을 하게 되는 경우가 있다.

인슐린 과잉 분비

- 비만이 되면 인슐린에 대한 저항성이 높아지면서 췌장은 더 많은 인슐린을 생성하게 된다. 과잉의 인슐린은 혈당을 떨어뜨려 공복감을 심하게 느끼게 하여 과식을 유발하고, 열량을 지방으로 더욱 효과적으로 축적한다.

섭식중추의 장애

- 뇌의 시상하부에 있는 섭식중추(공복감을 느끼게 함)와 포만중추(만복감을 느끼게 함)에 조절장애가 생기면, 비만의 원인이 될 수 있다. 시상하부의 섭식중추는 부교감신경을 자극하여 식품 섭취를 증가시키고 지방 합성을 촉진하는 반면, 포만중추는 교감신경을 자극하여 음식 섭취를 감소시키고 지방 분해는 증가시킨다.
- 특히, 비만인 경우 식욕억제 호르몬인 렙틴의 저항성이 증가되어 섭식 조절을 더욱 어렵게 하여 공복감과 포만감을 정상적으로 느끼기 힘들게 할 수 있다.

소비 열량의 저하

- 활동 열량은 활동의 종류, 강도, 시간 등에 따라 다르므로 열량 소비량 중 개인 간의 차이가 가장 크다. 교통수단의 발달, 자동화된 생활제품 등과 같은 생활의 편리화로 인하여 활동 열량은 계속적으로 저하하고 있으며, 또한 장시간에 걸친 TV 시청은 비만의 중요한 위험인자로 보고되고 있다.
- 기초대사량은 인체의 생명, 기능 유지에 필요한 대사량으로 1일 소모 열량의 약 60%를 차지하는데, 25세 이후부터 감소하기 시작한다. 따라서 25세 이후에는 전보다 적은 양의 열량을 섭취하여 열량 대사의 균형을 유지해야 하나, 섭취량이 이전과 동일하면, 체중이 증가하게 된다.

- 식품의 특이동적 대사량은 식품의 소화과정과 영양소 흡수, 대사, 이동 및 저장에 소요되는 열량으로, 단백질, 탄수화물, 지방 순으로 낮으며, 식사에 의한 열 발생은 아침에는 높고 저녁에는 낮은 특징이 있다. 따라서 지방 섭취가 많거나 저녁에 먹으면 열량 소비가 저하되어 그만큼의 여분의 열량이 저장된다.

③ 내분비계 이상

일부 비만 환자에서 내분비계 질환에 의한 이차적인 비만이 발견된다. 쿠싱증후군 Cushing's syndrome, 갑상선기능 저하증hypothyroidism, 인슐린종insulinoma, 다낭성 난소증후군polycystic ovary syndrome 등의 내분비계 질환 등이 비만과 관련된다.

④ 약물 복용

일부의 항정신성 약물, 당뇨병 치료제, 호르몬제제 등은 체중 증가를 유발하는 원인이 될 수 있다. 항우울제의 복용은 체중 증가를 유발하고, 에스트로겐은 부종을 유발할 수 있다. 또한 스테로이드제 약물의 과잉 복용은 체지방의 재분배를 일으켜 중심성 비만을 유발할 수 있다.

⑤ 고정점

개개인은 각자의 체중에 대한 고정점을 가지고 있어서, 일정 기간의 식사요법이나 운동 후에도 이전의 체중으로 돌아가려고 하는 현상을 보인다. 특히, 비만인들은 원래 높게 결정된 고정점set point을 가지고 있어, 이를 유지하기 위해 과식을 할 수 있다. 이러한 고정점은 유전성이 강하나, 식사나 운동 등에 의해 변화될 수 있다.

(2) 관련 질환

비만인은 정상체중인에 비해 2형 당뇨병, 이상지질혈증, 고혈압, 관상동맥질환, 암 등과 같이 대사적 이상에 의한 질환과 골관절염, 수면무호흡증 등과 같은 질환을 동반할 위험이 높다표 5-1. 5~10% 정도의 체중 감량만으로도 비만과 관련된 질환, 증상 및 이로 인한 합병증을 임상적으로 감소시킬 수 있다.

표 5-1 비만과 관련된 건강문제의 상대위험도(relative risk)

매우 증가됨(3배 초과)	중정도 증가됨(2~3배)	약간 증가됨(1~2배)
• 2형 당뇨병 • 고혈압 • 수면 무호흡증 • 인슐린 저항성	• 관상동맥성 심장질환 • 담낭질환 • 골관절염(무릎) • 고요산혈증 또는 통풍 • 이상지질혈증	• 일부 암(유방암, 대장암 등) • 생식호르몬 이상 • 다낭성 난소증후군 • 생식능력 손상 • 요통 • 마취 시 위험도 증가 • 태아 기형(모성 비만)

출처 : WHO, Obesity : Preventing and managing the global epidemic, 2000

3) 분류

(1) 원인에 따른 분류

비만은 단순성 비만이라고 부르던 원발성 비만과 내분비질환이나 약제 등이 원인이 되는 이차성 비만으로 분류된다. 이 중 원발성 비만은 전체의 90% 이상으로 대다수의 비만이 이에 해당되며, 섭취한 열량과 소비한 열량의 균형이 무너진 상태에서 발생하게 된다. 이차성 비만은 유전 및 선천성 장애(프라더-윌리증후군Prader-Willi syndrome, 로렌스-문-비들증후군Laurence-Moon-Biedl syndrome 등), 약물(일부 항정신성 약물, 항경련제, 호르몬제제 등), 신경 및 내분비계 질환(시상하부비만, 두부외상 및 종양, 쿠싱증후군, 갑상선기능저하증 등), 정신과 질환(행동장애, 정서장애, 과식장애 등) 등의 원인에 의하여 발생하게 된다.

(2) 체지방의 분포에 따른 분류

비만은 체지방의 분포에 따라 상체비만과 하체비만으로 나뉜다표 5-2. 허리와 엉덩이의 피하 지방량을 측정하여 허리의 피하 지방량이 엉덩이 부위보다 더 크면 상체비만, 그 반대일 때 하체비만으로 분류한다. 상체비만은 복부에 있는 지방은 몸 안쪽 깊숙이 저장되며, 복강 내 장기 사이에 존재하는 내장지방형 비만이 되기 쉽다. 내장지방은 지방산을 더 잘 분비하여 혈중 콜레스테롤과 중성지방의 수준을 증가시키며, 다양한 아디포카인adipokines의 분비로 인하여 인슐린 저항성에 영향을 줄

표 5-2 상체비만과 하체비만의 비교

상체비만	하체비만
복부비만, 남성형비만, 사과형비만	둔부비만, 여성형비만, 서양배형비만
심장병, 뇌졸중, 당뇨병, 고혈압 등과 같은 만성질환의 위험도 높음	건강에 미치는 해는 적음
체중 감량이 쉬움	체중 감량이 어려움

수 있어서, 심장병, 뇌졸중, 고혈압, 당뇨병 등의 발병과 밀접한 관련성이 있다. 그러나 복부에 있는 지방세포는 대사적으로 왕성한 특징을 가지고 있고, 운동이나 다이어트 시에 분비되는 에피네프린에 잘 반응하여 지방을 유리해 낼 수 있어 체중 감량이 비교적 쉬운 편이다. 상체 비만은 여성보다 남성에게서 많이 나타난다.

하체비만은 엉덩이와 허벅지에 지방이 많이 분포되어 있으며, 여성에게 많이 보이는 비만이다. 여성은 특징적으로 지방을 하체에 많이 저장하는데, 이는 지방의 체내 분포가 호르몬의 영향을 받기 때문이다. 따라서 폐경 이전에는 여성호르몬의 영향으로 잉여 지방이 주로 엉덩이와 허벅지, 아랫배, 유방 등에 위치하다가 폐경 이후에는 여성호르몬의 보호 효과가 사라지면서 남성과 유사하게 잉여 지방이 주로 복부에 자리 잡게 된다. 상체비만(남성형 비만)에 비해 비교적 건강에 미치는 해는 적은 편이나, 하체의 지방세포는 활동성이 낮기 때문에 운동이나 다이어트에 대한 반응이 적어 체중 감량이 어려운 특징을 가지고 있다.

한편, 복부비만 자체도 지방의 위치에 따라 내장지방형 비만과 피하지방형 비만으로 분류할 수 있다. 내장지방형 비만은 복강의 내장 주변에 지방이 저장되어, 심장병, 뇌졸중, 당뇨병, 고혈압 등과 같은 만성질환 유병 증가와 관련이 있다. 피하지방형 비만은 지방이 복막벽에 일정한 두께로 저장된 형태를 말하며, 컴퓨터단층촬영을 통하여 알 수 있다.

(3) 지방조직 형태에 의한 분류

체지방은 일차적으로 중성지방의 형태로 지방세포에 저장되며 지방세포 크기의 증대 또는 지방세포 수의 증가에 의해 지방조직이 증가된다. 지방세포의 수는 생후

1년간 급속히 증가된 후 정체하다가 사춘기에 집중적으로 증가하며, 성인기에 멈춘다. 성인 이후에는 지방세포의 크기가 증대되는데, 그 크기가 어느 정도 커지게 되면, 성인기 이후라도 지방세포의 수가 다시 증가할 수도 있다.

비만은 지방조직의 형태에 따라 지방세포증식형 비만hyperplastic obesity과 지방세포비대형 비만hypertrophic obesity으로 분류된다. 지방세포증식형 비만은 지방세포 수의 증가로 인한 비만으로써 어린이에게서 흔히 나타나며, 지방세포비대형 비만은 지방세포 크기의 증가로 인한 비만으로 성인 후에 나타난다. 혼합형 비만은 지방세포증식형 비만과 지방세포비대형 비만을 모두 포함하는 심한 비만으로, 사춘기에도 나타날 수 있으며, 소아비만이 성인으로 이행된 후 고도비만으로 심화될 수 있다.

4) 판정

비만을 판정하는 방법 중 가장 정확한 방법은, 직접 체지방 함량을 측정하는 것이지만 지방 조직량을 정확하게 측정하는 것은 간단하지 않으며, 비용도 많이 소요되어 일반적으로 많이 사용하지는 못하고 있다. 일반적으로 비만을 판정하는 방법으로 이용되는 것은 신체계측치를 이용한 체격지수(비만도, 체질량지수, 허리둘레 등)가 있으며, 피부두겹두께 등에 의한 체지방률의 산출 등의 간접측정법과 신체의 전기저항측정법, 수중체중측정법, 단층사진촬영 등의 직접측정법이 있다. 체격지수 및 체지방률에 따른 비만의 판정 기준은 표 5-3에 제시하였다.

(1) 체격지수를 이용한 판정

① 비만도

각 개인에 맞는 표준체중ideal body weight을 산출한 후 이를 이용하여 비만도를 구함으로써 비만을 판정할 수 있다. 이 방법은 개인의 신장과 체격 조건에 따라 달라질 수 있어, 신장이 너무 크거나 아주 작은 경우에는 적절하지 않은 단점이 있다.

② 체질량지수

체질량지수는 체중(kg)을 신장(m)의 제곱으로 나눈 값으로, 체지방 함량과의 상

표 5-3 지표별 비만판정 기준

구분	비만도(%)		체질량지수(kg/m^2)	
	범위	판정	범위	판정
체격지수	<10	체중미달	<18.5	저체중
	−10~+10	정상	18.5~22.9	정상
	10~20	과체중	23~24.9	비만전단계
	20~40	경도비만	25~29.9	1단계 비만
	40~60	중등도비만	30~34.9	2단계 비만
	≥60	고도비만	≥35	3단계 비만

구분	체지방률(%)		
	범위(남자)	범위(여자)	판정
체지방	8~15	13~23	정상
	16~20	24~27	약간 체중과다
	21~24	28~32	체중과다
	≥25	≥33	비만

비만도 산출

- **표준체중 산출법**

브로카변법 신장 >160cm : 표준체중(kg) = {신장(cm) − 100} × 0.9
신장 150~160cm : 표준체중(kg) = {신장(cm) − 150} × 0.5 + 50
신장 <150cm : 표준체중(kg) = 신장(cm) − 100

대한당뇨병학회 남자 = 키(m) × 키(m) × 22
여자 = 키(m) × 키(m) × 21

- **비만도 산출법**

$$비만도(\%) = \frac{실제체중(kg) - 표준체중(kg)}{표준체중(kg)} \times 100$$

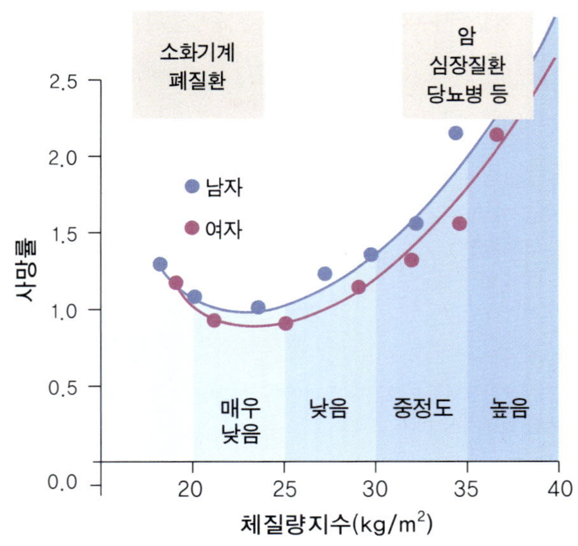

그림 5-2 체질량지수와 사망률

출처 : Lee & Nieman, Nutritional assessment(6th ed.), 2013

관성이 높은 지표로 알려져 있다. 또한 체질량지수는 질병의 이환율 및 사망률의 상대 위험도를 나타낼 수 있는데, 체질량지수가 높을수록 암, 심장병, 당뇨병과 같은 만성질환의 위험이 높고, 정상범위보다 낮을수록 소화기계 질환, 호흡기계 질환 등의 위험이 높아진다그림 5-2.

③ 허리둘레

허리둘레는 체지방분포 및 복부비만을 평가할 수 있는 지표이다. 과거에는 허리-엉덩이둘레비에 대한 자료가 많았지만, 최근 허리둘레가 복부내장지방의 판정에 적합한 지표임이 확인되어, 허리둘레만으로 복부비만을 진단하기도 한다. 복부비만이 있는 경우, 체질량지수와 독립적으로 대사증후군, 당뇨병, 관상동맥질환 등의 이환율과 사망률이 증가할 수 있다표 5-4. 복부비만을 진단하는 허리둘레의 분별점은 인종, 성별에 따라 다르게 적용하고 있으며, 우리나라 허리둘레에 의한 복부비만의 진단 기준은 대한비만학회에서 남자에서 90cm 이상, 여자에서 85cm 이상으로 제시하고 있다.

표 5-4 한국인에서 체질량지수와 허리둘레에 따른 동반질환 위험도

분류*	체질량지수 (kg/m^2)	허리둘레에 따른 동반질환의 위험도	
		<90cm(남자), <85cm(여자)	≥90cm(남자), ≥85cm(여자)
저체중	<18.5	낮음	보통
정상	18.5~22.9	보통	약간 높음
비만전단계	23~24.9	약간 높음	높음
1단계 비만	25~29.9	높음	매우 높음
2단계 비만	≥30~34.9	매우 높음	가장 높음
3단계 비만	≥35	가장 높음	가장 높음

* 비만전단계는 과체중 또는 위험체중으로, 3단계 비만은 고도비만으로 부를 수 있다.
출처 : 대한비만학회, 비만 진료지침 2020, 2020

(2) 체지방 비율을 이용한 판정

체지방 비율을 산출하여 비만판정 시에는 피부두겹두께를 이용하여 체지방률을 간접적으로 산출하는 방법, 생체전기저항측정법Bioelectrical Impedance Assay, BIA, 수중체중측정법hydrostatic weighing method, 컴퓨터단층촬영법Computed Tomography, CT, 이중에너지방사선흡수계측법Dual-Energy X-ray Absorptiometry, DEXA 등을 이용하여 체지방량을 직접 측정하는 방법 등이 있다.

5) 식사요법

비만치료의 최종 목적은 합병증의 위험을 지속적으로 감소시키고 건강을 증진시킬 수 있는 수준으로 체지방을 감소시키는 것이다. 비만의 치료방법으로는 식사요법, 운동요법, 행동수정요법, 약물 및 수술요법 등이 있다. 일반적으로 비만의 가장 중요한 치료방법은 열량 섭취량을 감소시키고 소비량을 증가시키는 것으로 열량 섭취량을 감소시키기 위해서는 식사 조절이 무엇보다도 중요하므로, 비만치료 시 식사제한이 차지하는 비중이 크다. 체중 조절을 위한 식사요법이 성공하기 위해서는 영양판정을 통해 환자의 영양상태를 정확하게 파악한 후 개인에게 가장 적합한 식사를 계획, 관리해야 한다. 비만치료의 일차 체중 감량 목표로는 약 6개월에 걸친 현재 체중의 5~10% 감량과 이후의 유지가 이상적이며, 그 이상의 체중 감

량을 원한다면 추후 환자의 여러 가지 상황 등을 고려하여 비만치료 계획을 세워야 한다.

(1) 열량

비만치료 시 열량은 표준체중을 달성하고 유지할 수 있는 수준을 목표로 한다. 비만 환자의 열량 필요량 산출 시 다양한 방법을 적용할 수 있는데, 현재 체중을 유지하는 데 소모되는 열량에서 원하는 양만큼 감량하거나, 목표 체중을 구한 다음 목표 체중 유지에 필요한 열량을 구하여 처방하기도 한다. 지방조직은 0.45kg당 약 3,500kcal를 포함하고 있으므로 1주일에 약 0.5kg의 체중 감소를 위해서는 열량 섭취량을 1일 500kcal씩 감소시켜야 한다. 비만의 식사요법에서 섭취 열량의 감소는 필요하지만, 섭취 열량의 제한 정도에 따라 환자의 순응도가 다르고, 장기적인 실행이 어려울 수 있으므로, 비만 환자에 따라 달성 가능한 목표 체중 및 열량을 단계별로 설정하는 것도 유용하다. 이때 활동도에 따른 체중당 열량 요구량은 표 5-5에 제시하였다.

저열량식사를 이용하여 안전하고 효과적인 체중 조절을 하기 위해서는 평소의 식사 섭취량을 파악하여 이를 근거로 적절한 영양소가 포함될 수 있도록 균형 잡힌 저열량식사를 계획하여야 한다. 열량 제한의 정도에 따라 초저열량식Very Low Calorie Diet, VLCD, 저열량식Low Calorie Diet, LCD, 중정도 저열량식moderate low calorie diet으로 분류할 수 있다.

표 5-5 활동도에 따른 열량 요구량

생활 활동 강도	직종	체중당 필요 열량 (kcal/kg)
가벼운 활동	일반사무직, 관리직, 기술자, 어린 자녀가 없는 주부	25~30
중등도 활동	제조업, 가공업, 서비스업, 판매직, 어린 자녀가 있는 주부	30~35
강한 활동	농업, 어업, 건설 작업원	35~40
아주 강한 활동	농번기의 농사, 임업, 운동선수	40 이상

① 초저열량식(Very Low Calorie Diet, VLCD)

초저열량식은 1일 400~800kcal의 열량을 공급하는 매우 적극적인 방법으로, 열량 소모량보다 훨씬 적은 열량을 섭취함으로써, 부족한 열량을 체지방으로부터 보충하여 단기간에 빠른 체중 감소가 이루어지도록 하는 방법이다. 일반적으로 체질량지수가 30kg/m^2 이상인 비만환자들이나 체질량지수 27kg/m^2 이상이며 합병증을 동반한 환자들에게 단기간 사용할 수 있다. 체중 감량의 효과는 빠르나, 목표 체중에 도달하지 못하고 중간에 포기하는 경우가 많으며, 케톤증에 의한 탈수, 신부전, 통풍 등과 같은 의학적 문제가 발생하기 쉬우므로 전문가의 엄격한 감시와 통제하에 실시되어야 한다. 초저열량식에서는 열량은 제한하되 케톤증ketosis과 질소 및 전해질 손실을 최소화할 수 있도록 탄수화물, 질이 좋은 단백질, 필수지방산이 포함

Check

열량 섭취량 설정의 예 : 42세, 164cm, 72kg, 가벼운 활동을 하는 여성

① 현재 체중을 유지하는 데 소모되는 열량에서 원하는 양만큼 감량

- 목표 : 1주일에 0.5kg 감량 목표
- 현재 체중 유지를 위해 필요한 열량 : 72kg × 25kcal/kg = 1,800kcal
- 체중 감량(0.5kg/주)을 위한 처방 열량 : 1,800kcal − 500kcal = 1,300kcal

② 목표 체중 도달을 위해 필요한 단계별 처방 열량

❶ 조정체중* → 표준체중

조정체중 = 57.6 + (72 − 57.6)/4 = 61.2kg

처방 열량 : 61.2kg × 25kcal/kg = 1,530kcal

표준체중 = (164−100) × 0.9 = 57.6kg

처방 열량 : 57.6kg × 25kcal/kg = 1,440kcal

❷ 시간에 따른 단계별 목표체중

첫 3개월간 현재 체중의 10% 감량 목표 시

목표체중 = 72kg × 0.9 = 64.8kg

처방 열량 : 64.8kg× 25kcal/kg = 1,620kcal

다음 3개월간 체중의 10% 감량 목표 시

목표체중 = 64.8kg ×0.9 = 58.3kg

처방 열량 : 58.3kg × 25kcal/kg = 1,457kcal

* 조정체중(kg) = 표준체중(kg) + (실제체중(kg) − 표준체중(kg))/4

된 최소한의 지방과 권장섭취량을 충족시킬 수 있는 비타민과 무기질이 포함되어야 한다.

② 저열량식(Low Calorie Diet, LCD)

저열량식은 체중 kg당 10~20kcal 정도를 적용하여 1일 1,000~1,200kcal 정도로 열량 섭취를 제한하는 식사다. 이 식사는 체중 감량이 빠른 기간 내에 나타나지만 탄수화물, 단백질, 지방의 비율에 따라 체중 감량의 효과가 달라지며, 부작용이 나타나기도 한다. 저열량식에는 저지방 중탄수화물식과 같은 균형 잡힌 저열량식 balanced low calorie diet과 저탄수화물 고지방식이나 저탄수화물 고단백식과 같은 불균형 저열량식unbalanced low calorie diet이 있다표 5-6. 이 식사를 적용할 때는 모든 환자의 열량 필요량이 개인에 따라 다르다는 것과 몇몇 영양소의 결핍이 초래되기 쉬움을 고려하여야 한다. 따라서 안전하고 효과적인 체중 조절을 위해 평소의 식사 섭취량을 파악해서 이를 근거로 적절한 영양소를 함유한 균형 잡힌 저열량식을 처방하는 것이 바람직하다.

표 5-6 저열량식의 종류별 특징

저지방 중탄수화물 식사	저탄수화물 고지방 식사	저탄수화물 고단백질 식사
• 탄수화물 : 단백질 : 지방 열량비 = 50~60 : 20~25 : 15~20 • 체중은 천천히 빠지나, 체지방의 감소 효과가 높음 • 복합 탄수화물의 섭취를 권장하고, 필수지방산이 부족되지 않도록 등푸른생선, 견과류, 올리브유 등을 섭취하도록 함	• 탄수화물 : 단백질 : 지방 열량비 = 10% 이내 : 20% 내외 : 70% 이상 • 체중이 빨리 빠지고, 저당질 섭취 및 지방의 분해로 인해 케톤체 발생이 증가할 수 있음 • 비정상적인 고지방식사의 경우 다양한 음식의 섭취가 어려워 영양소 불균형을 야기할 수 있음	• 탄수화물 : 단백질 : 지방 열량비 = 40% 내외 : 30% 내외 : 30% 내외 • 단백질 함유 식품인 육류, 생선, 달걀 등 위주의 식사 또는 식사 외 상업적 단백질의 섭취 • 저탄수화물 고지방 식사에 비해 케톤체 생성은 적지만, 단백질의 과다 섭취로 인해 요소 생성이 증가할 수 있음

③ 중정도 저열량식(Moderate low calorie diet)

일반적으로 평소 섭취량보다 열량을 500~600kcal 정도 감량한 식사로 환자들이 적응하기 쉬우며, 장기간의 열량 섭취 감소 효과를 얻고자 할 때 도움이 된다. 이 방법을 지속적으로 잘 이용하면 열량을 심하게 제한할 때보다 일정 기간 후 체중 감소의 효과가 더 크게 나타날 수 있다.

(2) 탄수화물

비만치료를 위한 식사요법 시 단백질 절약, 케톤증 및 심한 수분 손실 예방을 위해서는 1일 100g 이상의 탄수화물 섭취가 요구된다. 탄수화물 섭취량이 100g 이하가 되면, 인슐린 분비량이 감소하고 두뇌 등 포도당을 열량원으로 사용하는 조직에 필요한 열량을 공급하기 위해 체단백질이 분해되어 포도당으로 전환된다. 탄수화물의 섭취 비율은 대체로 열량 제한 정도 및 대사적 측면을 고려하여 환자 개개인에 따라 개별화하여 적용하는 것이 필요한데, 일반적인 저열량식을 하는 경우 탄수화물 50~60% 정도의 섭취가 고려된다. 식이섬유는 1일 20~25g 정도를 섭취하도록 권장하는데, 이는 식사의 열량 밀도를 낮추고, 위배출을 지연시킴으로써 공복감을 줄여 주며, 변의 용적을 증가시켜 열량 제한 시 식사량의 감소로 나타날 수 있는 변비를 방지해 줄 수 있다.

(3) 지방

지방은 주요한 열량 공급원으로써, 일반적으로 비만의 유병률 증가는 고지방식과 관련 있는 것으로 보고되고 있다. 일반적으로 비만치료를 위한 식사요법 시 지방 섭취량은 총 열량 섭취량의 20~25%를 넘지 않도록 권장한다. 지방은 위 체류시간이 길어서 포만감을 유지하고, 지용성 비타민의 공급과 이용 및 필수지방산의 공급에 필요하므로, 적정 비율 내에서의 섭취는 가능하다. 또한 지방의 경우 양적인 면뿐만 아니라 질적인 면에 대한 고려가 필요한데, 포화지방산, 트랜스지방산 및 콜레스테롤의 과다 섭취 시 혈중 지질 수치에 좋지 않은 영향을 미칠 수 있다. 따라서 전체 지방 섭취량 중 포화지방산과 다가불포화지방산이 각각 10%를 넘지 않도록 하며, 콜레스테롤은 1일 300mg을 초과하지 않도록 한다. 이상지질혈증이 동반된 환자의 경우에는 관련 질환의 식사지침에 따라 지방 섭취량을 조절한다.

(4) 단백질

체중 감량을 위해 열량 섭취 제한 시, 질소 평형 유지를 위해서는 생체이용률이 높은 양질의 단백질을 충분히 섭취해야 한다.

(5) 비타민과 무기질

열량 제한 시 섭취하는 음식물의 양과 종류에 제한이 따르기 때문에, 이는 비타민 및 무기질의 적절한 섭취에 부적절한 영향을 미칠 수 있다. 특히, 1일 1,200kcal 이하의 식사를 하는 경우 식사만으로는 권장량을 충족시키기 어려워, 비타민 및 무기질 보충제 사용이 권장된다.

따라서 열량 제한식을 계획하는 경우 유제품, 채소, 과일 등의 비타민 및 무기질이 풍부한 음식을 다양하게 공급하는 것이 필요하고, 비만 환자의 경우 체내 산화적 스트레스가 증가될 위험이 높으므로 항산화 영양소의 섭취가 부족되지 않도록 주의를 기울일 필요가 있다.

(6) 수분

정상적인 식사를 하는 경우에도 1일 1L 이상의 수분이 요구되는데, 저열량 식사를 하는 경우 열량원의 공급을 위하여 단백질이 분해되면서 생성되는 질소 산물이 증가되므로 이를 배설하기 위해서는 충분한 양의 수분이 필요하다. 특히, 저탄수화물 식사를 하는 경우 케톤체의 배설을 위해 더 많은 양의 수분이 요구된다. 일반적으로 1일 1L 이상 혹은 1kcal당 1mL 이상의 수분 섭취가 권장되고 있다.

(7) 알코올

알코올은 섭취 시 체내에서 산화되면서 지방의 산화를 방해하여 체중 조절에 부정적인 영향을 미치며, 복부지방 축적의 위험인자로 알려져 있다. 또한 알코올은 1g당 7kcal의 높은 열량을 내는 반면 다른 영양소가 없으며, 지방이 많이 함유되었거나 열량이 높은 안주의 섭취가 동반될 수 있으므로 체중 조절 시에는 가능한 삼가는 것이 바람직하다. 알코올 섭취가 체중에 미치는 영향은 개개인의 상태, 알코올의 섭취 정도 및 섭취 패턴 등에 따라 달라질 수 있지만, 비만치료를 위하여 알코올의 섭취 제한은 반드시 필요하다.

6) 행동수정요법

행동수정요법은 비만을 가져오는 좋지 않은 행동을 구체적으로 파악한 다음, 그 행동을 수정하여 새로운 행동으로 바꾸어 주면 비만이 개선된다는 이론에 근거를 두고 있다. 행동수정요법에는 ① 자신을 관찰하여 문제점을 발견하고 문제를 개선하기 위한 목표를 세우는 자기관찰단계self monitoring, ② 과식을 가져오는 환경을 조절하면서 식행동과 운동습관을 수정해가는 자극조절단계stimulus control, ③ 바람직한 행동에 대해 보상을 하는 보상단계reinforcement로 나뉠 수 있다.

자기관찰기법은 행동치료의 기본이 되는 기법으로, 비만치료 시에 적용되는 자기관찰기법으로는 식사일기 쓰기가 있다그림 5-3. 흔하게 사용되는 일기에는 식사행동일기, 활동일기, 감정일기 등이 있으며, 강화기법과 함께 사용되기도 한다. 자극조절기법은 적절한 자극에서만 적절한 행동이 일어나게 만드는 것을 의미하는데, 비만한 사람들의 경우 음식 섭취에 대한 조절이 자신의 안에 있기보다는 외부의 자극에 쉽게 좌지우지되기 때문에 자극 조절 기법이 효과적으로 적용될 수 있다. 비만 행동치료 시 사용할 수 있는 자극 조절 기법은 표 5-7에 제시하였다. 보상을 주는 방법으로는 비만에서는 상을 주는 정적 강화기법positive reinforcement을 활용할 수 있으며, 본인이 상을 줄 수도 있고 가족이나 주위에서도 상을 줄 수 있도록 하기도 한다.

식사일기

일자 : 년 월 일

시간	장소	음식명	섭취량	재료	배고픈 정도[1]	식사상황[2]	기분[3]
7 : 00~ 7 : 15	편의점	삼각김밥 (참치마요네즈)	1개	김, 밥, 참치통조림, 마요네즈	3 (매우 배고팠음)	출근 시간에 쫓기어, 급하게 혼자 먹었음. 삼각김밥을 데울 시간이 없어 차갑게 먹었음	급하게 먹어 체할 것 같은 느낌이 들어, 기분이 나빴음
		초콜릿 우유	1개 (200mL)	-			

1. 배고픈 정도(1 : 배고프지 않았음, 2 : 약간 배고팠음, 3 : 매우 배고팠음)
2. 식사상황 : 누구와 함께 식사를 하였는지, 식사를 할 때 특별한 행동을 하였는지 기록
3. 기분상황 : 식사할 때 기분이 좋았는지, 나빴는지

그림 5-3 식사일기 형식의 예

표 5-7 비만치료 시 사용할 수 있는 자극 조절 기법

방법	내용
식품구매	배가 부를 때 음식을 구입함
	미리 구입 목록을 작성하여 구입함
	패스트푸드나 조리하지 않고 먹는 음식은 피함
	음식 구입 시 구입에 필요한 만큼의 돈만 가지고 감
식사 계획	음식 섭취 양을 줄일 수 있는 계획을 수립함
	간식 대신 운동으로 대체를 함
	계획된 시간에 식사와 간식을 함
	다른 사람이 권하는 음식을 적절하게 거절함
음식 관련 행동	음식은 보이지 않는 곳에 보관
	모든 음식은 정해진 한 곳에서만 먹기
	미리 음식 보관 장소로 정해지지 않은 곳(예-책상 서랍 등)에 보관된 음식물을 없앰
	식사를 한 후에는 식탁 위에 음식물이나 그릇을 놓아두지 않음
	작은 양의 밥그릇이나 국그릇, 숟가락 및 음식 식기를 사용함
	직접 음식을 준비하거나 음식을 나누어 주는 역할을 피함
	식사 후에는 바로 식탁을 떠나거나 식당에서 나감
	음식 남은 것은 보관하지 말고 과감히 버림
	음식이 아깝다고 남은 음식을 먹지 않음
외식 행동	외식이 꼭 필요하지 않은 약속은 식사 약속이 아닌 차를 마시는 약속이나 활동 중심으로 약속을 잡음
	외식이 꼭 필요한 경우에는 가능한 자신이 원하는 음식을 먹을 수 있도록 함
	외식이 예정되었을 때 기존 식사는 계획대로 진행하고 외식 시 어떤 음식을 어떻게 먹을 것인지 미리 계획함
	외식 시 일품요리(예, 우동, 불고기 덮밥) 보다는 정식 요리(예, 순두부백반, 된장찌개 백반)를 택하도록 하고 일품요리의 경우 여러 가지 재료가 섞인 것을 선택함
	한 번에 많이 주문하지 말고 식사 후 주문함
	열량이 높은 음식은 자신의 자리에서 되도록 멀리 놓음
	곁들여진 채소를 우선적으로 먹고 드레싱은 가능한 사용하지 않음
	음료수는 가능한 시키지 말고 시원한 물이나 차를 마심

출처 : 대한비만학회, 비만 진료지침 2020, 2020

7) 운동요법

(1) 비만 시 운동요법의 이점

운동은 그 자체로 열량 소모량을 비교적 쉽게 증가시켜 체지방 감소의 효과가 있으며, 운동을 통한 제지방량의 증가는 기초대사량 증가를 유도하여, 장기적인 관점에서 볼 때 체중관리에 매우 효과적이다. 또한 운동요법을 식사요법과 병행하게 되면, 운동 그 자체로 소모하는 열량을 고려하여 식사량의 감소 폭을 줄일 수 있어 비만인의 체중 감량에 도움이 될 수 있다. 지속적인 운동은 비만에 의해 발생하기 쉬운 대사성 질환을 예방하는 데도 매우 효과적인데, 운동을 하게 되면 인슐린 민감성이 개선되고 HDL-콜레스테롤 상승의 효과를 유도할 수 있다. 그 외에 비만치료 시 운동요법은 노화방지, 면역기능 향상 및 스트레스 해소 등의 장점을 가지고 있다.

(2) 운동의 강도 및 시간

운동의 종류, 기간 및 강도 등의 요인은 체내에서의 주요 열량원에 영향을 미치게 된다. 중등도 운동(VO_2 max<50%)을 지속적으로 하면 유리지방산의 산화가 90% 정도까지 증가될 수 있으며, 반면 심한 강도의 운동(VO_2 max>70%)을 하면 글리코겐이 주요 연료로 사용된다. 열량원으로 유리지방산이 사용되는 정도는 중등

Check

적정 운동강도 계산법(Karvonen Formula)

운동 시 목표 맥박수 = 운동강도 × (최대 맥박수 - 안정 시 맥박수) + 안정 시 맥박수

- 최대 맥박수 = 220 - 연령
- 안정 시 맥박수 = 안정된 상태에서 측정된 맥박수

예 연령 35세, 안정 시 맥박수 65인 사람

최소 운동 강도의 맥박수 = 0.6 × (185 - 65) + 65 = 137회

최대 운동 강도의 맥박수 = 0.8 × (185 - 65) + 65 = 161회

위 대상자는 목표 맥박수가 분당 137~161회 정도의 심박수가 유지되도록 관리하며 운동하는 것이 안전하고 효율적이다.

도 운동을 지속적으로 장기간 할수록 증가된다. 또한 저 또는 중등도의 강도로 운동을 할 때 지방에 의한 열량 동원 비율이 증가하게 되므로, 지방조직에서 나온 혈중 지방산을 열량원으로 쓰기 위해서는 최대 산소 소모량의 40~70%의 운동이 권장된다. 체중 감소를 위한 적정운동강도는 최대 산소 소모량의 60~80%를 유지하는 상태로 적어도 20분 이상 지속해야 한다. 지방조직의 감소 효과를 보기 위해서는 최소 2달 이상의 운동기간이 필요하다.

(3) 비만 시 운동요법의 접근방법

비만인의 운동 처방 시에는 개인별 신체 구성, 의학적 상태 및 체력 수준에 맞는 운동 프로그램을 적용해야 한다. 비만의 치료를 위해서는 유산소 및 근력 운동이 권장되는데, 열량 소비량 증가를 목적으로 하는 운동으로는 유산소 운동이 권장되며, 근육량과 기초대사량 증가를 목적으로 하는 운동으로는 근력 운동이 권장된다 표 5-8. 유산소 운동은 중정도최대심박수의 50~70%로 하루에 30~60분 주 5회 이상 실시하며, 근력 운동은 주 2회 이상 실시하고, 근력 운동 후에는 근육의 회복을 위하여 충분한 휴식시간이 필요하다.

표 5-8 유산소 운동과 근력 운동의 특징

구분	유산소 운동	근력 운동
정의	• 중간 정도의 강도에서 큰 근육을 사용하여 몸 전체를 움직이는 운동 • 근육에 산소를 충분히 공급하여 체내 지방대사를 촉진시킴으로써 지방 산화에 기여함	• 근육에 일정한 무게를 줌으로써 근육의 힘인 근력을 강화시키는 운동 • 체지방량 감소와 함께 근육량 증가로 인해 기초대사량의 증가에 기여함
종류	걷기, 달리기, 하이킹, 인라인 스케이트 타기, 자전거 타기, 수영, 줄넘기 등	역기, 덤벨 운동, 팔굽혀펴기, 윗몸일으키기, 요가, 필라테스 등
주의사항	• 지나친 맥박 상승 시에 고혈압 주의 • 협심증 환자가 지나친 강도로 진행 시 건강 악화 우려	• 순간적인 혈압 상승 때문에 고혈압이나 심장병이 있는 사람은 피해야 함 • 사춘기 이전의 어린이는 성장판에 손상 우려

8) 약물 및 수술요법

비만의 치료요법은 기본적으로 식사요법, 운동요법, 행동수정요법을 병행하는 것이다. 그러나 이러한 비약물요법의 효과가 약할 경우 약물요법과 수술요법이 쓰일 수 있다.

(1) 약물요법

우리나라에서 약물요법은 체질량지수 25kg/m^2 이상인 환자가 비약물치료로 체중 감량에 실패한 경우 권고한다. 체중 조절 약물은 크게 중추신경계에 작용하여 포만감을 높여 식사량을 줄여 주는 약물과 위장에서 지방의 흡수를 줄여 주는 약물로 분류할 수 있다. 국내에서 현재 장기간 사용 허가를 받은 약물로는 올리스타트orlistat, 날트렉손+부프로피온naltrexone+bupropion이 있으며, 단기간 사용하는 약물로는 식욕 억제의 작용기전을 가지고 있는 펜터민phentermine, 디에틸프로피온diethylpropion, 펜디메트라진phendimetrazine, 마진돌mazindol 등이 승인되어 있다. 현재

표 5-9 비만치료제로 장기간 사용이 승인된 약물

구분	올리스타트 (Orlistat)	날트렉손-부프로피온 (Naltrexone-bupropion)	리라글루티드 (Liraglutide)	펜테르민-토피라메이트(Phentermine-topiramate)
작용기전	리파아제를 억제하여 지방 흡수 억제	식욕 억제	식욕 억제	식욕 억제
부작용	지방변, 복부 팽만 및 방귀, 배변 증가, 배변 실금	구역, 변비, 두통, 구토, 어지러움, 불면, 입마름, 설사, 불안, 안면 홍조, 피로, 떨림, 상복부 통증, 바이러스성 위장염, 이명, 요로감염, 고혈압, 복부 통증, 다한증, 자극 과민성, 혈압 상승, 미각 이상, 심계 항진	구역, 구토, 설사, 변비, 소화장애, 복통, 복부 팽만감, 트림, 위식도 역류, 입마름, 위염, 저혈당, 주사 부위 발적 및 가려움, 피로, 무력, 어지러움, 미각 변화, 수면 장애, 담석, 리파아제/아밀라아제 상승	감각이상, 미각이상, 기분 장애, 수면 장애, 인지 장애, 검사 수치 이상(혈청 중 탄산염 저하, 혈청 칼륨 저하, 혈청 크레아티닌 증가), 신석증

출처: 대한비만학회, 비만 진료지침 2020, 2020

우리나라에서 비만치료제로 장기간 사용이 승인된 약제는 표 5-9와 같다.

(2) 수술요법

수술요법은 고도비만 환자에게 체중 감량 및 감량된 체중 유지뿐만 아니라 동반질환의 개선에도 효과를 보인다. 체질량지수 35kg/m^2 이상이거나, 체질량지수 30kg/m^2 이상이면서 비만 동반질환을 가지고 있는 경우 수술 대상자가 될 수 있으나, 정신과질환(정신분열증, 심한 우울증)이 있거나, 내분비질환에 의한 비만 환자는 수술 대상에서 제외된다.

① **비만대사 수술**(bariatric surgery)

비만대사 수술은 고도비만 및 관련 합병증을 치료하기 위해 위의 크기를 제한하거나 위에서 소장으로 우회로를 만드는 각종 수술을 의미한다. 수술 방법으로는 위의 크기를 작게 하여 빨리 포만감을 느낄 수 있도록 하는 섭취 제한 수술법, 소장을 우회시켜 음식물의 흡수를 제한하는 수술법 혹은 이 두 가지를 조합한 수술법 등이 있다. 루와이 위우회술Roux-en-Y gastric bypass, 위소매 절제술sleeve gastrectomy, 조절형 위밴드술adjustable gastric banding 등이 많이 사용되고 있다그림 5-4. 루와이 위우회술 및 조절형 위밴드술의 경우 초기 체중의 약 30%, 수술 후 5년째 과체중의 약 50%의 체중 감소가 이루어지며, 비만으로 발생한 비만 동반질환의 96%가 사라지거나 개

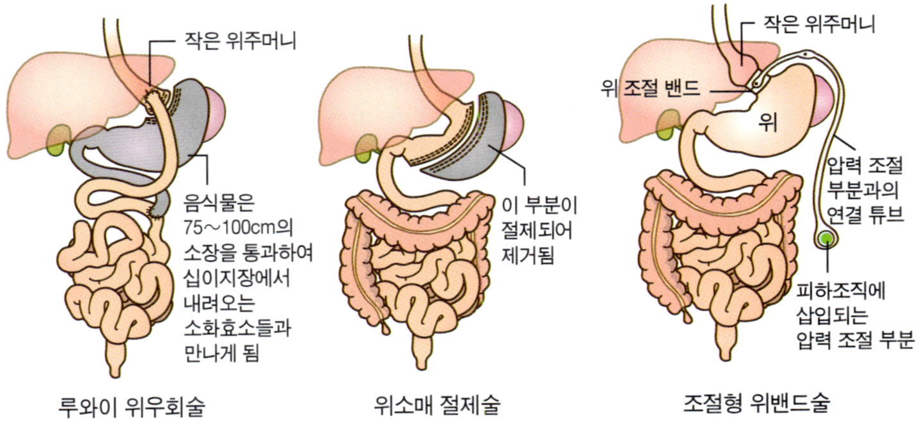

그림 5-4 비만대사 수술방법

선될 수 있다. 그러나 수술방법에 관계없이 비만수술을 시행받은 환자는 수술 후 약 3개월간 식사 적응에 어려움을 겪게 되고, 이에 따라 비타민과 무기질을 포함한 여러 가지 영양부족 현상이 나타나기 때문에 수술 후 적극적인 환자관리가 필요하다.

② 비만 수술과 관련한 식사요법

수술방법에 따른 영양문제

비만수술의 방법에 따라 예상되는 영양문제에는 차이가 있는데, 조절형 위밴드술의 경우 식욕을 억제하고 쉽게 포만감을 느끼게 하는 제한술로 비타민과 무기질의 결핍이 다른 수술방법에 비하여 낮은 반면, 루와이 위우회술의 경우 소화관의 경로 변화에 의해 덤핑증후군의 발생과 철, 비타민 B_{12}, 엽산, 칼슘 등의 대사 이상으로 수술 후 영양소 보충이 필요하다. 또한 위소매 절제술에서는 위 기저부gastric fundus를 포함한 위의 70~80%를 절제한 경우 위산과 내인성 인자의 감소로 미량영양소의 흡수가 감소될 수 있다.

비만 수술 후 영양소 요구량

비만 수술 후 무기질, 비타민과 같은 미량영양소의 보충과 함께 최소한의 탄수화물, 단백질 및 지방의 공급이 이루어져야 한다. 초기 수술 후 식사에서 권장하는 열량은 정해져 있지 않으나, 일반적으로 수술 후 목표 열량은 1일 1,000~1,400kcal 정도이며, 충분한 수분 공급, 단백질 공급과 균형 잡힌 식사의 섭취가 중요하다.

탄수화물의 경우 비만 수술 후 환자에게 전곡류, 콩류, 저지방 유제품 및 과일 등 영양밀도가 높은 복합당질을 권장하며, 첨가당이 높은 식품은 체중 증가, 덤핑증후군 및 고혈당의 원인이 될 수 있으므로 제한하도록 한다. 단백질은 비만수술의 방법에 따라 영양불량이 나타날 수 있으므로 주의하며, 지방의 경우 수술 후에는 저지방 저열량의 식사가 권장되고 있으나, 심혈관계 질환의 위험 감소와 필수지방산의 공급을 위해 필수지방산의 섭취는 권장된다.

2. 대사증후군(Metabolic syndrome)

1) 정의 및 유병률

대사증후군은 인슐린 저항성으로 인해 뇌심혈관질환이나 당뇨병 등의 위험을 높이는 비만, 고혈압, 고혈당, 이상지질혈증 등의 대사 이상이 군집해 있는 상태를 의미한다. 우리나라 20세 이상 성인에서 대사증후군 유병률은 1998년 24.9%, 2001년 29.2%, 2005년 30.4%, 2007년 31.3%로 증가하였으며, 지난 10년간 5가지의 진단 기준 중 저HDL-콜레스롤혈증이 13.8%로 가장 많이 증가하였고, 복부비만이 8.7%, 고중성지방혈증이 4.9% 증가하였다(Lim 등, 2011).

2) 진단기준

대사증후군의 진단기준은 여러 단체마다 다른 기준을 제시하고 있으나 대체로 통합되어 가는 과정에 있다. 대한비만학회에서 제시한 대사증후군의 진단은 허리둘레의 경우 한국인 복부비만의 기준(남자 90cm 이상, 여자 85cm 이상)을 사용하고 있다표 5-10.

표 5-10 한국인의 대사증후군 진단기준

구분	기준	비고
복부비만	허리둘레 남자 90cm, 여자 85cm 이상	이 중 3가지 이상에 해당되면 대사증후군으로 진단함
고중성지방혈증	150mg/dL 이상이거나 약물치료 중	
저HDL-콜레스테롤혈증	남자 40mg/dL, 여자 50mg/dL 미만이거나 약물치료 중	
공복혈당 상승	100mg/dL 이상이거나 약물치료 중	
혈압 상승	130/85mmHg 이상이거나 약물치료 중	

출처 : 대한비만학회, 비만진료지침 2020, 2020

3) 식사요법

대사증후군 치료의 목표는 심혈관질환과 당뇨병을 예방하는 것이다. 대사증후군은 인슐린 저항성으로 인해 비만, 고혈압, 고혈당, 이상지질혈증 등이 동반되어 있으므로, 대사증후군에서는 각각 동반된 이상 지표 개선을 위하여 비만, 고혈압, 당뇨병 및 이상지질혈증의 식사요법에 준한 식사관리가 필요하다.

3. 저체중(Underweight)

저체중은 현재 체중이 표준체중보다 10~20% 이하에 속하는 것을 말하며, 20% 이하일 때는 여러 가지 질병의 원인이 된다. 2019년 국민건강영양조사 결과에 의하면 만 19세 이상 성인의 저체중 유병률(체질량지수 18.5kg/m^2 미만 기준)은 4.8%였으며, 성별의 차이를 보여 남자에서 2.3%, 여자에서 7.7%로 여자가 남자보다 높았다.

1) 원인 및 증상

저체중의 원인으로는 열량 필요량보다 섭취량이 감소된 경우, 섭취 열량에 비해 소비 열량이 많은 경우, 섭취된 식품의 흡수와 이용 불량, 대사속도와 열량 필요량이 증가되는 소모성 질환, 심리적 또는 감정적 요인, 유전적 요인 등이 있다. 주요 증상으로는 저항력이 감소되고, 유년기나 청년기에는 성장 지연이 나타나며 쉽게 피로감을 느끼고 소화기계 질환, 폐질환 등으로 인한 사망 위험이 증가될 수 있다. 여성의 경우에는 호르몬 분비 감소로 무월경상태가 되며 골밀도의 감소로 골다공증 발병 위험도 높아진다.

2) 식사요법

저체중에서는 우선 식습관을 정상화하고 일정 범위 내에서 체중을 유지하는 것이 중요하다. 1주일에 0.5~1kg의 체중 증가를 목표로 하는 것이 이상적이며, 심한 체중부족증인 경우 초기에는 위장관의 부담을 최소화하도록 보충제나 정맥주사 또는 튜브를 이용한 영양공급방법을 사용한다. 기본식사 방침으로 적절한 열량 섭취와 균형 잡힌 영양을 위해 과일, 채소, 양질의 단백질 식품과 유제품 등을 권장한다.

(1) 열량

열량은 하루 권장되는 양에 500~1,000kcal 정도를 더하여 공급하는 것이 필요하며, 이때 열량 권장량은 대상자의 현재 체중을 기준으로 산출할 수 있다. 또한 갑작스러운 열량 증가로 구토, 위장관장애, 심리적 압박감 등을 받을 수 있으므로 세심한 주의와 점진적인 열량 섭취 증가가 필요하다. 열량 섭취 증가를 위해 식품 섭취량이 늘어나면, 저체중인 대상자는 식사 시 어려움을 겪을 수 있으므로 위의 부담이 적은 크림수프, 푸딩, 아이스크림, 치즈, 밀크셰이크, 치즈수프 등의 농축음식을 이용한다.

(2) 단백질

단백질은 하루 100g 이상 섭취할 것을 권장하며, 총 단백질 섭취량의 50%는 동물성 단백질로 한다. 심한 체중부족이 장기간 진행되었을 때는 많은 단백질 식품을 소화할 수 있는 위장관의 능력이 저하되어 있으므로 이런 경우에는 결정형 아미노산의 정맥 투여가 필요할 수 있다.

(3) 탄수화물과 지방

체중 증가를 위한 좋은 열량원으로 적당량의 지방은 식욕을 촉진시키며, 탄수화물은 쉽게 소화된다. 그러나 급격한 과잉 섭취는 빠른 흡수로 혈당의 급상승을 초래하므로 조리 시 식용유나 버터, 마가린 등의 사용량을 늘려 점진적으로 열량을 증가시키는 것이 효과적이다. 또한 탄수화물 식품은 부피가 커서 식사량이 많아져 환자가 부담을 느끼게 되므로 탄수화물의 의존도가 너무 높아지지 않도록 한다. 탄수화물 공급원으로는 죽 종류, 버터토스트, 크래커와 치즈, 감자음식 등이 좋으며, 식물성 기름으로 무치는 나물, 기름 바른 김구이 등은 지방의 좋은 공급원이 될 수 있다.

4. 섭식장애(Eating disorder)

섭식장애란 식사행동에 이상을 보이는 정신장애 현상을 의미한다. 종류로는 신경성식욕부진증anorexia nervosa, 신경성탐식증bulimia nervosa, 마구먹기 장애bingeeating disorder 등이 있다. 대부분의 섭식장애 환자들은 체중이나 체형에 대해 지나친 집착과 함께 체중 증가에 대한 병적인 두려움을 가지고 있으며, 자신을 평가하는 데 체중이나 체형을 중요한 기준으로 생각한다. 따라서 환자들은 지나친 단식과 운동, 폭식 후의 구토나 하제 사용 등의 섭식 관련 이상행동을 보이는 경우가 많으며, 이러한 증세가 계속될 경우 인체의 대사적 장애까지 유발될 수 있다. 섭식장애의 각 종류별 진단기준은 표 5-11에 제시하였다.

표 5-11 섭식장애 종류별 진단기준

신경성식욕부진증	신경성탐식증	마구먹기 장애
• 표준체중 유지를 거부하고 현재 체중이 원래 체중의 15% 이상 감소된 상태(1단계)이거나, 혹은 25% 이상 감소(2단계)된 경우 • 저체중임에도 불구하고 체중 및 체지방 증가에 극도의 두려움을 가지는 경우 • 체중이나 체형에 대해 잘못된 인식을 가지고 있으며, 현재 자신의 저체중상태에 대한 심각성을 부정하는 경우 • 폐경 전 여성에서 연속해서 3회 이상 무월경이 나타나는 경우	• 폭식(binge eating)이 반복적으로 나타나는 경우 • 체중 증가를 방지하기 위해 구토, 완화제나 이뇨제의 남용, 관장, 단식, 과다한 운동 등의 부적절한 보상행위를 반복하는 경우 • 3개월에 1주, 1주에 2회 이상 마구먹기와 부적절한 보상행동을 모두 보이는 경우 • 체형이나 체중 때문에 자기 자신을 부정적으로 평가하는 경우 **[폭식의 유형]** • 제거형 : 구토, 완화제, 이뇨제 및 관장약을 남용하는 행위를 반복함 • 비제거형 : 절식, 과다한 운동 등과 같은 보상행위는 하지만, 구토, 완화제, 이뇨제 및 관장약을 남용하는 행위는 하지 않음	• 폭식이 반복적으로 나타나는 경우 • 폭식 시 다음 중 3가지 이상이 동반됨 – 정상인보다 빨리 먹음 – 불편할 정도의 만복감을 느낄 때까지 먹음 – 배고프지 않아도 많은 양의 음식을 먹음 – 많이 먹는다는 것이 부끄러워 혼자 먹음 – 폭식을 한 후 자신에 대한 혐오감을 느낌 • 폭식으로 인해 상당한 고민을 함 • 최근 6개월 동안 일주일에 최소 2일 이상 폭식을 함 • 폭식 후 그릇된 보상행위(하제 사용, 단식, 과다한 운동 등)를 하지 않음

출처: 대한영양사협회, 임상영양관리지침서(제3판), 2008

1) 분류 및 특징

(1) 신경성식욕부진증(Anorexia nervosa)

신경성식욕부진증은 음식물 섭취를 심하게 제한하여 극도의 체중감소를 유발하는 것이며, 신경성식욕부진증 환자들은 객관적으로 말랐음에도 불구하고 계속 살이 쪘다고 본인의 신체를 왜곡되게 인식하고, 살이 찌는 것에 대한 강한 두려움을 가지고 있는 특징이 있다. 이들은 주로 사춘기를 갓 지난 소녀들이 많다.

신경성식욕부진증 환자들은 우울, 열등의식, 타인이 자신에 대해 어떻게 생각하는지에 대한 집착, 수면부족, 불면증 등의 증세가 있으며, 기아로 인해 발생하는 심한 영양불량(악액질cachexia)과 유사하게 근육쇠약, 피로, 당신생 증가에 의한 글리코겐 고갈, 근육분해, 체중 감소 등의 증상을 보인다. 또한 장기간 계속되면 무월경 증상을 보이며, 맥박수가 감소하고 갑상선 기능 저하, 위배출 지연, 골다공증, 변비, 빈혈 등의 생리적 변화를 가져올 수 있으며, 면역 기능 저하로 질병에 대한 저항력이 감소한다.

(2) 신경성탐식증(Bulimia nervosa)

신경성탐식증은 빈번한 폭식 후 제거 행동(자발적 구토, 배변제, 이뇨제 등을 사용한 강제 배설, 과도한 운동, 단식 등)을 반복하는 증상을 의미한다. 이러한 증상이 3개월 동안 적어도 2회 이상 일어나는 경우 신경성탐식증으로 의심할 수 있다. 그러나 일반적으로 신경성탐식증 환자의 경우 정상체중인 경우도 많으므로 알아차리기 쉽지 않고, 체중의 변화가 자주 급격하게 나타날 수도 있다. 신경성 탐식증은 과식과 배설의 반복으로 인체의 생리적 · 생화학적 균형이 교란되며, 계속되는 구토로 식도와 위가 파열되고, 산성의 토사물이 입, 식도, 후두의 점막을 부식시키며 치아의 에나멜층을 파괴하는 증상을 보일 수 있다.

(3) 마구먹기 장애(Binge eating disorder)

마구먹기 장애는 신경성폭식증과 같이 폭식을 반복적으로 하지만, 이에 따르는 강제 배설행위는 거의 없다. 다이어트에 실패한 경험이 많은 비만인 사람들의

20~30%에서 충동적인 폭식을 반복하는 현상이 나타나며, 이때 폭식에 대한 통제력이 없다. 마구먹기 장애를 보이는 사람들의 경우 매우 빠르게, 한꺼번에 많이 먹으며, 남들 앞에서는 적게 먹는다. 폭식 후에는 심한 자책감, 우울감, 자신에 대한 혐오감에 빠지지만, 자신의 체형이나 체중에 대해 병적으로 왜곡되어 있는 현상을 보이지 않으며, 폭식 후 구토 등의 보상행위를 동반하지 않는다. 마구먹기 장애 증상을 보이는 경우 우울증이 흔하고, 과체중인 마구먹기 장애 환자인 경우 당뇨병, 고혈압, 호흡기계 이상, 임신의 어려움 등 비만 관련 만성퇴행성 합병증이 초래될 수 있다.

2) 식사요법

섭식장애는 단순히 부적절한 생활습관이나 식습관으로 인해 나타나지 않고, 환자의 음식이나 체형에 대한 두려움, 잘못된 인지·정신적 상태 또는 질환 등으로 유발될 수 있으며, 특히 치료를 하지 않고 계속 잘못된 섭식 행동을 보일 경우 대사적 문제까지 나타날 수 있다. 따라서 섭식장애의 치료는 정신과 의사, 심리치료사, 내과의사, 영양사 등으로 구성된 팀별 접근이 바람직하다. 특히, 영양사는 환자 본인의 체형 인지에 영향을 미치는 요인으로 어떤 것이 있는지, 환자가 특정음식이나 영양소에 관하여 어떠한 태도와 생각을 가지고 있는지, 그것이 어떠한 요인(가족·사회적 요인, 개인의 정신적 문제 등)에 기인하고 있는지 알아야 한다. 또한 영양에 관한 지식 뿐 아니라 환자의 정신과적 문제, 심리적 문제의 상담기술 등 다른 분야에서의 통합적인 지식이 필요하다.

(1) 신경성식욕부진증

신경성식욕부진증 식사요법의 목표는 체중감소를 방지하고, 목표체중에 도달하기 위해 열량을 점차 증가시키면서 규칙적이고 균형 잡힌 식사습관을 갖는 것이다. 이때 초기에는 환자의 위장관 부담을 최소화하는 식품을 선택해야 하며, 경구 섭취가 불충분할 경우 정맥주사 또는 튜브를 통한 영양공급방법으로 보충할 수 있으나 구강 섭취가 우선적으로 이루어져야 한다.

열량 필요량은 현재 체중을 기준으로 산출할 수 있으나, 신경성식욕부진증 환자의 경우 음식 섭취의 제한으로 인해 체내에서 대사율이 저하되어 있을 수 있다. 따라서 계산된 열량 필요량과 식사력 조사에 의한 열량 섭취량을 비교하여, 기초대사량이 현재 섭취량보다 250~300kcal 정도 많다면 기초대사량을 필요 열량으로 정하고, 만약 차이가 적으면 기초대사량에 200~250kcal를 추가하여 결정할 수 있다. 1일 최소 1,200kcal 이상의 열량 섭취가 권장되며, 영양소 조성으로는 탄수화물 50%, 단백질 25%, 지방 25% 정도가 권장된다. 열량 증가는 주당 200kcal 정도가 적절하다.

(2) 신경성탐식증

신경성탐식증 환자의 경우 체중 감소를 목적으로 폭식과 강제배설을 하므로, 폭식–강제배설의 순환을 끊기 위해 정상식사를 회복하는 것이 중요하다. 그 이후 외모나 체중에 대한 신념이 변화하도록 이해시키는 과정이 필요하다. 초기에는 열량 섭취량을 현재의 체중을 유지하는 정도로 하되, 환자가 수용할 수 있는 수준으로 계획한다. 일반적으로 1일 1,200kcal 이하의 식사 공급은 피하는데, 1,200kcal 정도 수준의 열량은 대부분의 환자들이 거부감 없이 받아들이고, 특별한 체중 증가 없이 대사율을 안정시킬 수 있다. 단백질은 체중 kg당 0.8~1.0g이 권장되며, 지방은 포만감을 주고 식사와 식사 사이의 과식을 방지하는 데 효과적이다.

(3) 마구먹기 장애

마구먹기 장애 환자를 위한 식사요법의 목표는 그릇된 식행동을 정상화하고, 체중을 안정화시키는 것이다. 마구먹기 장애 환자의 경우 체중 조절과 체중 증가의 반복으로 대사율이 낮아지지만 대사를 재자극하고, 육체적, 정신적으로 만족시키기 위해서 일반적으로 1,200kcal 이하로 열량을 제한하지는 않도록 한다. 운동과 함께 병행 시 열량 소모 및 대사율 증가의 효과가 있으며 실제 식품 섭취, 배고픔과 만복감에 대한 느낌, 섭취와 관련된 감정에 대한 환자의 인식도를 높이는 데 식사기록을 유용하게 활용할 수 있다.

CHAPTER 6

당뇨병

CHAPTER 6

학습목적

당뇨병과 식생활과의 관계를 이해하고, 당뇨병 및 당뇨합병증의 식사관리 계획에 활용할 수 있다.

학습목표

- 당뇨병의 분류 및 종류에 따른 특징을 설명할 수 있다.
- 당뇨병의 임상 증상을 열거할 수 있다.
- 당뇨병의 진단방법과 진단기준을 설명할 수 있다.
- 혈당 조절기전을 설명할 수 있다.
- 당뇨병의 병태에 따른 대사 변화를 설명할 수 있다.
- 당뇨병의 관리방법(식사요법, 약물요법, 운동요법)을 설명할 수 있다.
- 급성 합병증 종류와 관리방법을 설명할 수 있다.
- 만성 합병증 종류와 관리방법을 설명할 수 있다.

1. 당뇨병의 정의 및 분류

1) 정의 및 유병률

당뇨병은 췌장의 랑게르한스섬(췌도)에서 분비하는 인슐린이 양적으로 부족하거나 인슐린의 작용 결함으로 나타나는 복합적인 대사성질환으로 고혈당hyperglycemia과 포도당 내성glucose tolerance 저하가 특징이고, 장기간 지속될 경우에는 여러 가지 위험한 급·만성 합병증을 동반한다.

최근에는 의학의 발달로 평균 수명 연장과 조기진단 증가, 그리고 식생활 양식의 변화 및 운동 부족 등의 생활습관과 스트레스 등 여러 가지 원인이 작용하여 당뇨병 발생이 현저하게 증가하고 있다. 우리나라 19세 이상 성인의 당뇨병 유병률은 2019년 기준 남자 13.4%, 여자 11.0%로 조사되었고, 당뇨병 전단계 유병률은 39.6%로 우리나라 인구 절반이 당뇨병 및 당뇨병 전 단계에 해당하였다. 이에 비해 당뇨병 유병자 중 인지율은 64.1%, 치료율은 59.4%, 조절률은 25.4%였고, 당뇨병 치료자 중 조절률은 25.4% 수준으로 보고되었다그림 6-1.

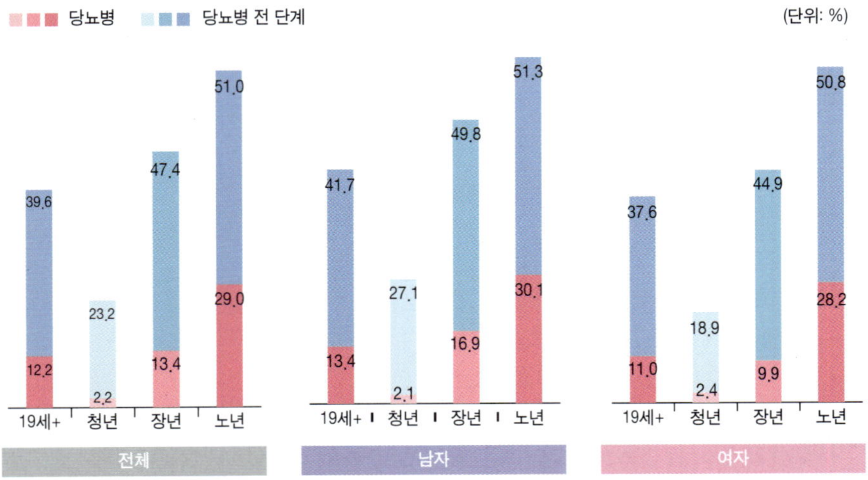

그림 6-1 **당뇨병 및 당뇨병 전 단계 유병률**

출처 : 보건복지부, 2019 국민건강통계, 2020

2) 당뇨병의 분류

(1) 1형 당뇨병(Type 1 diabetes mellitus)

1형 당뇨병은 당뇨병의 유전적 소인을 가진 사람이 세균이나 바이러스 등에 의한 감염이나 독성물질 등에 의한 췌도의 β−세포 기능 상실과 이에 따른 인슐린 결핍을 특징으로 한다. 자가항체(항GAD 항체, 인슐린자가항체, 췌장소도세포 자가항체 등)의 유무에 따라 면역매개성 당뇨병과 특발성 당뇨병으로 구분된다. 주로 소아기, 청소년기, 젊은 성인층(30세 이전)에서 많이 발생하고, 전체 당뇨병 환자의 5~10%가 이에 해당된다. 1형 당뇨병은 췌도의 β−세포가 파괴되어 인슐린의 절대적 결핍을 일으키므로 평생 인슐린 투여가 필요하다.

(2) 2형 당뇨병(Type 2 diabetes mellitus)

2형 당뇨병은 인슐린 저항성insulin resistance과 상대적인 인슐린 부족을 특징으로 한다. 췌장에서 인슐린이 분비되기는 하지만 인슐린 저항성 증가, 부적절한 인슐린 분비, 포도당 생산의 증가 등 다양한 원인에 의해 분비량이 상대적으로 부족하거나 인슐린의 작용이 원활하지 않아 발병한다. 당뇨병 환자의 90~95%는 2형 당뇨병에 속하며, 주로 40세 이후에 발병하고, 유전 · 연령 · 환경적 요인 등에 의해 영향을 받으며 당뇨병의 가족력이 있는 경우 자녀는 당뇨병의 발생률이 높다. 또한 2형 당

Know

2형 당뇨병의 위험인자

- 과체중(체질량지수 23kg/m² 이상)
- 직계 가족(부모, 형제자매)에 당뇨병이 있는 경우
- 공복혈당장애나 내당능장애의 과거력
- 임신당뇨병이나 4kg 이상의 거대아 출산력
- 고혈압(140/90mmHg 이상 또는 약물 복용)
- HDL−콜레스테롤 35mg/dL 미만 혹은 중성지방 250mg/dL 이상
- 인슐린 저항성(다낭난소증후군, 흑색가시세포증 등)
- 심혈관질환(뇌졸중, 관상동맥질환 등)
- 약물(글루코코르티코이드, 비정형 항정신병약 등)

출처: 대한당뇨병학회, 2021 당뇨병 진료지침, 2021

뇨병 발생 전에는 공복혈당장애IFG와 내당능 장애IGT로 분류되는 당대사의 항상성 장애 기간이 선행될 수 있다.

(3) 기타 당뇨병(Other specific types)

췌도의 β-세포의 유전적 기능 이상, 인슐린 작용의 유전적 결함, 췌장의 분비기능 장애, 내분비질환, 간질환과 약물 유발성 당뇨병 등 다양한 원인으로 인해 발생한 이차성 당뇨병을 기타 당뇨병으로 분류하며, 전체 당뇨병 환자의 1~2% 정도가 이에 해당된다.

(4) 임신당뇨병(Gestational Diabetes Mellitus, GDM)

임신당뇨병은 임신 중 인슐린 저항성에 의한 포도당 내성 저하로 발생할 수 있으며, 우리나라 임신당뇨병 유병률은 꾸준히 증가하여 2011년 10.5%로 보고된 바 있다. 최근에는 결혼 및 임신 시기가 늦어짐에 따른 임신부의 고령화로 출산 연령이 높아지고, 출산 전 비만 인구가 증가하면서 임신당뇨병 환자가 급격하게 증가하고 있다.

2. 당뇨병의 원인과 증상

1형 당뇨병은 인슐린을 분비하는 췌도 파괴와 그에 따른 인슐린 부족, 2형 당뇨병은 인슐린 저항성과 상대적인 인슐린 결핍 또는 인슐린 분비 장애가 원인이지만 이러한 상태를 유발하는 요인은 매우 다양하다.

1) 당뇨병 발생에 영향을 미치는 요인

(1) 유전적 요인

췌도의 β-세포 기능에 영향을 주는 염색체 이상으로 인한 유전적 결함이나 자가항체(항GAD 항체, 인슐린 자가항체, 췌장소도세포 자가항체 등)가 있는 경우 1형 당뇨병과 관련이 있을 수 있고, 인슐린 저항성에 관여하는 유전인자의 결함은 2형 당뇨병을 유발할 수 있다.

2형 당뇨병은 유전적 원인뿐만 아니라 여러 환경적 요인이 복합적으로 작용하여 발병하므로 원인이 다양하고 복잡하다. 1형 당뇨병에 비해 2형 당뇨병은 가족력이 더 흔하며, 부모가 젊은 나이에 당뇨병이 생겼다면 자녀가 살아가는 중에 당뇨병이 생길 확률이 높다고 알려지고 있다. 그러나 양친이 모두 당뇨병이면 50% 이상의 자녀에게서 당뇨병이 발생된다고 알려져 왔지만 실제로는 30% 정도만 당뇨병이 발생하고 있다고 한다. 즉, 유전적 성향이 강해도 모두가 당뇨병이 되지는 않는다는 것으로 환경적인 요인을 최소화하려는 노력이 필요하다.

(2) 환경적 요인

① 연령

나이가 들면서 점차적으로 당내응력이 감소하고, 인슐린 분비량도 감소한다. 2019년 국민건강영양조사에 의하면 19세 이상 성인의 당뇨병 유병률 조사에서 청년층(만 19~39세) 2.2%, 장년층(만 40~ 64세) 13.4%, 노년층(만 65세 이상) 29.0%로 노년층에서의 당뇨병이 급격히 증가하고 있다.

② 비만

비만인 경우 지방조직 증가로 인한 인슐린 저항성이 커지므로 비만은 당뇨병 발생에 영향을 미친다. 특히, 상체비만의 경우 하체비만보다 상관성이 더 높다.

③ 스트레스

육체적 · 정신적 스트레스는 내당능을 감소시키며 당뇨병 증상을 더욱 악화시킨다.

④ 약물 복용(이뇨제, 스테로이드, 피임약, 소염진통제)

푸로세마이드furosemides(이뇨제), 글루코코르티코이드glucocorticoids(이뇨제), 티아자이드thiazide(이뇨제), 펜타미딘pentamidine(중추신경계), 갑상선 호르몬, 페니토인phenytoin(신경발작), 클로자핀clozapine(신경정신계), 알파-인터페론α-interferon(간염 치료제) 등의 약물은 당내응력을 손상시키며 당뇨병을 악화시킬 수 있다.

⑤ 기타

감염증(선천성 풍진, 거대세포 바이러스, 콕사키coxsackie 바이러스 등), 호르몬 분비 이상 질환(말단비대증, 쿠싱증후군, 글루카곤종, 갈색세포종, 갑상선기능항진증, 소마토스타틴종, 알도스테론종 등), 외과적 수술(위 · 췌장 절제)과 췌장 외분비 질환(췌장염, 췌장 절제술, 종양, 낭종성 섬유종, 혈색소증, 섬유석회성 췌장질환 등) 등에 의해서도 당뇨병이 발병할 수 있다.

2) 당뇨병의 임상 증상

1형 당뇨병은 고혈당, 심한 갈증, 다뇨, 케톤증ketosis, 극심한 피로, 현저한 체중 감소 등의 임상적인 증상이 나타날 수 있고그림 6-2, 표 6-1, 이러한 증상은 급진적으로 나타나므로 철저한 식사요법과 인슐린 요법이 필요하다. 2형 당뇨병은 당뇨와

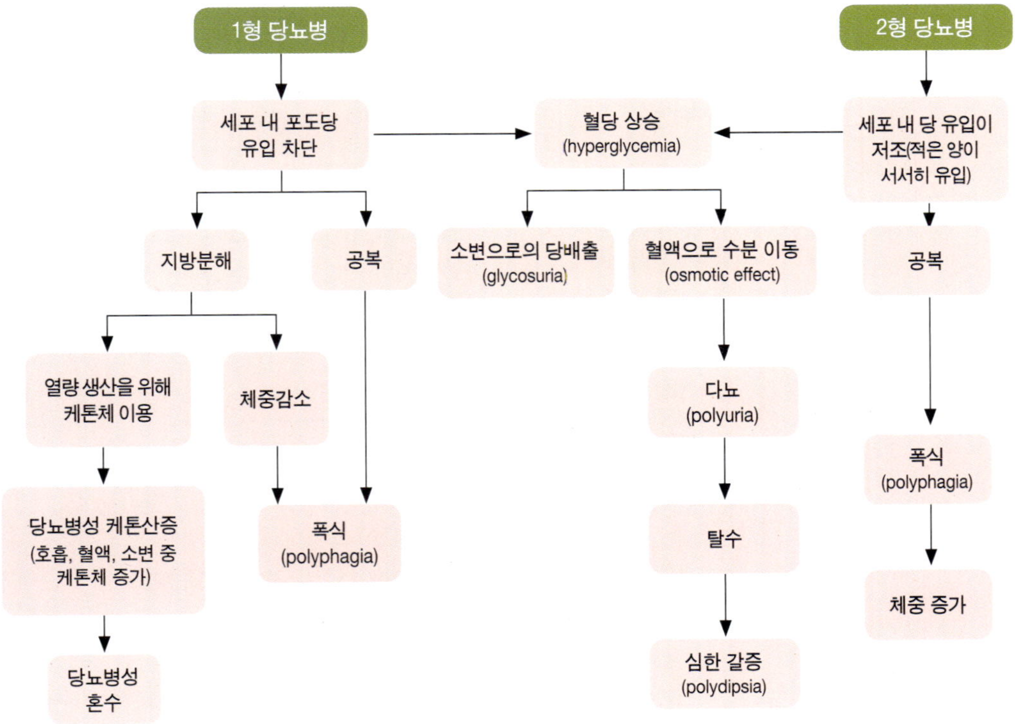

그림 6-2 1형 당뇨병과 2형 당뇨병의 대사적 변화에 따른 임상 증상

고혈당 등의 임상 증상이 나타나고, 다갈, 다뇨, 다식 등 당뇨병의 전형적인 3대 증상은 질병의 경과에 따라 나타나지 않을 수도 있다. 증상을 느끼지 못하고, 오랜 시일 방치할 경우 그로 인해 관상동맥질환, 뇌졸중, 말초혈관질환 등의 당뇨 합병증이 초래될 수 있다. 이 외에도 조직 치유능력의 감소, 피부감염, 시력장애, 외음부소양증, 자극에 대한 예민 반응 등을 나타내기도 한다.

표 6-1 1형 당뇨병과 2형 당뇨병의 임상적 특징

구분	1형 당뇨병	2형 당뇨병
발병률	5~10%	90~95%
발병 시기	아동기 및 사춘기 시작 무렵 주로 발생	주로 40세 이후
발병 형태	갑자기 발병	서서히 점진적으로 발병
관련 요인	유전, 바이러스 감염	연령, 비만, 스트레스, 유전 등
발병 시기의 영양상태	영양결핍	과체중 또는 비만
증상	심한 인슐린 결핍으로 인한 체중 감소, 피로감	다음, 다뇨, 다식, 피부건조, 가려움증, 시야 흐림
혈장 인슐린	0~극미량	낮거나 높고, 전혀 없지는 않음
인슐린에 대한 반응	정상	인슐린 저항성
혈당의 변화	인슐린, 운동, 감염 등에 의한 혈당 반응의 폭이 넓음	혈당 변동의 폭이 작음
케톤증(ketosis)	흔히 발생	심한 감염이나 스트레스가 없는 한 드물게 나타남
간질환	종종 있음	별로 없음
급성합병증	당뇨병성 케톤산혈증, 저혈당증	비케톤성 고삼투압성 고혈당증, 저혈당증
식사요법	식사 조절만으로는 혈당관리가 어려움	식사 조절이 잘 이루어지면 혈당관리가 쉬움
인슐린	모든 환자에게 필요	일부 환자(20~30% 정도)만 필요
경구혈당강하제	적합하지 않음	효과 있음

3. 당뇨병의 진단

당뇨병의 선별 검사는 공복혈당, 경구당부하 검사 혹은 당화혈색소 검사가 주로 이용되며, 선별 검사에서 양성소견을 보인 대상은 진단기준에 따라 검사한다. 공복혈당이 110~125mg/dL 또는 당화혈색소가 6.1~6.4%인 경우 경구당부하 검사를 시행하고, 고위험군(공복혈당장애 혹은 당화혈색소 수치가 각각 100~109mg/dL, 5.7~6.0%)은 매년 추가 검사를 시행하도록 한다.

대한당뇨병학회의 권고에 의한 당뇨병의 진단지표 및 진단기준은 표 6-2와 같다.

Know

당뇨병 전 단계(내당능장애와 공복혈당장애)

원인과 상관없이 모든 환자들은 임상단계에 따라 정상, 내당능장애(Impaired Glucose Tolerance, IGT), 공복혈당장애(Impaired Fasting Glucose, IFG)와 당뇨병 등으로 구분할 수 있다. 임상단계는 질병 경과에 따라 변화될 수 있으며, 내당능장애와 공복혈당장애는 당뇨병 전 단계(pre-diabetes)로서 경구당부하 검사 결과와 공복 혈당치가 당뇨병 환자와 정상인 사이에 포함되는 경우를 말한다. 인슐린의 분비가 부족하거나 인슐린에 대한 민감성이 둔화되어 간에서 탄수화물 대사가 조절이 잘 되지 않는 경우 발생할 수 있고, 당뇨병으로 이행되기도 한다.

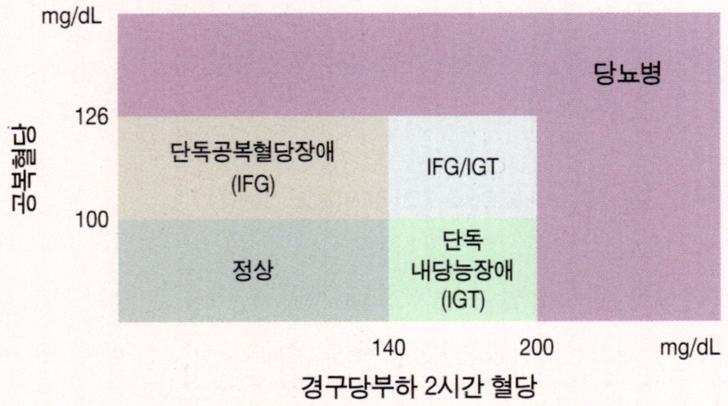

공복혈당과 경구당부하 2시간 혈당을 기준으로 한 한국인 당대사 이상의 분류

출처 : 대한당뇨병학회, 2021 당뇨병 진료지침, 2021

표 6-2 당뇨병의 진단기준

구분		공복시 혈당[1]	당부하 후 2시간 혈당[2]	당화혈색소
정상 혈당		<100mg/dL	<140mg/dL	–
당뇨병 전 단계	공복혈당장애	100~125mg/dL	–	5.7~6.4%
	내당능장애	–	140~199mg/dL	
당뇨병[3]		≥126mg/dL 또는	≥200mg/dL 또는	≥6.5%

1) 공복혈당: 8시간 이상 금식 후 측정한 혈당
2) 75g 경구포도당부하 2시간 후 측정한 혈당
3) 공복혈당과 당부하 후 2시간 혈당 조건 외에 당뇨병의 전형적인 증상(다뇨, 다음, 설명되지 않는 체중 감소)이 있으면서 무작위 혈당포도당(식사시간과 무관하게 낮에 측정한 혈당) 200mg/dL 이상인 경우도 당뇨병으로 진단함
출처: 대한당뇨병학회, 2021 당뇨병 진료지침, 2021

1) 공복혈당(Fasting glucose)

혈당농도는 채혈하는 혈액의 종류, 즉 정맥혈, 동맥혈 또는 모세혈관혈에 따라 다르고 금식 여부와 섭취시간에 따라 다르다. 당뇨병 검사를 위한 검체는 기본적으로 정맥 전혈을 분리한 혈장혈당을 이용하는 것을 원칙으로 하고 있다.

공복혈당이 높다는 것은 밤 사이 금식상태에서 혈당이 떨어질 때 간에서 보상적으로 지나치게 포도당을 많이 만들어 냈다는 뜻이다. 즉, 인슐린의 분비부족 또는 간의 인슐린에 대한 감수성 저하로 간의 포도당대사 조절능력이 약화되었음을 의미한다.

2) 경구당부하 검사(Glucose tolerance test)

경구당부하 검사는 검사방법이 번거롭고 시간과 비용도 많이 소요되며, 재현성과 활용도가 낮은 문제점이 있으나, 당뇨병 전 단계인 내당능장애 진단에 매우 유용하다. 내당능장애는 인슐린 저항성이 있거나, 인슐린을 분비하는 췌도에 문제가 있다는 뜻이다. 내당능장애는 공복혈당장애보다 심혈관질환이나 전체 사망률과의 관련성도 크고, 내당능장애에 대한 적절한 중재 시 당뇨병으로의 진행이나 심혈관질환의 발병을 예방할 수 있음이 증명되고 있으므로 경구당부하 검사를 통해 당뇨병뿐만 아니라 내당능장애를 진단하는 것은 임상적으로 의미가 있다.

경구당부하 검사방법(세계보건기구 권고안)

- 검사 전 적어도 3일 동안 평상 시의 활동을 유지하고, 하루 150g 이상의 탄수화물을 섭취한다.
- 검사 전날 밤부터 10~14시간 금식 후 공복 혈장포도당 측정을 위한 채혈을 한다.
- 250~300mL의 물에 희석한 무수 포도당 75g이나 150mL의 상품화된 포도당 용액을 5분 이내에 마신다.
- 포도당을 마시고 2시간 후에 채혈을 한다(포도당 용액을 마시기 시작한 시간을 0분으로 한다).
- 필요한 경우 당부하 후 30분, 60분, 90분 혈당포도당을 측정할 수 있다.

출처: 대한당뇨병학회, 2021 당뇨병 진료지침, 2021

한국의 당뇨병 환자는 서양인에 비해 비비만형이 많고 인슐린 분비능이 상대적으로 작다. 특히, 한국 노인의 경우 식후 고혈당만 있는 경우도 적지 않아 공복혈당만으로 진단할 경우 내당능장애뿐만 아니라 상당수의 당뇨병도 진단되지 않는 문제가 있다. 따라서 한국인 당뇨병의 특성을 고려할 때 당뇨병의 진단을 위한 선별검사로 경구당부하 검사를 필요에 따라 시행할 수 있으며, 특히 ① 공복혈당장애가 있는 사람, ② 공복혈당이 정상이라 할지라도 당뇨병의 위험성이 높은 군, ③ 공복혈당이 유용한 검사가 되기 어려운 60세 이상의 노인, ④ 혈당 검사가 모호하거나 산모인 경우, ⑤ 역학연구 등에서 경구당부하 검사를 적극적으로 고려할 수 있다.

3) 당화혈색소(Glycated hemoglobin, HbA1c)

성인의 헤모글로빈은 보통 HbA1(97%), HbA2(2.5%), HbF(0.5%)로 구성되어 있다. 헤모글로빈을 크로마토그래피로 분석하면 HbA 분획 이외에 HbA1a, HbA1b, HbA1c와 같은 몇 개의 작은 Hb이 확인되는데, 이를 합쳐서 당화혈색소라 부르고 HbA1c는 HbA1의 80%를 차지하는 주요 분획이다. 당화혈색소의 형성은 비가역적이며, 당화혈색소가 1% 변할 때마다 약 30mg/dL의 평균 혈당의 변화가 있음을 의미한다표 6-3.

당화혈색소는 공복혈당 측정보다 안정적이고, 당뇨병 및 당뇨병성망막증, 당뇨병성 콩팥병, 심혈관질환 등의 당뇨 합병증 발병 위험도와도 좋은 상관관계를 보이

표 6-3 당화혈색소와 평균 혈당의 관계

당화혈색소(%)	평균 혈당(mg/dL)
5	95
6	126
7	154
8	183
9	212
10	240
11	269
12	298

출처: 대한당뇨병학회, 2021 당뇨병 진료지침, 2021

므로 혈당 조절의 판단을 위하여 흔히 사용되고 있는 지표이다. 당화혈색소의 혈중 농도는 혈당 농도와 적혈구의 수명에 좌우되며, 당화혈색소 형성 비율은 혈당 농도에 비례하므로 당화혈색소 농도는 검사 전 3개월 동안의 혈당 조절 정도를 종합적으로 나타낸다고 볼 수 있다.

당화혈색소의 정상범위는 4.0~6.0%(평균 4.5%)이고, 6.5% 이상인 경우 당뇨병, 5.7~6.4%는 당뇨병으로의 진행 가능성이 높은 당뇨병 전 단계pre-diabetes로 진단되며, 개개인마다 다르게 설정 가능하지만 1형 당뇨병에서 일반적인 당화혈색소 조절 목표는 7% 미만이고, 2형 당뇨병 환자의 혈당 조절 목표는 당화혈색소 6.5% 미만으로 한다.

4) C-펩티드 검사(C-peptide)

인슐린은 췌도의 β-세포에서 비활성 형태인 프로인슐린proinsulin 형태로 분비되고, 인슐린과 동일한 양의 C-펩티드로 분리되면서 활성을 띠게 된다. 따라서 탄수화물 섭취 후 C-펩티드 농도를 연속적으로 측정하면 인슐린 분비 시각과 분비량 및 인슐린 투여량의 적절성 여부를 알 수 있다. 정상치는 공복 시 1~2ng/mL, 당부하 검사 2시간 후에는 4~6ng/mL이다.

5) 요당 검사(Urine glucose)

일반적으로 정상인은 소변 중으로 포도당을 배출하지 않지만, 인슐린 부족으로 포도당이 세포 내로 원활하게 유입되지 못하는 당뇨병 환자는 신장역치 수준인 160~180mg/dL 이상으로 혈당이 높아졌을 때 신세뇨관에서 포도당을 재흡수하지 못하고 소변 중으로 포도당을 배설한다. 그러나 정상인이라도 과식을 한 후에는 검사 결과가 양성으로 나타날 수도 있으므로 요당 검사는 당뇨병 진단에 실제적인 도움이 안될 수도 있다.

6) 케톤체 검사(Ketone body)

신체의 열량원으로 탄수화물의 이용이 제한되면 지방이 열량원으로 동원되고, 이로 인해 케톤체ketone body가 생성될 수 있다. 불완전한 지방산화가 계속되어 케톤체의 배출량이 증가하면 케톤산증으로 진행할 수 있으므로 케톤체 검사는 중요한 지표가 될 수 있다.

정상인의 경우 소변 중으로 배설되는 케톤체 함량은 1일 125mg 미만이고, 혈액 중 농도는 3mg/dL 미만이지만, 혈당관리가 잘 되지 않는 당뇨병 환자의 경우는 소변이나 혈액 중 케톤체 농도가 모두 상승할 수 있다.

4. 당뇨병의 병태생리

당뇨병은 인슐린의 작용 결함으로 인하여 만성적으로 고혈당이 지속되는 질환으로, 탄수화물 대사뿐만 아니라 지방, 단백질, 전해질 및 수분 등 전반적인 대사 이상을 초래한다.

1) 혈당 유지기전

혈당은 식사로부터 탄수화물 섭취 시 흡수된 외인성 포도당과 간의 글리코겐 분해로부터 생성된 포도당, 그리고 과당과 갈락토스가 간에서 전환되어 생성된 포도당 등으로부터 공급된다.

포도당이 흡수되어 혈당이 올라가면 췌장은 인슐린을 분비하여 혈중 포도당을 세포 내로 이동시켜 에너지를 발생하게 한다든지, 간과 근육에 글리코겐 형태로의 저장, 단백질과 지방 합성 등을 촉진하여 혈당을 낮춘다그림 6-3.

혈당이 낮아지면 췌장에서 분비되는 글루카곤을 비롯하여 아드레날린, 성장호르몬, 갑상선호르몬, 글루코코르티코이드 등 인슐린 길항호르몬이 분비되어 저장된 글리코겐과 단백질 및 지방 분해를 촉진하여 혈당을 상승시키는 작용feedback control을 통해 항상성을 유지한다.

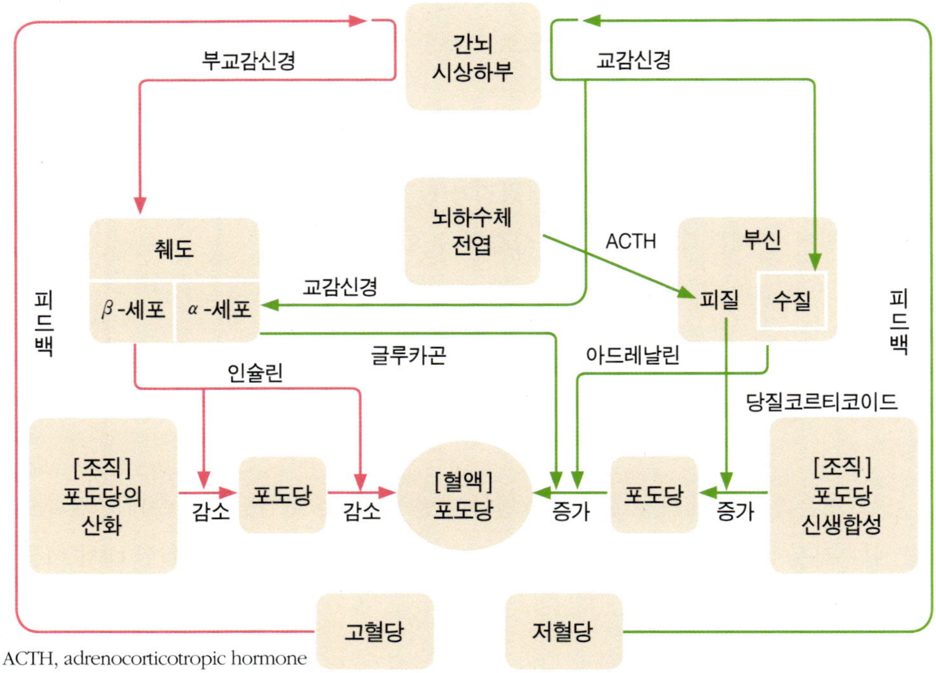

* ACTH, adrenocorticotropic hormone

그림 6-3 혈당의 조절

2) 인슐린의 분비

췌장의 내분비 세포인 랑게르한스섬islets of langerhans은 α－세포, β－세포, δ－세포로 구성되어 있다. β－세포는 랑게르한스섬의 75~80% 정도를 차지하며 인슐린insulin을 분비하고, 15~25% 정도를 차지하는 α－세포는 글루카곤glucagon을 분비하며, 나머지 10%는 소마토스타틴somatostatin을 분비하는 δ－세포로 구성되어 있다. 인슐린은 혈당을 저하시키고, 글루카곤은 혈당을 상승시키는 작용을 하며, 소마토스타틴은 인슐린과 글루카곤의 과잉 분비를 막아주는 역할을 한다. 인슐린은 췌장의 β－세포에서 합성되어 문맥을 통해 분비되고, 인슐린의 분비를 조절하는 주된 인자는 혈당이며, 식사 등의 주요 인슐린 분비 자극요인이 있을 때에는 다량 분비되고 식후 2~3시간 후에는 기저 수준으로 회복된다.

3) 인슐린의 작용과 인슐린 저항성

인슐린은 탄수화물, 단백질 및 지방 등 열량 대사를 총체적으로 조절하는 매우 중요한 생체호르몬인데, 인슐린 저항성insulin resistance은 생리적 인슐린 농도에서 이러한 인슐린 작용(인슐린 감수성insulin sensitivity)이 정상보다 저하된 상태를 말한다.

흡수된 포도당이 우리 몸의 세포 내에서 이용되기 위해서는 인슐린이 반드시 필

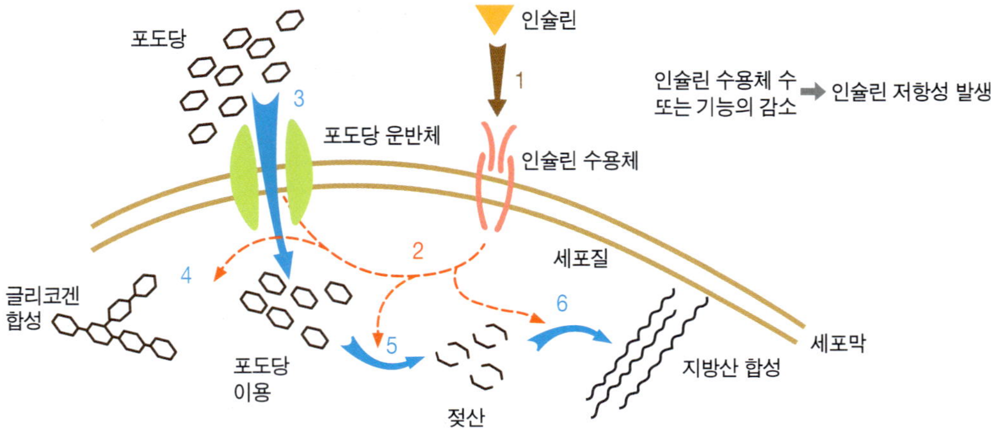

그림 6-4 인슐린의 작용과 인슐린 저항성

요하다. 인슐린은 그림 6-4와 같이 인슐린 수용체와 결합하여 세포막을 통과하고 지방조직, 근육조직, 단핵세포로의 포도당 수송을 촉진한다. 그러므로 인슐린의 분비량뿐만 아니라 세포수용체receptor의 수가 감소하거나 수용체의 기능이 활성화되지 않으면 포도당은 세포 내로 유입되지 못하며 혈액 중에는 글루코스-인슐린 결합 glucose-insulin binding 물질이 증가하게 되고, 결국 체내에서의 인슐린 필요량을 증가시키게 되는데, 이와 같은 현상을 인슐린 저항성이 생겼다고 말한다.

4) 당뇨병의 영양소 대사 이상

체내 대사과정 중 인슐린의 작용은 표 6-4와 같다. 그러므로 당뇨병으로 인하여 인슐린이 제 역할을 못할 경우 여러 가지 체내 대사에 많은 영향을 미치게 된다그림 6-5.

표 6-4 인슐린이 탄수화물, 단백질 및 지방 대사에 미치는 영향

구분	내용
탄수화물 대사	• 포도당 이용 증진 – 근육, 간, 지방조직으로의 포도당 유입 증가 – 포도당 인산화를 촉진함으로써 해당과정 촉진 – 포도당 산화 증가 • 포도당 신생작용의 감소 • 글리코겐 저장 증가 – 간, 근육에서 글리코겐 합성 증가 – 글리코겐 분해 감소
단백질 대사	• 단백질 동화 증가 – 아미노산 이용 증가 – 단백질 합성 증가 • 단백질 이화 감소
지방 대사	• 지방 생성 증가 – 지단백 분해효소 활성도 증가 – 지방조직으로의 유리지방산 유입 증가 – 지방산 합성 증가, 글리세롤 인산 형성 증가 • 지방 분해 감소 • 케톤체 형성 감소

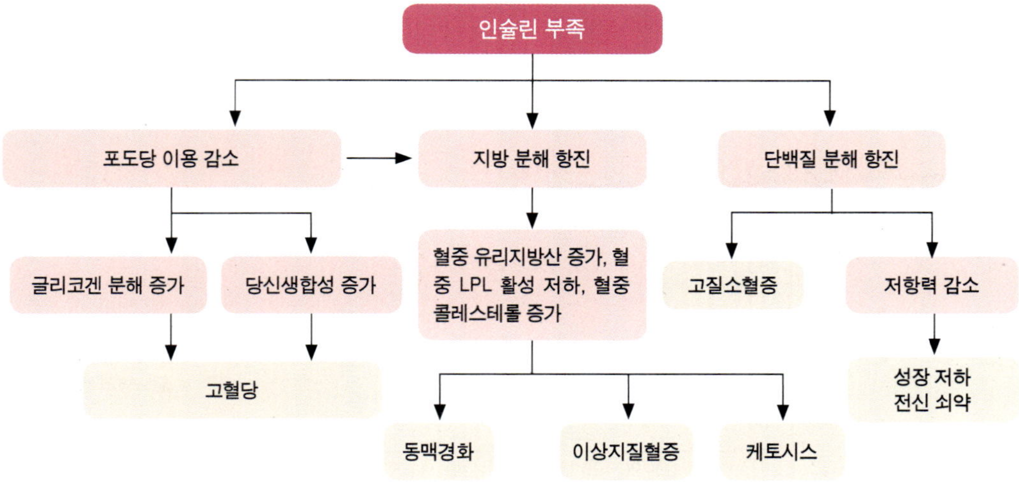

그림 6-5 당뇨병의 영양소 대사 이상

(1) 탄수화물 대사 이상

정상인의 혈당은 공복 시 70~100mg/dL 미만을 유지하고 있고, 식후에는 120~130mg/dL 정도로 상승하지만 인슐린이 분비되어 간, 근육과 지방조직 등 여러 조직으로 포도당의 유입을 증가시켜 식후 2시간이 지나면 혈당치는 120mg/dL 이하로 저하된다. 반면에 오랫동안 공복상태가 지속되어 혈당이 감소하면 글루카곤이 분비되어 간의 글리코겐을 분해하여 혈당을 상승시킨다. 정상인은 필요에 따라 인슐린과 글루카곤 등 인슐린 길항 호르몬이 적절히 분비되어 혈당을 항상 일정하게 유지하지만, 인슐린이 결핍되거나 인슐린 저항성이 생긴 당뇨병 환자는 포도당의 말초조직으로의 유입과 이용은 저하되고, 저장된 글리코겐 분해는 증가되어 혈당을 상승시키게 되므로 고혈당이 된다그림 6-6.

(2) 지방 대사 이상

인슐린은 지방산의 합성, 중성지방의 합성과 분해, 케톤체의 생성과 이용에 중요한 역할을 한다. 인슐린은 지방산의 합성을 자극하고, 아포지단백apolipoprotein의 합성에도 관여하므로 인슐린이 부족하면 지방산의 합성은 저하되고, 지방조직에 저장된 지방은 분해되어 지방산 생성은 증가하며, 지단백질 형성에 관여하는 아포지단

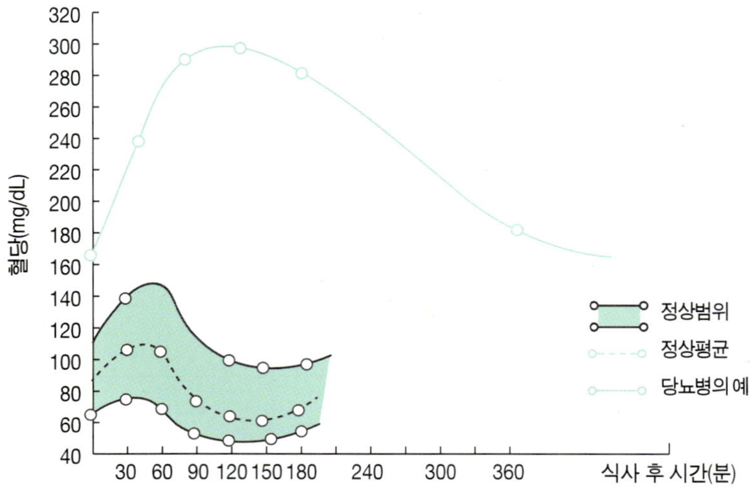

그림 6-6 당뇨병 환자와 정상인의 내당능 곡선

백은 부족되어 VLDL의 합성과 분비가 감소한다. 따라서 많은 중성지방이 간에 비정상적으로 축적되어 지방간을 유발할 수 있다.

지방조직의 호르몬 민감성 리파아제hormone sensitive lipase는 인슐린에 의해 불활성화되는데, 인슐린의 부족으로 이 호르몬이 활성화되면 당뇨병 환자는 저장 지방의 분해가 촉진되어 체중이 감소될 수 있다.

지방의 분해가 증가하여 유리된 지방산은 심근이나 골격근 등 많은 조직에서 열량원으로 사용되기도 하지만, 유리된 지방산이 혈액 중으로 다량 유출되므로 당뇨병 환자는 혈중 중성지방, 유리지방산이 증가하여 이상지질혈증을 일으키며, 간에서 콜레스테롤의 합성이 증가하여 혈중 콜레스테롤을 상승시키고 동맥경화증을 유발한다.

또한 간에서는 지방산의 산화로 과량의 아세틸 CoA가 생성되지만 옥살로아세테이트oxaloacetate는 부족하여 아세틸 CoA가 TCA 회로로 들어가지 못하여 완전 산화되지 못하면 그림 6-7과 같이 중간 대사산물인 케톤체(acetone, acetoacetic acid, β-hydroxybutyric acid)가 형성된다. 케톤체 중 일부는 혈액으로 방출되어 조직에서 열량원으로 사용되기도 하지만 생성량이 소비량을 초과하면 혈액에 축적되어 케톤증을 유발한다. 케톤체는 강한 유기산으로 혈액 중에서 염기성 물질과 결합하여 산·염기 평형에 이상을 일으켜 케톤산증ketoacidosis을 일으킬 수 있다.

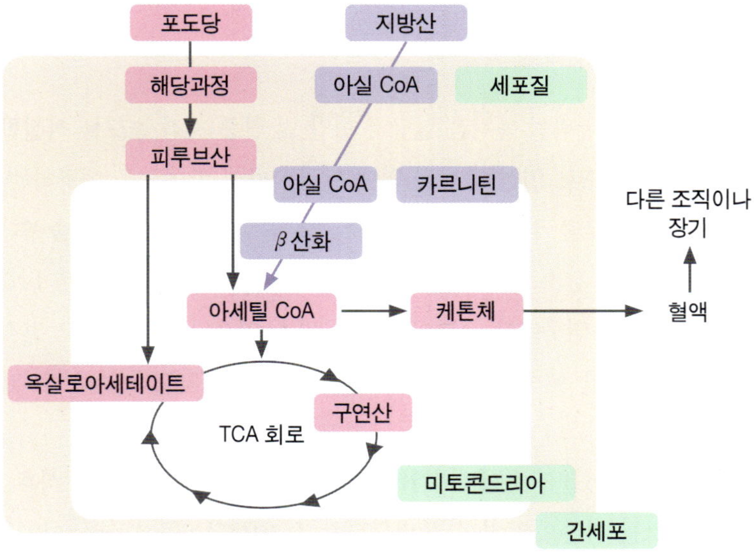

그림 6-7 케톤체의 형성

(3) 단백질 대사 이상

인슐린은 근육으로 아미노산의 유입을 증가시키고, 단백질의 합성을 촉진하며 분해를 저해한다. 그러나 인슐린이 부족하면 근육으로의 아미노산 유입이 저하되는 반면 간으로의 유입은 증가하고 체단백질의 합성은 저하되며 분해는 증가되어 혈중 아미노산의 농도는 높아진다. 간에서의 아미노산 분해효소는 활성화되어 아미노산의 분해는 증가한다. 분해된 아미노산의 탄소골격은 포도당 생성에 이용되고, 아미노기로부터 유래된 암모니아와 요소 합성이 증가한다. 결국 체단백질의 합성 저하와 분해 증가로 체중은 감소하고, 전신은 쇠약해지며, 단백질 결핍으로 성장은 저해되고 병에 대한 저항력은 약해지게 된다.

(4) 수분 · 전해질 대사 이상

혈중 포도당 농도가 증가하면 수분이 세포에서 혈액 쪽으로 이동하는 삼투현상이 일어나게 되고, 신장역치 이상으로 혈당이 상승하면 포도당과 케톤체가 소변으로 배설될 때 물과 함께 배설되어 세포는 탈수현상이 나타날 수 있다. 또한 이때 Na^+과 K^+ 등의 전해질도 함께 배설되어 전해질 대사에도 이상을 초래하게 된다.

5. 당뇨병의 관리방법

당뇨병 치료의 궁극적인 목적은 혈당과 혈압 및 혈중 지질 농도를 적절한 수준으로 유지하여 당뇨병으로 인한 증상을 없애고 급·만성 합병증을 예방하는 것이다. 당화혈색소를 10% 낮출 경우 당뇨병성망막증의 진행을 40~50% 늦출 수 있고, 당화혈색소 수치를 1% 감소시키면 미세혈관 합병증은 37%, 심근경색은 14% 감소한다고 보고되고 있다. 연구마다 결과의 차이는 다소 있으나 적극적이고 엄격한 혈당 조절은 합병증 발생을 예방하고, 발생된 합병증의 진행 속도를 늦출 수 있는 가장 효과적인 방법이다.

만성 합병증의 위험을 감소시키기 위한 혈당 조절 목표는 식전 혈당, 식후 2시간 혈당과 당화혈색소를 기준으로 하며, 일반적으로 식전 혈당 80~130mg/dL, 식후 2시간 혈당 180mg/dL 미만, 당화혈색소 6.5% 미만으로 한다.

또한 당뇨병의 만성 합병증을 예방하기 위해 철저한 혈압 관리와 혈중 지질을 정상화하도록 노력한다. 혈압이 120/80mmHg를 초과하는 당뇨병 환자는 혈압을 낮추기 위하여 생활습관 교정을 시행해야 하며, LDL-콜레스테롤은 100mg/dL 미만, HDL-콜레스테롤은 40mg/dL 이상, 중성지방은 150mg/dL 미만으로 유지되도록 관리한다.

2형 당뇨병 환자 중에는 과체중 또는 비만인 경우가 많으므로 체중 감량을 위한 식사요법을 실시하고, 체중 및 혈당, 혈압과 혈중 지질 농도 등에 따라 영양소 구성이 다른 식사요법이 권장될 수 있다.

식사요법과 운동요법의 순응도를 평가하기 위해 혈당, 혈중 지질, 당화혈색소, 혈압을 정기적으로 검사하고, 체중 감소, 운동, 식사요법으로 개선되지 않을 경우 경구혈당강하제 또는 인슐린이 사용될 수 있다.

1) 식사요법

당뇨병 식사요법의 목표는 음식물 섭취와 신체활동량, 그리고 약물투여량 간에 균형을 이루어 혈당을 가능한 한 정상에 가깝게 유지하고, 혈중 지질의 농도를 적정하게 유지하며, 급·만성 합병증을 예방하고, 최적의 영양을 통해 건강상태를 증진

생활습관의 변화(Lifestyle modification)

당뇨병을 예방하기 위해 생활습관을 조정하는 것이 약물치료보다 더 효과적임을 시사하는 연구 결과가 많이 보고되고 있다.

생활습관 교정에 의한 당뇨병 예방 관련 임상연구

연구	대상	관찰 기간	중재	결과
Diabetes Prevention Program(DPP)	과체중, 내당능장애 및 공복혈당장애 (3,234명)	2.8년	• 생활습관개선군 • 약물치료(metformin) • 대조군	대조군에 비해 생활습관개선군에서 당뇨병 발생이 58% 감소
Finnish Diabetes Prevention Study(DPS)	과체중, 내당능장애 (522명)	3.2년	• 생활습관개선군 • 대조군	대조군에 비해 생활습관개선군에서 당뇨병 발생이 58% 감소
Qing Diabetes Prevention Study	내당능장애 (577명)	6년	• 대조군 • 식사요법만 • 운동치료만 • 식이요법과 운동치료 병행	대조군(당뇨병 발생 68%)에 비해 당뇨병 발생이 식사요법군에서 48%, 운동군에서 41%, 식사와 운동을 병행한 군에서 46% 감소. 중재 종료 후에도 최소 3~10년 이상 예방 효과 지속
Kosaka K et al.	내당능장애 남성 (458명)	4년	생활습관개선으로 체질량지수(kg/m^2) 목표를 치료군은 22 이하, 대조군은 24 이하	대조군에 비해 치료군에서 당뇨병 발생이 67.4% 감소

최근 미국과 핀란드 등에서 시행된 연구에서 당뇨병 고위험군을 대상으로 생활습관의 변화를 유도하였더니 당뇨병의 발생이 58% 감소하였다. 이러한 생활습관의 변화는 주로 체중 감소, 지방 섭취의 감소, 운동량의 증가로 이루어져 있다. 즉, 현재 체중을 약 5% 줄이고, 지방 섭취량을 총 열량의 30% 미만으로 하며, 특히 포화지방을 총 열량의 10% 미만으로 줄이고, 식이섬유는 1,000kcal당 15g 이상으로 섭취하며, 일주일에 150분 이상 운동을 함으로써(하루에 30분씩 주 5회) 효과적으로 당뇨병을 예방할 수 있었다. 또한 당뇨병 환자에서 5~7%의 체중 감량을 목표로 하는 강화 생활습관 중재(Intensive Lifestyle Intervention, ILI) 프로그램의 7~10년 장기 연구에서 중재 중단 후에 체중은 다시 증가했어도 당뇨병 예방 효과는 지속적이었다. 당뇨병 환자 및 그 위험성이 있는 집단에서 초기 체중의 5~10%에 해당하는 중등도의 체중 감량은 인슐린 민감성, 혈당 조절, 고혈압, 이상지질혈증을 개선시킬 수 있었다.

시키는 것이다. 영양치료 및 식사 계획은 개인의 연령, 당뇨병 형태와 유병 기간, 동반되는 약물치료, 치료 목표, 가치관, 선호도, 문화, 생활습관, 활동 수준과 변화 실천능력 등에 따른 개별화가 필요하다.

식사요법의 원칙은 알맞은 양을, 다양한 음식으로 골고루, 일정 시간에 규칙적으로 하는 것이다. 자신에게 맞는 1일 총 필요 열량을 결정하고, 식품교환표를 이용해서 자신의 필요량에 맞는 식품의 종류와 양을 파악한 후 허용되는 범위 내에서 하루 식단을 계획하도록 한다.

Know

당뇨병 식사요법의 기본원칙

- 매일 일정한 시간에 규칙적으로 적절한 양의 열량을 섭취한다.
- 설탕이나 꿀 등 단순당은 농축된 열량원이기도 하고, 소화흡수가 빨라 혈당 상승을 촉진하므로 섭취에 주의한다.
- 식이섬유는 혈당과 혈중 지질의 농도를 낮추므로 적절히 섭취한다.
- 지방은 적정량 섭취하고 동물성 지방과 콜레스테롤은 심혈관계 위험을 증가시킬 수 있으므로 섭취를 가급적 제한한다.
- 소금 섭취는 혈압을 상승시킬 수 있으므로 싱겁게 먹는 습관을 갖도록 한다
- 술은 영양소는 함유되어 있지 않으면서 열량만 많이 내므로 가급적 피하는 것이 좋다.

(1) 열량

당뇨병 환자의 식사관리에서 가장 중요한 것은 적절한 열량공급이다. 장기적인 혈당 조절의 개선은 식단의 다량 영양소의 구성 차이보다 열량 감소 수준과 더 관련이 있다. 당뇨병 환자의 식사 계획은 정상인의 영양소 요구량을 기본으로 하며, 혈당, 혈압, 혈중 지질의 조절 정도, 체중 변화, 연령, 성별, 에너지 소비량, 합병증 유무 등을 충분히 고려하여 열량 섭취량을 조정한다. 성인은 적정 체중을 유지할 수 있도록 하고, 어린이와 청소년은 정상적인 성장과 발육, 이상적인 골격 유지와 체중 유지를 고려하여 열량 필요량을 결정해야 한다. 수유 및 임신 여성은 증가한 대사 필요량을 충족할 수 있도록 하고, 급·만성소모성질환이 있는 경우는 회복에 도움을 주도록 충분히 열량을 제공한다. 과체중이거나 비만한 당뇨병 환자는 건강한 식습관을 유지하면서 섭취 열량을 제한하여, 중등도(체중의 7%)로 체중을 감량하면 혈당과 인슐린

Know

열량 필요량 산정하기

표준체중을 구하고, 단위 체중당 필요한 열량을 곱하여 섭취량을 산정한다.

1. 체질량지수를 이용한 표준체중 산정하기
   남자 : 표준체중(kg) = 키(m) × 키(m) × 22
   여자 : 표준체중(kg) = 키(m) × 키(m) × 21
2. 총 열량 섭취량(kcal/일) = 표준체중(kg) × 가벼운 활동 25~30kcal/kg/일
   중등도 활동 30~35kcal/kg/일
   심한 활동 35~40kcal/kg/일

감수성이 개선된다. 장기적인 유지가 어려우므로 지나친 감량은 피하고, 신체 활동량을 늘리며 행동수정요법을 시행하는 것이 감량된 체중을 유지하는 데 도움이 된다.

① 식사 구성

당뇨병 관리를 위한 이상적인 영양소 배분은 다양한 영양소의 특징, 당뇨병 치료의 목표, 개인의 선호도와 생활습관 등에 따라 달라질 수 있다. 심장질환 등의 당뇨병 합병증 예방을 위해서 과량의 지방 섭취는 피하도록 하며, 혈당 조절을 위해 탄수화물의 종류와 양을 고려해야 한다.

1형 당뇨병의 경우 혈당 조절을 위해 인슐린의 투여가 필요하므로 식사요법은 혈당 조절, 특히 저혈당 예방을 위해 규칙적인 식사와 일정한 식사량의 유지가 우선적으로 요구되며, 투여하는 인슐린의 종류에 따라 간식을 포함하는 식사의 배분에도 중점을 두어야 한다. 2형 당뇨병에서는 비만인 경우 체중 조절을 위해 열량 섭취량을 제한하며, 이상지질혈증 예방 및 혈압 조절에 중점을 두어야 한다.

② 열량 배분

식사는 4~5시간 간격으로 규칙적으로 하고, 각 식사마다 열량을 고르게 배분하며, 아침에 혈당이 높은 경우에는 아침 : 점심 : 저녁을 1/5 : 2/5 : 2/5로 배분할 수 있고, 약물요법을 시행하는 경우에는 인슐린의 최대작용시간에 일어날 수 있는 저혈당을 예방하기 위하여 오전, 오후, 잠자기 전 간식을 배분하도록 한다.

Know 취침 전보다 아침 공복에 왜 더 고혈당?

아침 공복 시 혈당이 취침 전보다 높을 경우 소모기 현상(Somogyi effect)과 새벽 현상(down phenomenon)으로 나누어 생각해 볼 수 있다.

• 소모기 현상(이른 새벽에 저혈당이 있은 후 아침에 고혈당이 오는 경우)

인슐린의 효과가 과도할 경우 새벽에는 저혈당이 생기고, 이를 보상하기 위한 작용에 의해 간이 자극되어 포도당이 혈류로 분비되므로 아침에는 고혈당이 생기는 것을 소모기 현상이라고 한다. 잠들기 전에 가벼운 간식을 먹거나, 저녁 식전에 주사하는 중간형 인슐린 양을 줄이거나, 중간형 인슐린을 자기 전에 주사하거나, 중간형 인슐린을 장시간 지속형 인슐린으로 바꿔볼 수 있다.

• 새벽 현상(밤부터 아침까지 계속 고혈당이 나타나는 경우)

우리 몸에서는 일반적으로 잠을 자는 동안 성장호르몬이 많이 분비되는데, 성장호르몬은 간을 자극하여 혈류 안으로 포도당을 분비시켜 혈당을 올리는 작용이 있다. 정상인은 새벽에 성장호르몬이 많이 분비되더라도 췌장에서 인슐린이 충분히 분비되어 혈당이 적정 범위로 유지된다. 그러나 1형 당뇨병 환자는 인슐린 분비가 충분하지 않기 때문에 이 시간대에 혈당이 상승할 수 있다. 소모기 현상이나 새벽 현상 모두 아침에 고혈당이 생기는 것은 같지만 새벽에 혈당을 측정해보면 소모기 현상과 달리 새벽 현상은 저혈당이 없다. 따라서 새벽 현상이 있는 경우에는 중간형 인슐린을 자기 전에 투여하거나, 장시간 지속형 인슐린을 이용해 이른 아침 시간대에 충분한 인슐린을 보충해 주어야 한다.

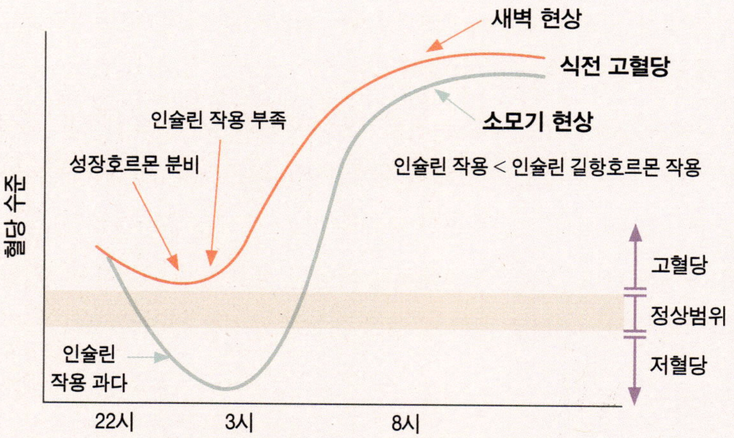

새벽 현상과 소모기 현상

(2) 탄수화물

혈당 개선을 위해 총 탄수화물 섭취량을 줄이는 것은 효과적이나, 지나친 저탄수화물 식사는 영양불균형을 유발할 수 있다. 따라서 대한당뇨병학회에서는 탄수화물의 섭취량을 총 열량의 55~65%로 조절하며, 환자의 치료 목적과 식품 선호에 따라 개별화하도록 하였다.

당뇨병 환자는 규칙적인 시간에 일정 양의 탄수화물로 식사하는 것이 혈당과 체중 조절에 도움이 되고, 혈당 조절을 위해서는 탄수화물 계산carbohydrate counting이나, 식품교환법 또는 측정 등 다양한 방법으로 탄수화물 섭취량을 관리하는 것이 필요하다. 일반적으로 당뇨병 환자의 식단은 당지수가 낮은 전곡류, 과일, 채소, 저지방 우유와 같은 식품으로 구성되며, 설탕 같은 단순당 섭취는 제한하지만 동량의 전분보다 설탕이 혈당을 더 상승시킨다는 것은 근거가 없기 때문에 적은 양의 설탕 섭취는 허용될 수 있다. 또한 단순당류는 흡수가 빨라 혈당을 빠르게 상승시키므로, 당류의 섭취를 최소화하는 것이 필요하다. 한국인 영양소 섭취기준에서는 당류를 총 열량 섭취량의 10~20%로 제한하고, 첨가당은 총 섭취 열량의 10% 이내로 섭취하도로 권고하고 있다.

① 당지수(Glycemic index)

식품 섭취 후 혈당 상승 정도를 식품별로 비교한 것으로 흰빵이나 포도당을 100으로 기준하여 각 식품의 혈당반응 정도를 표시한 것을 혈당반응지표 또는 당지수라고 한다. 식사치료에서 당지수가 낮은 식품은 혈당 조절에 비교적 효과적이므로 혈당반응 정도가 낮은 식품의 선택은 당뇨병 식사 계획에서 고려해야 할 사항이다. 당지수가 높은 탄수화물을 당지수가 낮은 탄수화물로 대체한 연구에서 당뇨병 환자의 혈당 조절 개선 효과가 확인되었고, 또한 2형 당뇨병 환자에서 총 콜레스테롤과 같은 심혈관질환 위험요인 감소, 식후 혈당과 고감도 C 반응단백질high-sensitivity C-reactive protein, hsCRP의 개선을 가져왔다는 보고도 있다. 그러나 식품의 형태, 조리형태, 식품의 혼합 사용 등 여러 가지 조건 때문에 혈당반응 정도를 정확하게 예측하기 어려운 점도 있고, 혈당반응 정도에 영향을 미치는 요소가 매우 다양하기 때문에 어떤 식품 또는 어떤 식품의 배합이 혈당반응을 조절하는 데 가장 효과적인지 말하기는 어려운 점이 있다표 6-5. 그러므로 혈당반응지수가 낮은 식품만을 권장하는 것

표 6-5 당지수 이용의 장점과 제한점

장점	제한점
• 당지수가 낮은 음식은 당지수가 높은 음식에 비해 혈당을 천천히 상승시키므로 인슐린 필요량을 줄일 수 있다. • 포만감을 늘려 식사 섭취량을 감소시킬 수 있다. • 인슐린 저항성을 개선시킬 수 있다.	• 동일한 음식에 대해 개인 간 차이가 크다. • 동일인이 여러 번 측정하였을 때 재현성이 떨어진다. • 당지수가 측정된 식품이 많지 않다. • 당지수의 범위가 크지 않고, 많은 식품이 중간 값의 당지수를 갖는다. • 동일한 식품이어도 조리방법, 형태, 숙성도, 전분의 노화 정도에 따라 당지수가 다르다. • 함께 먹는 식품의 종류, 형태, 가공 정도 등에 따라 당지수가 달라지므로 혼합식을 하는 경우 적용이 어렵다. • 당지수가 낮은 음식 중 지방 함량이 많거나 건강에 좋지 않은 음식들이 있다.

은 바람직하지 않고, 어떤 탄수화물을 섭취하느냐보다는 어떤 종류의 탄수화물을 어떻게 조리해서 먹느냐 하는 문제와 탄수화물 총 섭취량에 관심을 두어 식사 계획을 하는 것이 더욱 중요하다.

② **당부하지수**(Glycemic Load, GL)

각 식품마다 1회 분량에 함유된 탄수화물의 함량이 다르므로 일괄적으로 탄수화물 50g을 섭취한 후 계산된 혈당반응곡선의 아래 면적 값으로 비교하는 당지수는 문제가 있으므로 이를 보완하기 위해 만들어진 것이 당부하지수이다.

미국당뇨병학회는 혈당 조절이 가능한 범위 내에서 당뇨병 환자들이 설탕 등 단순당을 섭취해도 좋다는 새로운 식사지침을 발표한 바 있고, 이는 여러 연구 결과 전분 및 당분 식품에서 탄수화물의 양이 동일할 경우 혈당 반응치의 차이가 없다는 사실이 밝혀졌기 때문이다. 즉, 당지수보다 당부하지수의 이용이 더 효율적임을 시사

Know

당부하지수 산출

당부하지수(GL) = 당지수 × 1회 섭취 분량에 함유된 탄수화물 양/100

예 블루베리 머핀의 GL : 59

머핀 30g(탄수화물 11g 함유) 섭취 시 GL = (59 × 11)/100 = 6.5

머핀 90g(탄수화물 33g 함유) 섭취 시 GL = (59 × 33)/100 = 19.5

→ GL이 높을수록 혈당과 인슐린 필요량은 더 높아진다.

한다. 그러므로 탄수화물 식품은 환자가 섭취 가능한 범위 내에서 환자의 소화력 등의 상태를 고려하여 수용 가능한 식품을 선택, 조리 및 섭취하는 것이 바람직하다표 6-6.

표 6-6 주요 식품의 당지수와 당부하지수

식품	당지수(GI) (포도당 = 100)	1회 분량(g)	탄수화물 함량 (g/1회 분량)	1회 분량당 당부하지수(GL)
대두 콩	18	150	6	1
우유	27	250	12	3
사과	38	120	15	6
배	38	120	11	4
밀크초콜릿	43	50	28	12
포도	46	120	18	8
쥐눈이콩	42	150	30	13
호밀빵	50	30	12	6
현미밥	55	150	33	18
파인애플	59	120	13	7
페이스트리	59	57	26	15
고구마	61	150	28	17
아이스크림	61	50	13	8
환타	68	250	34	23
수박	72	120	6	4
늙은 호박	75	80	4	3
게토레이	78	250	15	12
콘플레이크	81	30	26	21
구운 감자	85	150	30	26
흰밥	86	150	43	37
떡	91	30	25	23
찹쌀밥	92	150	48	44

(3) 단백질

당뇨병 환자의 단백질 섭취량은 일반적으로 일반인의 섭취량인 총 열량의 15~20%에 해당하는 단백질 섭취를 제안하며 환자의 혈당 조절과 대사 목표에 따른 개별화를 권장한다.

당뇨병성 콩팥병 초기에는 단백질 섭취를 엄격하게 제한하지는 않으나, 총 열량의 20% 이상을 초과하지 않도록 권장된다. 또한 투석 전이면서 당뇨병성 콩팥병을 동반한 경우에는 0.8g/kg으로 단백질 섭취를 유지하도록 권고되고 있으나, 이의 경우 단백질을 포함한 여러 영양소의 섭취가 부족해질 수 있으므로 영양상태를 주의 깊게 관찰하여야 한다.

(4) 지방

총 지방 섭취량보다는 지방의 종류가 혈청 콜레스테롤 및 중성지방 농도에 미치는 영향이 크므로 심혈관질환 예방을 위해서는 섭취하는 지방의 선택에도 주의가 필요하다. 단일불포화지방산Mono Unsaturated Fatty Acid, MUFA이 풍부한 식사는 2형 당뇨병 환자의 혈당 조절 및 혈중 지질개선에 도움이 되고, 생선이나 ω-3 불포화지방산이 많이 들어 있는 식품을 섭취하면 심혈관질환 발병률을 낮춘다고 보고되고 있다. 당뇨병 환자의 관상동맥질환 위험은 당뇨병이 없는 집단보다 2~3배 높으므로 식단 계획 시 포화지방은 총 열량 섭취량의 7% 미만, 콜레스테롤은 하루 300mg 이내로 하며, 가능한 불포화지방산으로 대체하고 트렌스지방산의 섭취는 피하는 것이 바람직하다.

(5) 비타민과 무기질

비타민과 무기질은 영양소 대사에 관여하고, 생체기능 유지에 필수적이므로 충분히 공급해주도록 한다. 특히, 비타민 B군과 크롬 등은 탄수화물과 지방 대사에 필수적인 성분이며, 이뇨제를 사용하는 환자에게는 마그네슘 공급이, 괴저 부위의 치료에는 아연이 효과가 있는 것으로 보고되고 있다.

(6) 나트륨

당뇨병성 합병증의 발생이나 진행의 지연을 위해서는 혈당뿐 아니라 혈압 조절도 중요하다. 소금 섭취량을 중등도 수준으로 줄였을 때 고혈압이나 정상혈압 두 군 모두 혈압이 감소하는 효과가 나타나므로, 당뇨병 환자는 혈압 조절 및 합병증 예방을 위해 일반인과 동일하게 1일 나트륨 2,300mg 이내로 제한할 것을 권고한다.

(7) 식이섬유

식이섬유 섭취는 위 배출 속도를 늦추고 소장에서 당 흡수를 지연시켜 식후 혈당 조절 개선, 심혈관질환 위험률 감소 등의 효과가 있다. 또한 혈중 콜레스테롤을 저하시켜 혈청 지질을 정상적으로 유지하는 데 도움이 되므로 식이섬유의 충분한 섭취가 바람직하다. 여러 연구에서 총 식이섬유 섭취와 2형 당뇨병 위험 간에 용량 대 반응 분석을 수행한 결과, 총 식이섬유를 하루 25g 이상 섭취하면 상대위험도가 유의적으로 감소한다고 보고되었다. 한국인 영양소 섭취기준에서는 식이섬유의 충분 섭취량을 성인 기준 남자 30g/일, 여자 20g/일로 제시하고 있다.

(8) 알코올

알코올은 1g당 7kcal의 열량을 내기 때문에 체중감소를 해야 할 경우 특히 제한해야 한다. 알코올은 혈청의 중성지방을 상승시키고, 알코올 분해효소인 ADHAlcohol Dehydrogenase는 간의 당 생산을 감소시켜 저혈당을 유발하며, 케톤체 생성을 증가시킬 수 있다. 경구혈당강하제 복용 및 인슐린을 주사하는 환자에서는 음주 시 저혈당의 위험이 있으므로 주의해야 하고, 일부 환자에서 음주 이후 아침 저

인공감미료 섭취

미국당뇨병학회와 캐나다당뇨병학회에서는 인공감미료를 일일 섭취허용량(Acceptable Daily Intake, ADI) 범위 내에서 섭취한다면 당뇨병 환자에게 안전하다고 권고하고 있다. 미국심장학회와 미국당뇨병학회는 인공감미료 사용이 실제 체중이나 심장 관련 질환의 위험 요소들을 감소시키지는 못하였으나 열량이 있는 감미료 대신 인공감미료를 사용하면 전반적인 열량과 탄수화물 섭취를 줄이는 데에 도움이 될 수 있을 것으로 보고하고 있다.

혈당이 나타날 수 있으므로 혈당검사와 아침식사를 거르지 않도록 한다. 당뇨병에서는 음주가 악영향을 줄 수 있는 다양한 건강문제들이 동반되는 경우가 많기 때문에, 가급적 금주를 유도하는 것이 권고된다.

2) 운동요법

당뇨병 환자에게 운동은 체중 감량을 유도할 수 있고, 인슐린에 대한 저항성을 완화하여 혈당을 감소시켜 주며, 지방 대사를 원활하게 하여 장기적으로 당뇨병의 합병증을 예방하고, 정신적 · 육체적 스트레스 해소에도 도움이 된다.

운동은 최고의 약이긴 하지만 혈당이 300mg/dL 이상 되면 혈당 조절이 어렵고, 저혈당이나 만성 합병증이 유도될 수도 있으므로, 동맥경화, 심장병, 고혈압, 신장병 등의 합병증 여부와 진행 정도를 검진받은 후에 가벼운 운동부터 시작하여 점진적으로 운동의 강도를 증가시켜야 한다.

(1) 운동의 종류

근력 강화를 위한 저항성 운동과 전신 지구력을 향상시키기 위해 걷기, 달리기, 수영 같은 유산소 운동이 바람직하다. 저항성 운동도 유산소 운동과 동일한 정도로 인슐린 감수성을 개선시키며, 유산소 운동과 저항성 운동을 함께 하는 경우 혈당 조절 면에서 추가적인 효과가 있다. 각자의 건강상태와 취미에 따라 어떤 종류든지 매일 규칙적으로 즐기면서 할 수 있는 운동을 환자의 상태와 취미, 직업 등에 따라 선택하는 것이 좋다.

(2) 운동의 빈도와 강도

운동은 일주일에 적어도 3회 이상 실시해야 하며, 나이, 신체능력, 동반질환 등에 따라 운동의 종류, 빈도, 시간, 강도를 개별화한다. 유산소운동은 일주일에 150분 이상, 중강도로, 일주일에 적어도 3일 이상 한다. 유산소운동이 인슐린민감성에 미치는 효과가 24~72시간 지속되므로 연속해서 2일 이상 운동을 쉬지 않는 것이 중요하다. 저항운동은 금기사항이 없는 한 일주일에 2회 이상 하도록 권고된다.

인슐린 투여 시에는 투여한 지 1시간 이후에 운동을 시작하고, 공복 시나 식사 전에 실시하는 운동은 저혈당을 유발할 수 있으므로 식후 1~2시간 이후부터 실시하도록 한다. 한편 당뇨병 환자가 운동을 처음 시작하기 전에는 심혈관질환 및 미세혈관합병증 유무를 평가하고 문제가 없는지 확인해야 한다. 심한 망막병증이 있는 경우 망막출혈이나 망막박리의 위험이 높으므로 고강도운동은 피하며, 심한 말초신경병증이나 발질환이 있는 경우 체중부하가 많은 운동은 피해야 한다. 또한 심혈관질환이 있거나 심혈관질환의 위험이 높은 경우 고강도운동은 피하는 것이 좋다.

운동 전후 혈당의 변화, 특히 저혈당 발생 가능성에 주의를 기울이고 운동 후에 저혈당이 발생하는 것을 막기 위해 운동에 따른 여분의 음식 필요성을 반드시 혈당검사로 확인하도록 한다. 심하게 운동을 할 때는 30분마다, 중강도의 운동을 할 때는 1시간마다 10~15g의 탄수화물을 운동 중 혹은 운동 후에 보충하도록 하고, 충분한 양의 수분도 반드시 섭취하여야 한다. 혈당이 잘 조절되지 않는 동안에는 운동을 하지 않아야 하고, 운동 시에는 발에 잘 맞는 신발, 양말 및 다른 보호 장비를 착용하고 기온이 너무 높거나 낮은 날씨엔 야외운동을 삼가며, 매일 운동이 끝난 직후에는 발의 이상 여부를 확인한다.

3) 약물요법

식사요법과 운동요법만으로 혈당 조절이 안 될 경우와 합병증 치료 시 환자의 임상적 특징, 약제의 효능, 순응도, 부작용 등을 고려하여 약물요법이 병행될 수 있다. 약물요법은 크게 경구용 혈당강하제와 인슐린 주사제가 있으며 정기적인 혈당 검사를 하면서 용량과 약제 등을 변경하여 부작용 및 합병증의 발생 여부를 관찰한다.

(1) 경구혈당강하제

경구용 혈당강하제는 주로 2형 당뇨병에서 발생하는 고혈당을 조절하기 위해 입으로 먹는 혈당강하제를 의미하며, 약제의 작용기전과 효능, 부작용, 비용 및 환자의 특성과 선호도를 고려하여 적절한 단독 또는 병합요법으로 사용된다. 경구혈당강하제의 종류와 주된 작용기전은 표 6-7과 같다.

표 6-7 경구혈당강하제의 종류와 작용기전

종류	작용기전
설폰요소제(Sulfonylurea) (Gliclazide, Glipizide, Glimepiride, Glibenclamide)	β-세포에서 인슐린 분비 증가
비구아나이드(Biguanides) (Metformin)	간의 당생성 감소, 말초 인슐린 감수성 개선
알파 글루코시다아제 억제제(α-glucosidase Inhibitor) (Acarbose, Voglibose)	• 상부 위장관에서 다당류 흡수 억제 • 식후 고혈당 개선
치아졸리딘디온(Thiazolidinedione) (Piolitazone, Lobegoitazone)	• 근육, 지방조직의 인슐린 감수성 개선 • 간의 당생성 감소
DPP-4* 억제제 (Sitagliptin, Vildagliptin, Saxagliptin, Linagliptin, Gemigliptin, Alogliptin, Teneligliptin)	• Incretin(GLP-1, GIP) 분해 억제 • 포도당 의존 인슐린 분비 • 식후 글루카곤 분비 억제 • 식후 고혈당 개선

* dipeptidyl peptidase-4

(2) 인슐린요법

1형 당뇨병은 췌장의 β-세포 파괴로 인한 인슐린의 절대적 결핍으로 발병하므로 평생 인슐린 투여가 필요하다. 2형 당뇨병 환자는 식사요법, 운동요법, 경구혈당강하제 등으로 혈당을 관리하며, 반드시 인슐린 공급이 필요하지는 않다. 그러나 인슐린 생성능력은 있지만 인슐린 수용체의 감소로 인슐린이 효과적으로 작용하지 못하여 식사요법만으로 조절되지 않는 고혈당증이 나타나는 경우에는 혈당 조절을 위해 인슐린을 사용할 수 있다. 대사적 이상이 동반되거나 당화혈색소 9~10% 이상의 고혈당 환자는 초기에도 인슐린 투여가 필요하고, 심근경색, 뇌졸중, 급성질환이나 수술 시에 인슐린 요법이 적극 고려되어야 한다.

최근에는 저혈당 발생을 줄이기 위해서 다양한 인슐린 유사물질(초속효성 인슐린과 기저 인슐린 등)이 개발되어 임상에서 이용 중이다. 환자의 상태에 따라 기저 인슐린요법과 1일 1~2회 혼합형 인슐린요법으로 시작하고, 목표 혈당에 도달하지 못하면 다회 인슐린요법이 시행된다. 다회 인슐린 주사 및 인슐린 펌프를 사용하는 경우 환자는 자가혈당 측정을 통해 적절한 인슐린 용량을 스스로 조절할 수 있도록 한다. 따라서 탄수화물 계산법carbohydrate count, 활동량, 현재 혈당을 고려하여 인슐린 용량을 스스로 조절할 수 있도록 하는 교육이 필요하다. 또한 환자가 사용하는 인슐린의 특징을 이해하고 인슐린이 최고로 작용하는 시간에는 저혈당이 되지 않도록 간식 배분이 고려되어야 한다. 당뇨병 치료를 위해 국내에서 사용되는 인슐린의 종류 및 특성은 표 6-8과 같다.

표 6-8 국내에서 유통 중인 인슐린의 종류와 인슐린별 특성

인슐린 종류(상품명)		작용 시작	최고작용	작용시간
식전 인슐린	속효성 인슐린 유사체			
	인슐린 아스파르트(NovoRapid)	10~15분	10~1.5시간	3~5시간
	인슐린 리스프로(Humalog)	10~15분	1~2시간	3.5~4.75시간
	인슐린 글루리진(Apidra)	10~15분	1~1.5시간	3~5시간
	속효성 인슐린			
	휴물린 R	30분	2~3시간	6.5시간
기저 인슐린	중간형 인슐린			
	휴물린 N	1~3시간	5~8시간	18시간까지
	장시간형 기저인슐린			
	인슐린 디터미어(Levemir)	90분	없음	디터미어 24시간
	인슐린 글라르진(Lantus)	90분		글라르진 24시간
	인슐린 디글루덱(Tresiba)	60~90분		디글루텍 42시간 이상
	인슐린 글라-300(Toujeo)	6시간		글라-300 36시간 이상
혼합형 인슐린	NPH 70/30 (휴물린 70/30, 믹스타드 70/30) 노보믹스 70/30, 50/50 휴마로그 믹스 75/25, 50/50	바이알 또는 펜형 인슐린 안에 고정 비율의 인슐린이 섞여 있는 형태		

출처: 대한당뇨병학회, 2015 당뇨병 진료지침, 2015

6. 당뇨병의 합병증과 관리

1) 급성 합병증

(1) 저혈당(Hypoglycemia)

저혈당은 인슐린요법이나 인슐린분비촉진제로 치료받는 당뇨병 환자의 낮은 혈

장혈당농도(< 70mg/dL)로 인해 자율신경항진과 신경의 당결핍 증상이 발생하고 포도당 투여 후에 이러한 증상이 소실되는 경우로 정의된다.

인슐린이나 경구혈당강하제의 과다 사용, 식사를 거르거나, 식사량이 적거나, 식사가 늦어질 때, 평상시보다 많은 양의 운동을 했을 경우 일정하지는 않으나 혈당이 70mg/dL 이하로 혈액 속의 포도당 농도가 저하될 수 있다. 혈당이 저하되어 뇌와 신경계에 공급되는 포도당이 부족해지면, 뇌와 신경계는 열량 부족을 느끼게 되고 그 결과 신체의 자율신경계가 작동하여 현기증, 피로감이 발생할 수 있고, 심해지면 발작과 의식 소실이 나타날 수 있다. 또한 이러한 저혈당 상태를 극복하기 위해 아드레날린이 분비되고, 그에 따라 혈압 상승, 맥박수 증가, 가슴 두근거림, 떨림, 불안감 등이 발생하며, 부교감신경의 작용으로 식은땀, 공복감, 이상 감각 등의 증상이 발생할 수 있다**표 6-9**.

Know

탄수화물 계산법(Carbohydrate counting)

탄수화물 계산법은 1935년 미국에서 고안되었고, 잘 사용되지 않다가 DCCT(Diabetes Control and Complications Trial)에서 집중적인 혈당관리를 위한 유용한 교육도구로 제시하면서 새롭게 대두되었다. 탄수화물 계산법을 사용하게 된 근거는 탄수화물이 혈당을 올리는 것과 가장 관계가 깊다고 알려져 왔기 때문이고, 1994년도 미국 당뇨인을 위한 영양지침에서 탄수화물의 종류보다는 총량에 더 우선순위를 두고 있음을 기초로 하여, 허용된 범위 내에서 매일, 매끼, 일정한 양의 탄수화물 섭취를 통해 혈당을 조절하는 것이다.

탄수화물 계산법에서 단백질과 지방은 주요한 영양소로 고려되고 있지는 않지만 이는 단백질이나 지방 식품은 아무래도 좋다는 것이 아니라 하루에 먹을 수 있는 어육류량과 기름 사용량의 범위를 정해준 다음, 편의상 탄수화물 섭취량만을 세도록 하는 것이다.

이 방법이 최근 관심을 끌고 있는 이유는 당뇨병 환자를 위한 임상영양치료의 효과적인 도구로 유형관리(pattern management)가 각광을 받고 있기 때문이다. 유형관리란 자기혈당관리(Self Mornitoring of Blood Glucose, SMBG) 기록, 식사일기, 활동일기 등을 이용하여 음식섭취, 특히 탄수화물의 섭취, 신체활동, 당뇨약물 등이 혈당에 미치는 영향을 종합적으로 평가하여 혈당 조절을 개선시키는 방법이다. 탄수화물 계산법을 실시하기 위해서는 매일 SMBG, 식사 섭취, 신체활동을 함께 기록하여야 하며 혈당이 정상범위를 벗어날 때의 장애요인을 분석하여 탄수화물 섭취량을 적절하게 재조정해야 한다.

탄수화물 계산법의 장점은 탄수화물에만 초점을 맞추었기 때문에 비교적 쉽고, 인슐린과 음식을 상호 조정하여 혈당을 비교적 정확하게 조절할 수 있으며, 자기 조절을 강화할 수 있다. 단점은 식품을 계량해야 하고, 초기에 개개인의 식사일기에 혈당 형태를 기록하여 이를 파악하고 식사 전후 혈당을 기록함으로써 탄수화물을 계산해야 하는 번거로움이 있다.

표 6-9 저혈당의 증상

자율신경 항진 증상	신경의 당결핍 증상
빈맥, 식은땀, 불안감, 배고픔, 오심, 손떨림, 얼굴이 창백해지는 증상	집중이 안 됨, 의식 혼미, 기력 약화, 어지러움, 시력 변화, 말하기 힘듦, 두통

저혈당의 치료를 위해 혈당이 70mg/dL 미만으로 확인되고 의식이 있는 저혈당 환자의 경우 15~20g 포도당을 섭취하고 치료 15분 후에도 정상혈당 수준으로 회복되지 않으면 포도당 섭취를 반복한다. 의식이 없거나 환자 스스로 처치할 수 없는 중증저혈당에서는 10~25g의 포도당을 1~3분에 걸쳐 정맥주사한다. 지방이 포함된 초콜릿, 아이스크림 등은 혈당을 올리는 작용을 지연시킬 수 있으므로 저혈당치료에 적합하지 않다. 1g의 포도당은 혈당을 약 3mg/dL 올리기 때문에, 15~20g의 단순당 섭취는 20분 안에 혈당을 약 45~65mg/dL 정도 올릴 수 있으므로 대부분의 증상이 소실될 수 있다. 그러나 저혈당 증상이 없어지더라도 투여된 인슐린이나 인슐린분비 촉진제의 작용이 계속 남아 있기 때문에 저혈당이 반복해서 발생할 수도

Check

단순당 15~20g에 해당하는 식품의 예

- 설탕 한 숟가락(15g)
- 꿀 한 숟가락(15mL = 1큰술)
- 주스 또는 탄산음료 3/4컵(175mL)
- 요구르트(약 100mL 기준) 1개
- 사탕 3~4개

Know

저혈당을 방지하기 위한 가이드라인(국제당뇨센터)

- 소량씩 자주 식사(5~6회)
- 탄수화물 식품을 하루에 분산시켜 섭취
- 탄수화물이 과다 함유된 식품 피하기(예 : 소프트 드링크, 시럽, 사탕, 파이, 케이크 등)
- 카페인 함유 음료나 식품 피하기
- 알코올 음료 삼가기
- 지방 섭취 저하(지방은 인슐린 이용에 영향을 미침)

있으므로 자가혈당 측정을 통해 확인하고 간식이나 식사를 하여 저혈당의 재발을 막도록 한다. 또한 저혈당에 대한 과잉 조치는 반동성 고혈당과 체중 증가를 초래할 수 있으므로 주의가 필요하다.

(2) 당뇨병성 케톤산증(Diabetic ketoacidosis)

주로 인슐린이 절대적으로 부족한 1형 당뇨병에 흔하고, 인슐린 주사를 중단했거나, 식사가 과다할 때 급작스럽게 혈당이 상승하면서 케토시스 상태가 되어 혼수에 빠지며, 심하면 사망에 이르기도 한다. 극단적으로 절식을 하거나, 인슐린 부족으로 고혈당이 되면 신체는 열량원으로 포도당을 제대로 이용하지 못하게 되고, 그로 인해 체지방과 체단백질이 분해되어 열량원으로 동원된다. 지방은 TCA-회로 들어가기 위해 탄수화물이 필요하지만 적절한 포도당 공급이 어려운 상황에서 완전 산화되지 못한 중간 대사산물인 케톤체ketone bodies가 과량 생성되어 소변과 혈액에 케톤체가 증가할 경우 케톤산증이 발생한다.

초기 증상으로는 가슴이 두근거리며 얼굴이 붉어지고 졸음이 오며, 다갈, 다뇨, 피로, 권태, 식욕부진, 오심, 구토, 복통 등이 나타나고 후기에는 쿠스마울 호흡 Kussmaul breath, 산성호흡acid breath, 저혈압, 약한 맥박, 혼미, 혼수 등이 나타난다.

당뇨병성 케톤산증의 치료는 정맥영양을 통해 삼투성 이뇨, 구토 등으로 인해 손실된 수분과 전해질을 공급하고, 인슐린을 투여하는 것이다. 고혈당증과 요당증이 호전되었을 때 5% 포도당을 첨가해 주며, 혼수 시에는 24시간 동안 구강으로 음식 섭취를 금지시킨다.

(3) 고삼투압성 고혈당성 비케톤성 혼수(Hyperosmolar hyperglycemic nonketotic coma)

주로 고령의 2형 당뇨병 환자에서 나타나며, 감염이나 뇌졸중, 신부전, 심근경색 등의 질환이 동반되었을 때 잘 나타난다. 과다 분비된 길항호르몬으로 인하여 당생성이 증가하여 혈당이 높아지고, 이로 인해 중추신경계 장애를 일으키며, 고혈당, 고삼투압 현상 등이 초래되어 나타나는 합병증이다.

증상으로는 다뇨, 탈수, 피로, 오심, 구토, 저체온, 발작, 혼미, 혼수, 근육쇠약, 경련, 일시적 마비, 패혈증, 출혈 등이 나타나고, 사망률도 50%로 매우 위험하다. 치료는 병원치료가 원칙이고, 정맥으로 수액을 공급하여 수분과 전해질 불균형을 교정하며, 혈당 저하를 위해 인슐린을 투여하고, 혼미, 발작, 쇼크 같은 증상의 발생을 예방하기 위한 적절한 대응이 필요하다.

2) 만성 합병증

당뇨병이 장기적으로 조절되지 않을 경우 혈액이 지나는 어느 곳에서나 혈관장애, 신경장애, 저항력 감소 등과 관련된 합병증이 발생하고 환자의 삶의 질을 떨어뜨리는 요인으로 작용한다.

(1) 당뇨병성 콩팥병(Diabetic Kidney Disease, DKD)

당뇨병성 콩팥병은 사구체의 모세혈관 손상으로 지속적인 알부민뇨와 신기능 저하를 나타내는 혈관성 합병증으로 당뇨병 환자의 주된 사망원인이 되기도 한다. 고혈당과 고혈압에 의한 사구체의 모세혈관압 상승, 혈액의 점도 증가로 인한 미세혈관장애, 과량의 단백질과 염분 섭취, 요로 감염증 등이 원인이 될 수 있다. 사구체에 결절이나 비후가 생겨 사구체경화가 초래되고, 그로 인해 부종, 요독증 등이 발생하여 생명을 위태롭게 할 수 있다. 당뇨병성 콩팥병의 진행을 억제하기 위해서 생활습관 조절, 엄격한 혈당관리, 혈압 조절, 이상지질혈증 치료 등의 다각적인 접근이 필요하다.

콩팥 기능의 정도에 따라 1, 2단계에는 혈당 조절에 초점을 두어 식사관리하고, 미세 단백뇨가 시작되는 3단계부터는 콩팥 손상 지연을 위해 식사지침의 변화가 필요하다. 총 열량은 개인의 상태에 따라 1일 30~35kcal/kg 정도로 충분히 공급하고, 단백질은 초기에는 최소필요량으로 0.8~1.0g/표준체중 kg, 3기부터는 신장 기능의 안정화와 알부민뇨 감소를 위해 0.8g/kg으로 줄이고, 생물가가 높은 단백질 섭취가 권장된다. 탄수화물은 전분류와 식이섬유가 함유된 복합당질로 공급하고, 사탕, 꿀, 잼 등의 단순당 섭취는 식후 혈당 상승으로 혈당 조절에 어려움이 있으므로 가능한 제한하는 것이 좋다. 또한 고칼륨혈증이 동반될 경우 감자, 고구마, 옥수수, 마 등 칼륨 함량이 높은 탄수화물 간식 선택도 콩팥에 큰 부담이 되므로 섭취를 자제하도록 한다. 식이섬유는 당뇨병 환자의 식후 혈당 개선에 도움이 되기는 하지만 전곡류가 함유된 잡곡밥은 백미보다 칼륨이나 인 등의 무기질이 풍부하고 단백질을 더 많이 함유하므로 미세단백뇨가 나오기 시작하는 3단계부터는 쌀밥 섭취를 권장한다.

당뇨병성 콩팥병의 경우 탄수화물과 단백질 제한으로 인한 열량 섭취 부족을 예방하기 위해 적절한 지방 섭취가 필요하지만 포화지방의 섭취를 피하고, 식물성 기름을 이용하도록 한다. 나트륨은 1일 2,300mg 이내로 제한하고, 자극이 강한 향신료와 알코올을 제한한다.

(2) 당뇨병성 망막증(Diabetic retinopathy)

미세혈관장애의 하나인 당뇨병성 망막증은 당뇨병 환자에게 매우 특징적인 혈관성 합병증으로 성인 실명의 가장 흔한 원인이다. 당뇨병성 망막증은 눈의 망막에 산소와 영양소를 공급하는 모세혈관에 생기는 병변으로 고혈당으로 인해 망막의 모세혈관 미세동맥류나 기저막 비후 등의 변화가 오고, 손상된 모세혈관으로 인해 망막 부종이나 출혈 등의 증상이 나타난다. 또한 당화혈색소 상승에 따른 적혈구의 산소 해리 감소로 저산소상태가 유발되면 망막 내에 새로운 혈관이 생겨나고, 이 신생혈관이 초자체 안으로 자라서 초자체 출혈과 망막박리를 초래하여 시력이 상실되기도 한다.

철저한 혈당 조절은 망막증과 같은 합병증의 악화를 예방할 수 있으므로 당뇨병의 조기진단과 관리가 매우 중요하다. 당뇨병 초기부터 혈당관리를 엄격히 실행하여 발병을 예방하고, 혈중 지질 이상은 혈관내피세포에 손상을 유발하므로 혈중 지질을 낮추는 노력이 필요하다. 또한 혈압관리와 금연, 금주 등의 생활습관관리가 요구된다.

(3) 당뇨병성 신경병증(Diabetic neuropathy)

당뇨병성 신경병증은 신경에 영양을 공급하는 미세혈관이 막히고, 대사 이상과 관련된 여러 독성물질이 축적되어 신경조직에 병적인 변화를 일으키는 미세혈관 합병증으로 삶의 질 저하와 함께 질병의 이환율, 사망률 증가와 같은 중대한 임상적 의미를 지닌다. 임상에서 가장 흔한 형태의 당뇨병성 신경병증은 당뇨병성 말초신경병증으로 손상된 신경에 따라 다양한 임상 증상을 나타낸다. 신경조직은 병리현

세계보건기구(WHO)의 신경질환 분류

- 당뇨병성 자율신경장애 : 심혈관 및 폐의 기능장애, 저혈당 지각 증상 결여, 체온 조절 기능 이상, 소화관 장애, 비뇨 · 생식기 장애
- 당뇨병성 말초신경장애 : 원위 다발성 신경장애, 근위신경장애, 자율신경장애, 단일성 및 다발성 신경장애

상이 일정 수준 진행되어 임상적으로 확인 가능한 단계에 이르면 사실상 병적 변화를 근본적으로 되돌리는 데 한계가 있다. 결국 당뇨병성 신경병증은 삶의 질 향상을 목표로 신경의 퇴축을 막고 증세를 완화시키는 대증요법으로 이루어진다. 현재까지 혈당 조절 이외에는 신경손상에 대한 근본적인 치료가 가능하지 않고 또한 혈당 조절을 통해 신경손상의 진행 정도를 늦출 수는 있지만 되돌릴 수는 없으므로 조기 진단이 가장 중요하다.

당뇨병성 말초신경병증의 예방과 치료를 위한 혈당 조절 목표치는 따로 정립된 바 없으나, 당뇨병의 치료 목표와 크게 다르지 않다.

(4) 심혈관질환

심혈관질환은 당뇨병 환자의 대혈관 합병증으로 심장질환과 뇌혈관장애가 주로 발생하고, 당뇨병 환자의 가장 주된 사망 원인이며, 당뇨병이 없는 사람에 비해 남자는 2~3배, 여자는 3~5배 정도 위험도가 높은 것으로 알려져 있다. 심장질환으로는 협심증, 심근경색, 심부전, 고혈압 등의 증상이 있고, 뇌혈관 장애로는 뇌경색과 뇌출혈로 인한 일과성 뇌허혈 발작 증상이 나타나며, 동맥경화증은 비가역적 만성질환으로 발병 후 치료가 어려우므로 예방에 각별히 신경을 써야 한다.

당뇨병 환자의 심혈관계 합병증을 예방하기 위하여 혈당관리, 혈압관리, 혈중 지질관리, 체중관리, 금연, 항혈소판제/항응고제와 식사요법은 관리의 핵심이다. 식사요법으로는 총 열량, 포화지방, 콜레스테롤과 염분 섭취를 줄이고, 과일, 채소, 식이섬유 섭취를 늘리도록 한다. 또한 규칙적인 운동, 체중 감량, 금연, 스트레스 완화 등 생활습관을 적극적으로 변경하여 죽상동맥경화가 적게 일어나게 하고, 혈전 생성을 적게 함으로써 예후를 향상시킬 수 있다.

7. 소아 및 청소년기 당뇨병

일반적으로 소아 및 청소년기 당뇨병은 췌장의 기능이 원활하지 않아 어린 시절에 발생하는 1형 당뇨병으로 알려져 왔다. 그러나 1형 당뇨병이 성인이 되어 나타날 수도 있고, 반대로 소아 및 청소년기에서도 2형 당뇨병이 나타날 수도 있기 때문에, 당뇨병의 발병 시기보다는 인슐린의 분비 정도와 인슐린 저항성 등의 요소에 대한 평가가 필요하다.

소아 및 청소년기 당뇨병은 임상적 위험요인의 존재, 진단방식, 질병 초기 경과에 따라 1형과 2형 당뇨병으로 구분한다. 1형 당뇨병은 사춘기 전후에 가장 많이 발병되며, 전체 소아 및 청소년기 당뇨병의 약 90%를 차지하고, 약 10%는 비만에 의한 2형 당뇨병이다. 소아에서 2형 당뇨병 발생 위험요인에는 친족의 2형 당뇨병 병력, 비만, 내당능장애, 다낭성난소증후군, 자궁 내 고혈당 노출, 흑색 극세포증, 고혈압과 이상지질혈증, 비알코올성 지방간 등이 포함된다.

소아 및 청소년기 당뇨병은 건강한 식습관, 적정 체중의 유지와 규칙적 신체활동을 촉진하는 예방적 지침이 권고된다. 비만 소아는 적정 체중 도달과 유지를 위해 식사와 운동 중재, 가족 상담과 가족 중심 행동치료를 포함한 강화생활습관 중재를 권고한다. 일반 소아의 권고와 같은 신체활동 수준, 즉 매일 60분의 중강도 이상의 신체활동과 정적인 컴퓨터 사용을 하루 2시간 이하로 제한하기 위한 노력이 합리적이다. 또한 우울증, 폭식 같은 심리적 문제와 금연 등에 대한 중재도 필요하다.

소아 및 청소년기 당뇨병 환자의 식사관리에서는 정상적인 성장을 위한 열량과 영양소를 공급하면서 비만과 심혈관계 질환 등 합병증 발생을 예방하는 것이 중요하다. 소아 및 청소년기 당뇨병의 치료 원칙은 저혈당증으로 인한 뇌손상 위험을 방지하기 위해 식전 혈당 조절 목표를 70~180mg/dL 정도로 성인보다 혈당의 상한치를 다소 높게 설정하고, 성장에 필요한 적절한 열량 섭취를 고려한다.

1) 열량

일반적인 열량 필요량은 정상 아동 및 청소년에 준하여 결정하며, 성장기에는 열량 필요량이 계속 증가하기 때문에 4개월마다 다시 점검하도록 한다. 열량 요구량은 정상 아동 및 청소년기와 동일하지만, 아동의 평소 섭취량, 활동량, 인슐린치료 등을 고려하여 1일 3회 식사와 2~3회 간식으로 나누어 공급하되, 식사와 간식시간, 그리고 음식물 섭취량은 규칙적으로 일정하게 한다. 각각의 식사 및 간식 섭취 시 열량, 탄수화물, 단백질 등을 균등하게 배분하여 혈당 변화를 안정시키도록 계획하고, 혈당의 변동 폭을 줄이기 위해 인슐린 최대작용시간에 영양소가 공급되도록 식사와 간식을 배분하며, 식사시간이 30분 이상 차이 나지 않게 주의한다.

2) 탄수화물

총 열량 섭취량 중 탄수화물 섭취는 체내 혈당 수준 및 지질 함량 수준에 따라 조절하여야 하나 대략 총 열량의 55~60%에 해당하는 양을 권장한다. 지나친 설탕 섭취는 충치를 유발하고 혈중 지질 농도를 높일 수 있으므로 제한하며, 단 과자, 도넛, 단 음료 등은 인슐린 저항성을 악화시킬 수가 있으므로 피한다.

3) 단백질

단백질은 성장발달을 위해 충분한 섭취가 필요하다. 성별, 연령별, 체중별 영양소 섭취기준을 참고로 하며 총 열량 섭취량의 15~20% 정도가 적당하다.

4) 지방

소아 및 청소년기 당뇨병 환자는 동맥경화증 등의 합병증 발생 가능성이 높기 때문에 지방 섭취에도 각별히 신경을 써야 한다. 총 열량 섭취량 중 30% 이하의 지방을 섭취하는 것이 바람직하며, 포화지방산 : 단일불포화지방산 : 다가불포화지방산의 비가 1 : 1 : 1이 되도록 하고, 콜레스테롤은 열량 1,000kcal당 100mg(1일 300mg 이하)으로 제한한다.

Know

2형 소아 당뇨병 환자의 영양기준

영양소	섭취량
열량	성별, 연령, 체중, 활동량 등을 고려하여 충분한 열량 공급 • 성장기 : Traisman법 사용[= 1,000kcal + (연령 × 100)] • 성장기 이후 : 성인 당뇨병 기준
탄수화물	총 열량의 55~60%
단백질	총 열량의 15~20% • 성장기 : 2~3g/kg으로써 총 열량의 약 10% 정도 • 성장기 이후 : 1.5~2g/kg으로써 총 열량의 약 15% 정도
지방	총 열량의 30% 이하
콜레스테롤	1일 300mg 이하

8. 임신당뇨병(Gestational Diabetes Mellitus, GDM)

1) 임신당뇨병의 정의 및 위험요인

임신당뇨병은 인슐린 저항성이 시작되는 임신 24~28주 사이에 검사하여 발견되거나 생긴 내당능 이상을 말한다. 과거에는 임신 중에 처음 시작되었거나 발견되는 당불내성carbohydrate intolerance으로 정의되어 왔으나, 2010년 IADPSGInternational Association of Diabetes and Pregnancy Study Groups Consensus Panel 보고서에서는 첫 산전 방문 시에 발견되는 당뇨병은 임신당뇨병이 아닌 기왕의 당뇨병으로 규정하여 임신 전 당뇨병으로 진단하면서 임신 전 당뇨병ptregestional diabetes이라는 용어를 사용하였다.

임신 기간 중에는 임신을 유지하기 위해 분비되는 에스트로겐estrogen, 프로게스테론progesteron, 태반 락토겐placental lactogen 등이 인슐린 저항성을 증가시키므로 내당능장애가 발생할 수 있다. 즉, 임신 중 인슐린 저항성에 의해 인슐린의 기능이 떨어져 세포가 포도당을 효과적으로 연소하지 못하는 현상이 생기면, 정상 임산부는 인슐린 저항성을 극복하기 위해 췌장에서 인슐린 분비가 증가하지만, 임신당뇨병이 있는 임산부의 인슐린 분비는 인슐린 저항성을 극복할 만큼 충분하지 않다. 따라서 인슐린 저항성과 분비장애 모두 중요한 원인이 되며, 일부 임신부 중에는 췌도의 β-세포를 항원으로 인식하는 자가항체가 발견되기도 한다.

임신 중 당뇨병의 상태가 악화되면 임신성 고혈압, 자간전증, 자간증, 분만 시 손상, 난산, 출산 후 산모의 당뇨병 발생 등과 관련이 있고, 태아에게도 고혈당은 기형 위험이 높으며, 임신 후기에는 거대아 출산 위험과 신생아 저혈당, 신생아 골절 및 신경손상 등 주산기 합병증 등을 유발하고, 장기적으로는 자녀의 비만과 당뇨병의 위험을 증가시킨다고 알려져 있다. 주산기 합병증의 이환율을 감소시키고 출산 후 산모와 태아의 최적 예후를 위하여 정기적인 혈당 검사와 요당 검사를 통한 임신당뇨병의 관리가 필요하다.

임신당뇨병의 위험요인

- 전에 GDM 병력이 있었던 사람
- 당뇨병 전 단계
- 요당, 고혈당 등의 다른 당뇨 증상이 있는 경우
- 고혈압이 있는 사람
- 35세 이상
- 임신 전 체질량지수가 27 이상인 비만한 자, 체질량지수 30kg/m^2 이상
- 다낭성난소증후군, 흑색극세포증
- 당질코르티코이드 사용
- 4.1kg 이상의 거대 신생아 출산 병력
- 현재의 신생아 거대증 또는 양수과다증
- 가족 중에 당뇨병 환자가 있는 경우
- 사산, 선천성 결함, 재발성 요도감염에 의한 조산 경험이 있는 경우

2) 임신당뇨병의 진단 및 진단기준

임신당뇨병의 진단 및 진단기준은 다음과 같다.

Know

임신당뇨병의 진단기준

1. 첫 번째 산전 방문 검사 시 다음 중 하나 이상을 만족하면 기왕의 당뇨병이 있는 것으로 진단한다.
   1-1. 공복혈장혈당 ≥ 126mg/dL
   1-2. 무작위 혈장혈당 ≥ 200mg/dL
   1-3. 당화혈색소 ≥ 6.5%
2. 임신 24~28주 사이에 시행한 2시간 75g 경구당부하 검사 결과 다음 중 하나 이상을 만족하는 경우 임신당뇨병으로 진단할 수 있다.
   2-1. 공복혈장혈당 ≥ 92mg/dL
   2-2. 당부하 1시간 후 혈장혈당 ≥ 180mg/dL
   2-3. 당부하 2시간 후 혈장혈당 ≥ 153mg/dL
3. 기존의 2단계 접근법으로 100g 경구당부하 검사를 시행한 경우는 다음 기준 중 두 가지 이상을 만족하는 경우 임신당뇨병으로 진단한다.
   3-1. 공복혈장혈당 ≥ 95mg/dL
   3-2. 당부하 1시간 후 혈장혈당 ≥ 180mg/dL
   3-3. 당부하 2시간 후 혈장혈당 ≥ 155mg/dL
   3-4. 당부하 3시간 후 혈장혈당 ≥ 140mg/dL

3) 임신당뇨병의 관리

임신당뇨병은 식사요법과 운동요법, 그리고 인슐린요법으로 조절해야 한다. 식사요법으로 혈당 조절 목표를 달성할 수 없는 경우에는 주산기합병증의 빈도를 감소시키기 위하여 인슐린치료를 시작한다. 경구용 혈당강하제는 사용하지 않는다. 또한 중강도의 운동은 혈당을 개선시킬 수 있고, 혈당관리를 위해 불필요한 인슐린치료도 피할 수 있게 한다. 혈당을 효과적으로 낮추려면 20~30분의 운동이 필요하고, 임신성 고혈압, 양수막파열, 태내 성장 지연, 조산의 과거력, 지속적인 출혈, 자궁경관 무력증 등이 있는 경우에는 운동을 피해야 한다.

(1) 혈당 조절 목표

임신당뇨병 임신부의 혈당 조절 목표는 관련 학회에 따라 다소 차이가 있으나, 대한당뇨병학회에서 권장하는 목표는 식전 혈당 <95mg/dL, 식후 1시간 혈당 <140mg/dL, 식후 2시간 혈당 <120mg/dL이다. 주산기합병증 및 산과합병증을 감소시키기 위해 혈당을 철저히 조절하도록 하고, 당화혈색소는 주산기합병증 예방을 위해 6% 미만 또는 저혈당의 위험도가 높은 경우 7% 미만으로 유지하는 것이 좋다.

(2) 식사요법

임신당뇨병 식사요법의 목적은 필요한 영양소를 충분히 제공하며, 적절한 체중 증가와 정상혈당을 유지하면서 케톤증이 발생하지 않도록 탄수화물을 조절하는 것이다. 식사 계획은 임신 전 체중, 육체활동 정도, 임신 중 체중 증가량 등을 고려하여 개별화하도록 한다.

임신당뇨병 환자에서는 목표 혈당 범위 안에서 혈당조절을 위해 탄수화물의 양과 질을 잘 선택하여 식사를 계획하는 것이 권고된다. 비만 임신부에게 열량 제한식이가 혈당 조절에 유용한 방법으로 제시되고 있으나, 지나친 열량 제한은 케톤증을 유발할 수 있고, 이는 태아에 나쁜 영향을 미칠 수 있으므로 임신 중에는 1,700~1,800kcal/일 이하로의 열량 제한은 피해야 한다.

CHAPTER 7

심혈관계 질환

1. 심혈관계의 구조와 기능 | 2. 고혈압 | 3. 저혈압 | 4. 이상지질혈증 |
5. 동맥경화증 | 6. 허혈성 심장질환 | 7. 울혈성 심부전 | 8. 뇌졸중

CHAPTER 7

학습목적

심혈관계 질환의 병태생리를 이해하고, 환자의 영양평가 결과에 따라 식사요법 계획에 활용할 수 있다.

학습목표

- 심혈관계 질환의 종류와 병태생리를 설명할 수 있다.
- 심혈관계 질환의 종류별 원인과 진단기준을 설명할 수 있다.
- 심혈관질환의 종류별 식사원칙을 이해하고 환자의 영양평가 시행 결과에 따라 식사요법 계획에 활용할 수 있다.
- 나트륨 제한식의 원칙을 알고 제한 정도에 따라 적합한 식품 및 조리법을 선택하여 식단을 작성할 수 있다.
- 지방의 허용 수준에 따라 적합한 식품 및 조리법을 선택하여 식단을 작성할 수 있다.

1. 심혈관계의 구조와 기능

심혈관계cardiovascular system는 심장과 혈관으로 구성되어 있으며, 혈액공급을 통해 영양 성분이나 산소, 호르몬, 항체 등 여러 화학물질을 생체의 각 조직에 운반하고 이들의 대사작용으로 생성된 이산화탄소나 노폐물을 배출장기로 운반하는 역할을 한다.

심장heart은 횡격막의 바로 위쪽, 흉곽의 왼쪽에 위치하며 약 300g의 무게를 지닌다. 심장은 1분에 약 70회의 규칙적인 펌프작용을 하며 1분간 박출되는 혈액량은 약 4~5L이다. 심장의 구조는 좌·우로 2심방, 2심실로 이루어져 있으며 심방과 심실의 사이는 판막이 존재하여 혈액의 역류를 막는다그림 7-1. 혈액순환 경로는 소순환계(폐순환계 : 우심실 → 폐동맥 → 폐정맥 → 좌심방)와 대순환계(체순환계 : 좌심실 → 대동맥 → 대정맥 → 우심방)로 나뉜다.

혈관vascular은 전신에 혈류를 순환시키는 통로로서 크게 동맥, 정맥, 모세혈관으로 구분한다. 동맥은 폐를 통해 산소가 풍부해진 혈액을 조직으로 전달하고 혈압 조절에 중요한 역할을 한다. 동맥혈관벽은 내막, 중막, 외막의 세 부분으로 구성되어 있고 탄성조직이 풍부하다. 특히, 내막은 혈액의 흐름을 돕고 혈전을 예방하는 기능

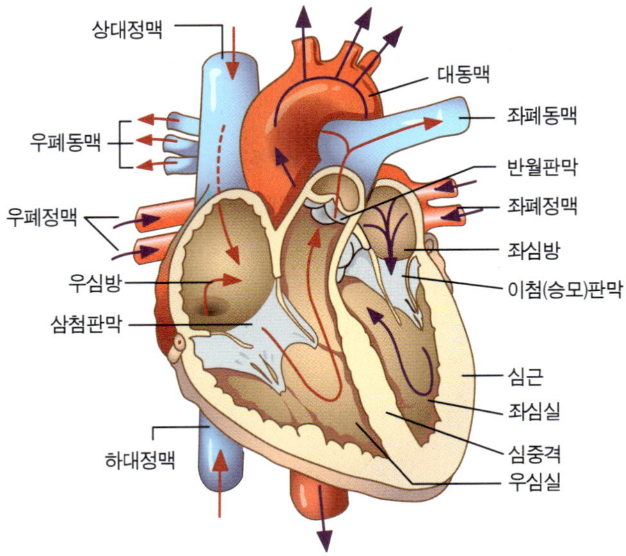

그림 7-1 심장의 구조

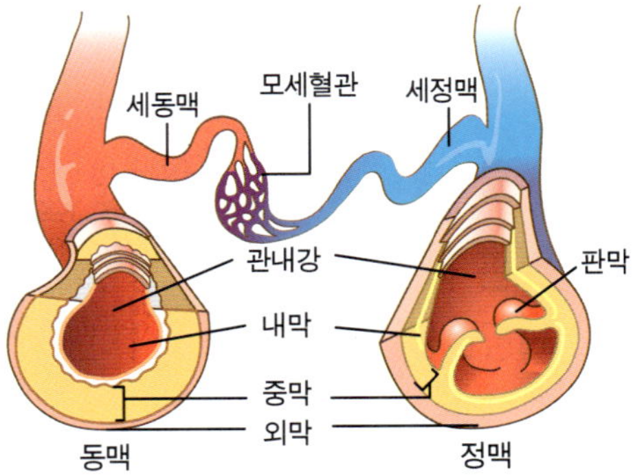

그림 7-2 혈관의 구조

이 있다. 정맥은 조직에서 사용된 혈액을 다시 심장으로 모이게 하는 혈관이다. 모세혈관은 세동맥과 세정맥 사이를 연결하는 가느다란 혈관을 말하고, 신체조직에 그물망 모양으로 분포하며 혈액과 조직 간의 물질과 가스를 교환하는 주된 장소이다그림 7-2.

심장이나 혈관 이상이 생기는 경우 심장의 펌프 기능 약화, 조직 내 혈액 감소, 영양소나 산소의 공급 불충분, 노폐물 축적으로 인한 대사문제 등이 초래된다.

심뇌혈관질환은 심장질환과 혈관질환을 포함하는 광범위한 질환이며, 주요 심장질환으로는 고혈압, 심근경색, 심부전, 부정맥, 허혈성 심장질환이 있고, 혈관질환은 뇌졸중과 말초혈관질환이 있다. 세계보건기구의 통계에 의하면 심혈관계 질환으로 인한 세계적인 사망률은 29.2%로 1위를 차지하고 있으며, 우리나라에서도 통계청 자료에 의하면 심장질환, 뇌혈관질환, 고혈압성질환 등 심혈관계 질환으로 인한 사망순위가 각각 2위, 4위, 9위로 주요 사망 원인이 되고 있다.

심뇌혈관질환 위험인자는 표 7-1에 제시하였다.

표 7-1 심뇌혈관질환 위험인자

위험요인 항목	내용
연령	남자 ≥ 45세, 여자 ≥ 55세
가족력	조기 심뇌혈관질환의 가족력(남자 < 55, 여자 < 65세)
건강행태	흡연
지질인자	총 콜레스테롤 ≥ 220mg/dL LDL- 콜레스테롤 ≥ 150mg/dL HDL- 콜레스테롤 < 40mg/dL 중성지방 ≥ 200mg/dL
당뇨병 전 단계	공복혈당 장애(100mg/dL 이상 126mg/dL 미만) 또는 내당능 장애
당뇨병	공복혈당 126mg/dL 이상, 경구 당부하 2시간 혈당 200mg/dL 이상, 또는 당화혈색소 6.5% 이상
비만	체질량지수 25kg/m^2 이상 또는 복부비만(복부둘레 남성 90cm 이상, 여성 85cm 이상)

출처 : 대한고혈압학회, 2018년 고혈압 진료지침, 2018

2. 고혈압(Hypertension)

혈압은 혈액이 혈관벽에 가하는 압력을 말한다. 심실 수축 시 혈액을 심장 밖 혈관으로 밀어낼 때의 압력을 수축기혈압systolic blood pressure(최고혈압), 심방 확장 시 혈관에서 유지되는 압력을 이완기혈압diastolic blood pressure(최저혈압)이라 하고, 최고혈압과 최저혈압의 차이를 맥압이라 한다. 혈압 조절이 제대로 이루어지지 않아 혈압이 높아지면 고혈압이 발생한다. 국민건강통계에 의하면 우리나라 30세 이상 성인의 고혈압 유병률은 2019년 기준 남자 31.1%, 여자 23.1%로 높다. 연령별로는 남녀 모두 연령이 높을수록 높고, 30~60대는 남자가 여자보다 높으나, 70대 이상에서는 여자가 남자보다 높게 나타나고 있다.

1) 혈압의 조절기전

체내 혈압은 물리적 요인, 신경성 요인, 체액성 요인에 의해 조절된다.

(1) 물리적 요인

혈압은 심박출량, 혈관내경, 혈액의 점성에 의해 크게 좌우된다. 심박출량이 많아지면 동맥혈관의 혈액량이 많아져 내부압력이 높아진다. 혈관내경이 좁아지면 혈액이 혈관을 빠져나가지 못해 저항이 커진다. 혈관내경이 좁을수록, 혈관 저항이 높을수록, 심박출량이나 혈류량이 많을수록, 혈액의 점성이 높을수록 혈압은 상승하게 된다.

(2) 신경성 요인

우리 몸은 혈압이 변화할 때 혈관 수용체가 뇌의 연수에 신호를 보내 교감신경과 부교감신경을 이용하여 혈압을 안정적으로 조절하고자 하는 항상성을 가지고 있다. 심한 스트레스, 긴장, 불안 등으로 교감신경이 자극을 받으면 신경전달물질인 카테콜아민을 분비하여 심장 박동수가 빨라지고 심박출량이 증가하면서 혈압이 상승하게 된다.

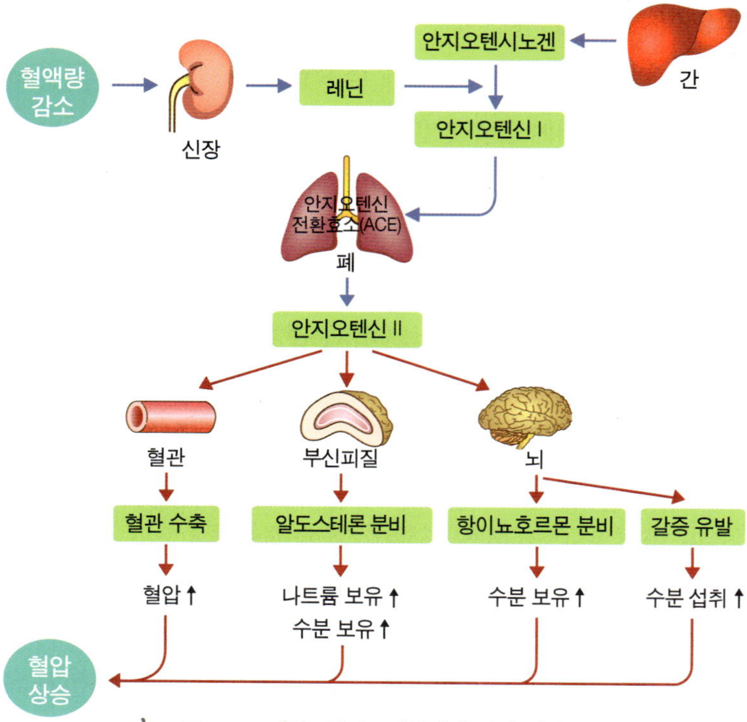

그림 7-3 레닌-안지오텐신계에 의한 혈압 조절

(3) 체액성 요인

혈압은 레닌-안지오텐신, 알도스테론에 의해 체액량을 조절하여 유지된다그림 7-3. 출혈이나 탈수 등으로 체액량이 감소하거나 신혈류량이 감소하면 신장에서 레닌의 분비가 증가한다. 레닌은 안지오텐시노겐을 안지오텐신 I으로 전환하고 안지오텐신 I은 다시 안지오텐신 II로 활성화하며, 부신피질에서는 알도스테론이 분비되어 나트륨과 수분의 재흡수를 높여 혈액량이 증가함으로써 혈압을 상승시킨다.

2) 진단 및 분류

혈압은 수축기혈압과 이완기혈압의 수준에 따라 정상혈압, 주의혈압, 고혈압 전단계, 고혈압 1·2기, 수축기 단독고혈압으로 분류한다표 7-2. 고혈압은 지속적으로 수축기혈압이 140mmHg 이상 또는 이완기혈압이 90mmHg 이상일 때로 정의한

표 7-2 혈압의 기준과 분류

(단위 : mmHg)

분류		수축기혈압		이완기혈압
정상혈압		< 120	그리고	< 80
주의혈압		120~129	그리고	< 80
고혈압 전 단계		130~139	또는	80~89
고혈압	1기	140~159	또는	90~99
	2기	≥ 160	또는	≥ 100
수축기 단독고혈압		≥ 140	그리고	< 90

출처 : 대한고혈압학회, 2018년 고혈압 진료지침, 2018

다. 고혈압은 원인이 분명하지 않은 본태성 고혈압essential hypertension(일차성)과 원인이 비교적 명확한 이차성 고혈압secondary hypertension(속발성)으로 분류된다. 전체 고혈압 환자의 90% 이상이 본태성 고혈압이고, 나트륨 섭취 과다, 흡연, 비만, 스트레스, 유전 등의 요인이 복합적으로 영향을 미치는 것으로 알려져 있다. 이에 반해 이차성 고혈압은 신장질환(신동맥협착, 콩팥염), 내분비계 질환(쿠싱증후군, 말단비대증, 갑상선 기능이상 등), 신경계 질환(뇌종양, 뇌출혈 등), 임신중독증, 약물복용(경구피임약, 스테로이드제제) 등에 의해 이차적으로 발생한 고혈압으로 젊은 연령층에서 많이 나타난다. 이차성 고혈압은 원인이 되는 질환을 치료하게 되면 혈압이 정상으로 돌아온다.

혈압은 나이, 성별, 음식, 측정 자세 및 시간, 심리 및 스트레스 요인, 환경에 따라 변동이 크므로 혈압을 측정할 때에는 측정 전 카페인이나 알코올 섭취, 흡연을 삼가고 안정상태에서 2분의 시간 간격을 두고 2회 이상 측정하여 평균치를 확인하도록 권고한다.

3) 원인

(1) 유전, 성별, 연령

고혈압은 가족력이 있어 부모가 모두 고혈압이면 자녀는 약 80%, 부모 중 한쪽만 고혈압이면 자녀의 25~40%가 고혈압이 발생하는 것으로 추정된다. 여자보다 남자, 백인보다 흑인의 발생률이 높다.

연령이 증가할수록 혈압은 상승하며, 우리나라는 60대 이상 인구 중 65%가 고혈압을 가지고 있는 것으로 조사되어 심혈관질환의 위험성이 높기 때문에 고령일수록 고혈압 예방에 특히 신경을 써야 한다. 최근 서구화된 식사습관과 운동부족으로 고혈압 발생 연령대가 점차 낮아진다고 보고되고 있다. 30~40대에 고혈압이 있는 경우 인지도와 조절률이 매우 낮다는 문제점이 있어 젊은 연령의 생활습관 관리가 강조된다.

(2) 비만

체중이 증가하게 되면 체내에 전달되어야 하는 혈액량이 늘고 인슐린의 분비가 증가하게 된다. 인슐린은 신장에서 나트륨과 수분 보유를 증가시켜 고혈압을 유발한다. 통계에 따르면 체중이 10kg 증가하면 수축기혈압은 3.3mmHg, 이완기혈압이 2.2mmHg 증가한다고 보고되고 있다. 그러므로 경증 고혈압 환자는 체중 조절만으로도 혈압을 정상화하는 데 도움이 될 수 있다. 비만 환자가 체중을 10kg 감량하면 나트륨 제한 없이도 혈압이 최고 25mmHg, 최저 10mmHg 정도 내려간다는 보고도 있다.

(3) 스트레스

정신이 흥분되거나 심한 스트레스를 받으면 뇌와 자율신경 등의 신경계가 자극을 받아 부신수질에서 아드레날린adrenalin과 노르아드레날린noradrenalin 등의 호르몬이 분비되어 혈압이 상승한다. 일시적인 스트레스로 혈압이 올라가는 경우는 스트레스 해소 상태에 따라 혈압이 정상화될 수 있지만, 장기적이고 지속적인 스트레스는 혈압 상승과 혈관 손상의 원인이 된다.

(4) 운동부족

활동량이 적고 주로 앉아서 일하는 직업을 가진 사람에게서 고혈압의 발생률이 높다. 심장 및 말초혈관에 부담이 되지 않을 정도의 규칙적인 운동은 체중 감소, 스트레스 해소, 혈압 강하 등에 좋은 효과를 미친다. 그러나 추운 겨울날 말초혈관이 수축한 상태에서 운동하는 것은 오히려 혈압 상승이 일어나 위험할 수 있다.

(5) 흡연과 음주

담배로 인해 흡입된 니코틴과 유해물질은 아드레날린을 분비하여 혈관을 수축시키고 딱딱하게 만들며 담배의 일산화탄소는 산소 부족으로 더 많은 혈액을 수송하게 하여 심장에 부담을 준다. 과량의 알코올 섭취는 교감신경이 흥분되어 나트륨과 수분의 재흡수가 촉진되고 혈관 확장 물질인 산화질소의 작용이 저하되어 혈압을 상승시킨다. 또한 혈중 중성지방 함량을 증가시켜 동맥경화나 뇌졸중의 발생을 증가시킨다.

(6) 식이요인

고혈압과 관련된 가장 주요한 식이요인은 나트륨의 과다 섭취이다. 2019 국민건강통계에 따르면 우리나라 사람들의 나트륨 섭취량은 3,274mg(세계보건기구 권고량의 약 2배≒2.4배)이고, 우리나라 사람들의 고혈압 발생률은 29.1%로 높은 편이다. 여러 연구를 통해 나트륨 섭취량이 증가함에 따라 고혈압의 발생은 비례하여 증가하는 것으로 입증되었다. 나트륨과 길항작용을 하는 칼륨의 경우 충분히 섭취하면 혈압이 저하된다. 그 외 칼슘과 마그네슘은 혈압과 역의 상관관계를 보여 섭취량이 부족한 경우 혈압이 높아질 수 있다고 보고되었다. 또한 지방의 과잉 섭취는 비만, 이상지질혈증, 동맥경화증을 일으켜 혈압에 간접적인 영향을 미친다.

4) 증상

고혈압은 자각 증상이 없는 경우가 많으나 본태성 고혈압의 경우 두통, 현기증, 이명과 같은 증상이 가볍게 나타나기도 한다. 고혈압은 적절히 치료하지 않으면 심장질환(심부전, 협심증, 심근경색), 신장질환(신경화, 요독증, 신부전), 뇌질환(뇌출혈), 망막장애 등의 합병증이 발생하므로 140/90mmHg 미만으로 유지하는 것을 일반적인 치료 목표로 한다. 심뇌혈관 위험도와 혈압 상태에 따른 치료 방침은 표 7-3

표 7-3 심뇌혈관 위험도와 혈압 상태에 따른 치료 방침

혈압(mmHg) / 위험도	고혈압 전 단계 (130~139/80~89)	1기 고혈압 (140~159/90~99)	2기 고혈압 (≥160/100)
위험인자 0개	생활요법	생활요법* 또는 약물치료	생활요법과 약물치료
위험인자 1~2개	생활요법	생활요법과 약물치료	생활요법과 약물치료
위험인자 3개 이상, 당뇨병, 무증상장기손상	생활요법 또는 약물치료‡	생활요법과 약물치료	생활요법과 약물치료
당뇨병†, 임상적 심뇌혈관질환, 만성콩팥병	생활요법 또는 약물치료‡	생활요법과 약물치료	생활요법과 약물치료

*생활요법의 기간은 수주에서 3개월 이내로 실시한다. †무증상장기손상 또는 임상적 심뇌혈관질환을 동반한 당뇨병. ‡설정된 목표혈압에 따라 추가적인 약물치료를 시행할 수 있다.

10년간 심뇌혈관질환 발생률: ■ 5% 미만, ■ 저위험(5~10% 미만), ■ 중위험(10~15% 미만), ■ 고위험(15% 이상)

출처 : 대한고혈압학회, 2018년 고혈압 진료지침, 2018

표 7-4 생활습관 개선요법에 따른 혈압 감소 효과

생활요법	권고사항	혈압 감소 효과 수축기/이완기혈압(mmHg)
소금 섭취 제한	하루 소금 6g 이하	−5.1 / −2.7
체중 감량	매 체중 1kg 감소 시	−1.1 / −0.9
절주	하루 2잔 이하	−3.9 / −2.4
운동	하루 30~50분, 주 5일 이상	−4.9 / −3.7
식사 조절	채식 위주의 건강한 식습관	−11.4 / −5.5

출처 : 대한고혈압학회, 2018년 고혈압 진료지침, 2018

과 같다. 또한 생활요법을 시행하였을 경우 혈압 감소 효과가 있고, 혈압의 전 단계는 약물치료의 적응증에 해당하지 않으므로 적극적인 생활습관 개선과 추적관찰을 시행한다 표 7-4.

5) 식사요법

고혈압의 영양관리 목표는 체중을 조절하고 나트륨의 섭취를 제한하여 혈압을 강하시킬 뿐만 아니라 심혈관계 질환의 발생과 진행을 억제하는 데 있다.

(1) 열량

고혈압 환자의 경우 비만인 경우가 많으므로 적정 체중을 유지하기 위해 열량 섭취량을 제한하도록 한다. 그러나 심한 고도비만이나 높은 고혈압 상태의 환자는 급격한 열량 제한으로 단식, 피로, 호흡곤란을 유발할 수 있으므로 계획된 저열량 식사를 적용하여 서서히 체중을 조절하는 것이 바람직하다. 체중 조절을 위한 식사요법과 운동요법을 병행하면 혈압 감소 효과가 증대된다.

(2) 탄수화물

탄수화물은 총 열량의 55~60%로 섭취한다. 탄수화물의 과잉 섭취 시 중성지방 증가로 피하지방이나 내장지방이 축적되며 비만이 되기 쉬우므로 설탕이나 과당과 같은 단순당을 다량 함유한 과자류, 과일류, 기호 음료류의 섭취를 줄인다.

(3) 지방

지방은 총 열량의 20~25% 수준으로 섭취하고, 지방 섭취의 질적 균형을 위해 다가불포화지방산 : 단일불포화지방산 : 포화지방산의 섭취 비율 P : M : S을 1 : 1 : 1로 한다. ω-6계 지방산과 ω-3계 지방산의 비는 4~10 : 1, 콜레스테롤은 1일 300mg 이하로 한다. 이를 위해 콜레스테롤이나 포화지방산이 많은 동물성 지방을 제한하고 식물성 기름이나 어류의 섭취를 권장한다. 또한 다가불포화지방산Polyunsaturated Fatty Acid, PUFA을 많이 함유한 등푸른생선이나 콩기름, 들기름의 섭취를 늘리도록 한다. 불포화지방산인 리놀렌산linolenic acid은 프로스타글란딘prostaglandin의 전구체로서 혈관 확장 및 나트륨 배설을 촉진시켜 고혈압과 심혈관계 질환 예방에 효과적이다.

(4) 단백질

단백질은 체중 kg당 1~1.5g의 양으로 총 열량의 15~20% 비율로 충분히 섭취할 것을 권고한다. 총 단백질의 40~50%는 육류, 생선, 콩, 달걀, 두부 등 양질의 단백질 식품으로 공급하고 기름기를 제거한 육류나 콜레스테롤 함량이 적은 식품, 기름 사용이 적은 조리법을 이용하여 섭취한다.

(5) 나트륨

나트륨은 세포외액의 주된 양이온으로 체액의 삼투압 조절에 중요한 역할을 담당한다. 세포외액의 나트륨이 정상 이상으로 높으면 삼투압이 높아져 혈장량이 증가하여 혈압 상승을 초래한다. 그러므로 나트륨 섭취를 제한하는 것은 혈압 감소를 위해 필요하다.

(6) 칼륨

칼륨은 세동맥을 확장하고 교감신경의 흥분작용을 완화하며 레닌 분비를 감소시키고 수분과 나트륨의 배설을 촉진하여 혈압을 저하시킨다. 칼륨은 직접적인 혈압 강하작용보다 나트륨의 혈압상승에 대해 길항작용을 하므로 체내 나트륨 보유상태를 조절하는 기능이 더 강하다. 따라서 칼륨은 충분히 섭취하는 것을 권장한다. 칼륨은 주로 과일과 채소에 많이 함유되어 있지만, 조리과정에서 많이 손실되므로 1일 2~4g 정도 섭취하고 나트륨과 칼륨의 비$_{Na/K}$를 1 이하로 유지하는 것이 좋다. 혈압강하제로 이뇨제를 사용하는 고혈압 환자는 칼륨이 부족하기 쉬우므로 칼륨 함량이 많고 나트륨 함량은 적은 두류, 감자, 채소류의 섭취를 늘린다. 단, 만성콩팥병이 있는 고혈압 환자는 칼륨 과잉 섭취 시 고칼륨혈증을 일으킬 수 있으므로 주의한다.

(7) 식이섬유

식이섬유 중 과일이나 해조류에 들어 있는 수용성 식이섬유는 체내에서 나트륨을 흡착하여 배설시키는 작용이 있다. 또한 혈중 중성지방이나 콜레스테롤을 낮추어 고혈압과 같은 심혈관계 질환에 효과적이다.

(8) 수분

과량의 수분 섭취는 체액량을 증가시켜 심장에 부담을 준다. 그러나 나트륨 섭취를 제한하여 섭취하는 경우 수분 보유 감소로 이어지므로 특별히 수분을 제한할 필요는 없다. 단, 심부전이나 신부전과 같은 합병증이 있을 때는 질환의 중증도, 부종, 소변량 감소 등에 따라 수분을 제한해야 한다.

(9) 알코올

과음하는 사람은 소량의 알코올을 마시는 사람이나 금주자보다 혈압이 높다는 보고가 있다. 고혈압 치료 초기에는 금주를 권하며 허용 시에도 알코올 섭취량이 하루 30g 이하가 되도록 한다.

6) 나트륨 제한식

우리가 흔히 섭취하는 나트륨은 염분NaCl의 형태이다. 염분은 대부분의 식품 속에 포함되어 있고 한국 성인의 하루 나트륨 충분섭취량은 1,500mg으로 염분 약 3.8g에 해당한다. 만성질환 예방 차원으로 WHO에서는 하루 나트륨 섭취를 2,000mg(염분 5g)으로 제한하고 있으며, 2020 한국인 영양소 섭취기준에서는 나트륨의 만성질환위험감소섭취량Chronic Disease Risk Reduction intake, CDRR을 2,300mg으

Check

나트륨 함량 계산 방법

염분은 약 40%의 나트륨을 함유한다. 나트륨 함량은 밀리그램(mg) 또는 밀리그램 당량(milliequivalent, mEq)으로 표시하는데, 이는 서로 환산하여 이용할 수 있다.

- NaCl 양을 Na 양으로 환산할 때
  NaCl 양 × 0.4 = Na 양(예 : 5g NaCl × 0.4 = 2,000mg)
- Na 양을 NaCl 양으로 환산할 때
  Na 양 ÷ 0.4 = NaCl 양(예 : 2,000mg Na = 2,000 ÷ 0.4 = 5,000mg)
- 밀리그램을 밀리그램 당량으로 환산할 때
  Na mg 양 ÷ Na 원자량 = 밀리그램 당량
  (예: 2,000mg Na = 2,000 ÷ 23 = 87.0mEq Na)

로 설정하였다. 그러나 한국인은 WHO 권고기준을 초과하여 섭취하고 있으며, 식사 중 국, 찌개, 김치, 밑반찬류의 구성이 많아 섭취를 줄이기에 어려움이 있으나 더 적극적으로 제한할 필요가 있다.

(1) 나트륨 제한식의 분류

나트륨 제한식은 질병의 정도와 환자의 민감도에 따라 달라지며 나트륨 제한 정도에 따라 식사가 분류된다표 7-5, 7-6.

표 7-5 나트륨 제한의 단계별 식사 분류

명칭	경저염식	저염식	무염식
염분(g)	8~10	5	< 1
나트륨(mg)	3,200~4,000	2,000	< 400
1일 염분 사용량	소금 9 g	소금 4 g	사용하지 않음
식품선택 요령	가공식품, 장아찌, 염분에 절인 식품 제한	해조류와 냉동생선은 조리 전 물에 담가 염분 제거, 마요네즈나 토마토케첩은 허용범위 내 사용	자연식품 중 나트륨이 높은 우유, 어육류, 시금치, 근대, 쑥갓, 셀러리 등 제한

표 7-6 나트륨 제한식에서의 제한식품

구분	내용
빵 및 과자류	소금, 베이킹파우더, 탄산나트륨을 넣고 만든 빵이나 과자류(비스킷, 도넛, 머핀류, 카스텔라 등)
어육류	소금에 절인 고기, 통조림, 베이컨, 햄, 장조림, 소금에 절인 생선, 젓갈류, 건어물(오징어채, 마른멸치, 뱅어포), 육류 내장류, 해산물
채소류	김치, 깍두기, 장아찌, 해조류, 통조림 채소, 냉동 채소
지방류	버터, 마가린, 마요네즈, 소금이 첨가된 견과류
유제품류	아이스크림, 치즈, 크림치즈
기타	조미료(소금, 간장, 된장, 고추장, 우스터소스, 케첩 등), 통조림에 염분을 가미한 채소 주스(토마토주스)

(2) 나트륨의 급원

나트륨의 급원은 다음과 같이 분류할 수 있다.

① 나트륨 함량이 높은 식품

식품 조리 시나 식탁에서 사용하는 소금, 간장, 된장, 고추장과 같은 나트륨 화합물의 발효식품과 치즈, 베이컨, 햄, 버터, 젓갈, 건어물, 마요네즈, 토마토케첩, 통조림, 감자튀김 등의 가공식품은 나트륨 함량이 높은 식품이다표 7-7.

② 자연식품에 함유된 나트륨

달걀, 우유, 치즈, 고기, 생선 등의 동물성 단백질 식품과 셀러리, 당근, 무, 근대, 시금치, 갓 등의 채소류, 해조류, 콩류는 비교적 나트륨 함량이 높다. 그러나 이러한 식품은 단백질, 비타민, 무기질 섭취에 매우 중요한 급원이므로 나트륨 제한식을 적용하여야 하는 경우 섭취량을 조절하거나 다른 식품으로 대체하여 섭취하도록 고려한다.

③ 나트륨 잠재식품

식품가공 중 사용되는 베이킹파우더나 중탄산나트륨과 같은 팽창제, 맛을 강화하기 위해 사용되는 MSGMono-sodium Glutamate, 아이스크림이나 우유에 사용되는 알긴산 나트륨sodium alginate, 방부 및 표백에 사용되는 황산나트륨sodium sulfate 등에는 나트륨이 다량 잠재되어 있다. 이와 같은 식품 외에도 음료수, 항생제, 감기약, 치약 등을 통해 나트륨을 섭취할 수 있으므로 주의한다.

표 7-7 염분 1g(나트륨 400mg)에 해당하는 식품

식품명	중량*(g)	목측량	식품명	중량*(g)	목측량
소금	1	1/4작은술	고추장	15	3/4큰술
진간장	7	1/2작은술	토마토케첩	35	2큰술
우스터소스	25	1⅓큰술	마가린	135	10큰술
된장	10	1/2큰술	마요네즈	80	6큰술

*국가표준식품성분DB를 기준으로 환산한 값이며, 제품마다 실제 함량과 눈대중량은 다를 수 있음

출처 : 농촌진흥청, 국가표준식품DB 9.3, 2021

(3) 나트륨 제한식을 위한 조리요령

① 식품선택 시

- 염장식품(장아찌, 젓갈, 염장미역 등)을 피한다.
- 가공식품보다는 자연식품을 선택하고, 가공식품의 경우 영양표시를 읽어 나트륨 함유량이 적은 것을 선택한다. 가공식품 중에는 저염버터, 저염치즈, 저염빵을 선택한다. 생선은 소금이 첨가된 자반생선보다는 일반 신선한 생선을 선택한다.
- 저염양념(저염간장, 저염된장, 저나트륨 소금 등)을 선택한다. 단, 저나트륨 소금은 콩팥 기능이 저하된 환자의 경우 의사와의 상담 후 선택할 것을 권장한다.

② 조리 시

- 조리 마지막 단계에서 음식의 간을 맞춘다.
- 향미채소나 향신료 등을 이용하여 맛을 낸다.
  - 양념 : 후춧가루, 고춧가루, 파, 마늘, 생강, 양파, 카레가루 등
  - 신맛과 단맛 : 식초, 레몬즙, 설탕 등
  - 고소한 맛 : 김, 깨, 호두, 땅콩, 잣 등
- 김치는 소금에 살짝만 절여 싱겁게 담그고, 겉절이 형태로 섭취한다.
- 가공식품(라면, 즉석국 등) 조리 시 스프량을 줄인다.
- 생선이나 고기를 구울 때는 소금을 뿌리지 않는다.
- 같은 양의 식염으로 맛을 더 강하게 느끼기 위해 무염으로 음식을 조리하고 한 가지 음식에만 간을 하여 짠맛을 집중시킨다.

③ 식사 시

- 김치 대신 생채소를 이용한다.
- 튀김, 전, 구운 생선 등은 양념장을 줄인다.
- 국류는 건더기만 먹고 국물을 남긴다. 국 대신 숭늉을 활용한다.
- 탕류는 소금 대신 후춧가루, 고춧가루, 파 등으로 간을 한다.
- 외식 시 주문할 때 싱겁게 달라고 요청한다.

(4) 나트륨 제한식 구성 예

고혈압 관리를 위한 나트륨 제한식의 구성 예는 표 7-8~7-10과 같다.

표 7-8 나트륨 제한식의 1일 영양소 구성 예시

구분	열량(kcal)	탄수화물(g)	단백질(g)	지방(g)	나트륨(mg)
저염식(5g 염분식)	2,000	298	88	53	2,000

표 7-9 나트륨 제한식의 식품군별 교환단위 배분 예시

구분	곡류군	어육류군		채소군	지방군	우유	과일군
		저지방	중지방				
저염식(5g 염분식)	10	2	3	8	4	2	2

표 7-10 나트륨 제한식의 1일 식단 예시(저염식, 5g 염분식)

구분	식단명	재료명	중량(g)	[양념 분량] - 소금환산량
아침	현미밥	현미밥	210	
	시금치된장국	시금치	35	[된장 5g] – 소금 0.5g
	쇠고기애호박볶음	쇠고기/애호박/양파	60/25/10	
	연두부	연두부	75	[간장 2.5g] – 소금 0.5g
	숙주무침	숙주	70	
	저염무초절이	무	25	
간식	파인애플	파인애플	100	
	두유	두유	200	
점심	보리밥	보리밥	245	
	쇠고기뭇국	쇠고기/무	20/35	[소금 0.5g] – 소금 0.5g
	조기구이	조기	50	
	감자채볶음	감자	70	[소금 0.5g] – 소금 0.5g
	오이나물	오이/양파	50/20	
	저염물김치	열무	25	
간식	사과	사과	80	
	흰우유	흰우유	200	
저녁	검정콩밥	검정콩밥	210/10	
	콩나물국	콩나물	35	
	닭볶음	닭고기/당근/양파/무	40/25/25/20	[고추장 5g] – 소금 0.5g
	근대나물	근대	70	
	느타리버섯전	느타리버섯	50	[간장 2.5g] – 소금 0.5g
	저염모듬피클	무/오이/양파	20/10/10	

구분	식단명	재료명	중량(g)	[양념 분량] - 소금환산량

[식단 작성 요령]

- 저염식(1일 소금 5g)을 기준으로 식품 자체 내에 함유된 나트륨양을 고려하여 나머지 나트륨양을 소금으로 환산하여 매끼 소금 1g씩 제공하는 식단으로 계획한다.
- 식이섬유 증가를 위해 잡곡과 콩을 이용하여 주식을 구성한다.
- 국류는 된장 및 소금 양을 준수하여 조리하도록 양념류의 양을 명시한다.
- 모든 반찬에 기본 밑간을 하지 않도록 조리한다.
- 일부 반찬(연두부, 느타리버섯전)의 경우 같은 양의 식염으로도 맛을 더 느끼기 위해 별도의 양념을 제공하도록 구성한다.
- 김치는 저염김치나 피클로 구성하여 염분을 낮춘다.

7) 혈압 조절식

고혈압 환자를 위해 고안된 식사는 대표적으로 DASHDietary Approaches to Stop Hypertension식이 알려져 있다. DASH식은 1990년대에 고혈압 예방과 치료를 위해 고안된 식사로 칼륨, 칼슘, 마그네슘을 충분히 섭취하고 나트륨, 포화지방, 콜레스테롤의 섭취를 줄여 혈압을 낮추는 식사이다그림 7-4, 표 7-11.

고혈압 환자에게 과일, 채소, 전곡, 생선, 가금류, 견과류, 저지방 유제품이 풍부하고 붉은색 육류, 당류, 가당 음료, 콜레스테롤, 포화지방은 제한된 식사를 4주간 섭취시킨 결과 수축기혈압이 감소한 효과를 보였다.

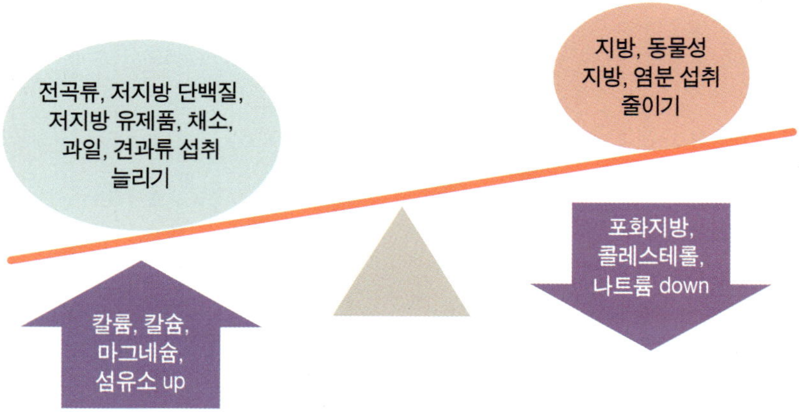

그림 7-4 DASH식

표 7-11 DASH식의 열량별 1일 식사 계획 예시

식품군	제공횟수		
	1,600kcal	2,600kcal	3,100kcal
곡류 및 그 제품*	6	10~11	12~13
채소류	3~4	5~6	6
과일류	4	5~6	6
저지방 또는 무지방 유제품	2~3	3	3~4
육류, 가금류 및 생선	3~6	6	6~9
견과류, 종실류 및 말린 콩류	주 3회	1	1
지방과 기름	2	3	4
당류	0	2회 이하	2회 이하

* 전곡류는 섬유소와 영양소의 좋은 급원으로 최대 섭취량을 권장한다.
출처 : Manhan & Raymond, Food and nutrition care process(14th ed.), 2016

Know

캠프너식(Kampner's rice diet)

캠프너식은 고혈압과 신장질환 환자의 치료를 위해 1944년 캠프너(Kampner)가 쌀과 과일을 이용하여 저나트륨, 저지방, 저단백식으로 구성한 식단을 말한다. 그러나 캠프너식은 장기간 이용 시 열량 섭취가 부족해 영양결핍을 초래할 수 있으므로 단기간 이용을 권장한다.

3. 저혈압(Hypotension)

저혈압은 심박출량이 낮아져 혈류량이 적어지고 말초혈관의 저항이 감소함으로써 비정상적으로 혈압이 저하된 것을 의미한다.

1) 진단 및 분류

저혈압은 수축기혈압이 100mmHg, 이완기혈압이 60mmHg 이하로 낮아진 상태를 말한다. 저혈압은 원인을 알 수 없이 혈압이 낮은 상태인 본태성 저혈압, 순환기나 내분비, 호흡기 질환 등이 원인이 되어 만성적으로 혈압이 낮은 이차성 저혈압과 기립 시 혈압이 낮아져 현기증이 나고 어지러운 상태인 기립성 저혈압으로 구분할 수 있다.

2) 원인 및 증상

주로 심장쇠약, 악성종양, 영양부족, 내분비질환 등에 의해 발생되며 무증상인 경우가 대부분이나 무기력, 피로, 어지러움, 두통, 불면증, 식욕부진, 소화불량, 체중 감소, 변비 등의 증상을 호소하기도 한다.

3) 식사요법

저혈압의 영양관리는 고열량, 고단백, 고비타민식을 원칙으로 하며 소화흡수가 잘되는 식품을 섭취한다. 신선한 과일 및 채소, 수분을 충분히 섭취하고 식욕 증진을 위해 노력한다.

4. 이상지질혈증(Dyslipidemia)

이상지질혈증이란 혈액 내에 콜레스테롤이나 중성지방이 비정상적으로 증가된 상태를 말하며 콜레스테롤과 중성지방의 증가는 죽상동맥경화증의 위험인자이며 심혈관질환의 원인이 된다.

1) 지단백의 종류 및 특성

혈액 중의 지방은 물에 용해되지 않으므로 아포단백질apoprotein이라는 특수 단백질에 싸여 지단백을 형성하여 친수성을 갖는다. 지단백은 지단백 중심부의 소수 지방의 구성 정도, 아포단백의 종류, 밀도, 크기, 전기영동상의 이동성에 따라 킬로미크론chylomicron, 초저밀도 지단백Very Low Density Lipoprotein, VLDL, 중간밀도 지단백

Intermediate Density Lipoprotein, IDL, 저밀도 지단백Low Density Lipoprotein, LDL, 고밀도 지단백High Density Lipoprotein, HDL으로 분류된다. 지단백의 비중은 단백질을 많이 함유하고 중성지방을 적게 함유할수록 커진다그림 7-5, 표 7-12.

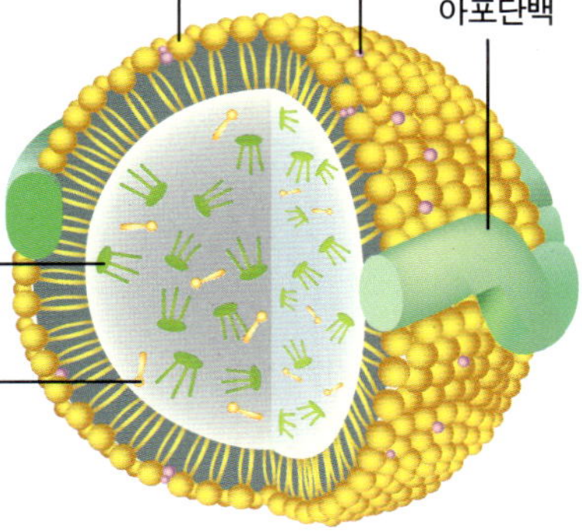

그림 7-5 지단백의 구조

표 7-12 지단백 종류에 따른 특징

종류	주요 생성장소	구성 성분(%)				특징
		단백질	중성 지방	콜레 스테롤	인지질	
킬로미크론	소장	2	80~95	2~7	3~9	식사로 얻은 중성지방을 림프관을 통해 간으로 운반
VLDL	간	10	55~80	5~15	10~20	간에서 합성되는 중성지방을 조직으로 운반
IDL	혈액에서 VLDL로부터 전환	10	20~50	20~40	15~25	VLDL이 LDL로 전환되는 과정의 중간 생성물
LDL	혈액에서 VLDL로부터 전환	25	5~15	40~50	20~25	조직으로 콜레스테롤을 운반
HDL	간	50	5~10	15~20	30~40	조직의 콜레스테롤을 간으로 운반하여 체외로 배출

지단백 중 LDL은 건강에 '해로운' 지단백으로 알려져 있는데, 체내 LDL의 농도가 높을수록 동맥경화를 촉진하는 인자로 작용하기 때문이다. 이에 반해 HDL은 '이로운' 지단백으로, 체내 콜레스테롤을 체외로 배설하기 때문에 항동맥경화성 지단백으로 불리며 HDL 농도가 높을수록 심혈관계 질환을 예방한다. HDL을 감소시키는 요인으로는 비만, 당뇨, 만성 콩팥병, 갑상선 기능저하증 등이 있으므로 해당 질환이 있는 경우 LDL은 낮추고 HDL은 높일 수 있는 식사 조절과 규칙적인 운동의 시행이 필요하다.

2) 진단 및 분류

이상지질혈증의 진단은 혈액 내 콜레스테롤과 중성지방 농도를 측정하거나 지단백질 분석을 통하여 이루어진다. 이상지질혈증은 혈중 지단백질의 유형표 7-13과 혈중 지질의 종류에 따라 분류할 수 있다.

(1) 혈중 지단백 유형에 따른 분류

혈중 증가된 지단백 종류에 따른 분류는 WHO 기준에 따르며 5가지 유형제I형, 제II형, 제III형, 제IV형, 제V형이 있다표 7-13.

① 제I형(고킬로미크론혈증)

외인성 고중성지방혈증, 고킬로미크론혈증, 가족성 LPL결손증 등으로 불린다. LPL이 선천적으로 결손되어 킬로미크론이 혈중에서 제거되지 못해 혈중 중성지방이 증가하고 공복상태에서도 킬로미크론이 존재한다. 이 유형은 드물게 발생하고 주요 증상으로는 발진성 황색종, 피부의 지방 축적, 복통, 재발성 췌장염, 망막성 이상지질혈증 등이 나타난다. 주요 식사요법으로는 지방 및 알코올의 섭취를 제한한다.

② 제IIa형(고LDL혈증)

전형적으로 혈장 콜레스테롤과 LDL-콜레스테롤이 증가하며 가족성 고콜레스테롤혈증이 많다. 황색판, 눈꺼풀 지방축적, 황색종과 같은 증상이 있고 식사요법으로는 정상 체중을 유지하고 콜레스테롤과 포화지방의 섭취를 제한한다. 또한 콜레스테롤의 장내 흡수를 줄이기 위해 수용성 고식이섬유식을 권장한다.

③ 제IIb형(고LDL · VLDL혈증)

혼합형 지단백혈증, 복합형 이상지질혈증으로 불리고 혈장 콜레스테롤, 중성지방, LDL과 VLDL이 증가되어 있다. 식사요법은 콜레스테롤, 포화지방의 섭취를 제한하고 VLDL의 합성 저하를 위해 열량과 탄수화물, 알코올 섭취를 줄여 간에서 중성지방 합성을 저하한다.

④ 제III형(고IDL혈증)

비교적 드물고 성인기 초기에 발병한다. VLDL의 과잉생산, 아포단백 E의 결핍, 간내 중성지방 분해효소의 활성 저하, 고지방 및 고탄수화물식이 주된 원인으로

표 7-13 이상지질혈증 분류(혈중 지단백 유형에 의한 분류)

형태	지단백	지방 농도			유도조건	원인	영양관리
		콜레스테롤	중성 지방	콜레스테롤/중성지방비			
I	킬로미크론 증가	↑~	↑↑↑	< 0.2	고지방식	지단백 분해효소 결핍	저지방식, 금주, 알코올 제한
IIa	LDL 증가	↑↑↑	~↑	> 1.5	고열량식 고포화지방식 고콜레스테롤식	LDL 수용체 이상, VLDL, LDL 합성 항진	저열량식 저포화지방식 저콜레스테롤식 고식이섬유식
IIb	LDL과 VLDL 증가	↑↑	↑↑	> 0.5	고열량식 고포화지방식 고콜레스테롤식 고탄수화물식	LDL 수용체 이상, VLDL, LDL 합성 항진	저열량식 저지방식 저탄수화물식 알코올 제한
III	IDL 증가	↑↑	↑↑	≒ 1.0	고지방식 고탄수화물식	아포단백 E 이상으로 간에서의 IDL 결합 저하	
IV	VLDL 증가	~↑	↑↑	≒ 1.0	고탄수화물식	VLDL 합성 항진 VLDL 처리 장애	저열량식 저탄수화물식 알코올 제한
V	킬로미크론과 VLDL 증가	↑	↑↑↑	0.5~0.6	고열량식 고지방식 고탄수화물식	VLDL 합성 항진, 킬로미크론, VLDL의 처리 장애	저열량식 저지방식 저탄수화물식 알코올 제한

발바닥과 손바닥의 황색종, 말초혈관의 동맥경화가 주된 증상이다. 식사요법은 기본적으로 IIb형에 준하며 정상 체중을 유지하고 열량, 지방, 알코올의 섭취를 제한한다.

⑤ 제IV형(고VLDL혈증)

고중성지방혈증, 탄수화물 및 알코올 기인성 이상지질혈증으로 불리며 이상지질혈증의 가장 일반적인 형태이다. 성인기에 주로 발생하고 비만, 당뇨병, 지방간, 간기능 장애, 담석증, 고요산혈증과 함께 나타난다. 식사요법은 열량, 탄수화물, 알코올을 엄격히 제한한다.

⑥ 제V형(고킬로미크론혈증, VLDL혈증)

제I형과 제IV형이 합쳐진 것으로 매우 드물게 나타난다. 외인성 및 내인성 중성지방이 모두 매우 높게 증가된 상태이며 황색종, 복통, 망막성 이상지질혈증, 고혈당증, 고요산혈증이 나타난다. 식사요법으로는 표준체중을 유지하고 열량, 지방, 탄수화물, 알코올의 섭취를 제한한다.

(2) 혈중 지질 종류에 따른 분류

① 고콜레스테롤혈증

고콜레스테롤혈증은 WHO 분류에 의한 제IIa형에 해당하며 총 콜레스테롤과 LDL-콜레스테롤의 혈중 농도가 높은 상태이다표 7-14, 7-15.

② 고중성지방혈증

고중성지방혈증은 WHO 분류의 제I형, 제IV형, 제V형에 해당하며 중성지방 농도가 비정상적으로 증가한 상태로, 탄수화물의 섭취비중이 높은 한국인의 경우 고중성지방혈증의 유병률이 높다.

③ 복합형

복합형은 WHO 분류의 제IIb형, 제III형에 해당하고 콜레스테롤 농도와 중성지방 농도가 동시에 비정상적으로 증가한 상태이다.

표 7-14 한국인 이상지질혈증의 진단기준(성인)

분류		기준(mg/dL)
총 콜레스테롤	높음	≥ 240
	경계	200~239
	적정	< 200
중성지방	매우 높음	≥ 500
	높음	200~499
	경계	150~199
	적정	< 150
LDL-콜레스테롤	매우 높음	≥ 190
	높음	160~189
	경계	130~159
	정상	100~129
	적정	< 100
HDL-콜레스테롤	낮음	< 40
	높음	≥ 60

출처 : 한국지질・동맥경화학회, 이상지질혈증 치료지침(제4판), 2018

표 7-15 한국인 이상지질혈증의 진단기준(소아・청소년)

구분(mg/dL)		허용	경계	비정상
총 콜레스테롤		< 170	170~199	≥ 200
LDL-콜레스테롤		< 110	110~129	≥ 130
중성지방	0~9세	< 75	75~99	≥ 100
	10~19세	< 90	90~129	≥ 130
Non-HDL-콜레스테롤		< 120	120~144	≥ 145
HDL-콜레스테롤		> 45	40~45	< 40

출처 : 보건복지부, 소아・청소년 이상지질혈증 진단기준, 2014

3) 원인 및 증상

이상지질혈증은 유전인자에 의한 가족성(1차성)과 다른 원인질환에 의한 속발성(2차성)으로 나뉜다. 유전적 소인으로는 지단백 분해효소LPL의 선천적인 결핍이나 부족, 아포단백질의 결손, LDL 수용체의 결핍 또는 감소를 들 수 있다. 속발성은 후천적인 요인으로 동물성 지방, 콜레스테롤, 탄수화물의 과다 섭취, 알코올 섭취와 같은 식사요인이나 고혈압, 흡연, 스트레스 등 조절 가능한 인자를 위험요인으로 꼽을 수 있다.

이상지질혈증은 외관 혹은 자각 증상이 없는 경우가 많은데, 특징적 소견은 황색종xanthoma으로 가족성 이상지질혈증 환자의 경우 눈 주위나 팔꿈치, 손등, 무릎 등에 딱딱한 결절상의 종양이 나타난다. 이상지질혈증은 장기간 진행되면 동맥경화증, 심근경색, 신경화, 간질환, 담석증 등의 합병증을 일으킨다.

4) 관리

이상지질혈증은 대사 이상 및 심혈관 위험인자를 조절하기 위해 목표로 하는 LDL 수준 달성을 위하여 우선적으로 식사요법 및 운동, 절주, 금연, 체중감량, 스트레스 관리 등의 치료적 생활습관 개선Therapeutic Lifestyle Change : TLC이 필요하고, 생활습관요법에 의한 개선 효과가 없을 때 약물치료를 병행하는 포괄적인 치료를 시행한다. 또한 당뇨병, 관상동맥질환, 말초혈관질환 등 혈관계 질환을 이미 동반하고 있는 고위험 환자의 경우 혈중 지질 농도를 더욱 엄격하게 조절하도록 관리한다.

5) 식사요법

이상지질혈증의 영양관리 목표는 혈중 콜레스테롤이나 중성지방 농도를 정상으로 유지하기 위해 건전한 생활양식을 습득하고 식사요법을 준수하는 것이다표 7-16.

표 7-16 이상지질혈증 식사지침

구분	고콜레스테롤혈증	고중성지방혈증
열량	적정 체중을 유지할 수 있는 수준의 에너지를 섭취한다.	
지방	총 지방 섭취량은 총 에너지 섭취량의 30% 이내로, 과다하지 않도록 한다.	
포화지방	포화지방산 섭취량을 총 에너지의 7% 이내로 제한한다.	
불포화지방	포화지방산을 불포화지방산으로 대체하되, 오메가-6계 다가불포화지방산 섭취량이 총 에너지의 10% 이내가 되도록 제한한다.	
트랜스지방	트랜스지방산 섭취를 피한다.	
콜레스테롤	콜레스테롤 섭취량을 하루 300 mg 이내로 제한한다.	–
탄수화물	총 탄수화물 섭취량은 총 에너지 섭취량의 65% 이내로 과다하지 않도록 하고, 당류 섭취를 10~20% 이내로 제한한다.	
식이섬유	식이섬유 섭취량이 25 g 이상될 수 있도록 식이섬유가 풍부한 식품을 충분히 섭취한다.	
알코올	알코올은 하루 1~2잔 이내로 제한한다.	
식품군 섭취	통곡 및 잡곡, 콩류, 채소류, 생선류가 풍부한 식사를 한다. – 주식으로 통곡, 잡곡을 이용한다. – 채소류를 충분히 섭취한다. – 생선, 특히 등푸른생선을 주 2-3회 정도 섭취한다. – 생과일을 적당량 섭취한다.	

출처: 한국지질 · 동맥경화학회, 이상지질혈증 치료지침(제4판), 2018

(1) 열량

식사를 통한 1일 열량 섭취량은 표준체중을 유지하는 데 필요량만큼 권장하고 있다. 과잉으로 섭취한 열량은 중성지방 등으로 전환되어 지방조직에 축적되며 콜레스테롤의 생성량은 체중과 상관관계가 높으므로 비만한 경우 열량 섭취량을 제한한다. 실제 비만한 경우 체중의 3~5% 이상 감량 시 혈중 콜레스테롤과 중성지방의 개선 효과를 기대할 수 있다.

(2) 지방

지방의 섭취량은 총 열량의 15~25%를 차지하고, 최대 30%를 초과하지 않도록 한다. 포화지방산은 열량의 7% 이하로 맞추고 다가불포화지방산 : 단일불포화지방산 : 포화지방산의 섭취 비율P : M : S을 1 : 1 : 1로, 콜레스테롤을 300mg 미만으로 유지하도록 한다.

① 불포화지방산, 포화지방산

다가불포화지방산 중 ω−6계 지방산은 리놀렌산linolenic acid, 아라키돈산arachidonic acid 등은 콜레스테롤 감소 효과가 있으나 지단백의 산화를 촉진하는 경향도 있어 열량의 10% 이내로 제한한다. ω−3계 지방산인 리놀레산, EPAEicosaPentaenoic Acid, DHADocosaHexaenoic Acid는 중성지방 감소 효과가 가장 크고 염증 및 혈전 생성을 억제하며 관상동맥 폐색으로 인한 치명적 부정맥 및 돌연사를 예방하는 심장보호 효과를 가지고 있다. ω−6 : ω−3의 비율은 4~10 : 1 이하로 유지한다. ω−6 지방산은 해바라기씨유, 옥수수유, 대두유, 면실유에 많고, ω−3 지방산은 등푸른생선류, 들기름과 아마씨유 등에 많이 함유되어 있다. 또한 단일불포화지방산은 LDL−콜레스테롤을 감소시키는 효과가 있고 단일불포화지방산 함량이 높은 기름에는 올리브유, 카놀라유, 콩기름 등이 있다.

식사성 불포화지방산과 포화지방산의 비P/S를 상승시키면 콜레스테롤 및 콜레스테롤 대사산물인 담즙산이 대변으로 배설이 증가하고 간의 콜레스테롤 합성이 저하되어 고콜레스테롤 환자에게 바람직하다. 그러나 P/S가 지나치게 높으면 LDL의 저하뿐만 아니라 HDL까지도 저하될 수 있으므로 P/S 비는 1~2 정도가 바람직하다.

② 트랜스지방산

트랜스지방산은 액체상태의 불포화지방을 고체상태로 가공하기 위해 수소를 첨가하는 과정에 생성되는 지방산으로 주로 마가린과 쇼트닝, 도넛, 튀김류, 스낵에 많다. 트랜스지방산은 포화지방산과 비슷한 구조를 가져 혈청 콜레스테롤을 증가시키기 때문에 WHO에서는 트랜스지방산을 총 열량 섭취량의 1% 이하로 제한하도록 권장한다.

③ 콜레스테롤

콜레스테롤은 1일 300mg 미만으로 섭취하고 콜레스테롤 함량이 높은 식품의 섭

표 7-17 식품 중의 콜레스테롤 함량

(100g당)

구분	내용
300mg 이상	난황, 메추리알, 쇠골, 생오징어, 마른오징어, 쇠고기(콩팥), 닭고기(간), 연어알젓, 청어알젓, 생대구 알
150~300mg	돼지고기(간), 방어, 성게, 뱀장어, 버터, 카스텔라, 마요네즈, 큰 새우, 굴, 뱅어포
50~150mg	작은 새우, 게살, 크림, 건정어리, 가자미, 청어, 고등어, 꽁치, 연어, 전갱이, 치즈(가공), 소시지, 베이컨, 분말 치즈, 버터 쿠키, 전지분유, 돼지고기, 닭고기, 쇠고기
0~50mg	우유, 요구르트, 탈지분유, 채소, 과일, 밥, 국수류, 두부, 콩 등 식물성 식품

취에 주의한다표 7-17. 심혈관질환에 해당하는 대부분의 질환은 포화지방과 콜레스테롤 섭취를 모두 낮추도록 권고하고 있고, 이를 위해 콜레스테롤-포화지방 지수 Cholesterol-Saturated fat Index, CSI 확인이 도움이 될 수 있다. 콜레스테롤-포화지방 지수는 각종 식품이 콜레스테롤 농도에 미치는 영향을 쉽게 비교할 수 있도록 고안된 지수이며 참고로 식품 100g당 CSI는 달걀 26.9g, 돼지고기(삼겹살) 18.02g, 쇠간 13.28g이다.

CSI = 콜레스테롤(mg/100g 식품) × 0.05 + 포화지방(g/100g 식품)

(3) 탄수화물

고중성지방혈증은 비만 및 고혈당과 관련이 있다. 과도한 탄수화물 섭취는 간의 중성지방 합성을 자극하여 고중성지방혈증을 악화시킬 수 있다. 이상지질혈증에서의 탄수화물 섭취 제한에 대해서는 아직 논란이 있지만 최근 한국인의 당류 섭취가 증가하고 있는 점을 고려할 때 예방 및 치료를 위해 단순당의 섭취를 제한하고 식이섬유의 섭취를 강조한다.

(4) 식이섬유

식이섬유는 콜레스테롤 등의 담즙 성분과 결합하여 배설됨으로써 체내 콜레스테롤 농도를 감소시키며 수용성 식이섬유는 대장에서 발효될 때 단쇄지방산으로 전환, 흡수되어 간 내 콜레스테롤 합성을 저해하므로 충분히 섭취한다. 따라서 통곡 및 잡곡, 채소 및 과일이 풍부한 식단을 구성한다.

(5) 저지방, 저콜레스테롤식을 위한 식품선택 및 조리요령

- 육류, 가금류는 살코기 위주로 사용하여 눈에 보이는 기름 부위는 모두 제거한다.
- 가공된 육류(베이컨, 소시지, 햄, 핫도그 등)는 지방이 많으므로 제한한다.
- 생선은 콜레스테롤을 함유하고 있으나 포화지방산이 적으므로 육류보다 자주 섭취한다.
- 조개 및 갑각류의 콜레스테롤 함량은 식품 종류에 따라 다양하며 새우나 가재 등은 콜레스테롤이 많지만 포화지방산이 적으므로 가끔 허용된다.
- 달걀은 노른자에 콜레스테롤이 많으므로 달걀흰자의 사용을 권장한다.
- 우유는 지방함량이 1% 이하인 우유를 권장하며 호상발효유도 무지방 혹은 저지방유로 만든 것을 사용한다.
- 기름을 이용할 때에는 불포화지방산이 많은 기름을 이용한다.
- 포화지방산이 많은 기름으로 가공된 라면, 팝콘, 식품성 커피 크림, 일부 제과 및 가공식품의 섭취는 자제한다.
- 견과류는 불포화지방산이 많지만 과다 섭취 시 지방 및 열량 섭취가 증가할 수 있으므로 주의한다.
- 밥, 빵, 감자, 면류의 과도한 섭취는 탄수화물 및 열량 섭취를 높일 수 있으므로 적정량 섭취한다.
- 식이섬유는 혈중 지질을 낮추는 효과가 있으므로 도정이 덜 된 종류를 섭취한다.
- 과일과 채소는 비타민과 무기질이 풍부하므로 식사 때마다 충분히 섭취하도록 한다. 다만, 혈중 중성지방 수치가 높은 경우 과일의 지나친 섭취에 주의한다.
- 사탕 및 초콜릿에는 단순당 및 지방의 양이 많으므로 제한한다.
- 튀김, 볶음, 전 형태보다 찜, 구이, 조림 등 기름을 적게 사용할 수 있는 조리방법을 택한다.
- 조리 시에는 지나친 염분 사용을 피하고 고혈압이나 심장질환이 있는 경우 염분 섭취량을 제한하며 싱겁게 조리하여 섭취한다.

5. 동맥경화증(Atherosclerosis)

동맥경화증은 동맥벽이 굳어지며 탄력성이 감소하여 약해지거나 콜레스테롤과 같은 물질이 침착되어 혈관 내강이 좁아지고 때로는 막히는 여러 병태를 통틀어 의미한다.

1) 진단 및 분류

동맥경화는 연령이 증가하면서 누구에게나 나타날 수 있는 과정이고 특히 30세 이후에는 혈관 탄력성이 현저히 감소하고 동맥벽 조직의 변화가 일어난다. 즉, 혈관 내막은 두꺼워지고 중막은 탄성섬유가 감소하고 교원섬유와 평활근 섬유가 증식됨으로써 동맥경화가 진행된다그림 7-6.

동맥경화증은 경동맥 초음파 검사, 복부 초음파, 관상동맥 석회화 검사를 통해 혈액순환장애 및 혈전, 동맥경화 여부를 파악하여 진단한다.

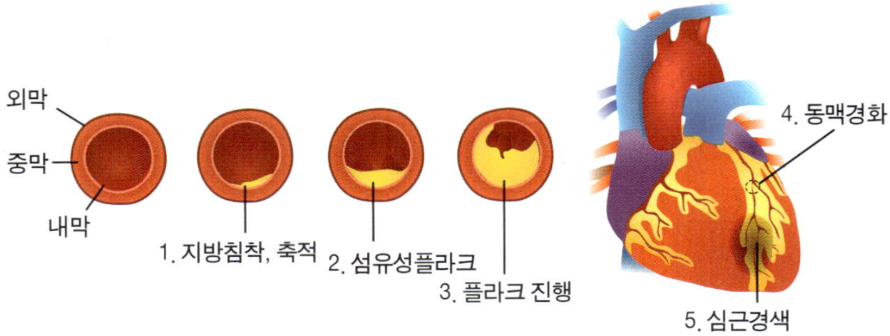

그림 7-6 동맥의 구조와 동맥경화증의 진행단계

(1) 내막성동맥경화(Atherosclerosis)

내막성동맥경화는 동맥경화증 중 가장 흔한 형태이며, 대동맥, 관상동맥, 뇌저동맥 등 비교적 굵은 혈관에서 주로 나타나며 죽상동맥경화증이라고도 한다. 혈관 내막의 내피세포에 콜레스테롤, 인지질, 중성지방 등의 지방이 침착하거나 섬유성 비후를 일으킨다. 내피세포에 생기는 상처의 원인으로는 고혈압과 같은 물리적인 힘,

혈중 LDL이나 콜레스테롤 농도가 높아 내피세포에 축적되는 경우, 혈중 독성물질이 내피세포와 반응하는 경우, 유전적 요인 등이 있다.

(2) 중막동맥경화(Mediasclerosis)

중막동맥경화는 경동맥 및 사지말초동맥의 중막에 칼슘이 침착되어 석회화가 일어난다. 주로 당뇨병 환자에게 자주 나타나는 질환으로 석회화된 동맥벽은 약해져서 혈압에 의해 확장되어 동맥류를 만든다. 혈관의 탄력성이 감소하고 최고혈압이 상승하며 죽상경화가 함께 발생하는 경우도 있다.

(3) 세동맥경화(Arteriolosclerosis)

세동맥경화는 가는 소동맥, 특히 신장, 비장, 췌장, 간 등 내장의 동맥에 경화가 일어나며 소동맥의 내피세포가 증식하고 내막이 비후해지며 중막이 비대해진다. 고혈압의 발생요인이 되며 이 변화가 진행되면 신경화, 뇌출혈, 뇌경색 등을 일으키는 예도 있다.

Know

동맥경화지수(Atherosclerosis Index, AI)

혈청에서 측정한 검사 결과 수치를 이용하여 개인의 동맥경화지수를 계산해 볼 수 있다. 동맥경화지수가 남자 5.0, 여자 4.0 초과 시 심혈관계 질환 및 대사증후군 위험성이 증가한다.

동맥경화지수 = 총 콜레스테롤 ÷ HDL－콜레스테롤

2) 원인 및 증상

동맥경화는 고콜레스테롤혈증, 내당능 이상, 비만, 스트레스, 운동 부족, 가족력 등 다양한 요인이 관여한다. 특히, 고혈압, 이상지질혈증, 흡연이 가장 주요한 원인이며 고혈압은 동맥벽을 약하게 하여 콜레스테롤 및 다른 지방의 침입을 유발하여 동맥경화증을 악화시킨다. 담배의 니코틴은 카테콜아민의 분비를 자극해 혈중 유리지방산의 양을 증가시키고 혈소판의 응집능력을 자극하여 혈액 응고를 촉진함으로써 동맥경화를 유발, 촉진하는 인자가 된다. 체내 콜레스테롤이 증가하는 경우는 비만과의 관련성이 높다. 주요 증상은 좁아진 혈관의 종류에 따라 흉통, 두통, 동통, 하지마비 등 다양하게 나타나는데, 죽상동맥경화의 경우 대표적으로 협심증, 심근경색 등의 허혈성 심장질환, 뇌경색과 뇌출혈 등의 뇌졸중, 신부전 등이 나타난다.

3) 식사요법

동맥경화의 영양관리 목표는 고혈압, 이상지질혈증, 비만 등의 질환에 알맞은 식사요법을 시행하여 동맥경화의 진행을 느리게 하고 합병증을 예방하는 것이다.

(1) 열량

열량은 표준체중을 유지할 정도로 섭취량을 조절한다.

(2) 지방

지방은 이상지질혈증의 권고내용과 같다. 지방 섭취량은 총 열량의 20~25% 정도로 하고 다가불포화지방산 : 단일불포화지방산 : 포화지방산의 비는 1 : 1 : 1로 섭취한다. 콜레스테롤은 300mg/일 이하로 섭취한다. 특히, 육류의 지방이나 버터, 돼지기름 등 동물성 지방의 과잉 섭취는 동맥경화의 유발요인이 되므로 식물성 지방의 이용을 늘린다.

(3) 탄수화물

탄수화물은 단순당의 섭취를 피하고 복합당질의 형태로 섭취한다. 특히, 수용성 식이섬유인 펙틴, 만난, 알긴산 등은 콜레스테롤 저하 효과가 크므로 과일, 곤약, 마, 토란, 해조류 등을 충분히 섭취한다.

(4) 단백질

만성콩팥병 등의 합병증이 없는 한 단백질은 제한하지 않는다. 총 열량의 15~20%로 하며, 양질의 단백질을 충분히 섭취한다.

(5) 나트륨

고혈압이나 심장병이 있는 동맥경화증 환자는 나트륨 제한식을 한다.

6. 허혈성 심장질환(Ischemic heart disease)

허혈성 심장질환은 혈류공급이 원활하지 않아 산소의 공급과 수요에 불균형 상태를 야기하여 심근조직에 산소 부족이 초래된 상태를 의미한다그림 7-7.

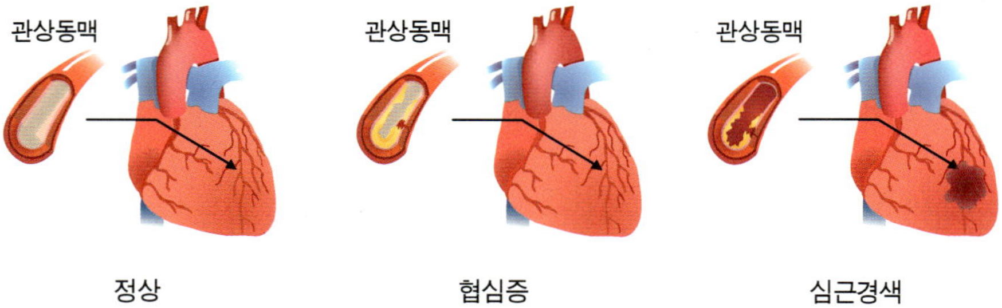

그림 7-7 **협심증과 심근경색**

1) 진단 및 분류

(1) 협심증(Angina pectoris)

협심증이란 여러 원인으로 관상동맥의 혈류가 일시적으로 나빠지고 심근으로 보내는 산소공급이 부족해서 나타나는 일련의 임상 증후이다. 협심증은 수면 중이나 안정 시에 일어나는 안정형 협심증과 일에 너무 열중하거나 흥분, 긴장상태에서 발생하는 불안정형 협심증으로 구분된다.

전형적인 임상 증상은 흉골 아래부터 시작하여 팔의 안쪽, 등, 목, 턱, 치아 쪽으로 뻗어 나가며 답답하고 눌리는 듯한 느낌을 보이고, 증상 지속시간은 짧게는 2~5분, 길게는 15분이 되기도 한다. 운동, 흥분, 과식이 협심증 발작의 주요요인이며 갑자기 사망할 수도 있어 일상생활에서 세심한 관리와 주의가 요구된다. 협심증 진단 시에는 재발 방지를 위해 동맥경화 위험인자를 제거하는 식사 섭취 및 생활습관관리가 필요하다.

(2) 심근경색(Myocardial infarction)

심근경색은 심장에 산소를 운반해주는 관상동맥의 혈류가 일부 중단되어 심근에 괴사가 일어난 상태를 말한다. 협심증의 증상과 통증의 분포가 비슷하지만, 통증이 30분 이상 지속되며 강도도 더 세다. 발한, 오심, 저혈압을 수반하며 심한 불안증세를 보이기도 한다. 심장 일부가 급격히 괴사를 일으킨 상태를 급성심근경색이라 하며 이 경우는 30% 이상이 사망에 이르는 중증질병이다. 증상이 나타나는 즉시 응급처치를 하거나 전문의를 찾아야 하며, 발병 1주일 후 쇼크, 폐부종, 부정맥 등의 합병증이 발생하지 않는다면 병세가 빨리 회복될 수도 있다.

2) 원인 및 증상

주된 원인은 산소공급 부족을 초래하는 관상동맥경화, 혈관폐색, 색전증과 산소요구량이 증가하여 생기는 좌심실 비대, 대동맥 판막 협착증, 비후성 심근증 등이며 40세 이상의 연령층에서 주로 발생한다. 특징적인 증상은 좌측 흉부통이며 심장의 펌프 기능 저하로 심부전상태가 되면 호흡곤란, 간의 비대, 부종 등의 증상이 나타난다. 허혈성 심질환이 약물치료와 같은 내과적 치료에 반응하지 않는 경우 혈관 성형술이나 관상동맥우회술과 같은 시술 및 수술을 시행한다.

3) 식사요법

허혈성 심장질환의 영양관리 목표는 심장의 휴식이다. 식사는 동맥경화의 식사요법에 따르며, 손상된 심장이 정상적인 기능을 회복할 수 있도록 식사가 조절되어야 한다. 발작 시에는 심장에 부담을 주지 않으면서 소화가 잘되는 맑은 유동식부터 시작하여 회복상태에 따라 전유동식, 연식, 일반식으로 서서히 이행한다.

(1) 열량

열량의 과잉 섭취는 심장에 직접 부담을 준다. 처음 2~3일 동안은 500~800kcal의 유동식으로 공급하고 초기 회복상태는 1,200~1,500kcal로 제한하여 음식을 소화, 흡수하는 대사활동으로 인해 심장에 부담이 없도록 열량를 조절한다. 표준체중당 25~30kcal 정도의 저열량식을 하고 소량씩 자주 섭취하도록 한다. 또한 하루의 섭취 열량이 같아도 저녁에 열량 섭취가 편중되거나 불규칙적인 식사를 하는 경우 심장에 부담이 커지므로 세 끼 식사를 규칙적으로 비슷한 양을 섭취하도록 배분한다.

(2) 탄수화물

설탕, 과당과 같은 단순당 섭취를 제한한다. 변비는 발작을 유발할 수 있으므로 식이섬유를 충분히 섭취하여 매일 배변을 거르지 않도록 한다.

(3) 단백질

심장근육의 회복을 위해 양질의 단백질과 심근의 기능에 필요한 비타민과 무기질을 충분히 섭취한다.

(4) 지방

동물성 지방의 사용을 제한하여 포화지방산과 콜레스테롤의 섭취를 줄이고 다가불포화지방산을 많이 섭취한다.

(5) 나트륨

수분이 체내에 축적되는 것을 막아 심장의 부담을 줄이기 위해 나트륨 함량은 저염식 정도(< Na 2,000mg)로 제한한다.

(6) 커피 및 알코올 제한

커피, 홍차와 같은 카페인 음료는 혈중 콜레스테롤 수준에 영향을 미치고 흥분제로 심장박동을 증가시키므로 제한한다. 알코올 섭취는 혈중 중성지방의 농도를 올리고 죽상동맥경화증의 위험을 증가시키므로 제한한다.

(7) 기타

일반적으로 식후에는 심박수가 증가하고 혈압도 상승하므로 심근의 산소소비량이 증가하여 심장에 부담이 된다. 따라서 식사를 부담없이 가볍게 하기 위해 소화흡수가 잘 되는 음식을 준비하고 너무 뜨겁거나 찬 음식은 제한하며 식사는 천천히 섭취한다.

7. 울혈성 심부전(Congestive heart failure)

1) 진단 및 분류

심부전은 심장의 펌프작용에 장애가 발생하여 신체 여러 기관에 필요한 혈액을 충분히 공급할 수 없는 상태이고 울혈은 정맥의 혈액이 비정상적으로 보유된 상태를 말한다. 따라서 울혈성 심부전은 심장의 수축력이 저하되어 전신으로 혈액을 보내지 못하고 심장에 혈액이 고여 있는 상태를 말한다. 울혈성 심부전은 우심장의 순환장애로 대순환계에 울혈이 생기는 우심부전과 좌심장의 순환장애로 폐순환계에 울혈이 일어나는 좌심부전, 좌우 모두에 생기는 양심부전으로 분류한다.

2) 원인 및 증상

심장에서 방출되는 혈액량이 불충분하면 말초기관에서 혈액순환이 감소하여 세포의 물질교환이 제대로 이루어지지 않아 간, 신장, 뇌 등 장기에 장애를 일으킨다. 울혈성 심부전의 원인질환에는 심장판막증, 심내막염, 심근질환, 허혈성 심장질환, 심낭염, 만성신장염, 폐기종, 고혈압 등이 있다. 이와 같은 질환은 장기간 심장에 부담을 주고 과로, 감염, 임신, 분만 등이 겹치면 발병하기 쉽다.

좌심부전으로 심박출량이 감소하면 혈압 저하, 신혈류량이 감소하여 레닌-안지오텐신계가 활성화되고 체내 나트륨과 수분이 보유되어 복부, 다리, 발목 등에 부종이 일어난다. 움직이거나 누울 때 숨이 차고 가래를 동반한 기침을 하며 폐부종, 사지

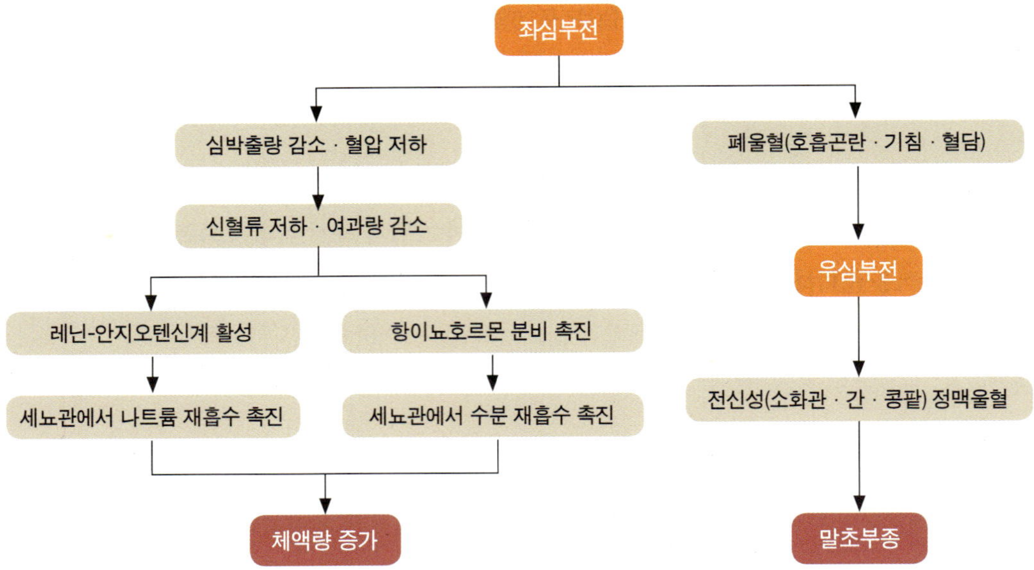

그림 7-8 울혈성 심부전 시의 증상기전

출처 : 장유경 외, 이해하기 쉬운 임상영양관리 및 실습, 2016

무력감, 야간뇨, 간의 비대, 복수, 빈맥, 저혈압, 경정맥의 팽창 등이 나타난다그림 7-8.

3) 식사요법

울혈성 심부전은 원인질환을 치료함으로써 혈액순환을 개선하여 심장의 부담을 경감시키며 심근의 수축력을 증강하고 체액의 축적을 방지한다. 이를 위해서는 심신의 안정과 식사요법이 중요하다. 급성기에는 절식하고 수분량을 조절하며 경구식사가 가능해지면 소화가 잘되고 균형 있는 식사를 공급한다.

(1) 열량

환자의 중증도, 비만도에 따라 다르지만, 급성기에는 열량을 제한하고 치료가 안정적이거나 정상 체중을 유지하는 경우 일반식에 준하는 식사를 공급한다. 환자가 비만인 경우는 정상체중인 경우보다 심장에 부담이 더 커지므로 열량의 약 10% 적은 수준으로 제공한다. 또한 음식물 섭취에 따른 복부팽만으로 횡격막을 압박하면 호흡곤란이 야기되므로 한 번에 먹는 식사량을 줄이고 식사 횟수를 늘려 심장에 부담을 줄이도록 한다.

(2) 단백질

울혈성 심부전인 경우 혈액량 증가에 따른 알부민 농도의 희석, 장내 혈청 알부민의 누출, 간의 알부민 합성 장애, 식욕부진에 의한 단백질 식품 섭취 감소 등 여러 복합적인 원인으로 저단백혈증이나 저알부민혈증이 나타나는 경우가 많다. 저알부민혈증은 교질삼투압을 저하시켜 부종을 촉진하고 심근 대사에 악영향을 미치므로 단백질을 충분히 섭취한다. 표준체중 kg당 1~1.5g 정도 섭취하고 육류, 생선, 달걀, 두부, 콩 등 필수아미노산이 풍부한 급원식품을 선택한다.

(3) 지방

지방은 과잉 섭취 시 총 열량이 높아져 비만을 초래하기 때문에 적정량 섭취를 유지한다. 심부전 환자는 울혈로 인해 혈류가 저하되면 혈전이 형성되어 혈관계 질환이 쉽게 유발되므로 포화지방산, 콜레스테롤, 중성지방의 섭취를 줄다가 다가불포화지방산의 섭취량을 늘리도록 한다. 식물성 유지와 신선한 기름을 이용하고, 등푸른생선의 섭취를 권하며 여러 번 높은 온도에서 튀겨낸 음식은 피한다.

(4) 탄수화물 및 식이섬유

탄수화물의 과잉 섭취는 비만을 초래하여 심장의 부담을 증가시키므로 주의하고, 단순당보다는 복합당질로 섭취한다. 섬유소가 많은 곡류, 채소 및 과일류는 장내에서 가스를 유발하여 심장에 부담을 주므로 제한한다.

(5) 비타민, 무기질

비타민과 무기질은 영양소 섭취기준에 준하여 적절히 섭취한다. 심장성 부종은 나트륨 저류와 함께 수분도 저류하므로 나트륨의 섭취는 기본적으로 제한한다. 증상에 따라 식염량을 제한하며 부종이 심한 경우 수분도 하루 1,000~1,500mL 이하로 제한한다. 부종을 제거하기 위해 이뇨제를 사용하는 경우 저칼륨혈증을 유발할 수 있으므로 칼륨을 보충하고 바나나, 오렌지주스, 감자, 토마토 등 칼륨이 풍부한 식품을 섭취한다. 또한 필수지방산 대사에 필수적인 비타민 B_6, 판토텐산, 비타민 C, 비타민 E 등을 충분히 섭취한다.

(6) 무자극성식

심장에 자극을 주지 않도록 무자극성식을 한다. 카페인이 많은 음료, 탄산음료, 알코올, 초콜릿 등의 섭취를 금하고 소화가 잘 되는 담백한 음식을 섭취한다. 너무 차거나 뜨거운 온도의 음식도 그대로 섭취하지 않도록 주의한다.

8. 뇌졸중(Stroke)

뇌졸중은 뇌동맥경화증으로 혈관에 협착 또는 혈전이 생겨서 뇌 조직으로 공급되는 혈류가 갑자기 막혀 산소와 영양소의 공급이 잘 되지 않는 상태를 말한다. 산소와 영양소 공급이 이루어지지 않으면 뇌세포가 사멸하여 영구적인 뇌 손상이 일어나는 뇌경색ischemic stroke이 되며 동맥류가 파열되는 뇌출혈cerebral hemorrhage이 일어나기도 한다.

1) 진단 및 분류

뇌졸중은 임상적으로 크게 뇌경색과 뇌출혈로 나뉜다. 뇌경색은 뇌혈류 감소가 지속해서 일어나 뇌조직의 괴사가 일어나고 회복 불가능한 상태에 이르렀을 때를 의미한다. 반면, 뇌혈류 감소 때문에 뇌 기능에 이상이 생겼지만 적절한 치료로 뇌 조직의 괴사 없이 뇌 기능이 회복되었을 때를 일과성 허혈성 발작Transient Ischemic Attack, TIA이라고 부르며, 허혈성 뇌졸중은 뇌경색과 일과성 허혈성 발작을 모두 통틀어 일컫는다. 뇌출혈이란 두개뇌에 출혈이 있어 생기는 모든 변화를 말하며 경막하출혈, 경막외출혈 등 두부 외상과 직간접적으로 연관이 있는 출혈로 출혈성 뇌졸중이라고 부른다그림 7-9.

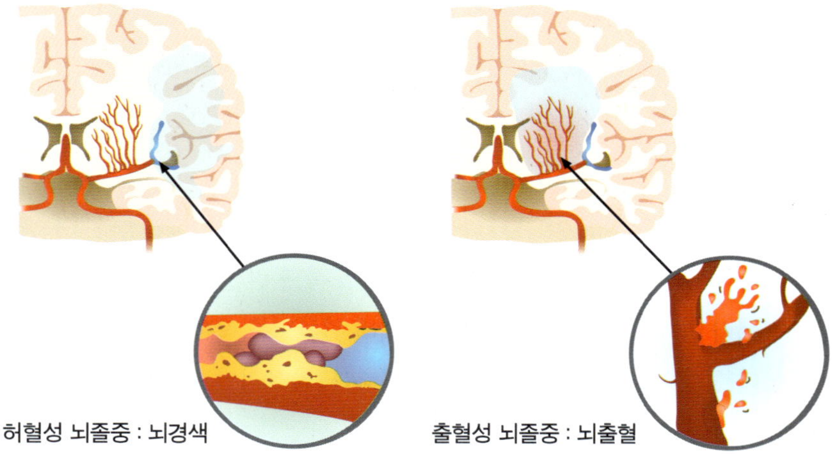

그림 7-9 뇌경색과 뇌출혈

2) 원인 및 증상

뇌졸중의 가장 중요한 위험인자는 고혈압이며, 이외에도 노령, 동맥경화증, 협심증, 당뇨병, 심방세동, 과로와 스트레스, 흡연 등이다. 증상으로는 갑작스럽게 발생하는 편측마비, 안면 마비, 감각 이상, 구음장애(발음이 어눌해지는 현상), 실인증, 실어증 등이 있다. 뇌 조직은 한번 손상을 입으면 후유증이 심각한데, 뇌졸중이 발생하면 뇌 조직에 독성물질이 쌓이고 혈관과 뇌 조직 사이의 막이 무너져 다량의 수분이 뇌로 유입되어 뇌부종이 일어나며, 심각한 경우 사망을 초래하기도 한다.

3) 식사요법

뇌졸중은 수술 여부, 연하 및 저작상태, 약물치료 등 다양한 상태에 따라 환자에게 적합한 음식을 제공하는 것이 필요하다. 또한 환자의 영양상태를 유지하고 회복 이후 전반적인 건강을 유지할 수 있는 노력을 기울여야 한다.

(1) 수술 직후

뇌졸중 발작 직후에는 탈수가 생기는 경우가 많으므로 탈수의 정도, 발한, 체내 무기질 상태에 따라 수액량과 조성을 결정한다. 의식이 없지만 위장관 이용이 가능하다면 경장영양을 공급하여 영양불량을 예방하고 의식이 회복되어 경구 섭취가 가능해지고 메스꺼움과 구토가 사라지면 유동식, 연식, 일반식으로 이행한다.

(2) 회복기

환자가 의식을 회복하면 경구로 섭취할 수 있도록 훈련을 시작한다. 식사는 조금씩 나누어 여러 번 섭취하게 하거나 환자가 먹기 편하도록 작은 조각을 내어 제공한다. 연하상태를 살피며 식사를 진행하고 염분 과다, 자극적인 음식을 제한하며 양질의 단백질 섭취를 권장한다.

(3) 연하 및 저작곤란 상태

뇌졸중으로 저작과 연하를 지배하는 근육이 마비상태가 오면 음식을 입 안에서 굴리고 있다가 입 밖으로 내뱉거나 기도로 음식물이 넘어가는 현상이 발생한다. 연하곤란이 있는 경우 연하 검사를 통한 진단 후 단계별 연하곤란식을 제공한다. 심한 경우 국물이나 음료 그대로 제공하는 것을 제한하고, 점도를 조절하는 점도증진제를 이용하도록 한다. 저작이 곤란한 경우 음식을 곱게 갈거나 다지는 형태로 제공한다. 이러한 음식을 제공할 때에는 환자가 식사를 제대로 섭취하고 있는지 의료진과 보호자의 면밀한 관찰이 필요하다.

(4) 항응고제 처방

급성기 허혈성 뇌졸중의 경우 뇌손상을 최소화하기 위해 호흡치료, 체온 조절, 혈전용해제 처방과 같은 치료를 시행한다. 출혈성 뇌졸중은 출혈의 위치나 정도를 파악하여 수술을 진행하고 이후 항혈전제 치료를 병행한다. 항혈전제 종류는 항혈소판제제(아스피린 등)와 항응고제(와파린, 쿠마딘 등)가 있는데, 이 중 항응고제는 혈전을 만드는 혈중응고인자의 작용을 억제하는 효능이 있다. 비타민 K는 출혈방지 기능이 있어 항응고제와 비타민 K의 역할은 상충하므로 항응고제 치료 기간에는 비타민 K의 섭취를 일정 수준 유지하고 비타민 K가 다량 함유된 식품은 제한한다.

비타민 K 고함유 식품

- 녹색 채소 : 시금치, 부추, 근대, 케일, 브로콜리, 콜리플라워, 아스파라거스 등
- 콩류, 쇠간, 돼지 간, 베이컨, 난황 등
- 아보카도, 마요네즈, 콩기름, 올리브유, 피스타치오 등

심뇌혈관질환 예방과 관리를 위한 9대 생활수칙

- 담배는 반드시 끊는다.
- 술은 하루에 한두 잔 이하로 줄인다.
- 음식은 싱겁게 골고루 먹고, 채소와 생선을 충분히 섭취한다.
- 가능한 매일 30분 이상 적절한 운동을 한다.
- 적정 체중과 허리둘레를 유지한다.
- 스트레스를 줄이고 즐거운 마음으로 생활한다.
- 정기적으로 혈압, 혈당, 콜레스테롤을 측정한다.
- 고혈압, 당뇨병, 이상지질혈증을 꾸준히 치료한다.
- 뇌졸중, 심근경색의 응급 증상을 숙지하고 발생 시 즉시 병원에 간다.

출처 : 보건복지부 · 질병관리본부, 2008

CHAPTER 8

콩팥질환

1. 콩팥의 구조와 기능 | 2. 콩팥병의 일반적인 증상, 진단 검사 및 식사요법 원칙 | 3. 콩팥병의 종류별 식사요법

CHAPTER 8

학습목적

콩팥질환의 병태생리를 이해하고 환자의 영양평가 시행 결과에 따라 식사요법 계획에 활용할 수 있다.

학습목표

- 콩팥의 구조와 기능을 설명할 수 있다.
- 콩팥병의 원인과 증상을 설명할 수 있다.
- 콩팥병의 식사원칙을 이해하고 식사요법에 활용할 수 있다.
- 콩팥병 환자를 대상으로 한 식품교환표를 활용할 수 있다.
- 요독증의 원인과 증상을 알고 식사요법에 활용할 수 있다.
- 신대체요법(혈액투석, 복막투석, 이식) 환자의 식사원칙을 이해하고 식사요법에 활용할 수 있다.
- 콩팥결석의 원인과 증상을 알고 식사요법에 활용할 수 있다.

1. 콩팥의 구조와 기능

1) 콩팥의 구조

콩팥은 복막 뒤에 위치하며 척추를 중심으로 좌우에 강낭콩 모양으로 1개씩 2개가 있는 장기로 크기는 주먹만 하고 하나의 무게는 약 150g 정도이다그림 8-1. 네프론은 콩팥의 기능적 단위로 한쪽 콩팥에 약 100만 개가 존재한다. 네프론은 사구체 glomerulus와 보먼주머니Bowman's capsule로 이루어진 신소체, 근위세뇨관, 헨레고리, 원위세뇨관, 그리고 집합관 등 다섯 부위로 구성된다.

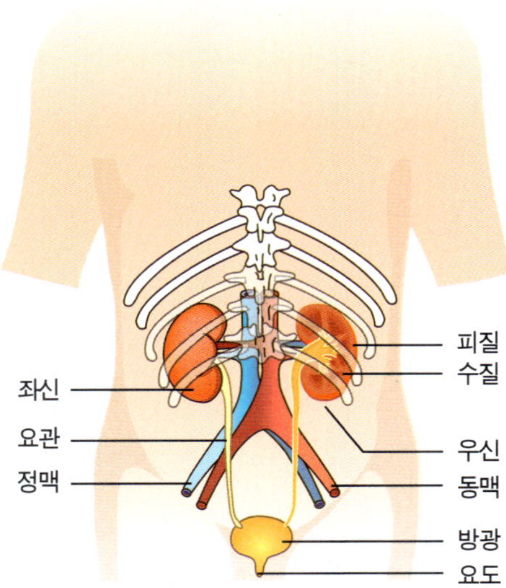

그림 8-1 비뇨기계의 구조

콩팥으로의 혈액 흐름은 신동맥을 통해 들어온 후 여러 개의 작은 혈관으로 분지되다가 결국 사구체로 연결되는데, 사구체로 들어오는 소동맥을 수입소동맥이라 한다. 사구체를 거쳐 나온 모세혈관은 다시 모여 수출소동맥이 되어 보먼주머니를 빠져 나온 후 모세혈관망을 형성하여 근위세뇨관, 원위세뇨관, 헨레고리 및 집합관 주위를 둘러싸고 이들과 물질교환을 한 후 신정맥을 통해 콩팥을 떠난다.

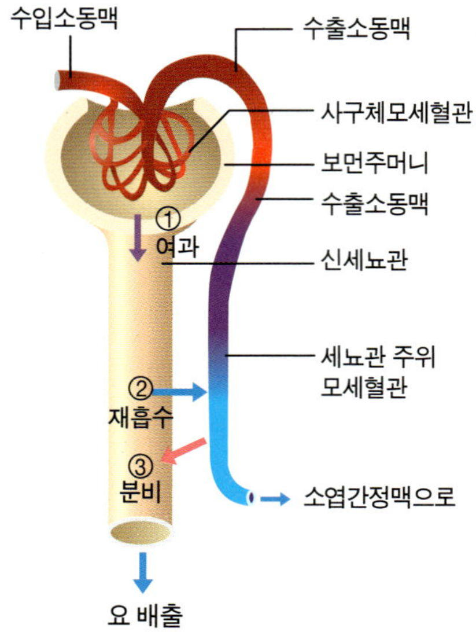

그림 8-2 **콩팥 네프론의 구조 및 기능**

콩팥 내부는 외측의 피질과 내측의 수질로 구분되고, 네프론은 피질 부위에서 수질 쪽으로 배열되어 있다. 사구체는 신소동맥이 보먼주머니 속에서 다수의 모세혈관으로 갈라져 형성된 모세혈관뭉치로서, 혈액을 여과시키는 장치이다. 세뇨관은 매우 가는 튜브로서 여과된 혈액 성분이 농축되고 필요한 성분은 재흡수되며, 일부는 분비되어서 소변을 만든 후에 신우라는 소변의 집합부위로 운반된다. 사구체에서 여과된 액체는 보먼주머니, 근위세뇨관, 원위세뇨관, 집합관, 수뇨관, 방광을 거쳐 소변으로 배설된다. 콩팥 네프론의 구조 및 기능은 그림 8-2와 같다.

2) 콩팥의 기능

콩팥의 주요 기능은 체내의 항상성을 유지하는 것이다. 콩팥은 요를 형성하고 노폐물을 제거하는 과정에서 체액, 전해질, 그리고 산-염기 평형을 조절한다. 또한 호르몬을 분비하여 혈압과 조혈 기능에 관여하는 등 다양한 기능을 하고 있다.

(1) 요형성 및 배설 기능

콩팥은 사구체여과와 세뇨관에서의 재흡수 및 분비의 세 가지 기본적인 과정을 거쳐 소변을 형성하고 그 과정에서 체액의 조성을 조절하며 대사 노폐물을 제거한다. 혈액이 사구체를 지나는 동안 혈구나 단백질 이외의 성분은 사구체의 모세혈관벽을 통해 보먼주머니로 여과되는데, 이 여과액이 원뇨이다. 원뇨가 세뇨관을 통해 이동될 때 체내에 필요한 물질은 재흡수되며 불필요한 물질은 배설된다. 원뇨의 생성은 하루에 대략 180L이나 이 중 99%는 재흡수되고 최종 요 배설량은 1.5L 정도이다. 네프론에 의해 1분간 형성되는 여과액의 양을 사구체여과율Glomerular Filtration Rate, GFR이라 하며 이는 콩팥 기능의 주요한 지표로 이용된다. 정상적인 사구체여과율은 성인 남자의 경우에 약 120mL/분이고, 성인 여자의 경우 약 110mL/분이다. 콩팥은 소변을 통해 단백질 대사산물인 요소, 요산, 크레아티닌 등을 배설하고, 체내로 들어오는 많은 이물질 중 인체에 유해한 독성물질이나 약물도 제거한다.

(2) 조절 기능

콩팥은 소변의 생성과 배설을 조절함으로써 체액과 전해질의 항상성을 유지한다. 나트륨의 재흡수를 조절하여 체액의 삼투압 유지를 통해 세포외액의 총량과 혈압 유지에 기여한다. 삼투압은 항이뇨호르몬Antidiuretic Hormone, ADH, 체액량은 알도스테론aldosterone 등에 의해 조절된다.

또한 콩팥은 수소, 중탄산이온bicarbonate, 암모늄, 인의 재흡수와 분비를 적절히 조절하여 수소이온의 항상성을 유지시켜 산-염기 평형에도 관여한다. 특히, 단백질과 근육활동으로 인해 생성되는 대사성 산을 제거하는 데 중요한 역할을 한다.

(3) 내분비 기능

콩팥은 레닌을 합성하며 레닌-안지오텐신계renin-angiotensin system에 작용하여 혈압을 상승시키는 반면, 프로스타글란딘을 생성하여 말초혈관을 확장시켜 혈압을 강하시킨다. 또한 콩팥은 적혈구의 조혈인자인 에리트로포이에틴erythropoietin을 분비하여 적혈구를 생성하도록 골수를 자극한다. 그러므로 만성콩팥병에서 에리트로포이에틴의 생성이 저하되면 빈혈이 발생하는 요인이 된다.

콩팥은 비타민 D를 활성형인 1,25$(OH)_2$D로 전환시켜 칼슘의 흡수를 높인다. 따라서 콩팥병 시 비타민 D의 활성 저해와 혈액 내 인 제거가 감소됨에 따른 부갑상선

호르몬 항진증으로 인해 골격계 질환인 신성골이영양증renal osteodystrophy이 나타나게 된다.

2. 콩팥병의 일반적인 증상, 진단 검사 및 식사요법 원칙

1) 콩팥병의 일반적인 증상

(1) 부종

소변으로 단백질이 다량 배설되면 혈중 알부민이 감소되고, 이는 혈관 내 교질 삼투압의 저하를 일으켜 부종이 나타난다. 또한 급성사구체콩팥염의 경우 사구체 기능의 저하로 여과율이 감소됨에 따라 나트륨과 수분이 체내에 저류하면서 부종이 발생하게 된다.

(2) 단백뇨

콩팥에서 소변으로 빠져 나가는 단백질은 극히 일부로서 하루에 약 150~300mg 이하이다. 의미 있는 단백뇨에 대한 기준은 지침마다 약간의 차이를 보이지만, 대개의 경우 임의뇨에서 단백/크레아티닌비가 1g/g 이상이거나 24시간 소변에서 1g 이상의 단백뇨를 보이는 경우로 정의된다. 단백뇨는 사구체콩팥염에서와 같이 사구체 모세혈관이 손상되어 단백질이 유실되어 나오는 경우가 주된 원인이고, 그 외 세뇨관의 손상이나 요로감염도 원인이 되며, 심한 운동 후나 발열 등에서도 나타난다.

(3) 고혈압

콩팥 이상으로 인한 고혈압을 신성 고혈압이라 한다. 콩팥염에 의해 수분과 염분이 저류되거나 신동맥의 협착으로 인한 호르몬의 과잉생산으로 고혈압이 나타날 수 있다.

(4) 혈뇨, 핍뇨, 다뇨

콩팥병의 증상으로 혈뇨, 핍뇨, 다뇨 등의 소변 이상이 나타날 수 있다. 혈뇨는 적혈구가 요에 나타나는 것이고, 핍뇨는 하루에 400mL 이하의 요가 배설되는 것이다. 다뇨는 세뇨관의 요 농축력이 저하되어 하루 3L 이상의 요를 배설하는 것을 말한다.

(5) 고질소혈증(Azotemia)과 요독증(Uremia)

고질소혈증은 콩팥병 시 요독증의 임상 증상 없이 혈액 내에 단백질 대사물인 질소 노폐물이 존재하는 것이며, 요독증은 혈액 내에 요소가 과다하게 축적되어 독성 증세를 나타내는 것으로 전신에 걸쳐 나타난다. 증상으로는 피로감, 권태감, 집중력 저하, 근육경련, 식욕부진, 메스꺼움, 구토, 고혈압, 호흡곤란, 빈혈, 골격계 이상 등이 있다.

2) 콩팥병 진단 검사

(1) 소변 검사

소변 검사는 콩팥병의 가장 기본적인 검사로 단백뇨, 혈뇨, 요비중, 24시간 소변 중 단백질, 임의뇨 단백/크레아티닌비 등을 검사한다.

(2) 혈액 검사

혈액의 지표는 콩팥 기능의 이상 여부를 진단하는 데 사용된다. 혈청 크레아티닌, 혈중 요소 질소는 콩팥 기능 평가와 손상 진행 정도를 알려준다. 혈청 요산, 혈청 총 단백질, 혈청 알부민, 혈청 칼륨, 혈청 나트륨, 혈청 염소, 혈청 칼슘, 혈청 인, 헤모글로빈Hb, 헤마토크릿Hct, 백혈구, 적혈구, 혈소판, 혈청 철serum iron, 철결합 단백질, 총철결합능TIBC 등도 지표로 사용된다.

(3) 사구체여과율(Glomerular Filtration Rate, GFR)

콩팥 기능을 평가하는 가장 중요한 지표로서 사구체여과율이 사용된다. 사구체여과율은 신장이 1분 동안 깨끗하게 걸러주는 혈액의 양을 말하며, 정상 사구체여과율은 분당 약 90~120mL 정도이다. 이눌린이나 크레아티닌은 사구체여과율을 반영하는 지표로 쓰인다.

사구체여과율 평가 방법

사구체여과율을 평가하기 위한 여과물질로 이눌린이 이상적이라 여겨지고 있으나, 이눌린 청소율을 측정하는 방법은 기술적으로 어렵고, 비용 및 시간이 많이 소요되어 일반적으로 임상에서 사용하기에는 제한점이 많다.

임상에서 사구체여과율 측정을 위해 가장 널리 사용되는 방법은 24시간 크레아티닌 청소율(creatinine clearance) 또는 혈청 크레아티닌 청소율이다. 이 방법도 소변 수집의 부정확성 등의 제한점이 있고, 혈청 크레아티닌 농도는 사구체여과율 이외 여러 가지 다른 요소에 의한 영향도 받기 때문에 정확성에 한계가 있다. 임상에서는 이러한 제한점을 보완하고, 혈청 크레아티닌 농도에 기초한 MDRD 공식이나 Cockcroft-Gault 공식으로 사구체여과율을 산출하거나 내인성 크레아티닌 청소율을 이용하여 사구체여과율을 추정하고 있다.

(4) 영상의학 검사

초음파 검사, CT 검사, 자기공명영상MRI 검사 등이 시행된다.

3) 콩팥병 식사요법의 기본원칙

콩팥병 식사요법의 기본원칙은 손상된 콩팥의 부담을 감소시키고 손실되는 영양소를 보충하여 좋은 영양상태를 유지하는 것이다. 특히, 콩팥병에서 문제가 되는 영양소는 단백질, 열량, 수분, 나트륨, 칼륨, 칼슘, 인 등이다.

(1) 단백질

콩팥병에서는 단백질의 대사산물인 요소, 요산, 크레아티닌 등 질소 노폐물이 배설되지 못해서 혈중에 축적되어 고질소혈증을 나타내고 요독증까지 발전될 수 있다. 따라서 단백질의 섭취량은 콩팥의 기능에 따라 조절되어야 한다. 일반적으로 콩팥의 부담을 감소시키기 위해 저단백 식사가 처방된다. 그러나 콩팥병 중 소변으로 단백질이 유출되는 신증후군이나 투석액으로 단백질이 손실되는 신대체요법(혈액투석, 복막투석)을 사용하는 경우에는 적절한 양의 단백질 보충이 필요하다. 저단백 식사에서는 대사노폐물을 최소화하고, 체단백 소모로 인한 영양불량이 나타나지 않도록 하기 위해 생물가가 높은 양질의 동물성 단백질 식품을 적절하게 섭취하는 것이 중요하다.

(2) 열량

열량은 저단백 식사로 인한 체내 단백질 분해를 방지하고 섭취한 단백질이 열량원으로 대사되지 않도록 충분히 섭취해야 한다. 탄수화물과 지방으로부터 열량을 확보하되 단백질을 많이 함유하지 않은 탄수화물 식품을 선택한다. 콩팥병과 당뇨병의 합병증으로 인한 이상지질혈증, 동맥경화나 심장질환 등을 동반하는 경우 총 지방 섭취량과 포화지방산, 콜레스테롤 섭취가 높지 않도록 조절한다.

(3) 나트륨

콩팥 기능 저하 시 나트륨 배설 감소로 수분이 체내에 저류하게 되어 부종과 고혈압이 나타난다. 이러한 경우 나트륨 제한이 필요하다. 핍뇨가 나타나 수분을 제한해야 할 경우에도 나트륨을 제한하면 갈증을 막아 수분 섭취를 줄일 수 있다. 반면에 이뇨제를 사용하거나 세뇨관에서 나트륨 재흡수가 감소되는 경우에는 나트륨 고갈을 초래할 수 있으므로 혈중 나트륨 상태에 따라 적정 수준을 섭취해야 한다.

콩팥질환 환자의 체중 평가

콩팥질환 환자에게 있어 부종으로 인해 현재체중으로 체중을 평가하기 어려운 경우 건체중을 기준으로 %IBW(% ideal body weight) 또는 체질량지수를 산정한다.
건체중이란 투석 환자가 투석 후에 측정한 부종이 없는 상태의 체중을 말한다.

(4) 수분

소변량이 적고 부종이 심하면서 복수가 있으면 수분 섭취를 엄격히 제한한다. 전날의 소변량에 500mL 정도를 더하여 섭취하도록 한다. 그러나 이뇨제를 사용할 경우나 다뇨기에는 탈수상태가 되지 않도록 수분을 공급한다.

Know

수분 제한 시 수분 섭취를 줄이는 방법

- 짠 음식은 피한다.
- 물은 갈증을 해소하는 정도로 한 모금씩 마신다.
- 허용된 양의 과일은 차게 해서 먹거나 얼려서 먹는다.
- 입 안이 건조할 때는 물로 입을 헹군 후 버린다.
- 입 안이 건조할 때는 레몬 조각을 물고 있는다.
- 갈증을 해소하기 위해 무설탕껌을 씹는다.

(5) 칼륨

칼륨은 주로 소변으로 배설되므로 소변량에 따라 칼륨의 섭취량을 조절한다. 콩팥 기능이 저하되어 고칼륨혈증이 있을 때는 칼륨 섭취를 제한한다. 그러나 혈압강하제나 부신피질호르몬제를 사용하는 경우에는 저칼륨혈증이 나타날 수 있으므로 칼륨이 부족하지 않도록 한다.

(6) 칼슘과 인

콩팥병 시 배출되는 인의 양이 감소하여 고인산혈증이 나타날 수 있다. 이로 인해 부갑상선호르몬의 분비가 항진되고, 뼈에서는 칼슘의 용출이 초래된다. 그러므로 부갑상선 기능 항진을 억제하기 위해 인의 섭취를 제한해야 한다. 또한 콩팥 기능 부전 시 비타민 D의 활성화가 이루어지지 않아 칼슘의 흡수가 저해되어 신성골이영양증이 발생한다. 따라서 혈액 내의 인의 양을 조절하기 위해 인이 다량 함유된 식품 섭취를 제한하고 칼슘의 공급에 유의한다.

3. 콩팥병의 종류별 식사요법

1) 사구체콩팥염(Glomerulonephritis)

사구체콩팥염은 신장의 여과 부위인 사구체에 염증이 생겨 발생하는 콩팥병을 지칭한다.

(1) 급성사구체콩팥염(Acute glomerulonephritis)

① 원인과 증상

다양한 원인에 의해서 사구체에 급성염증이 나타난 경우를 말한다. 세균감염으로 인한 것이 가장 많고, 바이러스와 신독성 약물도 원인이 된다. 1~3주의 잠복기를 거친 뒤에 급격한 요량의 감소, 부종, 혈뇨, 고혈압 등이 나타나고 때로는 단백뇨proteinuria, 핍뇨oliguria, 무뇨anuria도 보인다. 치료는 사구체 염증과 부종, 고혈압이 가라앉을 때까지 안정을 취하고 식사요법을 병행하는 것이다.

② 식사요법

식사요법의 목적은 증세에 따라 고려되어야 할 영양소의 공급 수준을 조절하여 콩팥에 부담을 줄여 주면서 충분한 영양보충을 통해 손상된 콩팥을 보호하고 병의 회복을 빠르게 하는 데 있다.

단백질

단백질은 증상이 심한 초기에는 1일 25~30g 또는 체중 kg당 0.5g 이하로 제한하며, 부종이 사라지고 소변량이 증가함에 따라 단백질량도 점차 증가시킨다. 회복기에는 체중 kg당 1g을 공급해 준다.

열량

단백질을 제한하는 동안 열량은 충분히(35~40kcal/kg) 공급한다.

나트륨

소변량이 감소되고 부종과 고혈압이 있으면 저염식을 하여 염분 섭취를 제한하고 중증인 경우에는 무염식을 한다. 부종이나 고혈압이 악화되지 않도록 하기 위해 염분은 1일 2.5g(나트륨 1,000mg) 미만으로 제한한다. 부종, 고혈압이 개선되면 1일 2.5~5g(나트륨 1,000~2,000mg) 정도로 공급한다.

수분

수분은 부종, 핍뇨가 있을 때는 전날 소변량 + 500~600mL 정도로 제한한다. 증상이 사라지면 수분의 양을 점차 늘려간다.

칼륨

칼륨은 핍뇨 시 고칼륨혈증이 나타나면 제한한다.

(2) 만성사구체콩팥염(Chronic glomerulonephritis)

① 원인과 증상

1년 이상 단백뇨와 혈뇨가 계속되는 경우로 급성사구체콩팥염의 만성화 또는 처음부터 급성기를 거치지 않고 만성으로 진행되어 발생되기도 한다. 초기에는 혈뇨, 단백뇨 등의 이상만 있다가 콩팥 기능이 감소함에 따라 부종, 고혈압 증상과 함께 혈청 크레아티닌이 증가된다. 콩팥 기능의 감소가 진행되어 만성콩팥병이 되면 식욕부진, 메스꺼움 및 구토, 쉽게 피로하고 심한 전신 쇠약감, 수면장애, 근육경련 등의 요독증이 나타난다.

② 식사요법

식사요법의 목표는 최적의 영양상태를 유지하고 콩팥 손상의 진행을 지연시키는 것이다. 급성사구체콩팥염에 비해 소변량도 많고 질소 노폐물의 배설도 원활한 편이기 때문에 과도한 식사 제한은 불필요하나 증세에 따라 조절해야 한다. 만성사구체콩팥염 말기에는 단백질, 나트륨, 칼륨, 인, 수분 등의 제한이 필요할 수도 있다.

단백질

단백질은 체중 kg당 1g 수준으로 공급한다. 만성사구체콩팥염 말기에 식욕부진이나 구토로 식품 섭취가 저조할 때 정맥으로 알부민을 공급하기도 한다.

열량

열량은 영양권장량 수준으로 충분히 공급하도록 한다.

나트륨

만성사구체콩팥염은 다뇨를 나타내므로 나트륨 제한이 심하지 않다. 그러나 소변량이 감소되고 부종과 고혈압이 있으면 저염식을 하여 염분 섭취를 제한한다.

수분

수분은 부종이 있을 때 전날 소변량 + 500~600mL 정도로 제한하고 체내 수분 상태에 따라 가감한다.

2) 신증후군(네프로제증후군, Nephrotic syndrome)

(1) 원인과 증상

신증후군은 사구체 모세혈관 기저막의 손상으로 사구체 투과도가 증가하면서 혈장 단백질이 소변으로 빠져나가는 질환이다. 신사구체 내에 매우 미세한 구조적 변화를 보이는 미세변화신증후군minimal change nephrotic syndrome, lipoid nephrosis은 소아나 젊은 연령층에서 주로 발생하여 전체 환자의 80%가 15세 미만이다.

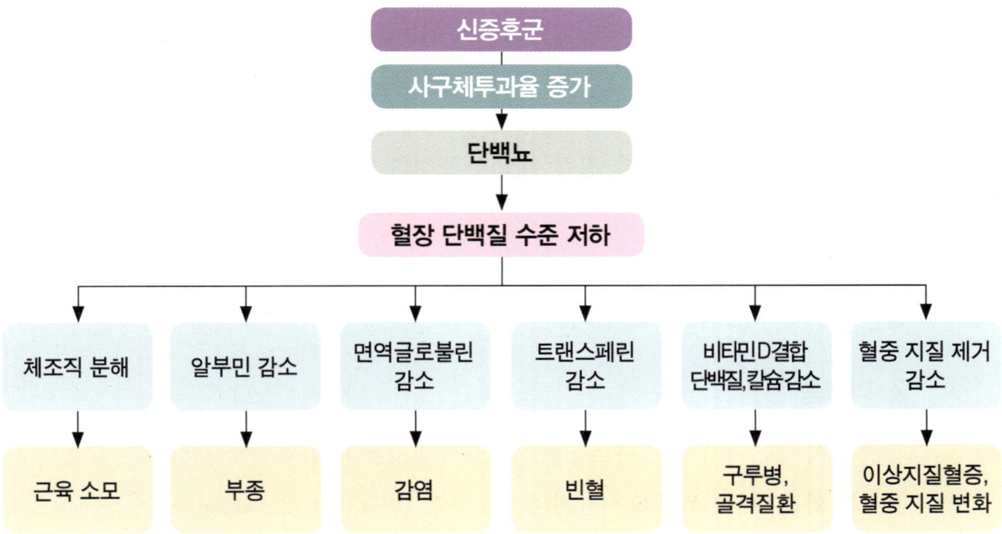

그림 8-3 신증후군의 단백뇨에 따른 증상

신증후군은 과량의 단백뇨와 이로 인한 혈중 알부민 감소, 혈중 지질 증가, 부종 및 고혈압의 특징적인 임상 증상을 보인다. 부종은 압력이 낮은 부위인 눈 주위에 잘 나타나며 얼굴, 발, 발목, 복부 등에서도 발견된다. 신증후군에서 소변 중으로 단백질이 손실될 때 나타나는 결과를 그림 8-3에 요약하였다.

(2) 식사요법

신증후군 식사요법의 목적은 단백질 영양불량을 방지하고 부종을 완화하는 데 있다.

① 단백질

과거에는 고단백식사(하루에 약 120g)가 단백질 손실을 보충하기 위해 처방되었다. 그러나 실제로 단백질은 과다하게 섭취하면 오히려 소변 중으로 알부민 배설이 증가하고 신기능 저하를 촉진하게 된다는 견해가 있어 근래에는 1일 체중 kg당 0.8~1.0g 수준으로 공급하는 추세이다.

② 열량

열량은 체중 유지와 단백질 절약을 위해 1일 체중 kg당 35kcal 수준으로 충분히 공급한다. 체중 손실, 감염이나 열이 있을 때는 열량을 추가 공급한다.

③ 지방

신증후군으로 인한 혈중 지질 이상을 조절하기 위해서는 저지방 식사가 도움이 될 수 있다. 총 지방량은 총 열량의 20~25% 정도로 하고, 다가불포화지방산 : 단일불포화지방산 : 포화지방산, 즉 P : M : S를 1 : 1~1.5 : 1 정도로 유지하고 콜레스테롤은 1일 300mg 미만으로 한다.

④ 나트륨

부종이 있는 경우에는 나트륨을 1일 500mg(소금 1.3g) 이하로 제한한다. 부종이 사라지는 회복기나 이뇨제를 사용하는 경우에는 1일 1,000~2,000mg(소금 2.5~5g)으로 제한한다.

⑤ 칼륨

소변량이 유지되는 경우 칼륨 제한이 필요하지 않으나 이뇨제를 사용할 때는 혈중 칼륨 농도에 따라 섭취량을 조절한다.

3) 급성콩팥손상(Acute Kidney Injury, AKI)

(1) 원인과 증상

급성콩팥손상의 원인은 신전성prerenal , 신성intrarenal, 신후성postrenal으로 분류할 수 있다. 신전성은 저혈압, 체액 부족, 심부전 등 콩팥 이전의 문제로 콩팥으로의 혈류가 감소되면서 사구체여과율이 감소된 경우로 약 70%가 해당한다. 신성은 사구체 질환이나 세뇨관질환과 같이 콩팥 내부의 문제로 인한 것으로 25% 정도가 해당한다. 신후성은 신결석, 요로 폐색, 전립선 종양과 같이 콩팥에서 소변 생성 이후 배출 통로의 문제로 인한 것으로 약 5~10% 정도가 해당한다.

급격한 콩팥 기능 저하로 체내에 질소 노폐물이 축적되어 요독증이 나타나거나 핍뇨로 체내 수분과 염분이 과다 축적되어 부종이 발생한다. 핍뇨기는 1~2주 지속되고, 하루 소변량이 400mL 이하로 감소하는 경우가 많아 고요소질소, 고크레아티닌혈증, 산혈증, 고칼륨혈증, 고인산혈증, 저칼슘혈증이 나타난다. 상태가 위중하면 투석치료가 요구된다. 핍뇨기를 거쳐 이뇨기에 접어들면 소변량이 3L 정도로 늘어나면서 다량의 수분과 전해질이 손실된다. 그 후 회복기에 들어와 소변량이 정상이 되면서 수개월에 걸쳐 서서히 회복된다.

급성콩팥병의 예방과 관리를 위한 5가지 생활수칙

- 의약품과 건강식품을 남용하지 않는다.
- 수분 부족과 탈수현상을 피한다.
- 의사와 의논하여 콩팥 기능을 규칙적으로 검사한다.
- 체력에 맞게 운동한다.
- CT, MRI, 혈관 촬영 전 콩팥 기능을 확인한다.

출처 : 대한신장학회, 2013

(2) 식사요법

식사요법의 목적은 체내의 성분을 가능한 정상에 가깝게 유지시키면서 콩팥 기능이 정상으로 회복될 때까지 체단백을 보유시키는 것이다. 식사요법은 투석요법 실시 여부, 핍뇨기, 이뇨기, 환자가 구강으로 음식 섭취가 가능한지 등을 고려해서 계획해야 한다.

① 단백질

사구체여과율 감소로 단백질 대사산물의 배설이 저하되므로 초기에는 단백질을 제한한다. 일반적으로 단백질은 핍뇨기에는 체중 kg당 0.6g 미만으로 공급하고, 이뇨기와 회복기에는 체중 kg당 0.6~0.8g을 공급한다. 단백질은 고생물가 단백질이 필요하다. 혈액투석을 시행하게 되면 체중 kg당 1.0~1.2g의 단백질이 필요하다. 콩팥 기능이 점차 정상으로 돌아오고 안정상태가 되면 단백질 요구량은 체중 kg당 0.8~1.0g으로 섭취하도록 한다.

② 열량

단백질을 제한하는 만큼 체조직의 분해를 막고, 식사 내 단백질이 열량원으로 이용되는 것을 막기 위해 열량을 충분히 공급해야 한다. 일반적으로 체중 kg당 30~40kcal의 열량을 공급한다. 열량은 주로 탄수화물과 지방을 통해 공급한다.

③ 나트륨

부종과 고혈압을 완화하기 위해서 나트륨을 제한한다. 초기 핍뇨기에는 나트륨을 1일 1,000mg 미만으로 제한한다. 이뇨기와 회복기에는 1일 1,000~2,000mg(소금 2.5~5g)으로 제한한다.

④ 칼륨

단백질 제한으로 인한 체조직 분해 증가로 세포에서 칼륨 방출이 증가하고, 콩팥에서의 칼륨 배출이 감소하여 고칼륨혈증이 유발되기 쉬워 칼륨의 제한이 필요하다. 일반적으로 칼륨은 1일 1,500~2,000mg 정도로 제한한다. 이뇨기에는 칼륨의 배설량이 증가할 수 있으므로 소변량, 혈청 칼륨 수준, 칼륨의 배설량 등에 따라 조절이 필요하다.

Know

칼륨 섭취를 줄이는 방법

- 푸른잎 채소와 과일의 섭취를 줄인다.
- 채소를 잘게 잘라 다량의 물에 2시간 이상 담가 칼륨을 우려낸다.
- 채소는 10배 정도의 다량의 물로 데친 후 사용한다.
- 칼륨의 함량이 높은 채소의 껍질과 줄기를 제거하고 잎을 사용한다.
- 과일은 껍질을 제거하고 먹는다.
- 생과일보다 시럽을 제외한 통조림 과일을 먹는다.

⑤ 수분

급성콩팥손상의 핍뇨기에는 전날 소변량 + 500mL 정도로 제한하고, 이뇨기에는 1,000~1,500mL 정도를 공급하며, 회복기에는 수분 섭취의 제한을 두지 않는다.

4) 만성콩팥병(Chronic Kidney Disease, CKD)

(1) 원인과 증상

만성콩팥병은 사구체여과율에 관계없이 콩팥 손상의 증거가 있거나, 또는 콩팥 손상의 증거가 없어도 사구체여과율이 60mL/min/1.73m^2 미만으로 3개월 이상 지속되는 상태로 정의된다. 우리나라의 만 30세 이상 성인의 만성콩팥병 유병률은 2019년 남자 9.6%, 여자 9.1% 수준으로 나타나고 있다. 콩팥 손상의 증거는 병리학적 검사, 혈액 혹은 소변 검사 또는 영상의학 검사를 통해 구조적인 이상으로 확인할 수 있다.

Know

만성콩팥병의 위험인자

- 50세 이상 연령
- 당뇨병과 고혈압 환자
- 비만 또는 흡연
- 지속적인 거품뇨 또는 혈뇨
- 고혈압, 당뇨병, 심혈관질환, 만성콩팥병의 가족력
- 콩팥독성 약물 노출, 급성콩팥 손상의 병력
- 요로 감염, 요로 결석, 요로 폐쇄, 자가면역질환

표 8-1 만성콩팥병의 진행 단계

구분	1단계	2단계	3단계	4단계	5단계
콩팥 기능	정상의 80%	정상의 50%	정상의 20~25%	정상의 20% 미만	정상의 10% 미만
사구체여과율 (mL/min/1.73m²)	≥90 정상 또는 증가	60~89 경도 저하	30~59 중등도 저하	15~29 고도 저하	<15 신부전
증상	• 증상 없음	• 환자가 증상을 느끼지 못함	• 고질소혈증 • 혈액 요소와 크레아티닌 약간 증가	• 핍뇨 • 부종 • 대사성산혈증 • 저칼슘혈증	• 핍뇨/무뇨 • 요독증
관리/치료	• 추적 관찰	• 추적 관찰 • 혈압 조절 • 위험요인 조절	• 추적 관찰 • 혈압 조절 • 위험요인 조절	• 신장 전문의 진료 • 신대체요법 준비	• 신대체요법 (투석)

출처 : KDIGO CKD work group, Kidney Int 3S : 1–150, 2013 ; 황원민, 2016년 대한내과학회 학술대회 54–57, 2016

만성콩팥병은 급성콩팥손상 후 콩팥 기능이 정상으로 회복되지 못했을 때와 네프론이 점진적으로 퇴화되어 나타나며, 급성콩팥손상과는 달리 회복 불능인 경우가 보통이다. 대표적인 원인 질환으로는 당뇨병, 고혈압, 심혈관질환, 이상지질혈증과 대사증후군, 만성사구체콩팥염 등이 있다.

만성콩팥병이 되면 부종, 고혈압, 대사성산증, 고칼륨혈증, 고인산혈증, 저칼슘혈증, 심부전, 영양장애, 빈혈, 식욕부진, 메스꺼움, 구토, 피로감, 근육쇠약, 혼수, 가려움, 골관절 이상 등 전신에 걸쳐서 다양한 증상을 나타낸다. 만성콩팥병으로 인한 증상은 콩팥 기능이 75% 이상 손상된 이후에 나타나기 때문에 증상이 나타난 후 발견하게 되면 치료에 어려움이 있다. 만성콩팥병이 진행되는 과정은 콩팥 기능 장애의 정도에 따라 5기로 분류된다표 8-1. 만성콩팥병의 마지막 단계에서는 콩팥이 거의 제 기능을 수행할 수 없기 때문에 투석이나 콩팥이식 등의 대체요법을 실시하지 않을 경우 사망에까지 이를 수 있다.

(2) 식사요법

식사요법의 3대 목표는 콩팥병의 진행을 지연시키고, 최적의 영양상태를 유지하며, 콩팥병의 대사 이상이나 요독 증상을 완화, 개선하는 것이다. 만성콩팥병 시 고려해야 할 중요한 영양소로는 단백질, 열량, 나트륨, 수분, 칼륨, 칼슘, 인 등을 들 수 있다.

① 단백질

단백질 양은 질소 노폐물 축적으로 인한 요독증을 피하면서 불충분한 단백질 섭취로 영양불량에 빠지지 않는 수준에서 결정한다. 단백질은 체중 kg당 0.6g(GFR: 25~55mL/min)~0.8g(GFR: >55mL/min)을 공급하고, 식이단백질의 60% 이상은 고생물가 단백질로 구성하도록 한다.

② 열량

주로 탄수화물과 지방으로 적정한 열량을 공급한다. 총 열량 섭취는 하루에 체중 kg당 35kcal를 공급한다. 열량 보충식품으로는 꿀, 사탕, 설탕, 젤리, 푸딩, 캐러멜, 양갱, 엿, 물엿, 잼과 같은 탄수화물 식품과 들기름, 참기름, 옥수수기름 등 식물성 기름, 무염 버터, 무염 마가린 등과 같은 지방 식품을 이용한다.

③ 나트륨

나트륨은 부종과 고혈압 정도에 따라 조절한다. 다뇨기에는 하루에 1,500~2,000mg 정도를 제공할 수 있으며, 부종과 고혈압이 있는 경우 1,000mg 미만으로 나트륨을 제한한다. 제7장표 7-7에 염분 1g에 해당하는 식품의 양을 제시하였다.

④ 칼륨

혈중 칼륨 농도는 사구체여과율이 감소하면서 증가한다. 만성콩팥병 말기에 핍뇨와 고칼륨혈증이 수반될 경우 칼륨 제한이 필요하다. 정기적인 모니터링을 하면서 혈중 칼륨치가 5.5mEq/L 이상일 경우 저칼륨식이(하루 1,500mg 이하)를 한다. 칼륨이 많이 함유된 식품부록 5은 식사에서 제한하고, 조리법에 따라서도 칼륨 섭취량을 조절할 수 있다. 소금 대용품 사용이나 칼륨 보유 약물복용도 고칼륨혈증의 원인이 될 수 있다.

⑤ 수분

일반적으로 수분을 지나치게 제한할 필요는 없으며, 갈증을 해소하는 정도의 수분은 허용된다. 그러나 소변량이 줄어들고 부종이 심하거나 복수가 생기면 수분을 전날 소변량 + 500mL 정도로 제한한다.

⑥ 인

만성콩팥병 환자는 신성골이영양증을 방지하기 위해 혈액 중 인의 수치를 정상으로 유지하는 것이 중요하다. 혈장 크레아티닌이 3mg/dL 초과 시 체내 인이 보유되므로 인이 많이 함유된 식품은 제한한다부록 5. 혈장 인이 정상 수준인 3~4mg/dL가 되도록 유지하기 위해 인 섭취는 하루에 800~1,200mg 정도로 제한해야 한다. 인은 단백질이 많은 식품에 주로 함유되어 있기 때문에 단백질 섭취를 줄이게 되면 인의 섭취도 자연히 줄어들게 된다.

Know

콩팥질환의 식품교환표

콩팥질환 환자의 영양소 요구량은 단백질, 열량, 나트륨, 칼륨, 수분이 동시에 고려되어야 한다. 콩팥질환 환자의 식사 계획을 위해 콩팥질환의 식품교환표가 1997년 대한영양사회와 대한신장학회 공동으로 개발되었다부록 5.

콩팥질환 환자를 위한 식품교환표의 식품군별 1교환단위당 영양소 함량

식품군		단백질(g)	나트륨(mg)	칼륨(mg)	인(mg)	열량(kcal)
곡류군		2	2	30	30	100
어육류군		8	50	120	90	75
채소군	1(칼륨 저함량)	1	미량	100	20	20
	2(칼륨 중등함량)	1	미량	200	20	20
	3(칼륨 고함량)	1	미량	400	20	20
지방군		0	0	0	0	45
우유군		6	100	300	180	125
과일군	1(칼륨 저함량)	미량	미량	100	20	50
	2(칼륨 중등함량)	미량	미량	200	20	50
	3(칼륨 고함량)	미량	미량	400	20	50
열량보충군		0	3	20	5	100

⑦ 비타민

만성콩팥병 환자는 요독증으로 인해 식욕이 저하되고, 단백질 및 채소류 등을 제한하므로 비타민의 섭취가 부족되기 쉽다. 따라서 비타민 B, C 등의 수용성 비타민과 빈혈 치료를 위해 철, 엽산 등의 보충이 필요하다.

5) 투석(Dialysis)

콩팥 기능이 부진하게 되면 콩팥 기능을 대신해 주는 대체요법이 필요하다. 신대체요법으로는 인공신장기를 이용한 혈액투석, 복막의 반투막을 이용한 복막투석, 콩팥이식방법 등이 있다. 양쪽 콩팥의 기능이 정상의 10% 미만인 경우 투석을 실시한다.

(1) 혈액투석(Hemodialysis)

① 방법과 원리

혈액투석은 환자의 동맥으로부터 관을 통해 혈액을 체외로 배출시켜 투석기 내의 반투막에 의해 노폐물을 걸러서 정맥으로 다시 넣어주는 것이다그림 8-4. 이는 혈액과 투석액 사이에 반투막을 통한 확산작용으로 노폐물을 제거하고 전해질 농도를 정상화시키며 막간의 정수압의 차이로 수분과 염분을 여과하여 제거시킨다. 투석액은 세포외액과 성분이 거의 비슷하나 칼륨은 적고 요소와 크레아티닌은 제거한 것이다.

② 특징

양쪽 콩팥의 기능이 정상의 10% 이하로 크레아티닌 제거율이 10mL/min/1.73m^2 미만이거나 혈중 크레아티닌이 10mg/dL 이상일 때 혈액투석을 시행한다. 소아나 당뇨병 환자의 경우에는 좀 더 일찍 투석을 실시할 것을 권장하고 있다. 혈액투석은 주 2~3회 실시되며 매회에 소요되는 시간은 3~6시간이다.

혈액투석은 심혈관계에 부담을 줄 수 있다는 것과 호르몬 분비 기능은 대체하지 못한다는 단점이 있다. 또한 투석을 받는 동안만 콩팥 기능을 대신하기 때문에 투석

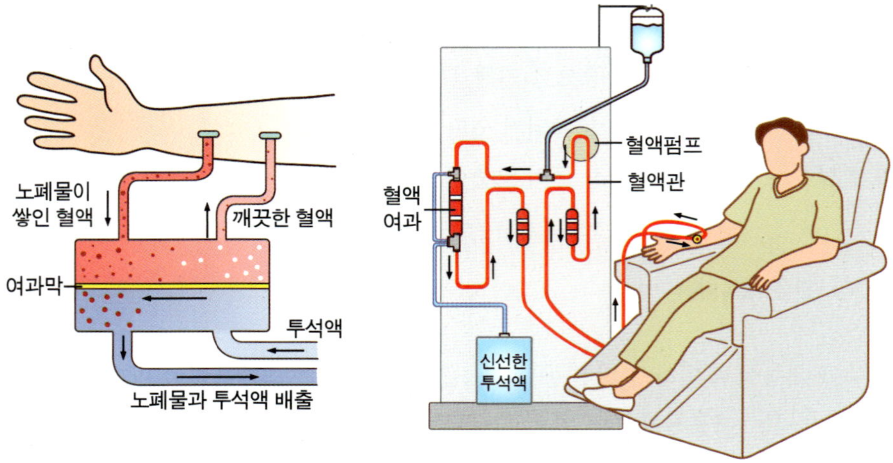

그림 8-4 **혈액투석**

과 투석 사이에는 노폐물, 수분, 나트륨 등이 축적되므로 환자들은 식사가 자유롭지 못하고 제한적인 식생활이 요구된다.

③ 식사요법

식사요법의 목적은 좋은 영양상태를 유지하여 영양불량을 막고 체내 화학적 항상성을 유지할 수 있도록 하는 데 있다.

단백질

만성적인 혈액투석은 이화적 과정으로 대략 10~13g의 단백질이 투석액으로 손실되고 혈액과 투석기 막 사이의 상호작용으로 인해 단백질 이화작용이 증가되기 때문에 단백질은 충분히 보충해 주어야 한다. 단백질은 체중 kg당 1.2g이 권장된다. 단백질 섭취의 50% 이상은 양질의 동물성 식품으로 공급한다.

열량

열량은 체중 kg당 35kcal를 권장한다. 탄수화물이 주 열량원으로 충분히 공급되어야 하며 복합당질은 생물가가 낮은 단백질을 함유하기 때문에 저단백식사에서는 적당한 양을 사용하도록 한다. 지방도 열량원으로 중요하므로 지방량은 혈중 지질 수준에 따라 조절한다.

나트륨

나트륨은 부종과 고혈압을 조절하기 위해 하루에 1,500~2,000mg으로 제한한다. 나트륨 제한은 과다한 수분으로 인한 폐부종과 울혈성 심부전을 방지하는 데 도움이 된다.

칼륨

고칼륨혈증을 방지하기 위해 칼륨은 일반적으로 하루에 2,000~3,000mg으로 제한한다. 칼륨의 섭취량은 투석액의 농도에 따라 조정되어야 한다.

수분

일반적으로 수분은 소변량 +1,000mL로 제한한다. 이러한 제한에도 불구하고 투석 사이에 체중 증가와 함께 경증의 수분 보유가 나타나기도 한다.

인과 칼슘

혈액투석 시에도 고인혈증이 나타날 수 있다. 신성골이영양증을 방지하기 위해 혈액 중의 인을 정상으로 유지하는 것이 중요하다. 따라서 혈액 중 인이 높은 경우에는 인을 많이 함유한 식품을 제한한다. 초산칼슘, 젖산칼슘 등의 인 결합제제를 이용하여 인의 흡수를 조절한다.

비타민과 무기질

투석치료 동안 수용성 비타민이 손실될 수 있다. 따라서 엽산, 피리독신 등 비타민 B 복합체와 비타민 C와 같은 수용성 비타민의 보충이 필요하다. 빈혈 예방을 위해 충분한 철 공급과 함께 합성 에리트로포이에틴을 투여한다.

(2) 복막투석(Peritoneal dialysis)

① 방법과 원리

복막투석은 복강 내에 삽입관을 꽂고 투석액을 규칙적으로 교환해 줌으로써 복막을 통하여 노폐물이 확산되어 나오게 하는 방법이다그림 8-5.

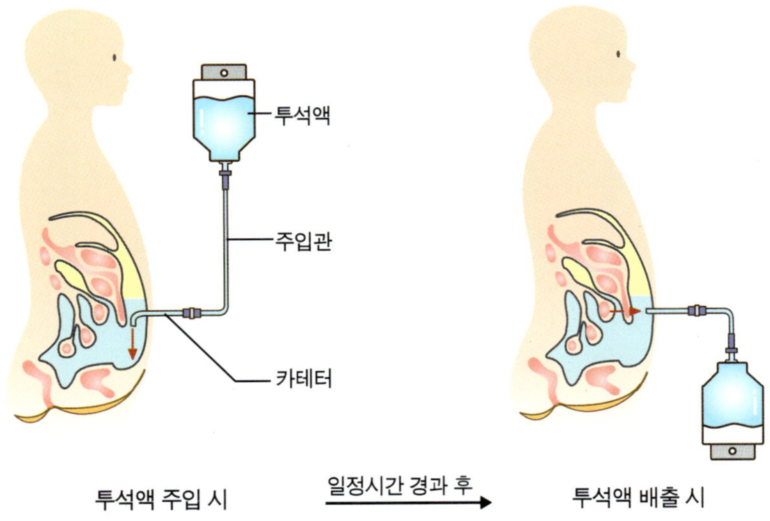

그림 8-5 복막투석

② 특징

복막투석은 혈액투석과 달리 24시간 지속적으로 진행되기 때문에 요독증이 낮게 나타나고 전해질과 혈압의 조절이 비교적 쉽다. 그러나 체내의 단백질, 수용성 비타민이 투석액으로 많이 빠져 나가고, 합병증으로 복막염이나 이상지질혈증이 나타날 수 있기 때문에 음식 섭취 시 주의해야 한다. 복막투석 시의 영양권장량은 환자의 체격 및 콩팥 기능과 함께 투석액의 교환 횟수, 투석액의 양, 투석액의 농도를 고려하여 결정한다.

③ 식사요법

식사요법의 목표는 좋은 영양상태를 유지하고, 복막투석 환자에서 나타날 수 있는 이상지질혈증과 같은 증상을 최소화하며, 복막염과 같은 합병증의 위험을 줄이는 것이다.

단백질

단백질의 손실은 혈액투석보다 많으며 1일 20~30g(평균 1g/시간) 정도의 단백질이 손실된다. 따라서 손실되는 단백질을 보충하기 위해서 단백질은 체중 kg당

1.2~1.5g으로 충분히 섭취하여야 한다. 특히, 단백질 영양결핍이거나 복막염이 있는 환자는 더 많은 양의 단백질이 투석액으로 배출되기 때문에 단백질 섭취량을 체중 kg당 1.5g으로 증가시켜야 한다. 단백질 손실 정도는 환자의 혈중 단백질 농도, 복막의 투과성, 투석액의 성분, 복막염 등 다양한 요인에 따라 달라진다.

열량

복막투석 환자가 하루에 필요한 열량은 투석 이전이나 혈액투석 시와 같다. 그러나 복막투석 시에는 투석액 중에 포함되어 있는 당이 흡수되어 체내 열량 공급이 증가하기 때문에 식사로부터 섭취하는 열량을 조절하여야 한다. 즉, 식사로 제공하는 열량은 환자의 열량 필요량에서 투석액으로부터 흡수되는 열량을 제한다. 복막투석 시 흡수되는 열량은 300~500kcal 정도이나 이는 투석액의 양 및 농도에 따라 달라진다. 복막투석 환자에게 나타나는 비만이나 이상지질혈증은 그 이유가 정확하지 않지만, 투석액으로부터 흡수된 당이 주요 원인이라고 알려져 있다. 비만과 이상지질혈증을 예방하기 위해서는 칼로리 섭취를 조절하고 지방 및 단순당의 섭취를 줄이며, 알코올을 제한한다.

나트륨

복막투석은 혈액투석에 비해 나트륨 섭취가 비교적 자유롭다. 나트륨은 1일 1,500~4,000mg(소금 3.8~10g) 정도로 제한한다. 그러나 투석액의 농도에 따라 수분 조절이 가능하기 때문에 고농도(4.25%) 투석액을 사용하면 체내 수분을 많이 배출시킬 수 있다.

칼륨

복막투석을 하는 경우 칼륨은 비교적 정상으로 유지될 수 있다. 그러나 과식하거나 고단백식품을 많이 섭취하면 고칼륨혈증이 나타날 수 있으므로 1일 3,000~4,000mg 정도로 제한한다.

인과 칼슘

복막투석 시에도 인은 잘 제거가 되지 않기 때문에 고인혈증이 나타날 수 있다. 복막투석 시에는 고단백 식사를 하게 되므로 인의 섭취량이 많아질 수 있어 인의 함량이 높은 식품은 가급적 선택하지 않는다. 초산칼슘, 젖산칼슘 등의 칼슘 기반의 인 결합제제를 이용하여 인의 흡수를 조절한다.

수분

복막투석 시에는 일반적으로 수분이 잘 제거되므로 수분을 제한할 필요는 없다. 그러나 부종이 있는 경우 수분을 제한하는 것이 좋다.

비타민과 무기질

혈액투석과 같이 복막투석 시 수용성 비타민이 손실될 수 있다. 따라서 엽산, 피리독신 등 비타민 B 복합체와 비타민 C와 같은 수용성 비타민의 보충이 필요하다. 빈혈 예방을 위해 충분한 철 공급과 함께 합성 에리트로포이에틴을 투여한다.

6) 콩팥 이식

(1) 방법과 관리

콩팥 이식은 면역 기능이 유사한 타인의 콩팥을 제공받아 수술로 환자의 몸에 이식시켜 주는 방법이다. 콩팥 이식을 받으면 콩팥 기능은 거의 정상으로 회복된다. 그러나 이식받은 콩팥이 본인의 신체와는 다른 조직형을 가지기 때문에 거부반응이 나타날 수도 있는데, 이를 방지하기 위해서 평생 면역억제제를 사용하게 된다. 면역억제제를 사용하면 다른 미생물에 대한 면역까지 저하되어 감염되기 쉽다. 이러한 현상은 특히 수술 후 초기에 나타나므로 이식 후 1달 정도의 기간 중에는 모든 음식을 완전히 익혀 섭취하는 것이 좋다.

콩팥 이식 후 환자의 식사요법은 콩팥병 환자나 투석 환자에 비해 비교적 자유롭지만 고혈압, 이상지질혈증, 동맥경화증, 비만, 당뇨병, 골다공증 등과 같은 합병증 및 이식 후 사용하는 약물로 인해 고칼륨혈증과 같은 부작용이 생길 수 있어 이를 최소화하기 위해 식사요법을 적절히 시행해야 한다.

(2) 식사요법

식사요법의 목적은 좋은 영양상태를 유지하고 콩팥 이식 후 나타날 수 있는 고혈압, 이상지질혈증과 같은 증상을 최소화하는 것이다. 고려되어야 할 영양소로는 열량, 단백질, 탄수화물과 지방, 무기질, 비타민 등이다표 8-2.

① 열량

콩팥 이식 직후에는 수술로 인한 스트레스와 체력회복을 위해 열량 필요량이 증가되므로 체중 kg당 30~35kcal, 수술 후 6주 후에는 표준체중 유지를 위한 열량을 제공하도록 한다.

② 단백질

수술 직후에는 단백질 필요량이 증가되므로 체중 kg당 1.3~2.0g을 공급한다. 그러나 6~7주 후에는 콩팥 기능이 안정되고 혈중 노폐물의 수치가 정상인에 비해 약간 높게 유지되는 경우가 많으므로 이식된 콩팥의 기능을 보존하기 위해 단백질 섭취량은 체중 kg당 1g 정도로 조절한다.

③ 단순당과 지방

혈중 지질 상승을 방지하기 위해 설탕, 꿀 등의 단순당과 지방이 많은 식품을 과식하거나 자주 먹지 않는다.

④ 나트륨과 수분

이식 직후에는 콩팥 기능이 회복될 때까지 혈압을 엄격하게 조절하여야 하므로 나트륨의 섭취량을 하루 1,500~2,000mg 정도로 제한한다. 이식 후 일정기간(4~6주)이 지나 혈압이 정상이고 부종이 없으면 나트륨의 섭취량을 증가시킬 수 있다. 그러나 소변량이 감소하고 체중이 증가할 경우에는 나트륨을 1일 2,000mg 이하로 제한하고, 이와 함께 수분 제한이 필요하다.

⑤ 칼륨

면역억제제를 사용하게 되면 혈중 칼륨 농도가 일정하게 유지되지 않아 고칼륨혈증이나 저칼륨혈증이 나타날 수 있어 환자의 상태에 따라 칼륨의 섭취를 조절해야 한다.

⑥ 칼슘

콩팥 이식 후에는 면역억제제의 사용으로 인하여 골다공증이 유발될 수 있으므로 검사 결과에 따라 칼슘의 섭취량을 증가시켜야 할 경우가 있다.

표 8-2에서는 콩팥병 환자의 치료방법에 따른 영양소 필요량을 제시하였다.

표 8-2 콩팥병 환자의 치료방법에 따른 영양소 필요량

식사요법	열량	단백질	수분	나트륨	칼륨	인, 칼슘
콩팥 기능 손상 (투석 전)	30~35kcal/kg IBW*	0.6~1.0g/kg IBW	자유롭게	상태에 따라 조절 1,500~2,000mg/일	• 상태에 따라 조절 • 대체로 자유롭게 혹은 이뇨제로 손실되는 것을 보충하기 위해 증가	인 800~1,200mg/일
혈액투석	35kcal/kg IBW	1.2g/kg IBW	750~1,000mL/일 + 소변량	1,500~2,000mg/일	2,000~3,000mg/일 또는 40mg/kg IBW	인 800~1,200mg/일 또는 17mg/kg IBW
복막투석	30~35kcal/kg IBW	1.2~1.5g/kg IBW	자유롭게 (최소 1,000mL/일 + 소변량)	1,500~4,000mg/일	3,000~4,000mg/일	인 800~1,200mg/일
콩팥 이식 후 4~6주	30~35kcal/kg IBW	1.3~2g/kg IBW	자유롭게	1,500~2,000mg/일	• 상태에 따라 조절 • 시클로스포린(cyclosporine)요법으로 인한 고칼륨혈증시 칼륨 제한 필요	인 제한 없음 칼슘 1,200mg/일
콩팥 이식 후 6주 이상	• 표준체중 유지를 위한 열량 제공 • 단순당 제한 • 지방 총 열량의 35% 미만 • 콜레스테롤 하루 400mg 미만 • PUFA/SFA 비 1 초과	1g/kg IBW	자유롭게	1,500~2,000mg/일	상태에 따라 조절	인 제한 없음 칼슘 1,200mg/일

*표준체중

출처 : Manhan & Raymond, Food and nutrition care process(14th ed.), 2016

7) 콩팥결석(Renal calculi)

(1) 원인과 증상

콩팥결석은 흔히 발견되는 콩팥질환으로 콩팥뿐 아니라 요관, 방광, 요도 등에서 발견되므로 요로결석이라고도 한다. 활동적인 20~40세에 빈발하고 여자보다 남자에게서 2배 정도 많이 발생한다.

콩팥결석은 정상적으로 소변에 함유되어 있는 성분 중에서 특정 성분의 농도가 높아져서 소변에 녹지 못하여 작은 결정으로 변하고 여기에 소변의 무기 성분이 계속적으로 합쳐지면서 생성된다. 콩팥결석의 원인은 요의 정체 및 농축, 세균 감염, 대사 이상, 결석 성분을 포함하는 식품의 과잉 섭취 등이 있고, 결석 형성을 촉진시키는 인자로는 탈수, 결석 원인 성분이 많이 함유된 음식물이나 약물의 과잉 섭취, 소변 속의 콩팥결석 형성을 억제하는 물질의 감소 등을 들 수 있다. 또한 체내 신진대사나 질병 등으로 인하여 특정 성분이 소변으로 많이 배설되는 경우로 부갑상선기능항진증, 신세뇨관성 산증, 다발성 골수증이 있을 때에는 칼슘결석이 잘 생긴다. 통풍 환자에게서는 요산결석이 많이 발생하며, 유전성 질환으로는 시스틴 결석이 잘 발생한다. 요로 감염이 있는 경우에는 감염석이 발생하며, 장기간 병상생활을 하는 환자에서도 콩팥결석이 흔하다.

결석이 아주 작은 경우에는 증상이 없고 소변 중으로 배출되기도 하지만 크기가 큰 결석은 결석의 위치에 따라 신우나 요관에 있을 때는 등이나 옆구리의 심한 통증을 호소하고, 방광이나 요로결석은 소변을 볼 때 심한 통증과 배뇨곤란을 일으키며 혈뇨를 보인다. 대개는 열이 나지 않으나 세균감염이 동반되며 고열이 나기도 한다. 콩팥결석 또는 요관결석에 의한 부분적 또는 완전 요로폐색은 콩팥의 배설능력을 점차 감소시키고 요로감염 동반시 콩팥염을 일으킨다.

요로결석에는 화학적 성분에 따라 수산칼슘, 인산칼슘, 요산, 시스틴, 마그네슘-암모늄-인산결석 등이 있으며 그중에서 수산칼슘결석이 가장 흔하다. 결석 성분에 따라 요의 산성도가 다르며, 요산석과 시스틴석은 보통 산성뇨이고 마그네슘-암모늄-인산결석은 알칼리성 소변이다.

(2) 결석의 종류 및 식사요법

콩팥결석의 식사요법의 목적은 결석의 성장을 막고 새로운 결석이 형성되지 않도록 하는 것이다. 이를 위해 수분 공급을 충분히 하고, 요의 산도 조절, 결석의 원인이 되는 식사요인 조절이 필요하다.

① 칼슘결석

콩팥결석 중 칼슘결석이 3/4 정도로 가장 높은 비율을 차지한다. 칼슘결석은 장기간에 걸친 많은 양의 우유 섭취, 위궤양 환자에서 알칼리요법, 경수 사용으로 인해 과량의 칼슘부하가 생길 때 형성되기 쉽다. 과량의 비타민 D 섭취, 장기간에 걸친 부동상태, 부갑상선기능항진증이 원인이 되기도 한다. 신세뇨관 산혈증에서 암모니아 형성 결함에 의한 칼슘의 과다한 배설, 수산 처리에 대사적 이상이 있을 때, 과량의 동물성 단백질 섭취 시에도 칼슘결석이 생길 수 있다.

수산칼슘결석 환자의 1/2는 원인을 알 수 없고 소변 중 칼슘 수준이 높은 특발성고칼슘뇨증idopathic calciumurolithiasis을 보인다. 특발성고칼슘뇨증 중 혈중 칼슘치는 정상이나 콩팥의 칼슘 누출로 인한 것을 신성고칼슘뇨증renal hypercalciuria이라 한다. 이들 환자는 식사요법으로도 소변 중 칼슘치는 감소하지 않고 칼슘을 과량 섭취하면 더욱 증가할 수 있다. 반면, 칼슘이 장으로부터 많이 흡수되어 소변에서 칼슘이 비정상적으로 많이 배출되는 흡수성 고칼슘뇨증absorptive hypercalciuria 환자는 칼슘 섭취를 하루에 400mg 이하로 제한한다. 동물성 단백질도 고칼슘뇨증의 원인으로 알려져 있으므로 섭취를 제한하고 식이섬유 섭취는 증가시켜 칼슘의 흡수를 억제시킨다. 그러나 흡수성 고칼슘뇨증 환자의 일부는 저칼슘식사에도 불구하고 고칼슘뇨증을 보이는 경우도 있는데, 이때에는 800mg 정도로 제한하도록 한다.

수산칼슘결석

수산칼슘결석에는 칼슘과 수산이 많은 식품을 제한한다. 식품 속의 수산옥살산, oxalic acid염은 위장관에서의 흡수가 2.3~12%로 적기 때문에 소변 내 대부분의 수산염은 인체 내에서 대사산물로 생성된 것이다. 따라서 수산 섭취 제한이 혈중 및 요중 수산치를 감소시키는 데 크게 도움이 되지는 않으나, 수산 함량이 높은 식품 섭취는 제한한다. 수산 함량이 높은 식품에는 아스파라거스, 초콜릿, 시금치, 코코아, 커피, 무화과, 젤라틴, 자두, 후추, 홍차 등이 있다. 일상적으로 흔히 섭취하는 오렌지, 양배추, 파인애플, 감자, 딸기, 토마토, 콩류 등의 식품도 수산 함량이 비교적 높으므로 하루 식사에서 1끼 이상 먹지 않도록 한다.

고수산뇨증은 드물게 열성유전에 의해 선천적으로 발생하며 소아에게서 결석이 재발하는 원인이 될 수 있다. 비타민 B_6의 섭취가 고수산뇨증을 방지하는 데 도움이 된다는 연구 결과가 있다. 또한 수산은 아스코르빈산의 최종대사산물로 아스코르빈산을 하루 5mg 이상 과량 섭취하면 고수산뇨증의 원인이 되므로 섭취량을 줄여야 한다.

인산칼슘결석

칼슘과 인이 많은 식품부록 5을 제한한다. 단백질과 우유 속에 함유된 락토스는 장에서 칼슘의 흡수를 증가시킨다. 칼슘이 많이 함유된 우유 및 유제품, 치즈, 멸치, 뱅어포 등의 과량 섭취는 피한다. 칼슘을 400mg 이하로 제한할 경우 음의 칼슘평형을 초래할 수도 있기 때문에 400~600mg 정도로 제한하는 것이 이상적이다.

다량의 수분 섭취는 크기가 작은 결석을 배출시키기 위해 권장된다. 하루에 3L 정도의 수분을 섭취하도록 한다.

② 요산결석

통풍 환자의 1/3은 요산결석을 갖게 되며 요산결석은 정상인보다 통풍 환자에게 발생위험이 훨씬 높다. 또한 소모성질환에서 빠른 조직분해로 인해 발생하기도 한다. 따라서 요산이 과다 배출되는 환자는 결석을 예방하기 위해서 고요산뇨증의 원인질환이 있는지를 검사하여 치료하여야 한다. 소변 중의 요산은 핵단백질 대사에서 생긴 퓨린에서(식품 중의 퓨린 함량표 14-6 참조) 유도된 것이므로 단백질과 퓨린의 섭취를 제한하고, 수분을 많이 섭취해야 한다. 요산결석은 산성뇨에서 형성되기 쉬우므로 채소, 과일, 우유 등 알칼리성 식품 섭취를 증가시키거나 중탄산칼륨을 경구투여하여 요를 중화시켜야 한다.

식사요법으로 조절이 안 되면 알로퓨리놀allopurinol이란 약제를 투여하여 소변 중 요산치를 감소시켜야 한다. 당뇨병 환자 역시 요산결석이 발생할 수도 있지만 만성

요로감염에 의해 감염결석이 발생할 수도 있으므로 요로감염을 치료 및 예방하여야 한다.

③ 시스틴결석

고시스틴뇨증은 열성유전에 의해 선천적으로 발생하는 비교적 드문 대사장애로서 환자의 83%가 시스틴결석을 형성한다. 고시스틴뇨증 환자는 충분한 수분을 섭취하며, 소변 중 시스틴은 알칼리성에 잘 용해되므로 중탄산소다를 투여하여 소변의 산도를 7.5 이상의 알칼리성으로 유지시킨다. 식사로는 채소, 과일, 우유 등 알칼리성 식품의 섭취를 증가시킨다. 선천적인 아미노산 대사장애로 인한 것이며 단백질, 특히 메티오닌과 같은 함유황아미노산 함량이 높은 식품의 지나친 섭취를 제한한다.

식사요법으로 해결되지 않으면 페니실라민penicillamine을 경구투여하여 소변 중 시스틴 배출을 감소시킬 수 있으며 기존 시스틴결석을 용해시킬 수도 있다.

④ 감염결석(Struvite stones)

칼슘결석 외에 흔히 발견되는 것이 감염결석으로 마그네슘-암모늄-인산으로 구성되어 있다. 흔히 요로감염과 관련되어 있기 때문에 감염결석이라 부른다. 감

표 8-3 콩팥결석의 종류별 식사원칙

<table>
<tr><th colspan="2" rowspan="2">종류</th><th colspan="2">식사원칙</th></tr>
<tr><th>질환별</th><th>공통</th></tr>
<tr><td rowspan="2">칼슘결석</td><td>수산칼슘결석</td><td>• 수산 섭취 제한
• 비타민 C 과잉 섭취 제한
• 칼슘의 적절한 제한
• 비타민 B_6 보충</td><td rowspan="4">충분한 수분 섭취</td></tr>
<tr><td>인산칼슘결석</td><td>• 인 섭취 제한
• 동물성 단백질 과잉 섭취 제한
• 칼슘의 적절한 제한</td></tr>
<tr><td colspan="2">요산결석</td><td>• 퓨린 섭취 제한
• 퓨린 함량이 높은 단백질 식품 제한
• 알칼리성 식품(채소, 과일, 우유 등) 섭취 권장</td></tr>
<tr><td colspan="2">시스틴결석</td><td>• 알칼리성 식품(채소, 과일, 우유 등) 섭취 권장
• 단백질, 함황아미노산 함량이 높은 식품 제한</td></tr>
</table>

염체는 프로테우스 미라빌리스proteus mirabilis로 요소를 암모니아로 가수분해하는 요소분해효소urease를 함유하고 있어 효소의 작용으로 요의 pH를 알칼리화하고 암모늄이 많은 감염결석을 형성한다. 일반적으로 수술로 결석을 제거한다.

CHAPTER 9

암

CHAPTER 9

학습목적

암 환자의 병태에 따른 신체 대사 변화와 영양문제를 이해하고 식생활관리 계획에 활용할 수 있다.

학습목표

- 암의 진행에 따른 일반적인 대사 변화를 설명할 수 있다.
- 암 환자 식사요법의 일반적인 원칙을 설명할 수 있다.
- 암 수술 후의 식사요법을 제안할 수 있다.
- 암 환자의 증상에 따른 식사 조절방법을 설명할 수 있다.
- 암 예방을 위한 일반적인 식생활지침을 설명할 수 있다.

1. 암의 정의 및 유병률

1) 암의 정의

종양은 의학적으로 생체 구성 세포의 '자율적 과잉 증식'이라고 정의하고 있다. 우리 몸을 구성하고 있는 수많은 세포는 위치와 기능에 따라 여러 종류로 나뉘어지지만, 하나의 수정란에서 기원하고 있기 때문에 동일한 유전 정보를 가지고 있으며 일정한 세포주기에 따라 분화하고, 성장하며, 소멸하면서 새로운 세포의 성장 속도와 나이든 세포의 사멸 간에 균형을 유지한다. 그러나 여러 가지 이유로 자연적인 세포주기에 이상이 생겨 세포의 성장이 조절되지 않거나 세포가 정상적으로 분화하지 않고, 어느 정도 분화한 후에는 성장을 멈추어야 하는데도 불구하고 계속 성장하는 것을 종양tumor이라고 한다.

이와 같이 비정상적으로 새롭게 자라난 덩어리인 종양은 양성종양과 악성종양으로 분류할 수 있다표 9-1. 양성종양은 비교적 서서히 성장하고, 신체 여러 부위에 확산, 전이하지 않으며 제거하여 치유시킬 수 있는 종양을 말하는 것으로 특이한 경우

표 9-1 양성종양과 악성종양의 특성 비교

특성	양성종양	악성종양
성장속도	• 천천히 자람 • 성장이 멈추는 휴지기를 가질 수 있음	• 빨리 자람 • 저절로 없어지는 경우는 매우 드묾
성장양식	• 점점 커지면서 성장하나 범위가 한정되어 있음 • 주위 조직에 대한 침윤은 없음	주위 조직으로 침윤하면서 성장함
세포의 특성	• 분화가 잘 되어 있음 • 분열상은 없거나 적음 • 세포가 성숙함	• 분화가 잘 안 되어 있음 • 정상 또는 비정상의 분열상이 많음 • 세포가 미성숙함
인체에의 영향	인체에 거의 해가 없음	항상 인체에 해가 됨
전이 여부	없음	흔함
재발 여부	수술로 제거 시 재발은 거의 없음	수술 후 재발 가능함
예후	좋음	종양의 크기, 림프절 침범 여부, 전이 유무에 따라 달라짐

를 제외하고 대개의 양성종양은 생명을 위협하지는 않는다. 이와 달리 악성종양은 빠른 성장과 침윤성 성장 및 체내 각 부위에 확산, 전이하여 생명에 위험을 초래하는 종양으로 이 악성종양을 암이라 부른다.

2) 암의 유병률

암은 현대사회에서 인류의 생명과 복지를 위협하는 매우 중요한 요인이다. 보건복지부에서 발표한 암등록통계에 의하면 2019년 남녀 전체에서 가장 많이 발생한 암은 갑상선암을 제외하고는 폐암으로 집계되었으며, 이어서 위암, 대장암, 유방암, 전립선암의 순이었다. 남자의 경우는 폐암 > 위암 > 대장암 > 전립선암 > 간암 > 갑상선암 순이었고, 여자의 경우는 유방암 > 갑상선암 > 대장암 > 위암 > 폐암 > 간암의 순서였다. 발생률이 높은 주요 암종 중 위암, 대장암, 간암의 발생률은 감소 추세를 보이고 있으며, 유방암, 전립선암, 갑상선암은 증가 추세에 있다그림 9-1.

최근 5년간(2011~2015년) 진단받은 암환자의 5년 상대생존율(이하 생존율)은 70.7%로 1993~1995년에 진단받은 암 환자의 생존율 42.9% 대비 64.8%p 증가되어 생존율은 향상되었으나표 9-2, 통계청에서 발표한 사망원인통계에 암으로 인한 사망률은 꾸준히 1위를 차지하고 있다. 2020년 전체 사망자 중 27.0%가 암으로 사망하였고, 사망률이 가장 높은 암종은 폐암(22.7%)이었으며, 다음으로는 간암(12.8%), 대장암(10.8%), 위암(9.1%), 췌장암(8.2%) 순이었다그림 9-2.

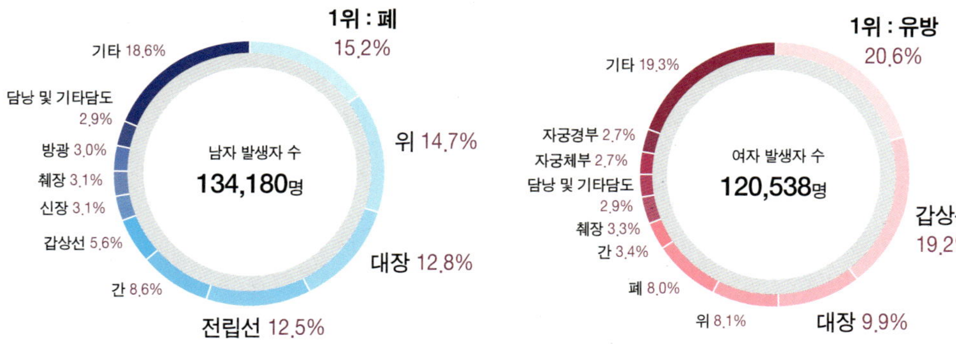

그림 9-1 **성별 암 발생순위 (2019)**

출처: 보건복지부 · 중앙암등록본부 · 국립암센터, 2019년 국가암등록통계

표 9-2 암 환자의 5년 생존율 추이

(단위: %)

성별	발생기간					증감*
	1993~1995	1996~2000	2001~2005	2006~2010	2015~2019	
남녀 전체	42.9	45.2	54.1	65.5	70.7	64.8
남자	33.2	36.3	45.6	56.9	64.5	94.2
여자	55.2	56.4	64.3	74.4	77.3	40.0

*증감: 1993~1995 대비 2015~2019년 암 발생자의 생존율 추이
출처: 국가암정보센터, 통계로 보는 암

(인구 10만 명당 명)

순위	사망원인	사망률	'19년 순위 대비
1	악성신생물(암)	160.1	–
2	심장 질환	63.0	–
3	폐렴	43.3	–
4	뇌혈관 질환	42.6	–
5	고의적 자해(자살)	25.7	–
6	당뇨병	16.5	–
7	알츠하이머병	14.7	–
8	간 질환	13.6	–
9	고혈압성 질환	11.9	↑(+1)
10	패혈증	11.9	↑(+1)

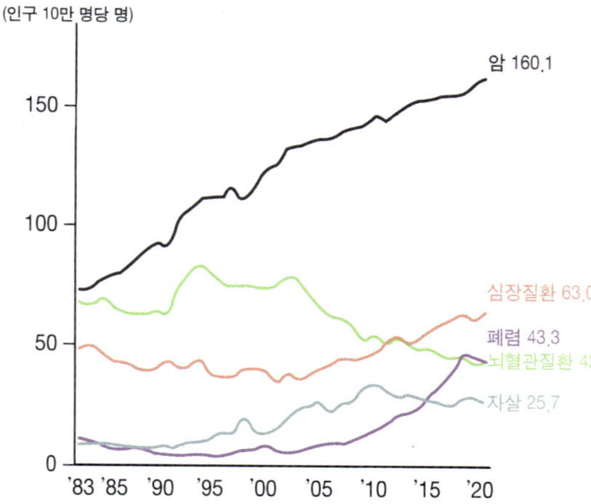

그림 9-2 2020년 사망원인통계 결과

출처 : 통계청, 2020년 사망원인통계

우리나라 국민들이 기대수명(83세)까지 생존할 경우 암에 걸릴 확률은 37.9%였으며, 남자(80세)는 5명 중 2명(39.9%), 여자(87세)는 3명 중 1명(35.8%)에서 암이 발생할 것으로 추정되고 있다표 9-3.

표 9-3 기대수명까지 생존 시 암 발생의 위험률

구분	한국(2014)		
	전체	남자	여자
기대수명(세)	83	80	87
기대수명까지의 누적암 발생 위험(%)	37.9	39.9	35.8

출처 : 보건복지부 · 중앙암등록본부 · 국립암센터, 국가 암등록 사업 연례보고서, 2021

2. 암의 일반적인 원인 및 증상

1) 암의 원인

암은 여러 가지 복합적 요인이 상호작용하면서 발생하는 것으로 알려져 있고, 유전적, 환경적 요인들과 암 발생의 상관성 분석이 다수의 역학 연구를 통해 이루어지고 있다. 세계보건기구 산하 국제암연구소IARC, International Agency for Research on Cancer의 보고서에 근거하면 국가별로 빈발하는 암의 종류가 다르고, 암종별로 위험요인이 다를 뿐 아니라 다양한 혼재변수가 존재하므로 위험요인에 대한 지역사회별 대처가 중요하다고 강조한 바 있다. 흡연은 매해 전 세계 약 240만 명의 암 사망과 연관되는데, 특히 저개발 국가 및 개발도상국에 큰 위협이 되고 있다. 약 13% 정도의 암 사망이 전염성 바이러스나 박테리아에 의한 것으로 보이며 특히 헬리코박터 파일로리균, 인유두종 바이러스, 간염 바이러스에 의한 감염이 주를 이룬다. 그 외에 알코올 섭취, 특정 식품과 영양소, 햇빛과 자외선 노출, 방사선 노출, 신체활동량, 환경오염 물질 및 산업현장에서의 화학물질 노출도 암 발생과 밀접하게 관련된다. 우리나라에서 암 발생의 2/3를 차지하는 주요 호발 암과 관련이 있을 것으로 보고된 주요 위험요인은 표 9-4와 같다.

표 9-4 국내 호발 암과 식품영양학적 요인

구분	내용
위암	알코올, 염장식품, 과체중 및 비만
폐암	비소 함량이 높은 식수, 흡연자이거나 흡연력을 가진 사람에서 고농도의 베타카로틴 영양보충제
간암	과제중 혹은 비만, 알코올, 아플라톡신 오염식품
대장암	적색육, 가공육, 알코올, 과체중 및 비만
유방암	폐경 후 비만, 알코올, 출생 시 체중

출처: 세계암연구재단 · 미국암연구소, 2021

2) 일반적인 증상

암의 초기 단계에는 특별한 증상이 없는 경우가 많고, 증상이 비특이적이기 때문에 다른 질환과의 구분도 어려울 뿐 아니라 암이 생긴 조직별로 다를 수 있다. 그러나 암이 자라면서 암 조직 자체에 의한 영향이나 주위의 기관, 구조물, 혈관, 신경을 압박하게 되면 병태에 따른 증상이 나타나게 된다. 변비처럼 장기 내강을 막아서 생기는 증세가 있을 수 있고, 췌장암과 담도암처럼 담관을 막는 경우 황달 등의 징후를 보이기도 한다. 폐암 등은 기관지를 자극하여 기침을 유발하기도 하고, 암이 신경이나 혈관을 누르거나, 뼈 등으로 전이가 생긴 경우는 통증을 일으킬 수도 있다. 위암과 대장암처럼 암의 성장으로 조직에서 출혈을 하는 경우 혈변과 빈혈이 나타나고 폐암은 객혈, 방광암에서는 혈뇨 등이 생기기도 한다.

또한 암은 암세포에서 만들어진 물질이 혈관을 통해 전신으로 퍼지며 신체대사에 영향을 주기 때문에 체중감소, 발열, 피로, 전신쇠약, 식욕 저하 등의 전신적인 증세가 나타나거나, 여러 면역 기능에도 영향을 준다.

3) 암의 치료방법에 따른 영양문제

암 환자의 영양상태는 암 조직의 성장에 수반되는 대사적인 변화뿐 아니라 암을 치료하기 위한 방법에 의해서도 영향을 받는다. 영양상태는 질병의 이환율과 사망률, 치료 효과 그리고 삶의 질에도 영향을 미치게 되므로 좋은 영양상태를 유지하는 것이 암 환자에게는 매우 중요하다.

암치료에 사용되는 각종 약물, 방사선치료 및 수술은 여러 가지 영양문제를 수반하고 대개의 경우에 영양소 섭취장애, 영양소 손실 및 대사 변화를 동시에 수반하므로 철저한 영양판정 및 관리가 요구된다.

(1) 수술

수술은 외상을 입었을 때와 마찬가지로 체조직의 손상 및 대사항진 초래와 함께 식욕을 저하시킴으로써 체중 감소가 유발된다. 경두부 부위의 수술은 식품의 섭취 자체를 어렵게 하며, 췌장 절제 시에는 소화장애 및 혈당 상승 등의 결과를 초래할 수 있다. 간을 절제한 경우 수술 후 간 기능 저하에 기인하는 각종 대사 이상이 올 수 있고, 소장 절제는 절제 부위에 따라 영양소 흡수불량으로 인한 영양문제가 초래될 수 있다. 일반적으로 수술 전에는 충분한 열량과 고단백식을 공급한다. 비타민과 무기질은 섭취기준에 부합하도록 하되 비타민 E, 비타민 K, 어유 등은 혈액응고를 방해하므로 수술 1주일 전부터 금한다. 수술 후에는 고단백식을 공급하고 충분한 양의 비타민 B군과 비타민 C, E 등을 공급하도록 한다. 각 수술 부위에 따른 부작용 및 영양문제는 표 9-5와 같다.

표 9-5 수술 부위에 따른 부작용 및 영양문제

수술 부위	발생 가능한 부작용 및 영양문제
식도	연하곤란, 위식도역류, 위 마비, 소화불량
위	조기만복감, 위 마비, 지방 흡수 불량, 덤핑증후군, 비타민 및 무기질 흡수 불량(B_{12}, D, Fe, Ca)
췌장	위 마비, 지방 흡수 불량, 고혈당, 수분/전해질 불균형, 비타민 및 무기질 흡수 불량(비타민 A, D, E, K, B_{12}, Ca, Fe, Zn)
간	고혈당, 고중성지방혈증, 수분/전해질 불균형, 비타민 및 무기질 흡수 불량(비타민 A, D, E, K, B_1, 엽산, Mg, Zn, Cu, Mn)
담낭, 담관	위 마비, 지방 흡수 불량, 고혈당, 수분/전해질 불균형, 설사, 비타민 및 무기질 흡수 불량(비타민 A, D, E, K, B_{12}, Ca, Fe, Zn)

수술 부위	발생 가능한 부작용 및 영양문제
소장	위 마비, 지방흡수불량, 고혈당, 수분/전해질 불균형, 설사, 비타민 및 무기질 흡수불량(비타민 A, D, E, K, B_{12}, Ca, Fe, Zn)
대장	수분/전해질 불균형, 비타민 및 무기질 흡수불량(비타민 B_{12}, Na, K, Mg, Ca)
갑상선	연하곤란, 연하통, 구강건조, 미각 변화

출처 : Elliott et al., The clinical guide to oncology nutrition(2nd ed.), 2006

(2) 약물치료

대부분의 항암제는 구토, 메스꺼움(미각 변화, 타액 분비 억제), 복통, 설사, 변비 등의 부작용을 초래하여 식품 섭취를 매우 어렵게 한다. 또한 항암제는 종양조직뿐 아니라 정상조직의 세포분열도 억제하고, 소장점막의 정상적인 구조 및 기능 유지가 어려워지는 경우 영양소 흡수에 장애를 받게 된다.

약물치료 전과 약물치료 중에는 저지방식과 고탄수화물식을 처방하고 비타민과 무기질이 섭취기준에 부족되지 않도록 한다. 단백질은 소화가 쉬운 양질의 단백질 급원을 선택하여 공급하고, 탄수화물은 곡류, 채소, 과일 등으로 보충한다. 약물치료 후에는 소량의 식사를 자주 섭취하며 식욕을 자극할 수 있는 식품을 이용한다. 체중이 감소될 때는 영양밀도가 높은 음료 등을 이용한다.

(3) 방사선치료

방사선치료를 하는 경우에는 조사 부위에 세포손상이 일어나게 되며, 특히 경두부암과 위암 및 장암을 치료하는 경우에는 구강 및 장 상피세포의 손상이 일어나 식품 섭취 및 영양소 흡수가 저해된다. 세포손상에 의한 문제 이외에도 방사선치료는 흔히 식욕 저하, 정신적 스트레스, 현기증 등을 수반하고 미각의 손상을 일으켜 방사선치료를 받는 환자의 90% 정도는 체중 손실을 경험하는 것으로 보인다. 방사선치료 후에는 고단백식과 고열량식을 하며 유당 함유 식품의 섭취를 피하고 단순당의 섭취를 줄이도록 한다. 방사선치료 부위에 따른 영양문제는 표 9-6과 같다.

표 9-6 방사선치료 부위에 따른 영양문제

치료 부위	급성부작용	만성부작용*
중추신경계 (뇌, 척추)	• 메스꺼움, 구토, 피로, 식욕감퇴 • 스테로이드 투여로 인한 고혈당	두통, 무기력
두경부 (혀, 인두, 후두, 비인강, 침샘)	구강건조증, 구강 및 인후염, 연하곤란, 연하통, 미각과 후각 변화, 피로, 식욕감퇴	• 점막의 위축, 건조, 궤양 • 구강건조증, 미각과 후각의 변화
흉부 (폐, 식도, 유방)	연하곤란, 연하통, 피로, 식욕감퇴, 가슴쓰림	• 식도 : 섬유증, 협착, 괴사 • 심장 : 협심증, 심낭염, 심장 확대 • 폐 : 마른기침, 섬유증, 폐렴
복부와 골반 (위장관계, 생식계, 고환, 전립선, 대장, 직장)	• 메스꺼움, 구토 • 장 기능 변화(설사, 심한 복통, 가스팽만) • 비뇨기 기능 변화 (빈뇨, 배뇨통) • 급성대장염, 장염, 유당불내증, 피로, 식욕감퇴	• 설사, 소화불량, 흡수불량, 만성대장염과 장염 • 소장궤양, 협착, 폐색, 천공, 누관 • 혈뇨, 방광염

* 치료 후 90일 이상
출처 : Elliott et al., The clinical guide to oncology nutrition(2nd ed.), 2006

3. 암 환자의 대사 변화

암 조직의 발생은 체내 다양한 대사 변화를 초래하는데, 특히 기아상태와 달리 식품 섭취량이 감소하여도 열량 소비효율에 변화가 없고 체단백질 전환율이 높아지며 포도당 신생합성이 증가하는 등 특징적인 대사 변화가 나타난다.

1) 열량 대사

암 환자에서 영양소 대사는 건강한 사람이 굶었을 때나 영양실조일 때와는 다른 양상을 나타내는데표 9-7, 그 정확한 기전은 아직 밝혀지지 않고 있다. 암 환자의 체중, 연령, 성별, 영양상태, 암 조직의 크기 등의 요인에 영향을 받게 되며, 질병의 진행기간이 길어질수록 휴식대사량이 증가하는 것으로 나타났다. 여러 암 중 휴식대사량의 증가가 뚜렷한 암은 피부암, 혈액암, 림프종, 폐암, 경두부암, 위암 등이다.

표 9-7 기아와 암 악액질의 대사 변화

구분		기아	암 악액질
휴식대사량		감소	증가
탄수화물 대사	• 인슐린 민감성	감소	감소
	• 해당과정 활성	감소	증가
	• 간에서의 포도당 신생합성	감소	증가
	• 코리회로 활성	변화 없음	증가
지방 대사	• 지방 분해	증가	증가
	• 지단백 분해효소 활성	변화 없음	증가
	• 혈중 유리지방산	변화 없음	증가
단백질 대사	• 합성(전신)	감소	증가
	• 합성(골격근)	감소	감소
	• 이화(전신)	감소	증가
	• 질소 평형	(–)	(–)
	• 소변 내 질소 배설	감소	변화 없음

암 조직을 제거한 후에는 대개 열량 소비량이 감소하는 것으로 볼 때 휴식대사량 증가 원인의 일부는 암조직의 성장에 의한 것으로 보인다.

2) 탄수화물 대사

정상인의 대사과정에서는 식품 섭취량이 부족할 경우 근육과 간의 글리코겐 분해가 먼저 일어나 필요한 에너지를 공급하고 글리코겐이 고갈되면 근육 단백질 및 지방조직 분해가 일어난다. 지방 분해로 생성된 케톤체는 얼마간 열량 공급을 통해 포도당이나 체단백질이 열량원으로 쓰이는 것을 절약해 주는 역할을 하는데, 암 환자의 경우 이러한 적응기전이 원활하지 못하여 포도당 신생합성 및 단백질 분해가 계속 일어나게 된다. 한편, 암 환자들의 탄수화물 대사 중 특이한 것은 인슐린의 분비가 정상임에도 당내성이 떨어져 혈당치가 올라가는 것이고, 이러한 현상은 종양세포에서 분비하는 종양괴사인자Tumor necrosis factor-alpha, TNF-α에 의한 것으로 보인다.

또한 암 환자에서는 신속하게 열량을 공급하기 위해 혐기적 해당과정이 활성화되어 포도당이 젖산으로 전환되었다가 다시 포도당으로 합성되는 비효율적인 대사futile cycle가 항진되며, 일부 연구에서는 간의 당생성이 40% 이상 더 증가되었다고 보고하였다. 즉, 체조직 및 암 조직에서 생성된 많은 양의 젖산은 코리회로Cori cycle를 이용해 간에서 포도당으로 재합성되는데, 이 과정 중에 6 ATP가 소모되므로 결국 한 분자의 포도당으로부터 생산해 내는 에너지가 38 ATP 대신 2 ATP에 불과하다. 이런 과정에서 열량 소모가 증가하게 된다.

3) 지방 대사

암 환자의 지방 합성은 감소하고 지방산 분해가 증가하며, 이상지질혈증, 혈중 지질 농도 증가 등의 변화가 나타나며 결과적으로 다량의 지방 조직 손실로 이어진다. 특히, 암 환자들에게 있어 주요 열량원인 지방은 포도당을 공급한 후에도 계속 분해되는 것으로 보인다. 대장암 환자와 위암 환자를 대상으로 조사한 연구에 의하면 다른 질환 환자들과는 달리 암 환자의 경우 지방산의 이용률이 현저히 높으며 이는 체중손실이 일어나고 있는 암 환자들에게서 특히 두드러진다. 이러한 체지방 분해의 가속화에 기여하는 원인으로는 종양세포에서 분비되는 사이토카인들, 즉 TNF-α, 백혈병억제인자Leukemia Inhibitory Factor, LIF 및 지방이동요소Lipid Mobilizing Factor, LMF 등의 분비에 의한 지방분해 자극, 조직의 지단백질지방분해효소lipoprotein lipase의 활성 저하 등을 들 수 있다.

4) 단백질 대사

건강한 사람은 부족한 열량원을 공급하기 위한 체단백질 분해가 매우 서서히 일어나게 되나 암 환자는 이러한 조절 기전에 이상이 초래되고 그 변화는 외상이나 감염 환자들의 경우와 유사하다. 대부분의 환자는 섭취하는 질소량보다 배설되는 질소량이 더 많은 '음'의 질소평형상태를 나타내고 이것은 암을 더 악화시키게 된다. 일반적으로 암 환자의 단백질 대사에서 공통적으로 관찰되는 것은 암 조직의 생성과 함께 단백질 대사가 활발해지면서 근골격에서 단백질의 합성은 억제되고, 골격근의 손실이 증가한다. 이러한 근육단백질의 분해 증가는 TNF-α, interleukin (IL)-6, 단백질 분해 촉진요소Proteolusis-Inducing Factor, PIF 등 종양에서 생성되는 사이토카인들의 분비에 그 원인이 있는 것으로 보인다.

4. 암 환자의 영양 관련 문제

1) 체중 감소

환자의 영양상태를 반영해 주는 가장 좋은 지표가 체중이다. 일반적으로 암으로 입원한 환자 중 45% 정도는 약 10% 이상의 체중 감소가 일어나는 것으로 보고된 바 있다. 식욕부진, 조기포만감, 단백질 및 지방 분해 증가, 에너지 대사 증가 등의 대사 변화 등 종양의 전신적 영향이나 장폐색, 흡수장애, 오심, 구토 등 종양의 국소적 영향, 그리고 화학요법, 방사선요법, 수술 등 암치료에 따른 부작용이 복합적으로 작용하여 체중감소가 일어날 수 있다. 이는 삶의 질quality of life 저하, 신체 기능 저하, 암치료에 대한 반응 감소, 체형 유지 실패, 입원 기간 증가, 치료와 관련된 부작용 증가 등을 유발하는 것으로 보고되고 있다.

Know

암 환자에게서 나타나는 영양문제

- 암세포에 의한 탄수화물, 단백질, 지방 등의 생화학적 대사 변화
- 종양의 대사산물로 인한 맛과 냄새에 대한 감각 이상 등과 같은 암 자체에 의한 영양문제
- 수술, 항암제, 방사선, 면역요법 등의 암치료에 따른 부작용으로 인한 영양문제
- 암과 관련된 심리적인 스트레스

소화기 암에서 나타나는 주요 영양 관련 문제

항목	영양 관련 주요 문제
종양 관련 인자	악액질, 미각 이상, 후각 이상, 식욕부진, 연하통, 삼킴 곤란, 위장관 폐쇄, 조기 포만감, 담도 폐쇄, 흡수장애, 통증
전신 인자	식욕부진, 악액질, 과대사, 미각 이상, 오심
심리적 인자	두려움, 우울감, 불안감, 분노
치료 부작용	식욕부진, 통증, 피로, 오심, 구강건조증, 구강칸디다증, 미각 이상, 연하통, 삼킴곤란, 점막염, 식도염, 위 정체, 설사, 변비, 흡수장애, 장염

2) 식욕부진으로 인한 식사 섭취량 감소

식욕부진은 암 환자에게 흔한 증상으로 전체 환자의 50%에서 경험하게 되는데, 이는 식이 섭취를 조절하는 뇌의 중추성 신호전달체계와 말초성 신호전달체계의 불일치에서 기인하는 것으로 알려져 있다. 식욕부진으로 인한 식사 섭취량 감소는 감정 변화, 신체적 변화 및 대사 변화 등 여러 가지 이유로 인해 일어날 수 있다. 질병 초기에 섭식장애anorexia가 발생할 수 있고, 이는 암 조직 생성으로 부수적으로 초래되기도 하며 암치료 중에 발생하기도 한다. 또한 쉽게 포만감을 느끼거나, 장운동이 지연되어 배고픔을 쉽게 느끼지 않기도 한다. 메스꺼움이나 구토 증상은 암 자체로 인한 고통만큼 환자를 힘들게 하는데, 심한 경우에는 이를 진정시키는 약제가 도움이 된다. 이 외에 구강건조증, 구강 내의 통증, 치아손실 등으로 인한 식사량의 감소가 올 수 있다. 암치료로 인한 부작용으로 생기는 특별한 맛이나 냄새에 대한 거부감도 환자의 영양관리를 어렵게 한다. 저작이나 연하곤란증이 있으면 적절한 형태의 음식을 만들어 제공해야 한다. 또한 환자가 심한 고통으로 인해 식사를 못하는 경우가 없도록 식사시간 전에 진통제 투여가 필요한 경우도 있다. 암 환자의 식사량 감소를 소홀히 다루어 영양불량으로 인해 치료가 지연될 수 있으므로 정확한 원인을 파악한 후 대처해야 한다.

3) 암 악액질(Cachexia)

암 악액질은 암 환자의 영양상태 저하에 영향을 미치는 중요한 요인으로 암 환자의 주요 사망원인이 될 수 있으며, 사망 전 암 환자의 80% 이상이 경험한다고 한다.

암 악액질은 암의 직접 혹은 간접적인 영향으로 인하여 지속적인 체중 감소와 식욕부진, 지방 조직 및 근육의 쇠퇴, 영양학적 대사 불균형 등을 초래하는 만성 소모성 복합증후군이다그림 9-3. 종양에 의한 음식 섭취 감소와 개체의 대사 변화로 인한 단백질 및 열량 대사의 감소에 의해서 발병한다. 암 악액질 환자에서 관찰되는 대사 변화는 종양요인tumor factor과 개체요인host factor의 상호작용에 의해서 유발된다. 특히, 종양 자체에서 생산하는 물질tumor mediator과 종양에 반응해서 개체의 염증세포에서 생산하는 물질humoral factor에 의해 중개되는 사이토카인cytokine이 대표적인 역할을 한다. 신체의 방어체계를 제어하고 자극하는 신호물질로 작용하는 일종의 당단백질인 사이토카인 중 TNF−α, 인터루킨(IL−1, IL−6), 인터페론−γ 등은 그림 9-4와 같이 작용하여 암 악액질 발생에 중심적 역할을 하고, 인터루킨(IL−4, IL−1C, IL−13, IL−15) 등은 암 악액질을 억제하므로 암 악액질 환자의 전신상태는 이러한 사이토카인의 균형 정도에 의해 좌우된다. 또한 종양 자체에서 생산하는 물질tumor mediator에 의해 중개되는 사이토카인 중 단백질 분해 촉진요소Proteolysis Inducing Factor, PIF는 근육단백질 분해를 유도하고, 단백질 합성을 감소시키며, 지방 이동요소Lipid Mobilizing Factor, LMF 역시 지방 분해를 유도하여 체중 감소를 일으킨다.

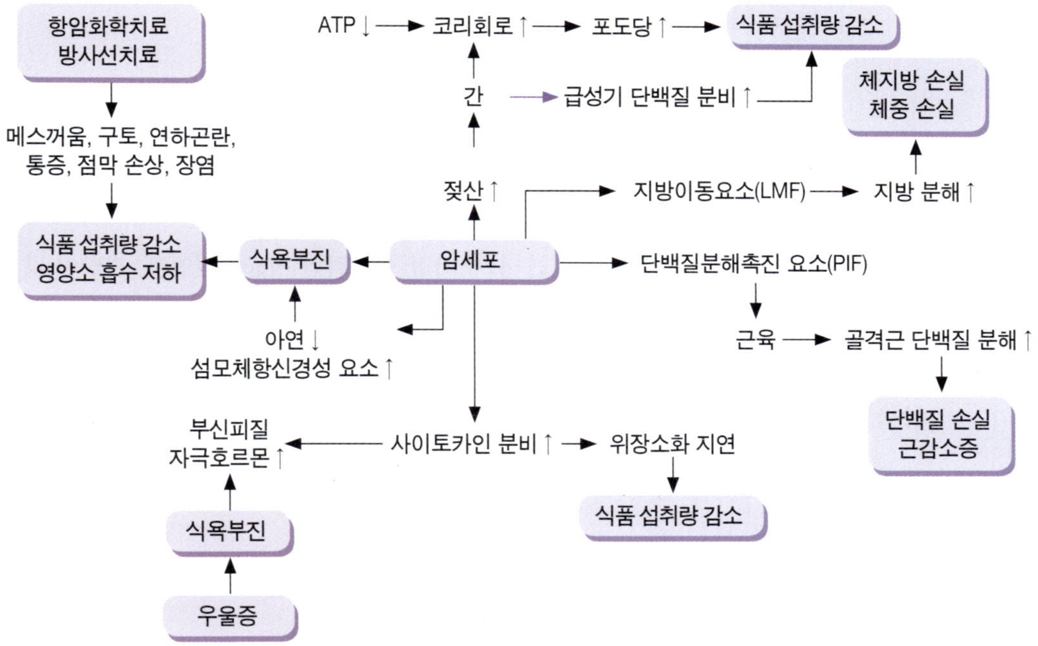

그림 9-3 암 악액질의 발생

국제 간 합의international consensus에 의한 악액질의 진단기준은 ① 지난 6개월 동안 체중 감소가 5% 이상인 경우, 또는 ② BMI(Body Mass Index) 20 이하 및 체중 감소 2% 이상, 또는 ③ 상하지 골격근 감소(남자 < 7.26kg/m^2, 여자 < 5.45kg/m^2) 및 체중 감소 2% 이상인 경우이다.

암성 악액질의 가장 좋은 치료방법은 암종을 완전히 제거하는 일이지만 현재 암

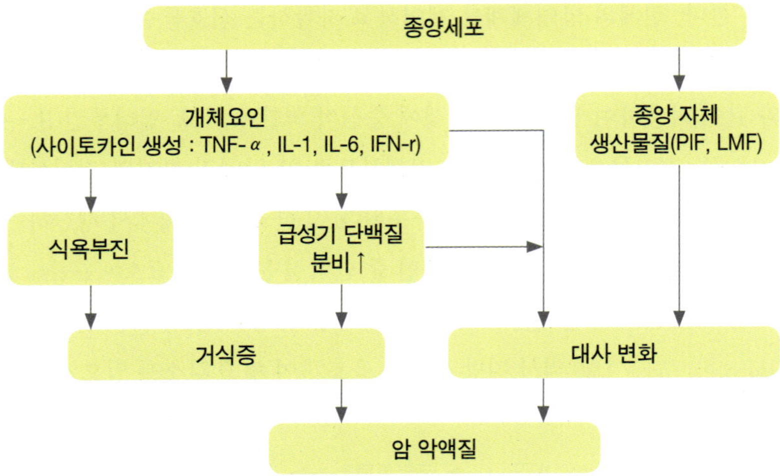

그림 9-4 암 악액질에서 사이토카인의 역할

의 3대 표준요법인 수술, 항암화학요법, 방사선치료가 아직 만족할 만한 수준이 아니므로 영양학적으로 균형 잡힌 식사 섭취를 늘리고 다양한 내과적 방법으로 근육이나 지방의 소실을 최대한 억제하는 것이 가장 현실적인 치료방법이다. 지방이 많이 포함된 음식은 위배출시간을 지연시키고 조기 포만감을 유발하여 식욕 부진이나 체중 감소를 촉진할 수 있으므로 지방이 적으면서 열량이 높은 음식을 소량씩 자주 섭취하는 것이 권장된다. 자극이 강한 냄새나 맛을 가진 음식도 피해야 하며 식사를 할 때 가장 편하고 즐거운 환경에서 식사를 할 수 있도록 하는 것이 좋다.

5. 암 환자의 식사요법

암 환자의 40~80% 정도가 영양불량상태에 있는 것으로 조사되고 있고, 이와 관련하여 많은 암 환자들에서 수술 부위의 회복 지연, 전해질 및 수분 불균형, 내분비 장애 및 면역능 저하 등이 초래되고 있다. 그러므로 암을 치료하는 동안 환자는 암 질환과 그 치료에 대처하는 데 필요한 영양상태를 유지함으로써 치료에 따르는 부작용을 극복할 수 있고, 감염의 위험을 감소시켜 주며, 항암치료로 인해 손상된 세포를 빨리 재생시킬 수 있다. 그러나 암을 낫게 해주는 특별한 식품이나 영양소는 없으며, 균형 잡힌 식사로 좋은 영양상태를 유지하는 것이 중요하다.

1) 암 환자의 영양 필요량

(1) 열량

암 환자의 열량 필요량의 산정은 다음과 같다.

- 심한 대사 이상이 없으며 움직임이 거의 없는 암 환자 : 25~30kcal/kg
- 체중 증가와 같이 영양개선이 필요한 암 환자 : 30~35kcal/kg
- 과대사나 스트레스 상태의 암 환자 : 35kcal/kg
- 패혈증 : 25~30kcal/kg
- 골수이식 : 30~35kcal/kg

정상적인 식사가 가능한 경우는 하루에 필요한 양을 6회 정도로 나누어 공급하

Know

암 환자를 위한 일반적인 식사지침

- 아침, 점심, 저녁을 규칙적으로 섭취하고, 반찬은 골고루 먹는다.
- 매끼 단백질 반찬을 꼭, 충분히 먹는다. 고기나 생선이 싫다면 대신 달걀, 두부, 콩, 치즈를 먹는다.
- 채소 반찬은 매끼 두 가지 이상을 먹는다. 씹기 힘든 경우나 삼키기 힘든 경우에는 다지거나 갈아서 먹는다.
- 과일은 하루 1~2번, 1가지 이상을 먹는다. 단, 면역력이 저하된 경우에는 주스나 통조림으로 대신한다.
- 우유는 하루 1컵(200mL) 이상 마신다. 우유가 잘 맞지 않는 경우에는 요구르트, 두유, 치즈, 아이스크림 등을 대신 먹는다.
- 밥은 매끼 한 그릇 정도 먹는다. 그리고 간식으로 빵이나 크래커, 떡 등을 조금씩 먹는다. 죽의 경우에는 하루에 4~5번 이상 자주 먹는다.
- 지방을 제공해 주는 식용유, 참기름, 들기름 등의 기름은 볶음이나 나물을 만들 때 양념으로 충분히 사용한다.
- 양념과 조미료는 적당히 사용하며 너무 맵거나 짜지 않게 한다.

출처 : 대한영양사협회, 임상영양관리지침서(제3판), 2008

는 것이 바람직하다. 특별한 영양소의 부족이 없도록 식품을 잘 선택할 수 있게 환자의 영양교육지도가 필요하다. 충분한 영양소를 섭취할 수 있도록 콜레스테롤, 지방, 식품첨가물의 위험성을 지나치게 의식하지 않도록 하고, 음식의 분량을 늘리지 않으면서 고열량식이 될 수 있도록 영양밀도가 높은 크림, 버터, 마가린, 치즈 등을 사용하도록 한다. 정상적인 식사가 불가능한 경우에는 경관영양 또는 정맥영양 지원이 필요할 수 있다.

(2) 단백질

암 환자는 단백질 대사에 변화가 생겨 음의 질소 평형을 유지하고 있는 경우가 많다. 단백질 결핍은 무력감, 피로감, 치료로 인한 부작용, 감염 등의 합병증을 가속화할 수 있으므로 충분한 양의 단백질을 공급해 주어야 한다.

- 정상상태 유지 : 0.8~1.0g/kg
- 스트레스가 없는 암 환자 : 1.0~1.2g/kg
- 과대사상태의 암 환자 : 1.2~1.6g/kg
- 심한 스트레스 상태의 암 환자 : 1.5~2.6g/kg
- 영양지원이 필요한 환자 : 1.6~2.0g/kg
- 골수이식 : 1.5~2.0g/kg

(3) 체수분

체수분량은 영양상태 평가에 기초가 되는 체중에 많은 영향을 준다. 특히, 경구영양 지원을 받는 환자는 탈수가 되기 쉽고, 정맥영양 지원을 받는 경우는 체수분량이 지나치게 증가할 수 있다. 항생제 중 나트륨의 함량이 높은 경우에는 부종이 초래될 수 있다. 경구 및 정맥영양을 하는 경우에는, 특히 수분 섭취량과 배설량을 주의 깊게 조사해야 하며 24시간 이내에 0.5~1kg 이상의 체중 변화가 있는 경우는 수분 과부족을 의심해야 한다. 수분 필요량 계산방식은 다음과 같다.

- 열량 필요량을 이용하는 방법 : 1일 수분 필요량 = 1 mL/kcal × 1일 필요열량

- 연령 및 체중을 이용하는 방법 : 16~30세 : 40mL/kg
  31~55세 : 35mL/kg
  56~75세 : 30mL/kg
  76세 이상 : 25mL/kg

(4) 비타민과 무기질

환자가 식사 섭취를 하는 데 문제가 없는 경우에는 따로 비타민이나 무기질 공급이 필요하지 않다. 그러나 환자가 일정한 식품군을 전혀 섭취하지 않는 경우나 식사 섭취량이 적은 경우에는 영양상태 판정을 실시한 후 필요에 따라 추가공급이 필요하다.

(5) 경관영양과 정맥영양

암 환자의 영양상태 개선을 위해 많이 사용하는 영양지원방법으로 경관영양과 정맥영양이 있다. 그러나 많은 임상연구에서 나타난 결과에 의하면 경관영양지원과 정맥영양지원이 암 환자의 영양상태를 호전시키는 데에는 한계가 있는 것으로 보인다. 특히, 영양상태가 비교적 양호한 환자와 식사 섭취가 어느 정도 가능한 환자의 경우에는 경관 및 정맥영양보다는 경구 섭취를 통한 영양개선을 권한다.

그러나 식사 섭취장애가 오랫동안 계속되거나 심한 영양실조를 보이는 경우에는 경관 또는 정맥영양이 필요할 수 있다. 특히, 장기의 기능에 장애가 있는 경우를 제외하고는 정맥영양보다 경관영양이 권장되고 있는데, 이는 정맥영양을 오래 지속 시 영양소 흡수를 담당하는 장점막 융모의 길이가 짧아지고 소화효소의 분비가 적어지며 장 박테리아의 서식장소가 변하기 때문이다. 영양지원방법을 선택할 때는 암 부위, 치료로 인한 영양장애, 소화장애를 일으킬 수 있는 원인이 존재하는지 등을 고려하여야 한다.

2) 부위별 암의 식사관리

암의 종류에 따라 발생 가능한 영양 관련 문제와 식사 시 고려해야 할 일반적인 사항은 표 9-8와 같다.

표 9-8 암 종류에 따라 식사 시 고려해야 할 점

암 부위	흔한 합병증	가능한 식사방법
뇌와 신경계	씹고 삼키기 어려움, 혼자 먹기 곤란	연하곤란식, 유동식
머리와 목	연하곤란, 사레, 점막염증, 구강건조, 입맛 변화	경관급식, 유동식
식도	연하곤란, 식도 막힘, 위식도 역류, 점막염증	경관급식, 유동식 > 반유동식 > 고형식
위	덤핑증후군, 위배출 지연, 조기 만복감	경관급식(폐색 혹은 다루기 힘든 덤핑증후군의 경우), 위절제후식, 소량씩 자주 급식, 당류와 불용성 섬유소 제한
소장	수분 전해질 불균형, 장기능장애, 흡수불량, 유당불내증, 점막염증, 단장증후군(절제 시), 장폐색	경관급식 혹은 장폐색 시 TPN, 장염 혹은 단장증후군, 지방제한식 혹은 유당제한식
췌장	흡수불량, 담즙 부족, 고혈당	지방제한식, 효소재배치, 소량씩 자주 급식, 탄수화물 조절식

(1) 위암

위의 일부 또는 전부가 절제된 경우 위의 소화 기능이 없어지므로 심각한 영양불량이 초래되어 체중손실 및 영양소 부족이 나타날 수 있다. 위암 수술 환자의 경우 체중손실, 복부통증, 섭식장애anorexia, 무기력증 등이 동반될 수 있고, 흔히 동반되는 증상으로 덤핑증후군이 있다(위장질환의 식사요법 참조).

위 절제술 후 식사 시에는 다음 사항을 고려한다.

- 소량씩 자주 섭취한다.
- 많이 씹고 천천히 삼킨다.
- 단당류의 과잉 섭취를 피한다.
- 수분은 식간에 섭취한다.
- 유당불내증 환자는 우유 및 유제품 섭취 시 주의한다.
- 식후에는 15~30분 정도 비스듬히 누운 자세로 음식물의 위배출 시간을 늦춘다.

(2) 갑상선암

갑상선암은 대부분의 경우에는 원인을 잘 알지 못하지만, 유전, 비만, 요오드 부족과 어린 시절 다량의 방사선 노출이 위험요인으로 알려져 있다. 갑상선암의 종류에는 유두암, 소포(여포)암, 수질암, 역형성암 등이 있으며, 갑상선유두암이 가장 흔한 종류로 전체 갑상선암의 80~90%를 차지한다. 갑상선유두암은 천천히 자라는 경향이 있고, 예후가 매우 좋으나, 림프절 전이를 잘한다. 갑상선소포암은 갑상선암의 10% 전후를 차지하는 암으로 혈관을 침범하거나 폐와 뼈로 원격 전이할 수 있다. 갑상선수질암은 가족성으로 발생할 수 있고, 다른 내분비질환과 연관되어 발생할 수 있다.

모든 갑상선암의 일차 치료는 수술이고, 일반적으로 갑상선을 전부 절제하는 갑상선 전절제술이 추천되며, 갑상선 전절제술 후에는 일생 동안 갑상선호르몬 약제를 복용해야 한다. 갑상선암은 종양이 작은 경우 수술만으로 완치될 수 있고, 갑상선암이 크거나, 림프절 전이가 있거나, 수술 소견상 재발의 가능성이 높은 경우에는 방사성요오드 치료를 하게 된다. 갑상선 세포와 대부분의 갑상선암 세포는 요오드를 흡착하는 능력을 가지고 있으므로, 방사성요오드 치료를 하면 갑상선암 세포가 이를 받아들여 농축하고 DNA 손상을 통해 사멸하게 된다. 인체의 다른 조직은 요오드를 이용하지 않으므로 방사성요오드 치료에 의해 거의 영향을 받지 않지만, 일부에서 침샘에 영향을 끼쳐 입마름을 유발할 수 있다.

방사성요오드 치료를 하기 위해서는 혈액 내 갑상선자극호르몬 농도를 충분히 높여야 하고, 이를 위해서는 갑상선 호르몬 복용을 4~6주간 중단하고 치료 전 1~2주간은 저요오드 식단을 유지해야 한다.

검사나 치료를 위해 요오드 제한식을 할 경우 식품선택 시 주의사항은 다음과 같다.

- 미역, 다시마, 김, 파래, 생선, 조개, 멸치, 낙지 등의 해조류와 어패류 섭취를 제한한다.
- 요오드가 함유된 소금(천일염, 죽염, 외제 소금, 구운 소금 등) 사용을 금지한다.
- 천일염이 다량 함유된 염장식품을 제한한다.
- 유제품, 달걀 섭취에 주의한다.
- 가공식품, 수입식품, 인스턴트 식품, 패스트푸드, 건강식품, 영양제 등의 섭취에 주의한다.

갑상선암의 전반적인 예후는 매우 우수하고, 갑상선에 국한된 갑상선유두암의

10년 생존율은 거의 100%에 가깝지만, 갑상선암에 대한 일차 치료가 성공적이더라도 일생 동안 정기적인 추적관리를 받는 것이 좋다.

(3) 대장암

대장암은 수술 후 짧은 기간 동안 변비나 설사 같은 소화기계 증상과 수분, 칼륨, 나트륨, 단쇄지방산 등의 영양소 흡수불량이 나타날 수 있으나 대장 절제는 환자의 영양상태에 큰 영향을 미치지는 않는다. 설사를 완화시키기 위해서는 자극성이 있는 음식을 피하는 것이 도움이 된다. 대장 종양이 발생한 경우에 소장을 절제하는 경우는 드물지만 전이가 있는 경우 소장 하부의 일부가 손상되거나 절제되는데, 이때 각종 영양문제가 발생할 수 있다. 특히, 비타민 B_{12} 결핍, 담즙염 손실, 신결석, 칼슘 및 마그네슘 손실, 지방 및 지용성 비타민 흡수불량 등이 수반됨을 고려하여 식사관리를 시행하여야 한다.

대장 절제 후 식사 시에는 다음 사항을 고려한다.

- 수술 직후에는 장의 휴식과 수분 공급을 위해 맑은 유동식으로 식사한다.
- 장을 자극하지 않고 영양소 손실은 줄이기 위해 저잔사식을 섭취한다.
- 수술 후 상처 회복을 위해 고단백, 고열량식을 섭취한다.
- 규칙적으로 균형식을 섭취한다.
- 수분부족과 전해질 불균형을 방지하기 위해 수분을 충분히 섭취한다.
- 콩류나 양배추 등의 가스 발생 식품이나 마늘, 양파, 고추 등 향이 강한 식품을 제한한다.

3) 증상별 식사관리

암의 치료방법은 암의 종류와 전이 여부 등에 따라 다양하다. 수술이나 항암화학요법만으로 치료하는 경우도 있고, 어떠한 경우에는 3가지 방법을 모두 사용하는 경우도 있다. 물론 이들 치료방법은 암세포를 표적으로 삼지만, 우리 몸의 정상세포에도 손상을 입힐 수 있고, 그에 따른 부작용이 나타날 수 있으며, 이 중 식사 섭취에 영향을 미치는 부작용으로는 식욕부진, 오심, 구토, 입과 목의 통증, 체중 변화(체중 감소나 증가), 입안 건조증, 치아와 잇몸 질환, 입맛의 변화, 설사, 변비, 피로, 우울감 등이 있다.

(1) 식욕부진이 있는 경우

식욕부진은 암 자체와 항암치료에 의해 가장 흔하게 일어날 수 있고, 암으로 인한 공포나 우울감 등으로도 생길 수 있다. 입맛을 돋우기 위해서 식사 전후에 입 안을 청결하게 하고, 양이 적으면서 영양소 함량이 높은 식품을 선택하여 천천히 먹도록 한다. 식사 사이에 간식을 공급하며 간식을 가까이 두어서 먹고 싶을 때 쉽게 먹을 수 있게 한다. 평소에 좋아하던 음식을 먹거나, 음식 형태에 변화를 주어 메뉴를 다양하게 해서 먹는다. 싫어하던 음식이 좋아지기도 하므로 식사 섭취량을 증가시키기 위해 싫어하던 음식을 시도해 볼 수도 있다. 식사 시 수분 섭취는 포만감을 주므로 조금씩 마시도록 하고, 만약 많은 양의 물을 마시고 싶다면 식전이나 식후 30~60분에 마시도록 한다. 필요하다면 식욕을 자극할 수 있도록 소량의 알코올 등도 허용된다. 식사시간에 얽매이지 말고 먹고 싶을 때, 먹을 수 있을 때, 또는 몸상태가 좋을 때 먹도록 하며 잘 먹는 사람을 친구로 두는 것도 식사 섭취량을 증가시키기 위한 하나의 방법이다. 식사하는 시간, 장소, 분위기를 바꾸어 보거나, 음악을 들으며 식사를 하거나 식탁보나 식기를 바꾸어 보는 것도 좋다. 가벼운 산책 등 규칙적인 운동도 입맛을 증진시키는 데 도움을 줄 수 있다. 식사 섭취가 계속적으로 힘들 경우에는 특수영양 보충음료를 이용할 수 있다.

(2) 메스꺼움이 있는 경우

메스꺼움은 수술, 화학요법, 방사선요법 등의 일반적인 부작용이다. 항구토제를 사용하여 증상을 조절하기도 한다.

배가 고프면 더욱 메스꺼울 수 있으므로 공복시간이 길지 않도록 하고, 이상한 냄새가 나거나 너무 후덥지근한 방은 피하도록 하며, 음식 냄새가 나지 않도록 자주 환기시킨다. 식사 시에는 조금씩 자주 천천히 하며, 식후 1시간 정도는 휴식을 취하는 것이 좋다. 메스꺼움이 심한 경우 억지로 먹거나 마시지 않도록 하고, 특정 음식에 대해 메스꺼움이 심할 때에는 억지로 먹지 않도록 하며, 먹기 좋고 비교적 위에 부담이 적은 식품을 섭취하도록 한다. 기름진 음식, 사탕, 쿠키 또는 케이크 등과 같이 매우 단 음식, 향이 강하거나 뜨거운 음식, 이상한 냄새가 나는 음식 등은 메스꺼움을 더욱 유발할 수 있으므로 피하도록 한다.

물은 포만감을 줄 수 있기 때문에 천천히 조금씩 마시고, 식사 시에도 조금만 마시도록 한다. 옷은 몸이 조이지 않도록 느슨하게 입는다. 항암화학요법이나 방사선치료를 받는 동안 오심 증세가 나타난다면, 치료하기 1~2시간 전에는 음식을 먹지 않도록 한다.

(3) 구토증이 있는 경우

구토는 메스꺼움을 느낀 다음에 나타나며, 이는 치료, 음식 냄새, 위나 장의 가스 등에 의해 일어난다. 구토 증상이 있는 경우 억지로 먹거나 마시지 않도록 하며, 구토 증상이 조절되면, 물이나 육수 등과 같은 맑은 유동식부터 조금씩 먹어보고 차츰 양을 증가시키도록 한다. 맑은 유동식으로 구토 증상이 조절되면 미음이나 부드러운 식사로 바꾸어 조금씩 자주 먹도록 하고, 적응되면 일반 식사를 섭취하도록 한다.

(4) 입맛의 변화

암이나 항암치료, 혹은 치과적인 문제 때문에 음식의 맛이나 냄새에 민감해질 수 있다. 보기 좋고 냄새도 좋은 식품을 선택하고, 만약 고기가 싫다면 생선이나 달걀, 두부, 콩, 우유나 유제품을 이용한다. 고기나 생선요리에 향이 좋은 양념류와인, 레몬즙 등나 새콤달콤한 소스를 사용할 수도 있다. 오렌지나 레몬같이 시큼한 식품을 사용하면 신맛이 금속성의 맛을 제거하는 데 도움이 될 수 있다. 또한 음식의 맛이나 냄새에 영향을 미치는 치과적인 문제가 없는지 확인해보고, 입 안을 자주 헹구도록 한다.

(5) 구강건조증이 있는 경우

머리와 목 주위에 대한 항암화학요법이나 방사선치료는 침분비를 감소시켜 입안을 마르게 할 수 있다. 음식을 먹을 때 육수나 국물 등에 담그거나 적셔서 먹고, 식사 중간에 자주 물이나 음료를 한 모금씩 마시도록 한다. 삼키기 쉽게 하기 위해 음식에 소스나 드레싱을 첨가하여 촉촉하게 한다. 수분을 자주 공급하고, 빨대를 이용하면 연하에 도움이 되며, 사탕이나 껌을 자주 섭취하는 것도 침 분비에 도움이 될 수 있다.

(6) 입과 목에 통증이 있는 경우

방사선요법, 화학요법 또는 감염 등에 의해 입과 목에 통증이 있는 경우 부드럽고, 수분이 많으며, 씹고 삼키기 쉬운 음식을 먹는다. 향신료를 많이 사용하거나 소금에 절인 음식, 토스트, 크래커 또는 말린 음식 등 입 안을 자극하는 음식이나 음료는 피하도록 하고, 요리를 할 때는 음식을 작은 크기로 자르고, 부드럽고 연해질 때까지 조리하며, 뜨거운 음식은 입과 목을 자극하므로 차거나 상온의 음식을 이용한다. 입 안이 쓰린 경우 빨대를 이용하여 섭취하도록 한다. 음식을 먹은 후에는 입 안을 깨끗이 헹구어 청결하게 유지한다.

(7) 변비가 있는 경우

변비는 수분 및 음식 섭취가 불충분하거나 오랫동안 누워 있는 경우 또는 항암제나 진통제 등의 부작용으로 생길 수 있다. 변비를 예방하고 치료하기 위하여 수분을 충분히 섭취한다. 특히, 아침 기상 직후에 차가운 물을 마시면 장운동에 도움이 될 수 있다. 음식 섭취량이 너무 적지 않도록 하고, 도정이 덜 된 곡류, 생과일이나 채소 등 섬유소가 많은 식품을 충분히 섭취한다. 가벼운 산책이나 걷기 등 자신에게 맞는 운동을 규칙적으로 하는 것도 도움이 되고, 누워만 있는 경우라도 배를 부드럽게 문질러 주면 장운동에 도움이 된다.

(8) 설사를 하는 경우

설사는 항암화학요법, 감염, 음식에 대한 과민반응, 불쾌감 등 여러 가지 원인으로 생길 수 있다. 설사가 있는 경우 수분공급을 충분히 해주되 식사할 때보다는 식사와 식사 사이에 공급하도록 한다. 장이 약해져 있으므로 식사는 소화되기 쉽고 부드러운 음식으로 조금씩 자주 섭취하도록 하며, 뜨겁거나 찬 음식보다는 상온의 음식이 좋다. 고기는 기름을 제거하고 부드럽게 조리하며, 채소는 푹 익히거나 데쳐서 섭취하고, 과일은 생과일보다는 주스 형태로 식이섬유 함량이 적은 과일을 섭취한다. 기름진 음식, 생채소, 생과일의 껍질과 씨, 브로콜리, 옥수수, 말린 콩 등과 같은 고식이섬유 채소 등은 가능한 피하도록 한다. 너무 뜨겁거나 차가운 식품 및 음료는 피하고, 상온의 음료를 마시도록 한다. 커피와 초콜릿 등과 같은 카페인을 함유한 식품과 음료는 제한하고, 우유 및 유제품을 피한다.

(9) 흡수불량이 있는 경우

저지방, 저식이섬유, 무유당식을 사용하고 필요에 따라 경관영양이나 정맥영양을 이용한다.

6. 암 예방을 위한 생활습관 가이드라인

세계보건기구 산하 국제암연구소의 보고에 의하면, 암 사망의 30%는 흡연에 의해, 30%는 식이요인에 의해, 18%는 만성감염에서 기인한다고 하였으며, 그 밖에 직업, 유전, 음주, 생식요인 및 호르몬, 방사선, 환경오염 등의 요인도 각각 1~5% 정도 기여한다고 하였다. 따라서 암은 개인의 건강생활 실천과 국가의 지원을 통해 예방 가능한 질환으로서 일상생활에서 적용할 수 있는 암 예방 생활습관에는 다음과 같은 것들이 있다.

암 예방을 위한 국민 암 예방수칙

- 담배를 피우지 말고, 남이 피우면 담배 연기도 피하기
- 채소와 과일을 충분하게 먹고 다채로운 식단으로 균형 잡힌 식사하기
- 음식을 짜지 않게 먹고 탄 음식을 먹지 않기
- 암 예방을 위하여 하루 한두 잔의 소량 음주도 피하기
- 주 5회 이상, 하루 30분 이상 땀이 날 정도로 걷거나 운동하기
- 자신의 체격에 맞는 건강 체중 유지하기
- 예방접종지침에 따라 B형간염과 자궁경부암 예방접종 받기
- 성 매개 감염병에 걸리지 않도록 안전한 성생활하기
- 발암성 물질에 노출되지 않도록 작업장에서 안전보건수칙 지키기
- 암 조기검진지침에 따라 검진을 빠짐없이 받기

출처 : 보건복지부 · 국립암센터, 2016

암 예방 권장사항

- 건강한 체중을 유지한다.
- 적절한 신체활동량을 유지한다.
- 전곡류, 채소, 과일, 두류를 섭취한다.
- 첨가당이 함유된 음료를 제한한다.
- 알코올 섭취를 제한한다.
- 보충제 섭취를 통한 암 예방 시도를 하지 않는다.
- 가능한 모유 수유를 한다.
- 암 진단을 받고 치료 중인 환자도 가능한 한 동일한 예방수칙을 따른다.

출처 : 세계암연구재단 · 미국암연구소, 2021

CHAPTER 10

호흡기질환

CHAPTER 10

학습목적

호흡기질환과 영양과의 관계를 이해하고, 치료를 위한 식사요법에 활용할 수 있다.

학습목표

- 호흡기질환의 주요 증상과 병태생리를 설명할 수 있다.
- 호흡기질환의 영양문제를 설명할 수 있다.
- 호흡기질환별 식사요법을 설명할 수 있다.

1. 호흡기계의 구조와 기능

호흡기계는 외부로부터 산소를 얻고, 체내에서 생성된 이산화탄소를 외부로 배출하는 기체의 교환이 일어나는 장소로 비강, 인두, 후두, 기관지, 폐로 구성되어 있다. 호흡기계는 기체교환 이외에도 인체의 면역 기능이나 체액의 pH 조절, 체온 조절, 거대핵세포나 비만세포를 저장하는 기능도 있다그림 10-1.

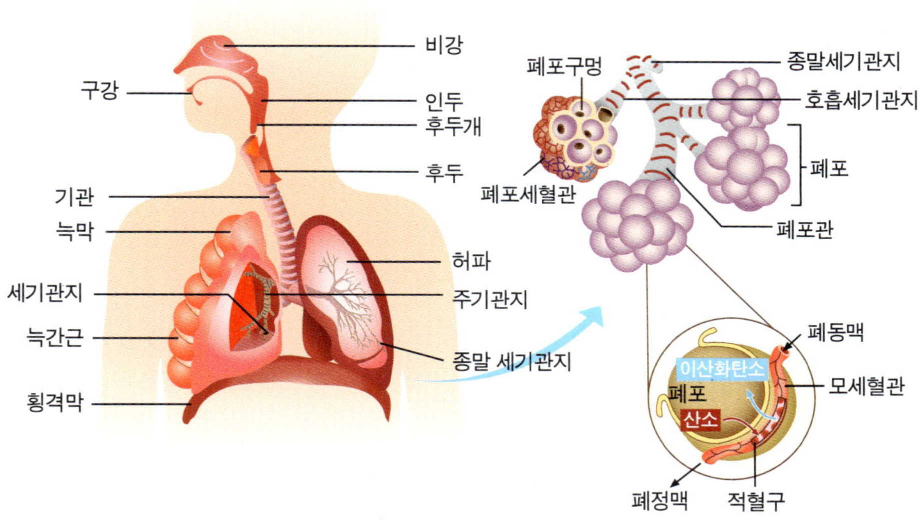

그림 10-1 호흡기계의 구조

2. 호흡과 영양불량

좋은 영양상태는 폐 조직의 발달과 호흡기계의 기능을 유지하는 데 매우 중요한 역할을 한다. 영양상태가 불량해질 경우 폐의 구조를 변화시키고 호흡근육의 양이나 강도, 내구성이 감소되어 환기 기능이 약화된다. 또한 인체의 방어기전과 호흡조절에 영향을 주어 호흡기 질병의 발병률도 증가하게 된다그림 10-2.

신체가 저단백혈증 상태에서는 폐부종을 일으키기 쉽고, 단백질과 인지질의 부족 시에는 폐포를 위축시키며 호흡의 부담을 가중시킬 수 있다. 폐 조직의 콜라겐

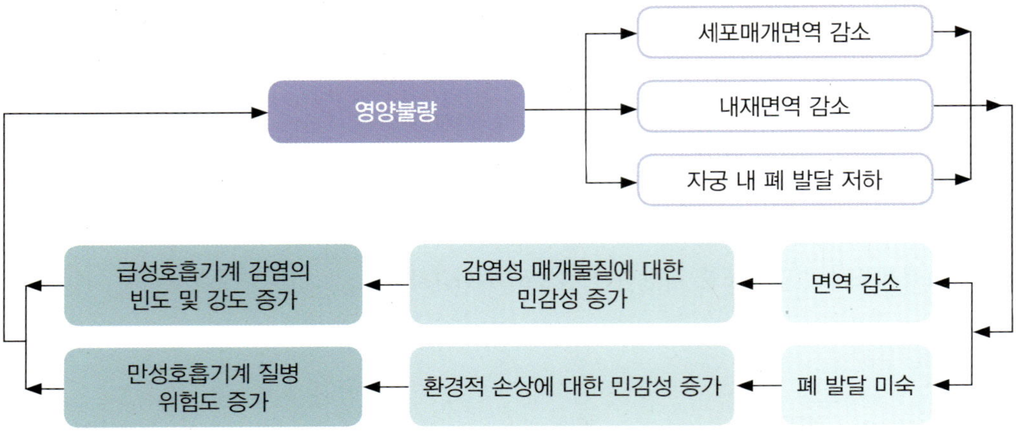

그림 10-2 영양과 호흡기계의 상호작용

출처 : Karim et al., Paediatr Respir Rev 22 : 31–37, 2017

합성을 위해 충분한 양의 비타민 C가 필요하고, 호흡통로 표면의 점액질 구성을 위해 당단백질과 전해질도 요구된다. 또한 체내 인산의 농도가 감소하면 환기능력이 떨어지고 마그네슘 감소는 호흡근육의 피로도를 가중시키며, 나트륨이 부족하면 식욕 및 환기 기능이 저하될 수 있다.

이처럼 영양소의 이용은 호흡기계 질환의 발병과 진행에 영향을 미치고, 호흡기계의 질환과 합병증은 영양소의 섭취, 소화, 흡수, 이용 및 배설을 어렵게 하고, 질환이 진행됨에 따라 영양소의 필요량은 증가하지만, 영양소의 체내 저장을 막아 영양상태를 악화시키므로 호흡 기능은 더욱 저하되는 악순환이 반복된다그림 10-3.

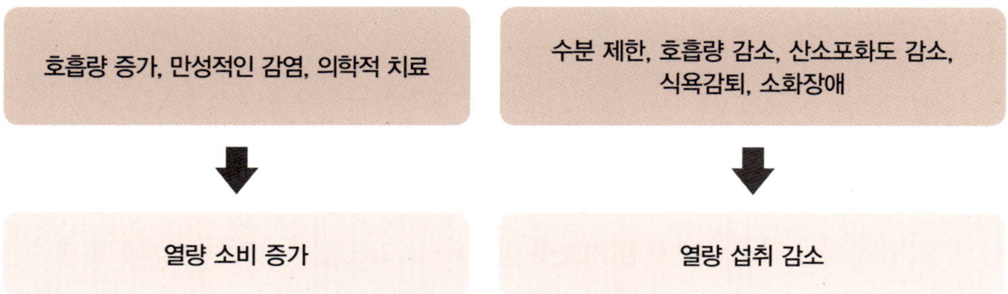

그림 10-3 호흡기질환으로 인한 영양상태 변화

3. 호흡기계 질환별 식사요법

1) 기관지천식(Bronchial asthma)

(1) 원인과 증상

기관지천식은 공기 중에 있는 외부 물질에 대한 예민성으로 생기는 질환이며 호흡곤란, 기침, 가래, 거친 숨소리와 같은 증상이 반복적이고 발작적으로 나타난다. 유전적 알레르기 체질과 주변 환경 인자의 상호작용으로 발생하며 대표적인 알레르겐은 집먼지진드기, 꽃가루, 동물털, 대기오염, 기후 변화, 스트레스 등이 있다.

(2) 식사요법

균형 잡힌 일반식을 유지하고, 산화적 스트레스로부터 기도를 보호하기 위한 항산화 영양소와 근육의 평활근 이완이나 항염작용이 있는 마그네슘 등을 충분히 섭취하는 것이 도움이 될 수 있다. 일부 천식 환자는 식품첨가물에 대한 과민반응으로 증상이 악화될 수 있으므로 주의하는 것이 좋다. 또한 건강상태가 나쁘거나 과로 후에는 증상이 악화될 수 있어 금연, 천식을 일으키는 물질과의 접촉 제한, 주변 청결, 스트레스 감소 등에도 신경을 써야 한다.

2) 폐기종(Emphysema)

(1) 원인과 증상

폐기종은 폐 조직 사이에 가스가 차 폐조직이 팽창하는 것으로, 폐포의 부피가 비정상적으로 증가하고 파괴되어 폐의 탄력성이 감소한 상태이다. 폐기종은 주로 흡연에 의해 발생되고, 대기오염이나 유해성 작업환경 등도 발병원인이 될 수 있다.

폐기종 환자는 질병이 진행됨에 따라 숨찬 증상이 주된 증상으로 나타나며, 마른 기침을 많이 하게 된다. 숨이 차고 음식물을 삼키는 것이 어렵기 때문에 체중 감소, 조직소모, 영양불량, 복부통증, 위궤양 등이 자주 발생한다.

(2) 식사요법

폐기종의 가장 효과적인 예방과 치료방법은 금연이다. 폐실질 조직의 보수와 재생을 위하여 고열량, 고단백식을 제공하고, 식이섬유가 많거나 질긴 음식은 피하고, 부드럽게 조리하여 소량씩 자주 섭취한다.

3) 만성폐쇄성폐질환(Chronic Obstructive Pulmonary Disease, COPD)

(1) 원인과 증상

만성폐쇄성폐질환은 폐기종과 만성기관지염 등으로 인해 기도 폐쇄가 점차 진행되어 폐를 통한 공기 흐름에 장애가 생긴 질환을 말한다. 장기 흡연이 주요 원인이며, 대기오염, 산업공해, 노화, 유전, 감염 등도 발병을 일으키는 위험요인으로 작용한다.

주된 증상으로는 호흡곤란, 기침, 객담 배출 등이 있고, 대부분 환자는 만성적인 체중 감소와 영양결핍상태를 보인다. 치료방법으로는 항생제나 기관지 확장제의 투여, 가래 제거, 인공적인 환기를 통한 호흡부전관리, 금연 등이 시행된다.

(2) 식사요법

만성폐쇄성폐질환은 영양불량인 환자에서 예후가 더 나쁜 것으로 알려져 있다. 영양결핍 시 저알부민혈증으로 폐부종이 발생하고 면역 기능 감소로 감염률의 증가, 기계장치에 의한 호흡 기간 연장, 입원율 및 사망률이 증가할 수 있다. 따라서 영양관리의 목표는 환자의 호흡부전을 완화하고 체중 감소를 방지하며 인체 저항력을 증가시키기 위한 적절한 영양소 공급과 수분 평형에 있다.

열량 요구량은 환자마다 다르지만 대략 기초대사량의 130~150% 정도로 충분히 공급한다. 단백질은 호흡근육 강화를 위해 체중 kg당 1.2~1.5g을 공급한다. 열량영양소의 대사 시 이산화탄소의 발생이 많은 탄수화물의 열량비율은 낮추고, 호흡계수가 낮고 농축된 열량원인 지방을 적절히 활용한다. 무기질 중 인과 마그네슘이 풍부한 식품을 섭취하고 가스를 형성하는 채소나 탄산음료는 제한한다. 식사 시 총열량의 1/3 이상이 호흡에 소비되므로 식사 전후 충분한 휴식을 취한다. 가래를 묽게 하여 가래가 잘 배출될 수 있도록 수분을 충분히 섭취한다.

4) 호흡부전(Respiratory failure)

(1) 원인과 증상

호흡부전은 대기와 순환혈액 간 기체교환의 손상으로 산소와 이산화탄소가 비정상적인 상태가 되어 생명을 위협할 수 있는 위중한 질환을 의미한다. 이때에는 급성호흡곤란증후군Acute Respiratory Distress Syndrome, ARDS을 일으키기 때문에 산소와 이산화탄소 수치를 정상화하기 위한 기계적 환기가 필요하다.

호흡부전의 원인은 감염(폐렴, 폐혈증 등), 위 내용물 흡인, 외상, 신경질환, 연기흡입 및 기도 폐색 등이 있고, 대표적인 증상으로는 저산소증과 고탄산증이 나타난다. 저산소증이 나타날 경우 세포사멸이 일어나고, 고탄산증은 중추신경계를 손상시킬 수 있다. 또한 호흡부전을 보상하기 위한 체내반응으로 숨을 더 빠르게 쉬어 심박수가 올라가고 청색증이 발생할 수 있고, 심한 경우 부정맥이나 혼수상태에 빠질 수 있다.

(2) 식사요법

기계적 환기장치인 인공호흡기는 인공적으로 호흡을 조절하여 폐포에 산소를 불어넣는 장치이며, 기계환기 시에는 휴식 시 에너지 소비량 외에 30~35% 정도 부가적인 열량이 필요하다. 호흡부전 환자의 경우 이산화탄소 생성을 최소화하기 위해 탄수화물의 섭취를 제한하고 열량원으로 지방의 이용을 권장하며, 수액을 통한 수분 평형이 매우 중요하다.

CHAPTER 11

면역 및 식품 알레르기

1. 면역과 감염 | 2. 감염성질환 | 3. 식품 알레르기

CHAPTER 11

학습목적

영양과 면역의 관계를 이해하고 감염성질환과 식품 알레르기에 따른 식사요법에 활용할 수 있다.

학습목표

- 영양과 면역의 관계를 설명할 수 있다.
- 감염성질환의 종류와 증상을 설명할 수 있다.
- 감염성질환의 일반적인 식사요법을 활용할 수 있다.
- 후천성면역결핍증의 원인과 증상을 알고 식사요법을 활용할 수 있다.
- 식품 알레르기의 일반적인 원인과 개념을 설명할 수 있다.
- 알레르기의 원인이 되는 식품을 열거할 수 있다.
- 식품 알레르기의 식사요법 원칙을 알고 식사요법에 활용할 수 있다.

1. 면역과 감염

1) 면역과 영양

감염은 병원성 미생물이 동식물의 조직, 체액, 표면 등에 정착하여 증식하는 것을 말한다. 건강한 사람은 외부에서 병원성 미생물이나 이물질의 침입에 대한 방어 메커니즘을 가지고 있으나, 영양부족상태에서는 방어 기능이 저하된다. 병원미생물이 인체에 감염되더라도 모두 발현되는 것은 아니지만, 전염성인 경우 발열 등 다양한 증상이 나타나고 체내에서 빠른 속도로 분열하여 치명적인 상태에 이르게 할 수 있다. 그러므로 감염을 예방하기 위해서는 영양관리를 통해 면역능력을 증가시키고, 체내 감염 대사를 이해하여 합병증을 예방하는 것이 중요하다.

면역반응은 인식과 반응이라는 특징을 가지고 있고, 피부나 점막, 위액, 대식세포, 백혈구 등에 의한 1차 방어선인 선천성 면역과 림프구 등의 후천성 면역으로 구

표 11-1 면역과 관련된 세포와 주요 기능

세포		종류	기능
피부, 점막세포(skin and mucosa cell)			병원체에 대한 일차 방어
대식세포(macrophage)			식세포작용
백혈구(white blood cell)	호중구(neutrophil))		식세포작용
	호염구(basophil)		알레르기 반응에 관여
	호산구(eosinophil)		기생충 제거
	단핵구(monocyte)		식세포작용
	림프구(lymphocyte)	B세포	형질세포로 분화되어 항체 분비
		세포독성T세포	감염세포 죽임
		보조T세포	면역세포 활성화
		자연살해세포	감염세포 죽임
수지상세포(dendritic cell)			세포전령사
형질세포(plasma cell)			항체 분비
비만세포(mast cell)			히스타민 분비, 알레르기 관여

분할 수 있다. 인체 내 방어작용에 관여하는 세포와 주요 기능은 표 11-1과 같다.

2) 감염에 따른 체내 대사 변화

급성감염 시에는 열량 필요량이 증가하므로 체지방과 골격근이 분해되어 열량원으로 이용된다. 심한 감염으로 체온이 과도하게 상승하는 경우에는 일반적으로 1℃ 상승할 때마다 기초대사량은 약 13% 증가한다. 위장관의 감염 시에는 흡수불량이 초래되고 영양소 이용률도 감소한다.

감염 초기에는 당질 코르티코이드와 성장호르몬, 글루카곤 등의 호르몬 분비가 증가하면서, 탄수화물 대사가 항진되어 글리코겐 분해와 당신생 합성을 촉진하므로, 체내 글리코겐 저장량은 감소하고 혈당은 상승한다.

감염 시 간에서는 급성기 단백질의 합성이 증가하고, 식세포와 림프계 세포의 증식이 일어나지만, 단백질 이용률은 감소하고 단백질 분해는 촉진되면서, 질소 손실이 증가한다표 11-2.

또한, 감염 시에는 식욕부진, 호흡 수의 증가, 발한량 증가, 구토와 설사 등으로 인해 수분과 무기질(마그네슘, 칼륨, 인, 아연, 유황 등)의 손실이 증가한다. 이에 따른 체내 반응으로 알도스테론과 항이뇨호르몬의 분비가 증가하여 전해질과 수분이 체내에 축적되고 소변량은 감소한다.

회복기에는 호르몬 분비가 정상화되면서 혈당이 내려가고, 질소 배설량은 감소하며, 골격근의 분해도 감소한다. 탈수, 설사, 발한 등의 증상이 개선되면 이뇨작용도 점차 활발해진다.

표 11-2 감염 시 체내 대사 변화

탄수화물 대사	단백질 대사	무기질 대사	기타
• 인슐린 저항성 • 포도당 분해 증가 • 포도당 신생합성 항진 • 혈당 상승	• 질소 손실 증가 • 근육 단백질 이화 • 내장 단백질 합성 감소 • 간에서 급성기 반응 단백질 합성 증가 • 식세포와 림프계 세포 증식 발생	• 혈장 철, 구리, 아연의 농도 변화 • 마그네슘, 칼륨, 인, 아연, 유황의 체외로 배출 증가	• 수분 손실 증가

2. 감염성질환

감염성질환은 크게 급성 · 만성 · 희귀성 질환으로 구분할 수 있다. 급성감염성질환은 폐렴, 감기, 편도선염, 장티푸스, 류머티스열, 회백질염 등이 있고, 만성감염성질환은 폐결핵이 있으며, 희귀성 감염성질환에는 말라리아가 있다.

1) 급성감염성질환(Acute infectious disease)

(1) 원인과 증상

급성감염성질환은 발병 후 수일에서 수주일 이내에 치유 또는 사망에 이를 수 있는 전염병으로, 증세를 보이는 기간이 비교적 짧지만 고열을 동반하고, 수분 손실과 급성기 영양결핍 상태가 나타날 수 있다.

(2) 식사요법

급성감염성질환을 치료하기 위해서는 증가한 기초대사량과 질소 손실량 보충을 위해 충분한 열량와 단백질 공급이 매우 중요하다. 일반적으로 고열량식, 고단백식, 고비타민식을 기본으로 하며 환자의 식욕 및 소화상태를 고려하여 유동식에서 점차 연식, 일반식으로 이행한다.

열량은 환자의 체중 변화, 발열 등에 따라 열량 섭취를 10~30% 증가시킨다. 구토, 포만감, 가스 등 소화 기능이 저하되었을 때는 열량밀도가 높은 식품을 활용하고, 소량씩 자주 공급하도록 한다. 감염으로 손상된 체조직 재생과 면역 기능 향상을 위해 고단백식을 제공하며 양질의 단백질로 구성하도록 한다. 탄수화물은 단백질을 절약하고 케톤증을 방지하기 위해 하루 100g 이상, 열량의 50~60%를 차지하도록 구성한다. 단순당보다는 복합당 형태로 제공하는 것이 좋다. 감염 시에는 고열량식을 섭취하기 위해 소화가 쉽고 농축된 형태의 유화지방이나 중쇄지방을 제공하는 것이 좋다. 고열량식을 할 경우 열량 대사에 조효소로 관여하는 비타민 B 복합체의 필요량이 함께 증가하므로 충분히 보충해주고, 생체조직 재생에 필요한 비타민 C와 비타민 A도 충분히 섭취하도록 한다. 무기질의 경우 수분과 나트륨, 칼륨의 소

표 11-3 급성감염성질환의 종류별 고려사항

구분	원인	증상	식사요법
폐렴 (pneumonia)	• 폐렴구균으로 인한 감염 • 폐의 충혈로 인한 감염	오한, 고열, 식욕부진, 기침, 가래, 숨 가쁨, 호흡곤란, 흉통, 가래	• 식사량에 따른 부담을 줄이기 위해 2~3시간 간격으로 자주 제공 • 급성기 호흡곤란 시 정맥영양 고려
장티푸스 (typhoid fever)	불결한 음식 및 음료수를 매개로 살모넬라 티포사균(*Salmonella typosa*)에 의한 감염	고열, 두통, 설사, 복부 발진, 장 궤양, 장출혈	• 발열로 신진대사 및 체단백 분해가 빨라 열량과 단백질의 필요량이 매우 증가 • 고열량, 무자극, 저잔사, 충분한 수분 공급 • 식욕 증진을 돕고, 구강 내 청결을 철저히 할 것
류머티스열 (rheumatic fever)	주로 연쇄상구균 (streptoccus)의 감염	피로, 식욕부진, 발열, 오한, 심장 · 관절 · 피부 등에 염증, 조기 미치료 시 심장에 영구적 손상 초래하기도 함	• 단백질, 철, 비타민 C를 충분히 공급 • ACTH 성분과 코르티솔이 함유된 약 처방 시 나트륨 제한 식사 권장
콜레라 (cholera)	비브리오 콜레라(*Vibrio cholera*)의 감염	심한 설사, 전해질과 수분 손실, 산 염기 불균형, 쇼크	• 수분과 전해질 우선적 공급 • 정맥영양 고려
유행성 감기 (influenza)	바이러스에 의한 1차 감염, 세균에 의한 2차 감염	발열, 두통, 권태감, 피로, 근육통, 인후통	• 수분의 충분한 공급과 소화하기 쉬운 음식 제공 • 충분한 휴식과 안정
회백질염 (poliomyelitis)	폴리오 바이러스에 의한 세균성 감염	마비, 고열 : 드문 질환이나 유아, 어린이에게 발생	• 고열이 심한 경우 맑은 유동식이나 연식 제공 • 고열량, 고단백, 고비타민식을 제공하고 포도당 공급이 적절히 이루어지도록 함

출처 : 대한감염학회, 제1회 감염질환 최신지견, 2017

실이 일어나므로 허용범위 안에서 충분히 공급한다표 11-3.

급성감염성질환의 종류별 식사요법의 고려사항은 표 11-3과 같다.

2) 폐결핵(Tuberculosis)

(1) 원인과 증상

폐결핵은 대표적인 만성감염성질환chronic infectious disease이다. 폐결핵tuberculosis의 원인균mycobacterium tuberculosis이 외부에서 호흡기로 침입하여 염증을 일으키며 전신으로 전파될 수 있다. 균에 오염된 식기나 식품에 의해서도 감염된다. 폐결핵은 빈곤하고, 비위생적인 인구 밀집 지역, 공기 오염이 심한 곳에서 발생률이 증가하고 모든 연령층에서 발생하나, 특히 청소년기에 충분한 영양분을 공급받지 못해 발병하는 소모성질환으로 알려져 있다.

초기에는 미열, 만성피로, 가벼운 기침, 식욕부진, 체중감소와 같은 증상이 나타나고 말기에는 가래를 동반한 기침, 흉통, 객혈, 호흡곤란이 심해진다.

(2) 식사요법

영양관리의 목표는 체중감소 및 체조직 소모의 방지, 손실된 체단백 보충, 탈수 방지, 합병증 예방에 있다. 모든 영양소가 골고루 포함된 균형식을 권장하지만, 폐결핵은 발열 정도에 따라 열량과 단백질 필요량이 달라진다.

급성폐결핵 상태로 고열이 동반된 경우에는 고열량, 고단백질의 유동식으로 시행하다가 회복 시 일반식으로 진행한다. 활동성 결핵 환자는 체단백 소모가 크므로 단백질을 체중 kg당 1.5g 정도로 충분히 공급한다. 가능한 동물성과 식물성 단백질의 비율을 1 : 1 수준으로 하되, 단백가가 높은 어육류, 닭고기, 난류, 콩류를 제공한다. 지방은 열량원으로 충분히 공급하되 유화된 지방이나 식물성 기름을 이용한다.

칼슘은 폐결핵 병소의 석회화에 중요한 역할을 하므로 충분히 공급하고 칼슘의 흡수를 돕기 위해 비타민 D 보충도 필요하다. 또한 각혈과 소화관 궤양이 발생하면 철 결합능력 감소로 간 내 저장 철의 감소, 골수의 적혈구 생산 감소로 빈혈이 나타날 수 있으므로 철과 구리가 풍부한 식품을 섭취한다.

결핵 환자는 체내 아스코르브산이나 비타민 A의 농도가 낮은 경우가 빈번하므로 비타민 A와 비타민 C가 풍부한 음식을 제공한다. 결핵치료용 항생제인 이소니아지드는 비타민 B_6를 배설시키므로 의사의 지시에 따라 비타민 B_6를 보충한다. 열량 섭취가 증가하면 대사에 관여하는 비타민 B 복합체의 섭취도 증가시킨다.

결핵 환자는 일반적으로 식욕이 없고 피로감이 심하므로 신선하고 영양이 풍부한 식품을 섭취하도록 하고, 개인의 기호를 충분히 반영하도록 한다. 주거환경 및 개인의 위생을 청결히 하며 식사는 편안하고 즐거운 분위기에서 할 수 있도록 한다.

3) 후천성면역결핍증(Acquired Immune Deficiency Syndrome, AIDS)

(1) 원인과 증상

에이즈라 불리는 후천성면역결핍증은 HIVHuman Immunodeficiency Virus에 감염되어 발병한다. 이 바이러스는 항체를 생성하는 B세포 및 암세포나 감염세포를 파괴하는 세포독성 T세포 증식에 필수적인 보조T세포를 집중적으로 파괴시킨다. 보조T세포가 HIV에 감염되면 체내 면역체계가 파괴되고 그 결과 각종 감염성질환과 종양이 발생하여 사망에 이르게 한다. 감염경로는 성적 접촉, 수혈이나 혈액 제제, 병원 종사자들의 사고, 모체에서 신생아에게 전파되는 경우 등이 있다. 바이러스에 감염된 후 3~6주 후에 급성감염기가 오면 발열, 인후염, 구토, 발진 등이 나타날 수 있다. 급성기 이후 무증상 잠복기가 수년 정도 지속될 수 있고 면역력이 저하될 뿐 특이한 증상이 나타나지 않는 경우가 더 많다.

(2) 식사요법

영양상태가 불량할 경우 면역 기능이 더욱 저하되고, 병이 진행되는 동안 혹은 약물치료 상태에서 발열, 식욕부진, 메스꺼움, 구토, 연하곤란, 설사, 체중 감소가 나타날 수 있으므로 충분한 영양을 섭취해야 한다. 따라서 영양밀도가 높은 음식을 소량씩 자주 섭취하고, 단백질은 체중 kg당 1~1.5g 정도로 충분히 공급한다. 지방 흡수불량이나 설사 등의 문제가 있을 경우 저지방식이와 중쇄중성지방 사용을 권장한다. 또한 심한 면역력 저하로 격리될 경우 날 것과 덜 익힌 음식, 저온살균하지 않은 우유 및 유제품, 생채소와 생과일, 견과류 등 특정 음식을 제한한다.

질병 말기에 음식을 충분히 섭취할 수 없는 경우에는 경장영양 혹은 정맥영양 등의 영양 지원을 적극적으로 시행한다.

3. 식품 알레르기

알레르기는 생물체가 외부물질과 접했을 때 항원항체반응에 의해 발생하는 변화

표 11-4 알레르겐의 종류

원인	알레르겐
식품	우유, 달걀, 생선, 밀가루, 초콜릿, 해물, 조개류 등
신경성	스트레스
흡인성	실내 먼지, 진드기, 깃털류, 꽃가루, 곰팡이, 담배 연기 등
접촉성	화장품, 세제, 비누, 고무장갑, 화학약품, 옻나무 등
약물	아스피린, 설파제, 페니실린, 아미노피린 등

로 과민반응이라는 뜻이다. 알레르기를 일으키는 항원물질을 알레르겐allergen이라고 하며, 알레르겐의 종류는 표 11-4와 같이 매우 다양하다. 알레르기 반응은 일반적으로 표 11-5와 같이 분류된다. 알레르기 반응은 항원이나 항체의 종류, 개인별로 일정하지 않으며 유전적 소인 외에 환경요인에 의해서도 영향을 받는다.

식품 알레르기는 식품에 대한 면역적 과민반응이며, 식품에 대한 특이항체IgE가 형성되는 I형 알레르기가 대부분이다.

표 11-5 알레르기 반응의 분류

구분		항원	항체	관련 질환 및 증세
즉시형 알레르기	I형 (즉시형 과민반응)	• 식품 내 단백질, 다당류, 핵산 등 • 꽃가루, 먼지, 동물의 털 등	IgE	기관지 천식, 꽃가루 알레르기, 두드러기, 구토, 설사, 아토피성 피부염, 대부분의 식품 알레르기
	II형 (항체매개 과민반응)	• 적혈구, 약물 등	조직 혹은 세포 표면항원에 대한 IgG, IgM	혈액형 부적합 수혈반응, 자가면역성 용혈, 약물 알레르기
	III형 (면역복합체매개 과민반응)	• 세균, 바이러스 등 • 일부 식품 내 성분	IgG 또는 IgM 항체와 순환 항원과의 복합체	사구체신염, 폐렴, 대장염, 출혈성장염, 흡수불량증, 일부 식품 알레르기
지연형 알레르기	IV형 (T림프구매개 과민반응)	• 조직세포, 결핵균 등 • 화장품, 페인트 내 성분 등	감작 T림프구	이식거부반응, 접촉성 피부염, 투베르쿨린(tuberculin) 반응, 단백질 손실성 장질환, 궤양성 결장염, 비열대성 스프루

1) 원인

소화기계에는 인체 면역기능의 약 70%를 담당할 정도로 많은 종류의 면역세포가 존재한다. 소화기를 통해 섭취한 다량의 식품에 대하여 일반적으로 반응을 나타내지 않으나, 특정 식품 성분에 대하여 비정상적인 과민반응을 나타내어 식품알레르기를 일으키기도 한다.

식품알레르기는 사람에 따라 어떠한 식품에서도 유발될 수 있다. 식품 성분 중 당단백질이나 단백질이 주요 유발물질로 알려져 있다. 식품 알레르기를 일으키는 대표적인 식품으로는 우유, 달걀, 생선, 조개류, 콩, 과일, 육류, 초콜릿, 메밀, 밀, 견과류, 식품첨가물 등이 있다표 11-6.

표 11-6 식품 알레르겐의 종류

식품군	식품 알레르겐
곡류군	메주콩, 옥수수, 빵, 메밀, 국수, 토란, 밤
어육류군	• 돼지고기, 쇠고기, 햄, 소시지, 베이컨, 달걀 • 고등어, 가다랑어, 전갱이, 청어, 연어, 새우, 오징어, 낙지, 조개류
채소군	가지, 죽순, 시금치, 버섯, 양파, 고사리
지방군	땅콩, 호두, 아몬드
우유군	우유, 아이스크림
과일군	딸기, 귤, 바나나, 토마토, 복숭아, 키위, 파인애플
기타	• 맥주, 청주, 위스키, 초콜릿, 겨자, 고추냉이, 번데기 • 간장, 된장, 고추장 등에 생긴 곰팡이

2) 증상

알레르기 질환의 증상은 표적기관에 따라 두드러기나 아토피피부염과 같은 피부증상, 기관지천식, 비염과 같은 호흡기 증상, 설사 및 구토 등의 위장관 증상 등 다양하며, 항원 노출 후 급성이면 1~2시간 이내, 만성이면 섭취 후 2시간 이후부터 1~2일 경과 후까지 나타난다.

표 11-7 식품 유발 알레르기에 따른 반응

표적기관	즉시 반응	지연 반응
피부	가려움, 두드러기, 발진, 홍반, 혈관부종	발진, 홍조, 가려움, 홍반, 혈관부종, 습진
눈	가려움, 결막홍반, 눈물, 눈 주위 부종	가려움, 결막홍반, 눈물, 눈 주위 부종
상기도	코막힘, 가려움, 콧물, 재채기, 후두부종, 쉰 목소리, 마른기침	
하기도	기침, 흉부압박감, 호흡곤란, 천명	기침, 호흡곤란과 천명
구강	입술, 혀, 입천장의 혈관부종, 입 안 가려움, 혀 부종	
소화기	오심, 복통, 역류, 구토, 설사	오심, 복통, 역류, 구토, 설사, 혈변, 식욕부진과 체중감소
심혈관	빈맥, 저혈압, 어지러움, 실신, 의식상실	
기타	자궁수축	

특히, 심각하고 치명적인 전신 알레르기 반응을 아나필락시스라 칭하는데, 항원에 노출된 후 갑작스럽게 일어나고, 빠르게 진행하며 생명을 잃을 수 있는 중대한 알레르기 반응을 의미한다. 아나필락시스는 코막힘이나 약간의 기침, 피부 두드러기 및 가려움과 같은 가벼운 증상에서 시작하여 심한 경우 발작적 기침 및 청색증, 저혈압, 실신, 착란 증세 등이 나타나기도 한다표 11-7.

3) 진단

식품 알레르기의 진단은 병력, 혈액 및 피부 검사, 식품 시험 등으로 나눌 수 있다. 정확한 진단이 어려우므로 여러 방법을 병행하여 진단한다.

(1) 병력

환자의 식사력, 임상 증상, 가족력으로 알레르기의 원인이 될 만한 것을 찾는다. 환자 문진을 통해 임상 양상, 발현 소요시간, 증상의 빈도, 최근의 증상 및 시기 등 여러 요소를 확인한다. 문진 이외에 보다 정확한 정보를 얻기 위해 환자 스스로 식사일기를 작성하도록 한다.

(2) 피부반응 검사

피부반응시험 검사법은 소량의 식품 항원을 피부에 떨어뜨리고 바늘로 살짝 찔러 피부 안으로 항원이 스며들게 하여 약 15분 경과 후 팽창된 부위와 상태를 측정하여 평가하는 방법이다. 식품 알레르기 증상이 IgE 매개성이면 피부반응 검사를 시행할 수 있지만, 일부 아나필락시스 반응을 보일 수도 있어 일반적으로는 혈액 검사를 시행한다.

(3) 혈액 검사

피부 검사로 확인이 어려운 경우 혈액 검사를 통해 혈액의 E형 면역글로불린 항체를 검사한다. 특이 알레르겐에 대한 IgE 수준을 확인하기 위해 RAST, ELIZA, CAP−FEIA 등을 검사한다.

(4) 항원시험 검사

의심되는 식품을 제한하거나 추가하여 알레르기 반응이 일어나거나 소실되는 현상을 관찰하는 검사법이다.

① 제거 식이법

제거 식이법은 해당하는 음식을 제거한 후 알레르기 반응이 나타나지 않는지 조사함으로써 진단하는 방법이다. 이 검사법의 기간은 증상의 종류에 따라 달라지며 1~6주 기간이 필요하다.

② 음식물 유발 검사

의심되는 음식을 환자에게 알리지 않고 환자에게 직접 섭취하게 한 후 증상이 유발되는 것을 관찰하여 진단하는 방법이다. 식품 알레르기로 확진하기 위해 이중맹검 위약 대조 식품유발시험을 원칙으로 한다. 시간과 노력이 많이 들고 아나필락시스의 위험이 있어, 특히 소아에게는 시행을 자제하고 있다.

4) 식사요법

(1) 항원의 제거

식품 알레르기의 식사요법은 우선 항원이 되는 식품의 섭취를 중단하는 것이다. 중단 후 일정 시간이 지나면 소량씩 다시 섭취하게 한 후 이상이 없을 때 점차 섭취량을 증가시킬 수 있다. 그러나 항원성이 강한 식품은 1~2년간 혹은 평생 제한될 수도 있다. 식품의 제한 및 기간 설정은 의사의 처방에 따른다.

(2) 식품의 대체

금기식품이 많아지고 장기화할 경우 영양상태에 영향을 줄 수 있으므로, 금기식품으로 인해 결핍될 수 있는 영양소를 함유한 대체식품의 섭취가 필요하다. 특히, 단백질 식품에 대해서는 세심한 주의가 필요하다. 또한 알레르기 유발식품과 같은 성분이 함유되었거나 같은 식품군의 음식에서도 알레르기 반응이 나타날 수 있으므로 교차반응에도 주의하여야 한다. 예를 들어, 새우 알레르기가 있는 사람은 갑각류에 속하는 게나 바닷가재를, 호두의 경우 캐슈넛이나 헤이즐넛 등의 견과류를 삼가는 것이 좋다.

(3) 조리법 변경

같은 식품이라도 조리법이 달라짐에 따라 알레르기 반응이 달라질 수 있으므로 조리법을 변경하여 적용할 수 있다. 음식을 차게 혹은 생것 그대로 섭취하였을 때 알레르기 반응이 더 가속화될 수 있다. 생달걀 요리보다 가열조리한 달걀이 안전할 때가 있는데, 이는 단백질이 가열 때문에 변성이 일어나면 항원으로 작용하지 않는 것으로 해석된다. 또한 빵에 과민했던 사람이 바싹 구운 토스트에는 알레르기 반응이 나타나지 않는 경우도 있다.

(4) 식품선택의 변화

식품을 선택할 때 최대한 신선한 것을 선택하고, 부패가 쉬운 동물성 단백질 식품은 주의한다. 채소류는 향이 강하거나 독을 제거해야 하는 채소를 구분하여 준비하고 소화흡수가 잘 되는 음식을 섭취한다. 가공식품, 향신료, 자극성 조미료류는 되도록 피하고 첨가 성분을 확인한다. 어린이의 경우 간식이나 음료 중 알레르겐 함유 여부를 반드시 살핀다.

(5) 기타

알레르기 반응은 인체 염증반응이므로 염증을 악화시키는 알코올의 섭취는 금한다. 과음 및 과식도 증상을 악화시키므로 피하고, 치료에 도움이 되는 신선한 채소와 과일, 수분을 충분히 섭취한다.

5) 아토피피부염

(1) 원인 및 증상

아토피피부염은 유아동기에 발생하여 호전과 악화를 반복하는 만성염증성피부질환이다. 발생 원인은 주로 개인의 체질, 환경요인, 알레르겐으로 나눌 수 있고, 피부건조증, 가려움증, 홍반이 대표적인 증상이다. 전신 어디에나 나타날 수 있으나 주로 팔과 무릎이 접히는 부분, 손목, 얼굴과 손 등에서 나타난다. 심한 경우 합병증으로 손 피부염이나 탈락성 피부염이 나타나기도 한다.

(2) 예방 및 치료

아토피피부염의 관리를 위해서는 심신의 안정과 음식을 조절하는 것이다. 보통 스트레스는 인체의 항상성을 파괴하고 알레르겐의 노출에 쉽게 반응하므로 스트레스를 줄일 수 있도록 한다. 피부는 늘 깨끗하고 촉촉한 상태를 유지하며, 주변 환경의 온도는 18~22℃, 습도는 60%를 넘지 않도록 유지하는 것이 중요하다. 모유 수유가 아토피피부염 예방에 도움이 되므로 최소 6개월까지 모유 수유를 권장하고 있다.

(3) 식사요법

아토피피부염의 유발 가능성이 크다고 알려진 음식이나 정제, 가공 및 표백된 식품은 최대한 피한다. 장기간 냉동 보관된 육류, 가공식품, 방부제나 식품첨가물이 함유된 식품, 밀가루, 커피, 기름진 음식의 섭취를 제한하고, 소화흡수되기 쉬운 음식으로 균형된 식사를 섭취한다.

현재 식품의약품안전처에서는 '식품 등의 표시기준'에 따라 한국인에게 알레르기를 유발할 수 있는 식품을 총 22가지로 지정하여 이들 식품이 함유된 제품의 경우 제품 포장 겉면에 반드시 표기하게 되어 있다.

식품 알레르기로 인해 영양관리를 시행하는 경우, 여러 가지 식품을 동시에 제한하는 상태를 오랫동안 유지하면 영양불량의 위험이 커지므로, 정확한 진단 없이 임의로 제한하지 않도록 한다. 특히, 12개월 이하의 영아들은 단기간의 영양부족에도 임상적인 증상이 심각해질 수 있다. 따라서 전문가의 진단에 따른 올바른 관리를 권장하며 과학적으로 검증되지 않는 치료법은 시행하지 않는다.

식품 알레르기 표시기준

Know

식품의약품안전처에서 지정한 한국인에게 알레르기를 유발할 수 있는 식품과 표시기준은 다음과 같다.

식품 알레르기 표시기준(2020년 9월 기준)

구분	내용
표시 대상 식품	난류(가금류에 포함), 우유, 메밀, 땅콩, 대두, 밀, 고등어, 게, 새우, 돼지고기, 아황산류(이를 첨가하여 제품에 10mg/kg 이상 함유한 경우), 복숭아, 토마토, 호두, 잣, 닭고기, 쇠고기, 오징어, 조개, 굴, 전복, 홍합
표시방법	원재료명 표시 근처에 바탕색과 구분되도록 별도의 알레르기 표시란을 마련하여 알레르기 표시 대상 원재료명을 명시

출처 : 식품의약품안전처, 식품 등의 표시 · 광고에 관한 법률, 2020

CHAPTER 12

수술 및 화상

1. 대사적 스트레스 반응 | 2. 수술 | 3. 화상

CHAPTER 12

학습목적

수술과 화상에 따른 신체 대사 반응을 이해하고, 치료를 위한 식사요법에 활용할 수 있다.

학습목표

- 수술 전 영양상태의 중요성을 설명할 수 있다.
- 수술이 체내 대사 변화에 미치는 영향을 설명할 수 있다.
- 수술 후 영양공급 시 고려해야 할 원칙을 설명할 수 있다.
- 여러 가지 수술 후의 식사요법을 활용할 수 있다.
- 화상 후 생리적 변화를 설명할 수 있다.
- 화상 후 영양요구량을 산출할 수 있다.
- 화상 환자의 식사요법을 설명할 수 있다.
- 화상 환자의 영양공급 방법을 계획할 수 있다.

1. 대사적 스트레스 반응

신체는 외상, 수술, 화상과 같은 외부 스트레스에 대하여 교감신경계 및 내분비계 활성화를 포함한 다양한 생리적 반응을 나타낸다그림 12-1.

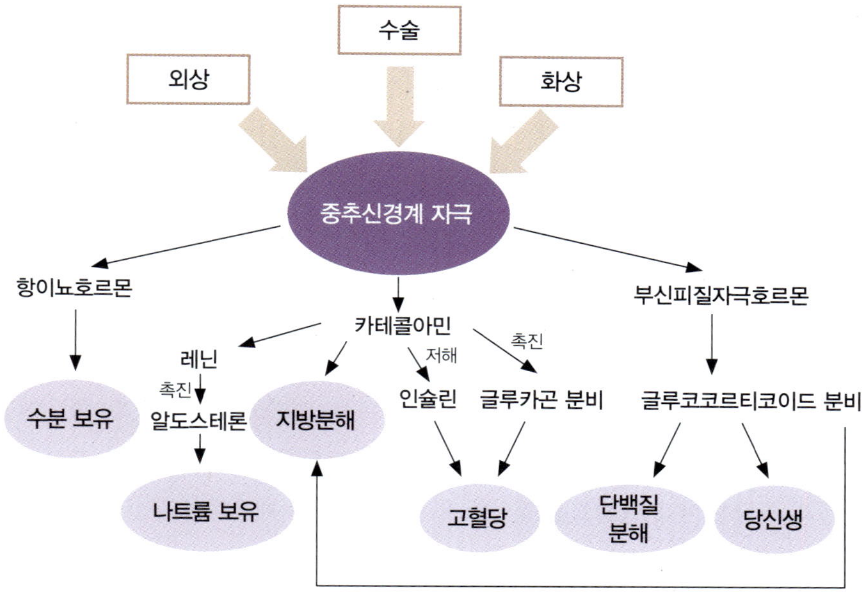

그림 12-1 **수술, 화상 시 대사적 스트레스에 따른 생리적 반응**

출처 : Gropper et al., Advanced Nutrition and Human Metabolism, 2013

2. 수술

수술이라는 임상적 치료는 수술 전 금식, 스트레스, 식욕부진, 수술 후 대사상태 변화로 인해 수술 전후 과정 동안 영양상태 변화에 많은 영향을 미친다. 수술 후에는 영양불량 빈도가 높고 이는 합병증 증가, 재원 기간 연장 등 불량한 예후와 관계되어 있으며, 수술 전 영양상태가 양호한 환자가 수술 후 합병증이나 사망률이 낮다는 보고가 많이 있다. 따라서 수술 전 환자의 영양상태를 평가하고 영양상태가 불량한 환자를 대상으로 영양지원 계획을 수립하며, 수술 후 적절한 영양공급을 통해 양호한 영양상태를 유지할 수 있도록 관리가 필요하다.

1) 수술 전 관리

(1) 영양불량 선별

환자의 정확한 영양상태를 평가하기 위해 영양불량의 위험이 있는지를 선별하는 과정이 필요하다. 영양선별과정은 환자 입원 후 24~48시간 이내에 수행하도록 한다. 국내외 영양불량을 선별하는 도구는 여러 종류가 있고 최근 임상학회나 병원에서 상황에 맞도록 다양한 도구를 개발하고 있다.

(2) 수술 전 식사요법

① 열량과 단백질

수술 전 영양불량인 환자는 평소보다 30~50% 영양공급이 부가되어야 한다. 수술 전 혈청 단백질 수준은 6.0~6.5g/dL 이상이 되도록 한다. 수술 전후 충분한 탄수화물의 공급은 체내 단백질을 절약시켜 주며, 수술 후 케톤증과 구토 방지에 도움을 주고 간의 글리코겐 저장량을 증가시켜 간 기능을 보호해 준다. 또한 체내 단백질 대사상태는 수술 후 위험을 감소시키는 데 매우 중요하므로 체내 질소 평형이 양의 상태가 될 수 있도록 하고 혈청 헤모글로빈이나 적혈구 수도 정상 수준으로 올려야 한다.

② 비타민과 무기질

비타민 중 특히 상처 회복과 면역증강에 필요한 비타민 C와 지혈을 도와주는 비타민 K는 수술 전 충분히 공급해야 한다. 수술 시 체액 유지와 지혈 그리고 출혈로 인한 빈혈을 예방하기 위해 칼슘, 철, 아연, 구리, 엽산이 함유된 식품을 충분히 섭취하고 증가한 열량만큼 열량 대사에 조효소로 작용하는 비타민 B 복합체 섭취도 늘려야 한다.

③ 수분

수술 전에는 환자의 탈수 여부와 전해질 상태를 반드시 확인한다. 탈수일 경우 구강으로 수분을 섭취하게 하거나 정맥주사를 통해 충분한 양의 수분과 전해질을 공급한다. 수술 시 심한 출혈이 발생하면 수혈을 하며, 특정 영양소가 손실되면 정맥주사로 개별 보충한다.

④ 기타

수술 전에는 소화되기 쉬운 음식을 섭취하고, 일반적으로 8시간 금식을 하여 수술 시 위가 비어 있도록 한다. 이는 위에 음식물이 남아 있게 되면 수술 동안이나 마취에서 깨어날 때 구토나 흡인으로 기도를 막아 호흡곤란의 위험이 있기 때문이다. 복부 수술의 경우 수술 후 염증을 막기 위해 대장을 비워내는 예도 있는데, 수술 전 저식이섬유식이나 저잔사식을 제공하고 수술 직전 배변제를 이용한다. 수술 후 조기 회복Early Recovery After Surgery, ERAS을 위해 수술 2시간 전까지 탄수화물로 구성된 맑은 음료를 허용하기도 한다.

2) 수술 후 관리

(1) 수술 후 체내 대사 변화

수술은 체내 호르몬의 변화와 함께 대사 변화를 초래한다. 수술로 인해 부신수질호르몬, 부신피질호르몬, 글루카곤 등의 분비가 촉진되고 인슐린 분비는 억제되어 고혈당 증상이 나타난다. 체단백의 분해가 촉진되고 합성은 저하되며 소변 내 대사산물인 질소화합물이 다량 배설되어 음의 질소 평형상태가 된다. 또한 체지방이 급속히 감소하고, 소변량이 감소하여 소변 중 나트륨 배설이 저하된다표 12-1.

표 12-1 수술 시 호르몬 증가에 따른 체내 대사 변화

호르몬	대사 변화
카테콜아민	간 글리코겐 분해, 아미노산으로부터 당신생, 유리지방산 이동 및 분해
코르티솔	아미노산으로부터 당신생, 유리지방산 이동 및 분해
글루카곤	인슐린/글루카곤 비 감소, 간 글리코겐 분해, 아미노산으로부터 당신생, 글리코겐 · 체단백 · 체지방 감소
항이뇨호르몬	수분 보유
알도스테론	나트륨 보유

(2) 수술 후 식사요법

수술 후 영양공급 시기는 수술의 종류와 환자의 상태에 따라 다르다. 수술 후 입으로 아무것도 먹지 않는 상태를 NPONone Per Oral intake라고 하며 물을 조금씩 마실 수 있는 상태를 SOWSips Of Water라고 한다. 금식기간에는 인체 기능이 저하되어 있고 소화, 흡수 및 배설상태가 원활하지 못하다. 따라서 금식이 장기화될 경우 흔히 말초정맥영양을 통해 영양을 공급하고 장 기능은 정상이나 구강으로 섭취할 수 없어 영양이 부족할 때에는 경관영양을 병행한다. 일반적으로 수술 후 24~48시간 후 장음 청진이나 장내 가스가 통과된 것이 확인되면 경구 식사를 처방받게 된다. 경구로 식사 섭취가 이루어지기 전까지는 수술로 인해 발생한 혈액, 수분과 전해질 손실량은 정맥주사를 통해 보충해야 한다.

① 열량

수술 후에는 기초대사량이 증가하므로 열량 공급량을 약 10~15% 증가시켜야 한다. 이화작용에 따른 열량 필요량은 임상상태에 따라 다르다표 12-2. 외상 수술이나 복합골절인 경우 10~25%까지 증가시킬 수 있으며 일반적으로 수술 후 공급되는 열량은 체중 kg당 35~45kcal이다. 이처럼 증가한 열량 필요량을 탄수화물과 지방으로 충분히 공급하지 못하면 단백질이 손실되어 상처 회복은 지연되고, 빈혈이나 부종과 같은 증상이 초래될 수 있다.

표 12-2 이화작용에 따른 열량 필요량

임상상태	이화작용의 정도	소변 중 질소 (g/d)	기초대사율 상승도(%)	1일 필요 열량 (kcal/kg)
침대에 누운 상태	정상	<5	없음	25~30
간단한 수술	가벼움	7~9	0~20	30~35
복합골절, 외상	중정도	10~12	20~40	35~40
패혈증, 감염	중정도	10~14	20~60	35~40
심한 화상	심함	12~18	60~120	>40

출처 : 대한외과대사영양학회, 외과대사영양지침서, 2013

② 단백질

수술 후에는 체단백이 분해되어 소변으로 질소 배설량이 증가하면서 질소 평형은 음의 상태가 된다. 이 외에도 출혈, 상처에서 생긴 여러 분비물 때문에 혈장 단백질이 유실되며 조직의 염증, 감염, 상처로 인해 손실량은 더욱 증가한다. 단백질은 상처 회복, 면역에 필요한 항체나 호르몬, 효소 등의 합성을 위해 충분한 양이 필요하며 환자의 상태에 따라 체중 kg당 1.5~2.0g이 필요하다.

③ 비타민과 무기질

체내 비타민과 무기질의 수준이 정상이거나 가벼운 수술을 받은 경우에는 비타민과 무기질의 추가보충이 필요하지 않지만, 수술 후 오랫동안 금식을 했거나 대수술을 받은 경우 권장섭취량의 2~3배 정도를 공급해야 한다. 특히, 체조직 분해로 칼륨과 인의 손실이 크고 수분 손실에 따른 나트륨, 염소 등의 손실, 출혈로 인한 철의 손실이 일어나기 쉬우므로 특히 유의해야 한다. 비타민 C는 상처치료에 효과적이며 상피조직 구성에 필요한 비타민 A도 도움이 된다. 비타민 K의 결핍은 프로트롬빈의 생성을 감소시켜 혈액 응고에 지장을 주므로 수술 후 주의하여야 한다. 비타민 B 복합체도 식사 시 충분히 공급한다.

④ 수분

수술 후에는 출혈, 구토, 상처로부터의 분비물, 열, 땀을 통해 다량의 수분과 전해질이 유실된다. 수술 후 합병증이 없는 경우에는 하루 2~3L, 체온 상승이나 신장 손상, 패혈증이 있는 경우 3~4L의 수분공급이 필요하다. 수술 후 구강 섭취가 불가능하면 정맥주사를 통해서라도 수분을 공급한다.

3) 수술 부위별 식사요법

(1) 편도선 수술

편도선 수술 후에는 화학적, 기계적으로 자극이 없으며 체온에 가까운 온도의 음식을 제공해야 한다. 수술 후 첫 24시간 동안은 수술 부위의 출혈을 막기 위해 물, 우유, 아이스크림, 배즙 등 찬 음료수만 허용된다. 수술 후 2일째부터 미지근한 유동식에서 시작하여 회복과정에 따라 차츰 따뜻하고 부드러운 음식으로 이행한다. 수술 초기에는 목에 자극을 줄 수 있는 딱딱하거나 매운 음식, 뼈째 먹는 생선류 등을 제한하며 7~10일 이내 정상 식사를 제공한다.

(2) 위 수술

위 수술 후에는 영양적으로 적절한 식사를 제공하고 덤핑증후군의 증상을 완화시키는 식사관리가 이루어져야 한다. 위 절제 수술 후에는 수술 전의 식사량을 유지하기 어려우므로 식사는 소량 자주 섭취하고, 쉽게 소화되며 자극성이 적은 식사를 권장한다. 위 절제 수술 후에는 체중 감소가 흔히 일어나는데, 이는 식사량 부족과 흡수불량에 기인한다. 특히, 철, 비타민 B_{12}, 칼슘, 엽산의 부족이 일어나지 않도록 관리해야 하며 열량-단백질 영양불량이 발생하지 않았는지 주기적인 영양평가도 필요하다.

(3) 장 수술

장의 절제수술은 누공, 게실염, 암, 크론병, 천공, 협착증 등의 치료를 위해 시행하게 된다. 장의 절제 부위와 길이에 따라 영양소의 흡수상태는 달라질 수 있으며 일반적으로 소장이나 대장의 2/3 이상을 제거하면 심한 흡수장애와 영양결핍이 일어난다. 장의 수술 부위에 따라 소장 상부는 무기질 및 수용성 비타민, 중간부는 지방, 단백질 및 지용성 비타민, 하부는 담즙산 및 비타민 B_{12} 등의 흡수장애가 일어난다. 그 외 나트륨과 칼륨 등 전해질과 수분 흡수능력이 저하된다. 장 수술 후에는 환자의 상태에 따라 일반식 혹은 치료식으로 진행해야 한다.

(4) 담낭 수술

담낭염이나 담석증으로 담낭을 제거하는 수술을 받게 되면 담즙 분비가 충분하지 못해 식사 시 지방 섭취를 조절하는 것이 중요하다. 따라서 단백질을 필요량만큼 섭취하고 탄수화물을 중심으로 열량을 제공하고 지방이 적은 식품으로 자극이 적고 소화흡수가 쉬운 식사를 준비한다. 단, 장기간 지방을 엄격히 제한하면 필수지방산과 지용성 비타민의 결핍이 일어날 수 있으므로 수술 초기에만 제한하고, 환자의 경과에 따라 점차 지방의 양을 늘려 일반식으로 이행한다.

3. 화상

화상은 열, 전기, 또는 화학물질과의 접촉으로 피부조직이 손상된 것을 말하며 손상된 피부조직의 깊이에 따라 4단계로 구분한다. 1도 화상은 상피세포로부터 새로운 조직을 만들어 낼 수 있으나 3도 이상의 화상에서는 회복에 필요한 충분

표 12-3 화상 단계의 구분

구분	손상 정도	증상
1도	표피	일시적인 화끈거림, 약간의 동통과 부종, 일부 피부 탈락
2도	표피, 진피	발적, 피부층 손상, 부종, 작은 수포, 감각 저하, 심한 동통과 부종
3도	표피, 진피, 일부 피하조직	피하층의 동결, 출혈성 수포, 피부 괴사, 심한 통증과 부종
4도	표피, 진피, 피하조직, 근육신경, 땀샘, 모낭근, 건	반점, 청색증, 관절 통증, 패혈증

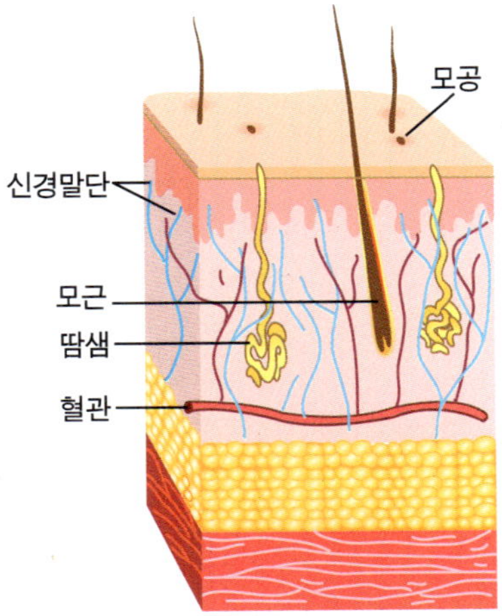

조직층	피부두께(인치)	화상 정도
표피	0.010	1도
진피	0.020	2도
피하지방조직	0.035	3도
근육	0.040	4도

그림 12-2 화상의 정도

한 피부를 가지고 있지 않으므로 피부 이식이 필요하다. 일반 성인의 경우 피부의 15~20%, 노인이나 어린이들의 경우 피부의 10% 화상을 입었을 때는 체액의 손실이 심하므로 정맥주사가 필요하며, 피부 면적의 50% 이상 화상을 입었을 경우 어린이와 노인들에게는 치명적이다표 12-3, 그림 12-2.

1) 화상 후 체내 대사 변화

화상 후에는 감퇴기와 유출기의 두 단계에 걸쳐 생리적 변화가 일어난다. 감퇴기에는 화상 직후부터 약 3~5일 정도 동안 대사율이 감소하고 산소 소비량, 심박출량, 혈압, 체온 등이 저하되며 다량의 수분과 전해질 손실이 발생한다. 이 시기에는 순환 혈액량을 보충하기 위해 충분한 수분이 공급되어야 한다. 순환 혈액량이 보충되면 2단계인 유출기로 접어들게 된다. 이 시기에는 이화 호르몬의 분비가 촉진되어 대사율이 항진되면서 당신생, 지방 분해, 단백질 분해 등 영양소 분해가 증폭되고 화상 후 7~12일째 최고조에 달하다가 상처가 회복되고 피부조직이 정상화되면서 점차 대사율과 체내 이화작용이 감소한다.

호르몬 대사 변화 이외에도 화상 후 과대사 상태를 일으키는 요인은 상처를 통한 수분 손실 증가로 열 손실이 일어나며 체온 유지를 위한 열 생산이 증가하는 것이다. 또한 소아의 경우 수면장애 현상이 자주 나타나 수면장애로 인한 과대사 상태가 유발된다표 12-4.

표 12-4 화상에 따른 체내 대사 변화

호르몬 상태	감퇴기 및 유출기(급성)의 증후	영양소 대사
• 카테콜아민 상승 • 글루카곤 상승 • 글루코코르티코이드 상승 • 글루카곤/인슐린 비 상승	• 혈당 상승 • 혈압 저하 • 호흡률 증가 • 산소 소비량 증가 • 심박출량 증가 • 소변 중 질소, 황, 마그네슘, 인, 칼륨 배설 증가	• 단백질 분해 • 지방 분해 • 수분 손실 • 전해질 손실

2) 화상 후 식사요법

화상 후 영양관리 목표는 수분과 전해질 균형을 유지하고, 상처 회복과 피부조직 재생을 돕도록 충분한 영양을 공급하여 감염을 예방하는 것이다.

(1) 수분과 전해질

화상 후 가장 먼저 고려해야 할 영양요소는 수분과 전해질이다. 심한 화상 시에는 초기의 수분과 전해질 손실이 적혈구 손실보다 훨씬 크기 때문에 이 손실을 보상하기 위해 혈관 벽의 투과성이 커지면서 혈장과 알부민이 세포외액으로 빠져나와 혈액량이 감소하여 급작스러운 쇼크가 발생할 수 있다. 필요한 수분의 양은 환자의 연령, 체중, 화상 정도에 따라 다르며, 특히 소아는 성인보다 체중당 체표면적이 커 불감 수분손실량이 많으므로 체표면적당 성인보다 더 많은 양의 수분이 필요하다. 일반 화상에서는 매일 7~10L의 수분을 공급하고 화상 부위가 넓어 전해질과 혈장의 손실이 지속될 경우 혈액공급을 시행한다.

(2) 열량

화상 시에는 열량 대사의 항진이 일어나므로 증가한 열량 요구량을 충족시킬 뿐 아니라 조직 재생에 필요한 단백질을 절약하기 위해 충분한 열량이 공급되어야 한다. 화상 환자에게 필요한 열량 요구량 산정 공식은 표 12-5와 같다. 환자가 열이 나거나 패혈증, 수술 등의 상태이면 여분의 열량을 추가하지만, 환자에게 제공되는 총 열량은 기초열량 대사량의 2배를 넘지 않도록 주의한다. 화상면적이 체표면적의 20% 이상을 상회할 경우 전신 소모성 질환으로 열량 필요량은 크게 증가한다 그림 12-3. 보통 1일 3,500~5,000kcal의 고열량식을 공급하지만 화상 환자 대부분은 안정을 취하고 있는 상태로 활동량이 적다. 따라서 소화기관의 연동운동 감소로 식욕부진과 소화불량이 흔하게 나타나 경구급식만으로 열량 요구량을 충족시키기 어려우면 경관급식이나 정맥영양을 병행하도록 한다.

표 12-5 열량 요구량 산정 공식

구분	연령(세)	열량 필요량
쿠레리(Curreri) 공식	< 1	열량 권장량/kg × 화상 전 체중(kg) + (15 × % 화상 체표면적)
	1~3	열량 권장량/kg × 화상 전 체중(kg) + (25 × % 화상 체표면적 비율)
	4~15	열량 권장량/kg × 화상 전 체중(kg) + (40 × % 화상 체표면적 비율)
	16~59	25kcal × 화상 전 체중(kg) + (40 × % 화상 체표면적 비율)
	≥ 60	열량 권장량/kg × 화상 전 체중(kg) + (65 × % 화상 체표면적 비율)
휴식 대사량 이용 공식	• 화상(체표면적의 20~30%) : 휴식대사량 × 1.6~1.7 • 화상(체표면적의 30~40%) : 휴식대사량 × 1.8~1.9 • 화상(체표면적의 40~45%) : 휴식대사량 × 2.0	
아이어턴-존스 (Ireton-Jones) 공식	열량 필요량 = 1,784 − 11(A) + 5(W) + 244(G) + 239(T) + 804(B) A = 나이(Age), W = 체중(Weight : kg) G = 성별(Gender, 남 = 1, 여 = 0) T = 외상(Trauma : 없음 = 0, 있음 = 1) B = 화상(Burn : 없음 = 0, 있음 = 1)	

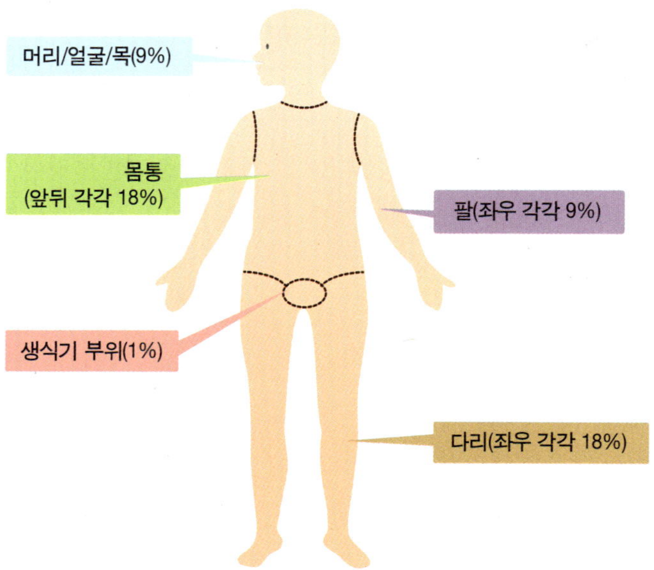

그림 12-3 화상 체표면적 비율

(3) 단백질

화상 시 스트레스 반응으로 인해 많은 양의 단백질 손실이 일어나기 때문에 고단백 식사를 섭취해야 한다. 전체 열량의 20~25% 또는 체중 kg당 1.8~2.2g을 권장하고 있고 체표면적의 30% 이상 화상을 입었을 경우 열량 : 질소 비율을 100 : 1에 가깝도록 더 많은 양의 단백질을 공급한다. 어린이의 경우 권장량의 약 2~4배 정도의 단백질이 필요하다.

(4) 탄수화물과 지방

탄수화물은 열량의 주요 급원으로 권장되지만 과량 섭취 시 지방으로 전환될 수 있으므로 전체 열량 필요량의 60% 수준을 유지한다. 60% 이상 공급되면 고혈당, 지방 전환, 간 기능 저하를 초래할 수 있다. 지방은 농축된 열량 급원이 될 수 있으나 과다 섭취 시 면역작용을 방해하여 감염기회를 높이게 된다. 따라서 지방의 양은 총 열량의 15%로 공급하고 면역반응이나 혈청 지질 수준을 관찰하며 섭취량을 조절한다. ω-3계 지방산의 함량이 많은 식사는 면역반응을 높여준다.

(5) 비타민과 무기질

화상 환자의 경우 비타민과 무기질의 정확한 필요량이 설정되지 않았지만 대체로 증가한 열량 대사와 새로운 조직합성을 위해 비타민의 섭취량을 증가시켜야 한다. 특히, 조직의 콜라겐 합성을 위해 비타민 C는 1일 1~2g의 투여를 권장한다. 무기질의 경우 다량의 체액 손실과 세포 파괴로 저나트륨혈증과 저칼륨혈증이 나타나므로 이를 개선하고, 화상 면적이 30% 이상인 환자에서 혈청 칼슘 수준이 저하되므로 칼슘의 보충이 필수적이다. 체내 아연은 식욕부진 개선과 상처 치유를 위해 충분히 공급하고, 소변으로 마그네슘 배출이 증가하므로 추가공급이 필요하다.

(6) 영양지원

화상 환자는 식욕부진, 저작 곤란, 소화불량 등의 불편감을 호소하는 경우가 많고, 특히 얼굴에 화상을 입는 경우 구강으로 적절한 영양을 섭취하기 어렵다. 환자의 위장관 기능 이용이 가능하다면 경장영양을 우선 고려하고 위장관 이용이 불가능하거나 불충분한 경우, 심한 화상이나 아동 환자는 정맥영양을 실시한다. 환자가 장기간 금식 후 영양지원을 시행하는 경우 재개급식증후군refeeding syndrome이 나타날 수 있으므로 여러 검사를 통해 공급의 적절성을 모니터링하는 것이 좋다.

CHAPTER 13

빈혈

1. 빈혈의 정의와 유병률 | 2. 혈액의 기능 및 구성 성분 |
3. 영양성빈혈의 종류별 식사요법

CHAPTER 13

학습목적

빈혈 환자의 영양평가방법을 이해하고, 시행 결과에 따라 식사요법 계획에 활용할 수 있다.

학습목표

- 철결핍성빈혈의 식사요법을 설명할 수 있다.
- 거대적혈모구빈혈의 식사요법을 설명할 수 있다.
- 기타 영양성빈혈의 식사요법을 설명할 수 있다.

1. 빈혈의 정의와 유병률

빈혈anemia은 정상적인 적혈구(정상적인 크기와 용적을 가지고 있는 적혈구) 수의 감소, 적혈구당 헤모글로빈 농도의 감소, 또는 혈액의 산소 운반능력이 저하된 상태를 의미한다. 따라서 빈혈의 예방을 위하여 적혈구의 정상적인 생성 및 성숙이 매우 중요하다. 적혈구 생성에는 유전적, 생리적 및 여러 영양적 요인이 관여하고 있다. 그중 가장 중요한 것은 적혈구 생성에 필요한 조혈 영양소의 공급이며, 철, 엽산, 비타민 B_{12} 등이 조혈 영양소로서의 역할을 담당하고 있다. 이러한 영양소가 부족하면 영양성 빈혈이 생기며, 부족한 영양소의 종류 및 부족 양상에 따라 철결핍성빈혈iron-deficiency anemia 및 거대적혈모구빈혈megaloblastic anemia 등이 나타날 수 있다.

2019년 국민건강통계에 의하면 빈혈 유병률(헤모글로빈 기준)은 전체 6.9%였으며, 30세 이상 8.4%로 나타났다그림 13-1. 연령별로는 남자의 경우 연령이 높을수록 빈혈 유병률이 높았고, 여자는 40~49세, 70세 이상에서 높은 유병률을 보였다.

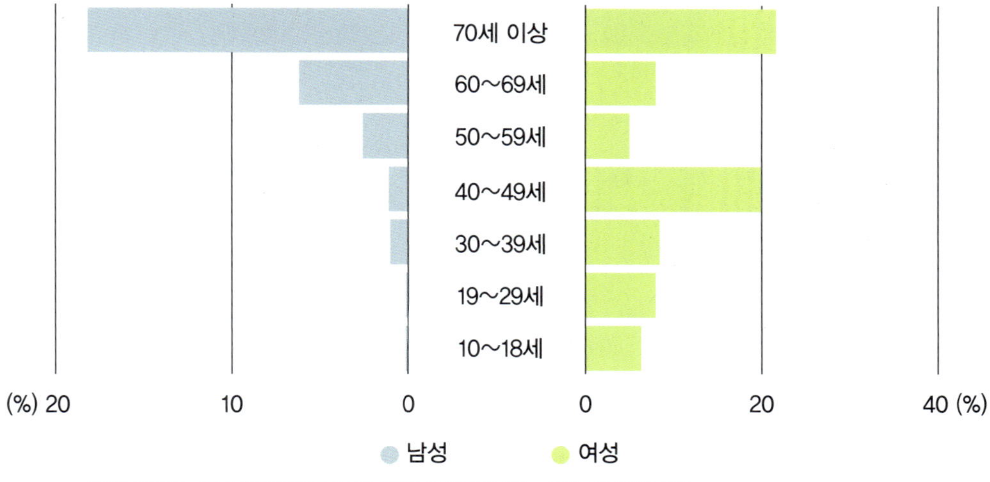

빈혈 유병률 : 현재 빈혈(헤모글로빈 기준)을 가지고 있는 분율, 만 10세 이상
– 헤모글로빈(g/dL) : 10~11세 11.5 미만, 12~14세 12 미만, 15세 이상 비임신여성 12 미만, 임신여성 11 미만, 남성 13 미만

그림 13-1 **빈혈 유병률(헤모글로빈 기준)**

출처 : 보건복지부, 2019 국민건강통계, 2020

2. 혈액의 기능 및 구성 성분

체중의 약 8%를 차지하는 혈액은 산소를 폐로부터 각 조직으로 운반하고 각 조직에서 나온 이산화탄소를 폐로 이동시키며, 소화관에서 흡수한 영양물질을 각 기관과 조직세포로 운반하고, 여기에서 생성된 노폐물을 신장, 폐, 피부 및 장 등의 배설기관을 통해 배설시킨다. 또한 혈액은 대사에서 생성된 열을 분산시키고 호흡기나 피부를 통해 체외로 방출함으로써 체온을 조절하는 기능이 있으며, 체내에 들어온 이물질이나 세균 등에 대처하는 식작용phagocytosis 및 항체antibody 생성 기능의 역할도 수행한다. 그 외에 조직세포에서 요구하는 수분의 양이나 전해질 농도를 일정하게 유지시켜 삼투압과 산염기 평형을 조절하는 기능도 있어, 생명을 유지하고 기능하기 위해 필수적인 역할을 수행한다고 할 수 있다.

혈액은 적혈구, 백혈구 및 혈소판 등의 혈구와 액체 성분인 혈장plasma으로 구성되어 있다. 혈구는 혈액량의 45%를 차지하여 대부분은 적혈구이고 나머지 55%가 혈장

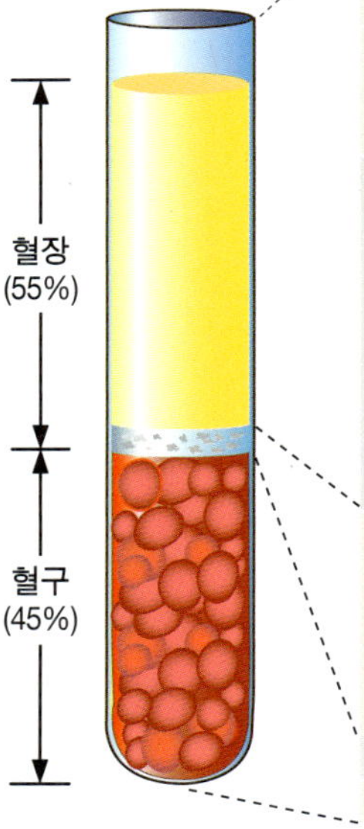

성분				기능
물				물질 운반, 체온 조절 등
무기염류	Na^+, K^+, Ca^{2+}, Mg, Cl, HCO_3^-, HPO_4^{2-}, SO_4^{2-} 등			pH 및 삼투압 조절 기능
유기물질	노폐물	요산, 요소, 크레아티닌 등		–
	각종 호르몬			–
	영양소	포도당		혈당 유지(뇌, 신경조직에 열량공급)
		지단백	킬로미크론, VLDL, LDL, HDL	중성지방, 콜레스테롤 운반
		단백질	알부민	체액 삼투압 유지, 물질 운반
			글로불린	면역 기능, 물질 운반
			피브리노겐	혈액응고
백혈구	과립 백혈구		호중구	세균에 대한 식작용
			호산구	알레르기 반응에 관여
			호염기구	헤파린 혈액 응고방지
	무과립 백혈구		단핵구	세균에 대한 식작용
			림프구	면역항체 생성
혈소판				혈액응고 기능
적혈구				산소와 이산화탄소 운반

* 혈청 : 항응고제가 들어 있지 않은 시험관에 혈액을 담은 후 원심분리한 것

그림 13-2 혈액의 성분 및 주요 기능

이다. 전체 혈액량에 대한 적혈구량의 백분율이 헤마토크릿hematocrit이다그림 13-2.

3. 영양성빈혈의 종류별 식사요법

빈혈은 영양소의 결핍으로 야기되는 적혈구 부족 및 비정상적인 구성에 따라 철결핍성빈혈, 거대적아구성빈혈 등으로 구분할 수 있다. 철결핍성빈혈은 헤모글로빈 중 산소와 결합하는 철이 부족함으로써 적혈구의 색과 크기가 감소하는 양상을 보이며, 거대적혈모구빈혈은 핵산 합성에 관여하는 엽산 및 비타민 B_{12}의 결핍으로 인하여 세포분열이 저하되고, 적혈구의 수는 감소하는 반면 크기는 증가하는 특징을 가지고 있다. 또한 적혈구 막 안정화의 기능을 하는 비타민 E의 결핍 시 용혈성빈혈이 나타날 수 있으며, 소장 점막 내에서 철 이동에 관여하는 세룰로플라스민의 구성요소인 구리가 결핍될 때 구리결핍성빈혈이 나타날 수도 있다. 이와 같은 빈혈은 대부분 영양불량성빈혈로서 임상영양관리의 중요성이 크다. 그 외 유전적 요인, 혈액의 급·만성적인 출혈, 다른 임상요인으로 인한 적혈구 생성의 부족 등으로 인하여 빈혈이 야기될 수 있으며, 이와 같은 비영양요인성빈혈에는 의료적인 처치가 요구된다.

1) 철결핍성빈혈(Iron-deficiency anemia)

(1) 원인 및 판정

① 원인 및 판정 지표

철결핍성빈혈은 철의 섭취량이나 이용 효율이 저하될 때 뿐 아니라 철의 필요량이 증가함으로써 철 영양상태가 저하될 때 발생한다. 빈혈의 판정에는 여러 가지 지표가 이용된다. WHO 기준에 의하면 성인 남성에서 헤모글로빈 13.0g/dL 이하인 경우, 비임신 성인 여성에서 12.0g/dL 이하인 경우를 빈혈로 판정한다표 13-1. 또한 헤모글로빈, 헤마토크릿 및 적혈구 수 등을 이용하여 적혈구의 크기 및 적혈구 한 개당 헤모글로빈의 양과 농도를 구하고, 빈혈 여부와 종류를 구분하는 데 이용할 수 있다표 13-2.

표 13-1 빈혈 판정 기준(WHO 기준)

분류		헤모글로빈(g/dL)	헤마토크릿(%)
6개월~5세 미만		< 11.0	< 33
5~11세		< 11.5	< 34
12~14세		< 12.0	< 36
15세 이상	남성	< 13.0	< 39
	비임신여성	< 12.0	< 36
	임신여성	< 11.0	< 33

출처 : WHO/UNILEF/UNU, Iron deficiency anemia assessment, prevent, and control, 2001

표 13-2 적혈구지수의 계산식과 정상범위

적혈구지수	계산식	정상 범위	변화요인
평균 적혈구 용적 (MCV)*	헤마토크릿 / 적혈구 수(/L)	80~100fL	• 철 결핍으로 감소 • 엽산이나 비타민 B_{12} 결핍으로 증가
평균 혈색소 농도 (MCHC)**	헤모글로빈(g/L) / 헤마토크릿	320~360g/L	• 철 결핍, 저색소성빈혈에서 감소 • 거대적혈모구빈혈에서는 정상
평균 적혈구 헤모글로빈 (MCH)***	헤모글로빈(g/L) / 적혈구 수(10^{12}/L)	26~34pg	• 철 결핍, 저색소성빈혈에서 감소

* Mean corpuscular volume
** Mean corpuscular hemoglobin concentration
*** Mean corpuscular hemoglobin

② 철 결핍의 단계

다양한 원인으로 인하여 철결핍성빈혈이 나타나기까지는 철 저장고의 고갈, 철 결핍성 조혈 부족, 그리고 임상적 빈혈이 나타나는 3단계를 거친다표 13-3. 철 저장고의 고갈 1단계에서는 철 저장 단백질인 페리틴이 고갈되며 철 흡수가 증가한다. 또한 골수와 간에 있는 철 저장량이 감소함에 따라 철 운반 단백질인 트랜스페린의 총 철 결합능력은 증가하게 된다. 이때 체내 철 저장량은 감소되나 생리적인 변화는 나타나지 않는다.

저장고로부터 혈장으로 들어가는 철이 충분하지 않을 때 혈장의 철 농도는 정상

표 13-3 철 영양상태의 단계

구분	정상	철 고갈	철결핍성조혈	철결핍성빈혈
저장 철 → 혈중 순환철 → 적혈구 내 철 →			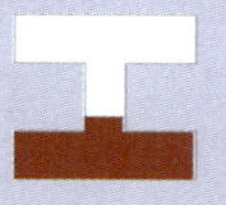	
골수 철	2~3+	0~1+	0	0
혈청 총 결합능(μg/dL)	330±30	360	390	410
혈장 페리틴(μg/L)	100±60	20	10	< 10
철 흡수(%)	5~10	10~15	10~20	10~20
혈장 철(μg/dL)	115±50	115	< 60	< 40
트랜스페린 포화도(%)	35±15	30	< 15	< 10
적혈구 프로토포피린 (μg/dL)	30	30	100	200
적혈구	정상	정상	정상	소혈구저색소

출처 : Gibson, Principles of nutritional assessment, 1990

수준보다 떨어지게 된다. 혈장 철 농도가 60μg/dL 이하일 때 헤모글로빈과 적혈구를 만드는 데 필요한 골수의 철 요구량이 충족되지 않고, 혈장의 철 운반 단백질인 트랜스페린의 철 포화도가 낮은 수준으로 감소한다. 트랜스페린의 포화율이 15% 이하로 떨어지면 골수로의 철 전달이 손상된다. 골수에서 성장하고 있는 적혈구로 충분한 철이 전달되지 않으면 프로토포르피린이 헴으로 전환되지 못하고, 순환하고 있는 적혈구의 프로토포르피린 수준이 정상 이상으로 증가한다(조혈 부족 단계, 2단계). 이때 철 결핍으로 적혈구 생성이 줄어들지만 빈혈의 임상적인 증상은 나타나지 않는다.

철 저장량의 고갈이 계속되면 혈장의 철 수준이 감소하고 간과 골수에서의 조혈이 어려워진다. 따라서 헤모글로빈 농도는 감소하고 적혈구의 크기는 작아진다(임상적 철결핍성빈혈 단계, 3단계). 이때 체내 생리적 기능에 변화가 오며, 철결핍성빈혈 증상이 나타나게 된다.

(2) 증상

철결핍성빈혈은 서서히 발생되기 때문에 약한 경우에는 증상이 거의 없다가 심하면 증상이 나타나기 시작한다. 철결핍성빈혈이 생기면 혈액의 산소운반능력이 저하되어 조직으로 공급되는 산소 부족으로 인한 두통, 현기증, 권태감, 피로, 호흡곤란 등 여러 가지 증세가 나타난다. 철결핍성빈혈이 점점 더 심해짐에 따라 손톱 모양이 변화하여 얇고 편평해지며 결국 스푼 모양의 손톱이 된다. 또한 오랜 기간 철이 부족한 식사를 하게 되면 위점막을 비가역적으로 손상시켜 위산의 분비가 원활하지 못하며, 결과적으로 철의 흡수율이 떨어지는 악순환이 지속된다. 또한 음식이 아닌 지푸라기, 흙, 먼지 등을 먹는 이미증인 피카pica 현상과 생리가 불규칙해지는 증상이 생기기도 한다.

(3) 식사요법

철결핍성빈혈의 식사요법에서는 영양적으로 균형 잡힌 식사와 함께, 흡수율이 높은 철 급원식품과 흡수율을 증진시킬 수 있는 요인이 포함된 식사를 하는 것을 목표로 한다. 헤모글로빈의 구성 성분이 되는 철과 단백질뿐만 아니라 조혈작용과 관련하여 비타민 B_{12}, 비타민 B_6, 엽산, 구리 등이 풍부한 식품이 포함되도록 하고, 철의 흡수를 증진시키는 인자를 고려한 식사를 하는 것이 필요하다표 13-4.

표 13-4 철 흡수 증진 및 방해인자

흡수 촉진인자	흡수 방해인자
헴철	피틴산, 옥살산 등 식물성 식품의 성분
저장 철의 저하	폴리페놀 성분(예 : 탄닌)
육류, 어류, 가금류	저장 철의 증가
비타민 C	철 이외의 무기질
위산	위산 분비의 저하
	위장질환, 감염

표 13-5 철 주요 급원식품(1회 분량당 함량)

급원식품	1회 분량	함량(mg)
돼지부산물(간)	45	8.06
순대	100	7.10
굴	80	6.98
시리얼	30	3.59
만두	100	3.10
소부산물(간)	45	2.94
보리	90	2.16
찹쌀	90	1.98
시금치	70	1.91
멸치	15	1.80
샌드위치/햄버거/피자	150	1.64
대두	20	1.54
당면	30	1.41
소고기(살코기)	60	1.27
두부	80	1.23

출처: 보건복지부 · 한국영양학회, 2020 한국인 영양소 섭취기준, 2020

- 반찬으로 철 함량과 흡수율이 높은 쇠간, 쇠고기, 닭고기, 생선류 등을 한 끼니에 두 가지 이상 선택한다.
- 비타민 C 함량이 높은 녹색채소, 과일을 동물성 식품과 잘 배합하여 아침, 점심, 저녁으로 균등하게 섭취한다.
- 철 주요 급원식품 중 철 함량은 표 13-5와 같으며, 철결핍성빈혈의 식사요법을 위해 철 급원식품 및 급원식품별 흡수율을 적절히 고려한 식사관리가 필요하다.

2) 거대적혈모구빈혈(Megaloblastic anemia)

(1) 엽산 및 비타민 B_{12}의 대사

엽산은 DNA 합성과정과 세포분열에 필요한 비타민으로, 호모시스테인으로부터 메티오닌을 합성하는 반응에 비타민 B_{12}와 동시에 관여하게 된다. 식품에 함유된 엽산의 평균 흡수율은 약 50% 정도이나, 급원 및 형태, 다른 음식과 함께 먹는지에 따라 흡수율의 차이가 있다. 비타민 B_{12}는 동물성 식품에만 함유되어 있으며, 호모시스테인으로부터 메티오닌을 합성하는 과정에 조효소로 작용한다.

엽산과 비타민 B_{12}는 메티오닌의 합성과정에 함께 작용함으로써, 대사적으로 밀접하게 상호 연관되어 있다. 메티오닌은 아데노실기 전이반응을 통해 S-아데노실메티오닌S-Adenosylmethionine, SAM으로 전환되며, SAM은 뇌신경 기능에 필요한 신경전달물질뿐 아니라 DNA와 RNA의 메틸화, 카테콜아민 합성 등 메틸화 반응에 메틸기 공여체로 작용한다. 따라서 엽산이나 비타민 B_{12} 결핍 시 적혈구 세포가 충분히 분열되지 못하여 적혈구의 합성과 성숙이 불완전한 거대적혈모구가 되며, 거대적혈모구빈혈의 위험성이 생기게 된다.

> Know
>
> **거대적혈모구빈혈(Megaloblastic anemia)**
>
> 거대적혈모구빈혈은 엽산 또는 비타민 B_{12}의 결핍으로 인하여 적혈구 세포가 충분히 성숙되지 못하여 나타나는 빈혈을 의미한다. 거대적혈모구빈혈 시 적혈구는 성숙되는 모든 단계에서 정상적인 적혈구보다 크고, 정상적인 성숙이 이루어지지 않기 때문에 거대적아구성빈혈이라 불리기도 하였다.

(2) 원인 및 엽산, 비타민 B_{12}의 영양상태 판정

거대적혈모구빈혈은 엽산 및 비타민 B_{12}의 결핍 시 나타날 수 있다. 엽산 결핍의 원인으로는 엽산의 섭취가 부족할 때, 엽산의 흡수와 이용이 불완전할 때, 성장, 임신, 암, 용혈성 질환 등으로 인하여 엽산의 필요량이 증가될 때 등이 있다. 또한 알코올은 엽산의 흡수를 방해하기 때문에 알코올 중독 역시 엽산 결핍의 원인이 된다.

비타민 B_{12} 결핍의 원인 역시 섭취량이 부족하거나, 비타민 B_{12}의 흡수 혹은 이용이 감소되는 경우, 필요량이나 배설량 등이 증가되는 경우가 있다. 또한 비타민 B_{12}는 주로 동물성 식품에 함유되어 있기 때문에, 동물성 식품을 섭취하지 않는 채식주의자의 경우도 비타민 B_{12} 결핍의 위험에 노출되어 있다. 그 외에 비타민 B_{12}의 흡수와 관련 있는 내인성 인자intrinsic factor의 분비가 저하될 수 있는 상황인 위절제, 무산성 위염 등의 경우, 비타민 B_{12} 흡수 장소인 회장의 질환이나 절제 시에도 비타민 B_{12}의 흡수 저하로 인한 거대적혈모구빈혈이 나타날 수 있다.

① 엽산 결핍 단계

- 1단계 : 혈청의 엽산 농도가 3ng/mL 이하로 저하되는 시기로, 엽산 균형이 음의 상태가 되기 시작한다.
- 2단계 : 적혈구의 엽산 농도가 160ng/mL 이하로 감소하는 시기로, 엽산 균형이 음의 상태를 유지하게 된다.
- 3단계 : 적혈구 조혈에 필요한 엽산이 부족한 시기로, DNA 합성이 늦어지며 거대적혈모구가 나타나기 시작한다.
- 4단계 : 평균 적혈구 용적 수치가 증가하며, 임상적으로 엽산 결핍성 빈혈 증상을 보인다.

② 비타민 B_{12} 결핍 단계

- 1단계 : 소장 점막의 비타민 B_{12} 결합 단백질인 코발라민운반단백질transcobalamin II : TCII의 농도 저하와 함께 비타민 B_{12}의 균형이 음의 상태가 되기 시작한다.
- 2단계 : 비타민 B_{12}가 결합된 TCII 농도가 저하되며, 비타민 B_{12}가 고갈되기 시작한다.
- 3단계 : 비타민 B_{12}의 대사 이상으로, 총 철 결합능Total Iron Binding Capacity, TIBC과 적혈구 내 엽산의 농도가 감소하며, 적혈구의 비타민 B_{12}의 농도가 저하된다.
- 4단계 : 평균 적혈구 용적, TCII, 호모시스테인 및 메틸말로닌산methylmalonate의 농도가 증가하고, 미엘린 수초 손상 증상이 보인다.

(3) 증상

거대적혈모구빈혈의 임상적 증상으로는 전형적인 빈혈 증세 이외에도 허약감, 설염, 체중 감소, 식욕부진, 소화불량, 설사, 두뇌활동력 감퇴, 기억력 감퇴 등이 나타난다. 또한 엽산 결핍 시 혈장 호모시스테인 농도가 증가하게 되는데, 혈장 호모시스테인 농도의 증가는 동맥 손상으로 인한 심혈관계 질환의 위험요인이 될 수 있다.

(4) 식사요법

거대적혈모구빈혈의 식사요법에서는 엽산 및 비타민 B_{12}가 풍부하게 함유된 식사를 하는 것을 목표로 한다. 식사요법 시 엽산 및 비타민 B_{12}의 급원식품표 13-6이 포함된 식사로 구성하면서 조리과정 중 엽산의 파괴가 최소화되도록 한다.

- 비타민 B_{12}는 조리 시 파괴되는 비율이 적으나, 엽산은 많은 물과 높은 열을 사용해서 조리할 경우 파괴되기 쉬워 조리, 가공하는 과정에서 50~90%까지 파괴될 수 있다. 따라서 엽산의 경우 신선한 생과일과 지나치게 열처리하지 않은 채소가 엽산의 좋은 공급원이며, 채소를 찌거나 살짝 볶거나 전자레인지로 요리하는 방법도 엽산 보유율을 유지할 수 있는 좋은 방법이다.
- 거대적혈모구빈혈에는 엽산이나 비타민 B_{12} 외에도 충분한 열량, 고단백질, 철, 그리고 다른 비타민의 섭취를 증가시키는 것이 좋으므로, 영양소를 고루 함유한 균형 잡힌 식사를 구성한다.
- 엽산은 체내 저장량이 적으므로 매일 섭취하는 것이 좋다.

3) 기타 영양성빈혈

(1) 용혈성빈혈

적혈구막은 지질막에 포함되어 있는 다가불포화지방산이 산화되어 세포막이 파괴되기 쉽다. 이렇게 계속 적혈구가 소실되면 빈혈 증상이 발생하는데, 이를 용혈성빈혈이라고 한다. 용혈성빈혈과 관련이 있는 영양소는 비타민 E인데, 비타민 E는 항산화영양소로서 산화적 손상의 위험에 놓여 있는 세포막을 보호하는 기능

표 13-6 엽산 및 비타민 B_{12} 주요 급원식품(1회 분량당 함량)

엽산			비타민 B_{12}		
식품	1회 분량	함량(μg DFE)	식품	1회 분량	함량(μg)
오이소박이	60	350	바지락	80	59.2
시금치	70	190	꼬막	80	36.7
파김치	40	180	소부산물(간)	45	31.8
대두	20	151	굴	80	22.7
소부산물(간)	45	114	가리비	80	18.3
들깻잎	70	105	꽁치	60	9.8
총각김치	40	103	돼지부산물(간)	45	8.4
딸기	150	81	고등어	70	7.7
돼지부산물(간)	45	73	닭부산물(간)	45	7.6
옥수수	70	62	연어	60	5.6
상추	70	59	미꾸라지	60	3.8
달걀	60	49	멸치	15	3.6
현미	90	44	오징어	80	3.5
빵	100	35	게	80	3.4
고구마	70	30	매생이	30	3.1

출처: 보건복지부 · 한국영양학회, 2020 한국인 영양소 섭취기준, 2020

을 가지고 있다. 따라서 용혈성빈혈의 영양관리를 위해 비타민 E의 적절한 영양상태가 중요한데, 생화학적으로 활성을 갖는 비타민 E는 계속 순환되어 결과적으로 소모되지 않기 때문에 성인에서의 비타민 E 결핍은 거의 나타나지 않는다. 그러나 출생 시에는 상대적으로 비타민 E의 농도가 상당히 낮아 영아의 경우 용혈성빈혈의 위험에 노출될 수 있으며, 특히 미숙아의 경우 신장의 발달이 늦어 적혈구 조혈인자의 합성이 충분하지 못하기 때문에 용혈성빈혈에 더 취약할 수 있으므로 주의하여야 한다.

(2) 구리결핍성빈혈

구리를 포함하고 있는 단백질인 세룰로플라스민은 철을 체내 저장소로부터 혈액으로 이동시켜 이용을 돕는 단백질로서, 구리 결핍 시 헤모글로빈의 합성과 관련된 철의 이용률이 저하되어 빈혈을 유발할 수 있다. 흡수불량증이 있는 어린이와 성인, 장기간 구리가 포함되지 않은 정맥영양을 받은 환자의 경우 구리결핍성빈혈 증세가 올 수 있으므로 주의한다.

(3) 단백질-열량 결핍성빈혈

단백질은 적혈구와 헤모글로빈 합성에 필수요소이다. 단백질-열량 영양불량 Protein-Energy Malnutrition, PEM 시 세포의 산소 요구량을 낮추어 적혈구의 수는 감소되지만 혈장량은 상대적으로 천천히 감소하여 혈액 희석현상이 나타날 수 있으며, 혈액 희석현상으로 인하여 저색소성hypochromic 빈혈 증세가 나타날 수 있다. 단백질-열량 결핍성 빈혈의 경우 철과 다른 영양소의 결핍과 연관되어 있으며, 감염, 영양소 흡수불량 및 기생충 감염 등과도 관련되어 있다.

(4) 식사요법

영양성빈혈의 경우 결핍된 영양소를 보충하고 조혈작용에 필요한 영양소를 고루 함유한 균형 잡힌 식사를 제공한다.

CHAPTER 14

골격계 및 신경계 질환

1. 골격계 질환 | 2. 신경계 질환

CHAPTER 14

학습목적

골격계 및 신경계 질환의 식사관리 원칙을 이해하고, 치료를 위한 식사요법에 활용할 수 있다.

학습목표

- 근골격계의 구조 및 대사를 설명할 수 있다.
- 골다공증의 원인 및 식사요법을 설명할 수 있다.
- 골관절염, 류마티스관절염, 통풍의 임상적 특징 및 식사요법을 설명할 수 있다.
- 뇌전증을 이해하고 케톤식의 영양소 필요량 계산법을 설명할 수 있다.
- 치매, 파킨슨병, 다발성경화증, 중증근무력증의 임상적 특징 및 식사요법을 설명할 수 있다.

1. 골격계 질환

골격계는 뼈, 관절, 인대로 구성되어 있고 사람의 몸에는 200여 개의 뼈가 있어 우리 몸을 지지하고 내장 등의 기관을 보호하면서 운동을 가능하게 한다. 뼈 조직은 결합조직으로 유기물 기질에 무기질이 침착되어 있다. 유기물 기질의 90% 정도가 콜라겐 단백질로 뼈 건조 무게의 1/3 정도를 차지하며 유기물질의 함량은 뼈의 유연성을 좌우한다. 뼈 조직의 무기물질은 약 85%가 칼슘과 인의 결정체인 하이드록시아파타이트hydroxyapatite이고 10%가 탄산칼슘이며 미량의 마그네슘, 나트륨, 칼륨, 불소, 황 등으로 이루어져 있다.

골격은 치밀골cortical bone(75%)과 해면골trabecular bone(25%)로 구성되어 있다. 치밀골은 모든 뼈의 표면 부분을 형성하는 것으로 단단하고 치밀한 구조를 가지고 있으며 대사율이 낮다. 해면골은 스펀지와 같은 망상구조로 대사율이 매우 높으며 긴 뼈의 양쪽 끝 부분, 손목과 발목, 어깨뼈, 척추, 골반에서 발견된다그림 14-1.

뼈는 고정되어 있는 것처럼 보이지만 끊임없이 조직을 분해하고 생성하는 대사가 활발하게 일어나는 조직이다. 뼈를 구성하는 뼈세포osteocyte는 뼈를 생성하는 조골세포osteoblast와 뼈를 분해하는 파골세포osteoclast로 구성되어 있어 뼈의 생성과 분해의 균형이 골질량을 결정한다. 성장기에는 조골세포의 기능이 활발하고 성장이 멈춘 후 여러 요인에 의해 파골세포의 기능이 활발해지면서 골손실bone loss에 의한 골질량bone mass 감소를 초래한다. 낡은 뼈를 제거하는 골흡수와 새로운 뼈를 만

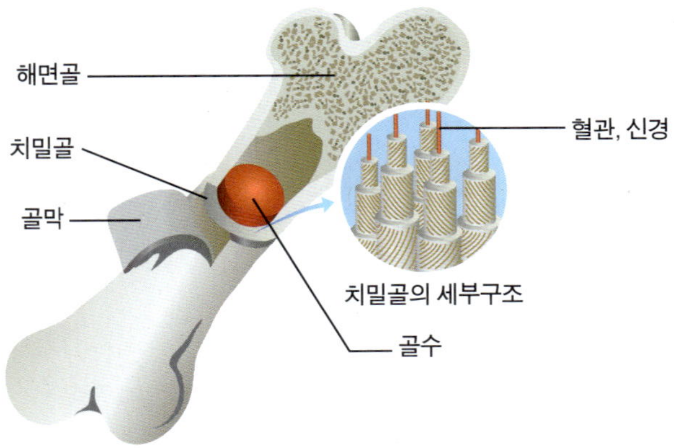

그림 14-1 골격의 구조

드는 골형성이 순차적으로 발생하여 골항상성을 유지하려는 현상을 골재형성bone remodeling이라고 한다.

골재형성 과정을 살펴보면, 3~4주에 걸쳐 파골세포에 의해 뼈의 표면에서 산과 단백질 가수분해효소를 분비하여 각각 골격을 구성하는 무기질과 콜라겐 기질을 용해시킨다. 용해로 빈 공간이 형성되면, 조골세포가 콜라겐 기질을 형성한 후 그 안에 인산칼슘염이 침착하는 석회화 과정을 촉진하여 용해된 공간을 채우면서 수개월에 걸친 골형성이 마무리되는데, 골재형성은 6~9개월에 걸쳐 나타난다. 그 외 뼈의 생성에는 단백질, 무기질(칼슘, 인, 마그네슘, 칼륨, 구리, 아연, 불소 등) 및 비타민 (A, C, D, K 등)이 필요하다.

근골격계 질환에는 골다공증osteoporosis, 파젯병paget disease, 구루병rickets, 골연화증osteomalacia, 골관절염osteoarthritis, 류마티스관절염rheumatoid arthritis과 통풍gout 등이 있다.

1) 골다공증(Osteoporosis)

골다공증은 골량의 감소와 미세구조의 이상을 특징으로 하는 전신적인 골격계 질환으로 결과적으로 뼈가 약해져서 부러지기 쉬운 상태가 되는 질환으로 WHO에서 정의하고 있다그림 14-2.

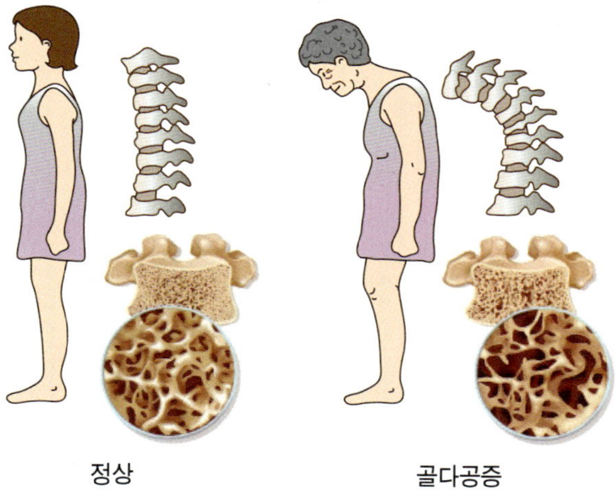

그림 14-2 골다공증의 골조직

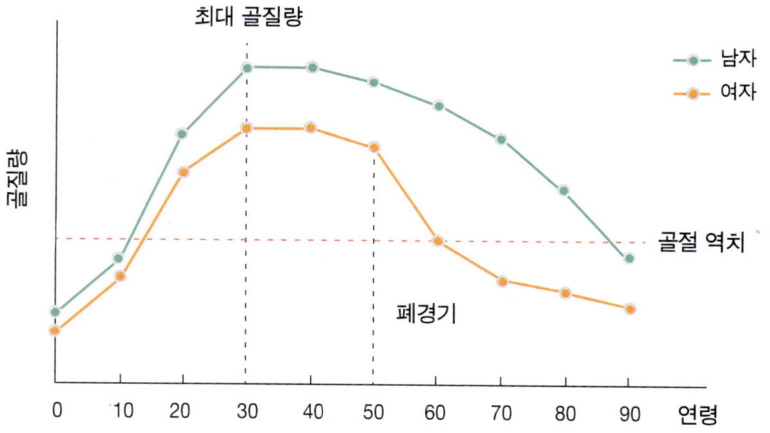

그림 14-3 연령에 따른 골량의 변화

출처 : 대한골대사학회, 골다공증의 진료 지침, 2020

생애주기에 따른 골량의 변화를 살펴보면 20대 중반에서 30대 초반에 일생 중 최대 골량Peak Bone Mass, PBM이 형성되고 그 이후는 연령 증가에 따라 골손실이 진행된다. 최대 골량이 형성되기 이전에는 골형성이 골흡수보다 많아 전체적인 골량이 증가되며, 최대 골량 형성 후 50대까지는 대체로 골량이 유지되거나 소량 감소한다. 이후 노화로 골형성 기능이 점차 감소되어 골손실이 지속된다. 특히, 여성의 경우 폐경 이후 에스트로겐 결핍으로 인해 급격한 골손실이 진행되며, 폐경기 이후 여성의 경우 뼈로부터 칼슘의 손실이 무려 15~50% 정도로 골다공증의 위험은 높아진다그림 14-3. 에스트로겐은 부갑상선호르몬의 분비를 억제하고, 칼시토닌의 분비를 자극하여 뼈에서의 칼슘 용출을 억제함으로써 골다공증을 예방하는 역할을 한다.

최대 골량은 개인마다 차이가 있다. 일반적으로 남자가 여자보다 골량이 많으며 체격이 큰 사람이 작은 사람에 비해 골량이 많다. 골절의 위험은 골강도가 약해지면 증가되는데, 골강도는 골량quantity과 골질quality에 의해 결정된다. 골량은 주로 골밀도에 의해 표현되고, 골질은 구조, 골교체율, 무기질화, 미세손상 축적 등으로 구성되며 골밀도를 측정하여 골다공증을 진단하고 있다.

(1) 분류, 증상 및 진단

골다공증은 일차성과 이차성으로 분류된다. 일차성 골다공증은 폐경으로 인한 제1형 골다공증과 노화로 인한 제2형 골다공증으로 분류된다. 이차성 골다공증은 특정 질병이나 수술, 약물 복용 등에 의해 골손실이 증가되어 발생한다. 이차성 골다공증은 폐경 전 여성 및 50세 미만 남성에서 흔히 발생할 수 있다.

뼈의 특성상 골다공증의 초기에는 특별한 증상이 나타나지 않는다. 골질량은 서서히 감소되므로 초기에는 척추 뼈가 약해져 척추 후만이 변형되거나 압박되어 신장이 줄어든다. 심한 경우 골절의 위험이 높아 허리를 구부리거나 기침을 하는 일상생활 중에도 골절이 쉽게 발생될 수 있다. 이처럼 골절이 발생할 때까지 증상이 없어 많은 골다공증 환자들이 효과적인 치료 시기를 상실하게 되는 경우가 많다.

골다공증은 골밀도 검사를 하여 진단한다. 골밀도를 측정하여 T-score로 판단하는데, T-score는 동일한 성별에서 젊은 성인 집단의 평균 골밀도와 비교하여 표준편차로 나눈 값으로 −2.5 이하인 경우 골다공증으로 분류한다표 14-1.

골밀도 검사는 우리 몸 특정 부위의 골밀도를 측정한 후 결과를 수치화하여 나타내는 검사이다그림 14-4. 측정방법은 보통 에너지가 높은 X-선과 에너지가 낮은 X-선을 두 번 촬영하여 얻은 자료로 골밀도를 계산하는 이중에너지 X선 흡수 계측법Dual energy X-ray Absorptiometry, DXA을 많이 사용하며 요추와 대퇴골을 측정한다. 정량적 컴퓨터 단층 촬영법Quantiative Computed Tomography, QCT은 척추, 대퇴골, 말단골을 측정할 수 있으며 3차원적으로 측정이 가능하나 이중에너지 X선 흡수 계측법에 비해 비싸고 방사선 조사량이 많은 단점이 있다. 정량적 초음파 측정법Quantiative Ultrasonography, QUS은 종골, 경골, 슬개골과 같은 말단 부위를 측정하는 데 이용된다. 방사선에 노출되지 않는 점과 기계가 가벼워 쉽게 이동이 가능한 장점이 있다.

표 14-1 골다공증 진단기준

구분	T-score
정상(Normal)	−1.0 이상
골감소증(Osteopenia)	−1.0> ~ > −2.5
골다공증(Osteoporosis)	−2.5 이하
심한 골다공증(Severe osteoporosis)	−2.5 이하 + 골다공증 골절

출처 : WHO, Assessment of fracture risk and its application to screening for postmenopausal osteoporosis. Report of a WHO Study Group. Technical Report Series, 1994

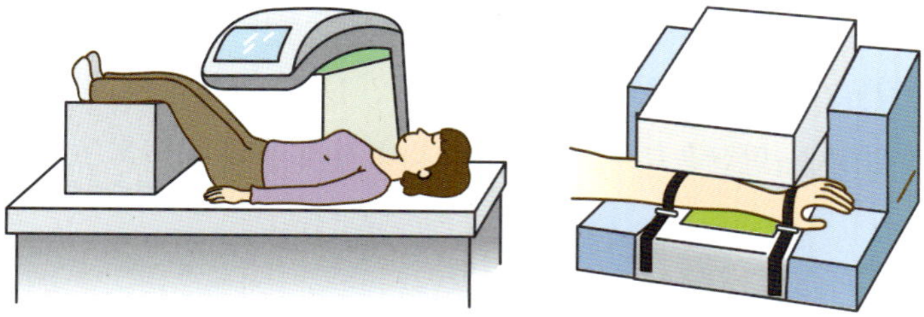

이중에너지 X선 흡수 계측법(척추 및 대퇴골, 손목)

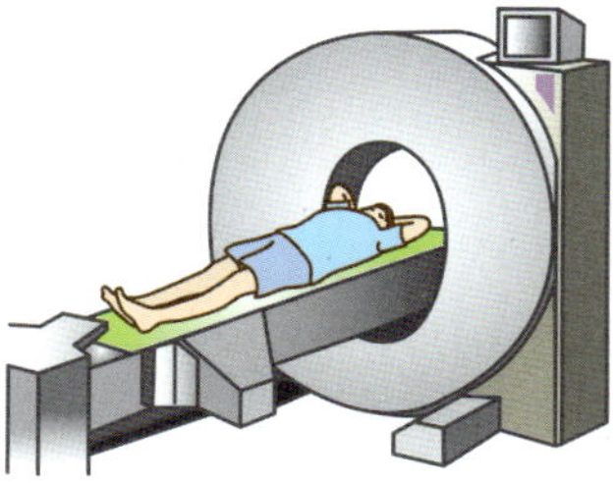

정량적 컴퓨터 단층 촬영법(QCT)

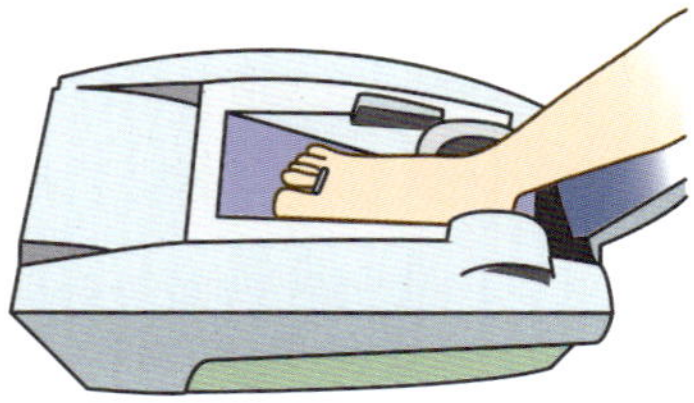

정량적 초음파 측정법(QUS)

그림 14-4 골밀도 측정 방법

(2) 골다공증의 위험인자

골다공증의 중요한 위험인자는 청·장년기 동안 낮게 형성된 최대 골량과 노화 및 폐경으로 인한 빠른 골손실이다. 최대 골량의 형성은 유전적 인자와 환경적 인자에 의하여 결정된다. 골손실의 주된 요인은 폐경뿐만 아니라 난소 적출, 마른 체형

표 14-2 골다공증의 위험인자

유전적 요인	생활습관	질병	약제
• 백인 또는 아시아인 • 어머니의 골밀도 또는 골절 병력 • 작은 체구 • 45세 이하의 조기폐경	• 흡연 • 비활동성 • 지속적인 활동부족 • 지속적인 이차 무월경	• 신경성 식욕부진증 • 소화흡수장애 • 부갑상선항진증 • 갑상선항진증 • 성선기능저하증 • 골형성부전증 • 류마티스관절염 • 만성신경장애 • 만성콩팥병 • 당뇨병	• 글루코코르티코이드 • 갑상선 호르몬 과다 사용 • 항응고제 • 항암제 • 항경련제 • 인산 결합 제산제

과 같은 신체적 요인, 운동부족 및 흡연과 같은 생활습관요인, 질병 또는 약제의 영향이 있고, 저칼슘, 고단백질, 인 과잉 섭취, 비타민 D 결핍, 비타민 K 결핍, 나트륨의 과잉 섭취, 알코올, 탄산음료 및 카페인의 과다 섭취 등의 식이적 요인이 있다표 14-2, 표 14-3

표 14-3 골다공증 관련 식이요인

영양소	골다공증 관련 작용
칼슘	• 지속적인 칼슘 섭취 부족은 최대 골질량을 감소시키고 골손실을 증가시킴
비타민 D	• 소장에서 칼슘 흡수 촉진, 신장에서 칼슘 재흡수 촉진
인	• 부갑상선호르몬 분비를 자극하여 신 세뇨관에서 칼슘 재흡수 촉진 • 적당량의 인은 골밀도를 증가시키나 과량의 인 섭취는 칼슘 흡수율을 감소시키고 칼슘 배설을 촉진시킴
단백질	• 동물성 단백질의 함황아미노산은 소변을 산성화시켜 소변으로 칼슘 배설 촉진 • 메티오닌, 시스테인 함량이 높은 정제단백질은 소변으로 칼슘 배설 증가
나트륨	• 과잉 섭취 시 소변으로 칼슘 배설 증가 • 나트륨 섭취량이 500mg 증가될 때 소변 중 칼슘 배설량은 10mg 증가
마그네슘	• 마그네슘 섭취 부족 시 골용해가 증가되고 골생성 감소 • 과량의 칼슘 섭취는 마그네슘 흡수를 방해할 수 있음
식이섬유	• 식이섬유가 풍부한 식품은 수산이나 피틴산이 다량 함유되어 칼슘의 체내 이용 감소 • 식이섬유 분자 그 자체가 식품 내 칼슘과 결합하여 칼슘을 체외로 배설 • 장의 운동을 증가시켜 장 내용물의 소화관 통과시간을 단축시키고 칼슘 흡수시간 감소
비타민 K	• 뼈세포 단백질인 오스테오칼신 합성에 필요
불소	• 조골세포 수를 증가시켜 골형성을 촉진, 골격 표면의 견고성 증가
카페인	• 칼슘 흡수를 감소시키고 소변으로 배설 증가 • 1일 150mg 카페인 섭취 시 소변 중 칼슘 배설량은 1일 5mg 정도 증가
알코올	• 과잉 섭취 시 뼈 생성 억제, 소장에서 칼슘 흡수 저해, 신장을 통한 칼슘 배설 촉진 • 조골세포의 활성을 저하시킴으로써 골세포 형성에 직접적으로 나쁜 영향 줌 • 과잉 섭취 시 성호르몬 감소, 근육량 감소 등을 유발하여 골량 감소
당류	• 서당, 과당, 자일로스(xylose), 포도당, 유당 등 당분은 장관 내에서 칼슘 흡수 촉진 • 유당은 폐경 후 여성에서 혈청 칼슘을 증가시키는 데 효과적

(3) 골대사와 호르몬

골대사는 여러 호르몬과 영양소가 관여하는 복잡한 과정이다. 식품을 통해 섭취한 칼슘은 소화, 흡수, 배설 과정을 통해 혈중 농도가 낮아지면 뼈의 칼슘 용출을 촉진시키고, 혈중 농도가 높아지면 뼈의 칼슘 용출을 억제하여 혈중 농도를 일정하게 유지시킨다. 이 과정에서 부갑상선호르몬, 칼시토닌, 비타민 D가 주요 조절인자로 관여한다.

혈중 칼슘 농도를 유지하는 것은 골량을 유지하기 위해 중요하다. 장에서의 칼슘 흡수 감소로 혈청 칼슘 농도가 낮아지면 뼈의 칼슘 용해가 증가된다. 혈액 내 칼슘 농도가 저하되면, 부갑상선호르몬이 분비되어 신장에서 25(OH)D를 활성화시켜 1,25(OH)$_2$D의 생성을 촉진하여 소장에서 칼슘의 흡수를 촉진, 신장에서 칼슘

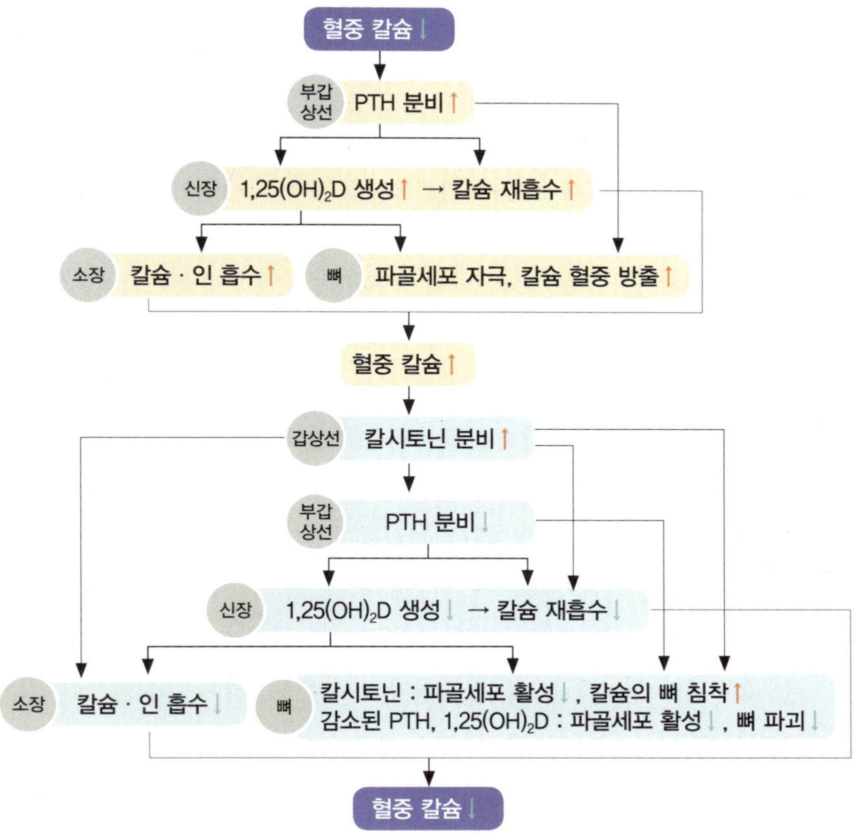

그림 14-5 칼슘 항상성 유지

의 재흡수를 촉진, 뼈의 칼슘을 용출하여 혈중 칼슘 농도를 높인다. 칼슘 농도가 상승하면, 갑상선에서 칼시토닌이 분비되어 부갑상선 호르몬과 반대작용인 신장에서 25(OH)D 활성을 억제하여 1,25$(OH)_2$D의 생성을 낮추고 소장에서 칼슘의 흡수를 저해, 신장에서 칼슘의 재흡수를 저해, 뼈의 칼슘을 침착하여 혈중 칼슘 농도를 낮춘다그림 14-5.

(4) 식사요법

충분한 열량과 칼슘을 섭취하고 칼슘 흡수와 이용에 영향을 주는 식이요인을 고려하여 골격 손실을 방지하고 완화함으로써 골절의 가능성을 감소시키도록 한다.

① 열량

정상체중을 유지할 수 있는 열량을 섭취한다. 다양한 식품을 골고루 이용하고 규칙적인 식습관으로 균형식을 섭취하며, 정상 체중을 유지하는 것이 필요하다.

② 칼슘

칼슘의 섭취가 충분하도록 한다. 대한골대사학회에서는 1일 800~1,000mg의 칼슘 섭취를 권장한다. 이를 충족시키기 위해서는 칼슘이 풍부한 우유와 유제품, 뼈째 먹는 생선류, 해조류, 두류, 곡류, 녹색 채소류 등을 충분히 공급하도록 한다. 특히, 우유는 칼슘 함량이 높을 뿐 아니라 유당 및 카제인을 함유하고 있어 칼슘 흡수에 도움이 된다. 유당불내증 등으로 유제품의 섭취가 곤란한 경우에는 우유 대신 요구르트나 치즈 등의 칼슘 급원식품을 충분히 섭취한다표 14-4. 음식을 통한 칼슘 섭취가 어려울 경우 칼슘 보충제를 권장한다. 탄산칼슘calcium carbonate의 칼슘 함량은 40.0%, 구연산칼슘calcium citrate은 24.1%로 칼슘염의 종류에 따라 칼슘 함량이 다르다. 구연산칼슘은 수용성이기 때문에 식사와 관계없이 섭취할 수 있고, 탄산칼슘에 비해 흡수율이 높으며 신결석 발생 위험이 높지 않다. 탄산칼슘은 위산 분비가 감소되어 있는 경우 흡수가 낮아지므로 음식과 함께 복용해야 하며, 무위산증이 있는 경우 흡수가 제한적이다. 칼슘 보충제 섭취 시 하루 2~3회 나누어 복용하는 것이 좋으며, 500mg 미만으로 섭취할 때 최적의 흡수를 보인다.

③ 비타민 D

비타민 D를 충분히 섭취하고, 옥외 활동을 통하여 피부를 자외선에 노출시켜 비타민 D가 합성될 수 있도록 한다. 한국인 영양소 섭취기준에서 비타민 D의 충분 섭취량은 65세 미만의 성인은 1일 10μg, 65세 이상은 15μg이다. 대한골대사학회에서는 비타민 D의 섭취를 1일 800IU 권장한다. 비타민 D를 많이 함유하고 있는 식품에는 버섯, 동물의 피부조직, 버터, 생선, 간유 및 달걀 등이 있다. 비타민 D 함량이

칼슘 흡수에 영향을 주는 요인

칼슘 흡수에 도움을 주는 요인	칼슘 흡수를 방해하는 요인
비타민 D, 유당, 탄수화물	섬유소, 옥살산염, 피틴산염, 나트륨, 인, 지방, 카페인, 흡연, 음주

표 14-4 칼슘 주요 급원식품(1회 분량당 함량)

식품	1회 분량	함량(mg)
미꾸라지	60	720
멸치	15	373
굴	80	342
우유	200	226
들깻잎	70	207
홍어	60	183
요구르트(호상)	100	141
치즈	20	125
라면(조리한 것, 스프포함)	250	120
건미역	10	111
채소음료	100	95
어패류젓	15	89
상추	70	85
아이스크림	100	80
명태	60	65

출처: 보건복지부 · 한국영양학회, 2020 한국인 영양소 섭취기준, 2020

낮은 우유, 시리얼 등의 식품에 비타민 D를 보강해 준 비타민 D 강화식품도 좋은 급원이 될 수 있다표 14-5. 경우에 따라 비타민 D 보충제의 투여가 필요하며 활성형 비타민 D의 투여 시에는 1일 칼슘 섭취량이 600~800mg이 넘지 않도록 칼슘 섭취를 조절해야 한다.

표 14-5 비타민 D 주요 급원식품(1회 분량당 함량)

식품	1회 분량	함량(μg)
연어	60	19.8
달걀	60	12.5
꽁치	60	7.8
잉어	60	7.4
전갱이	60	7.0
어패류알젓	40	6.8
조기	60	5.1
쥐치포	15	5.1
오징어	80	4.8
돔	60	3.4
미꾸라지	60	3.3
방어	60	3.2
어패류부산물(내장)	60	3.0
임연수어	60	2.8
볼락	60	2.7

출처: 보건복지부 · 한국영양학회, 2020 한국인 영양소 섭취기준, 2020

④ 단백질

적정량의 단백질을 섭취한다. 적절한 단백질의 섭취는 뼈 건강에 필수적인 요소이나 지나친 고단백질 식이는 소변 중으로 칼슘의 배설을 증가시키며, 특히 동물성 단백질은 식물성 단백질보다 칼슘의 배설을 더 증가시킨다. 과도한 동물성 단백질의 섭취는 메티오닌 등 함황아미노산과 인산 함량이 높아 신장에서 칼슘의 재흡수를 방해하고, 칼슘의 배설을 증가시켜 골손실을 유도할 수 있으므로 주의가 필요하다.

⑤ 인

인을 과잉 섭취하지 않는다. 인은 칼슘과 함께 뼈를 구성하는 성분으로 적당량 섭취하면 칼슘 흡수에 도움을 주므로 칼슘과 인의 섭취 비율은 1 : 1이 바람직하다. 인은 대부분의 식품에 풍부하기 때문에 일반적으로 인의 섭취량이 칼슘보다 높다. 과량의 인 섭취는 칼슘의 흡수를 저해하여 혈청 칼슘 농도의 감소를 초래하고 이는 부갑상선호르몬의 분비를 자극시켜 뼈의 칼슘 용해를 초래하게 된다. 인 함량이 높은 탄산음료의 섭취는 인과 칼슘의 섭취 불균형으로 골다공증의 위험을 증가시킨다.

⑥ 나트륨

나트륨의 과잉 섭취는 소변 중의 칼슘 배설을 증가시키는데, 특히 칼슘의 섭취가 부족한 노인에 있어서 나트륨의 과량 섭취로 인한 소변 중 칼슘의 배설 효과는 크며, 칼슘 섭취가 부족한 경우가 많아 골다공증의 위험이 높아진다. 나트륨 섭취량이 500mg 증가될 때 소변을 통한 칼슘의 배설량이 약 10mg가량 증가된다. 나트륨은 목표량인 1일 2,000mg 이하로 섭취한다.

⑦ 마그네슘

적정량의 마그네슘을 섭취한다. 마그네슘은 인체 저장량의 반 이상이 뼈 조직에 함유되어 있어 마그네슘의 섭취가 부족되지 않도록 주의한다. 마그네슘이 풍부한 식품은 견과류, 두류, 곡류 등이다. 마그네슘과 칼슘의 섭취 비율은 1 : 2 정도를 권장한다.

⑧ 비타민

비타민 K, 비타민 C, 비타민 B_6, 엽산, 비타민 B_{12}를 충분히 섭취한다. 비타민 K는 뼈세포의 단백질인 오스테오칼신의 합성에 필요하며, 비타민 K는 녹색채소, 과일, 육류, 곡류에 함유되어 있다. 비타민 C는 콜라겐 합성과 조골세포를 자극하고 칼슘 흡수를 촉진시킨다. 비타민 B_6, 엽산, 비타민 B_{12}가 감소하면 호모시스테인을 증가시켜 골다공증을 일으키므로 부족되지 않게 섭취한다.

⑨ 식물성 에스트로겐

콩 및 콩제품을 충분히 섭취하도록 한다. 콩, 특히 대두에 함유되어 있는 이소플라본은 에스트로겐과 유사구조를 가진 식물성 에스트로겐으로써 폐경 후 여성에서 뼈의 보호작용을 하고 뼈로부터의 칼슘 배설을 증가시키지 않는다. 이소플라본을 함유하고 있는 식품은 대두를 비롯하여 대두를 이용하여 만든 두부, 두유, 된장, 쌈장, 청국장, 콩나물 등이 있고, 콩 제품은 익힌 것일수록 단백질 흡수에 좋다.

⑩ 기타

카페인, 알코올 섭취를 피한다. 카페인은 칼슘의 흡수량을 감소시키고 소변을 통한 배설량을 증가시킨다. 커피(카페인 100mg 이상)를 많이 섭취하면 골밀도가 감소하지만 우유가 첨가된 커피의 경우 골손실이 상쇄된다. 특히, 골다공증 환자는 하루 1~2잔 이하로 카페인 음료를 제한한다. 과량의 알코올 섭취는 뼈의 생성을 억제하고, 소장의 칼슘 흡수를 저해하며 소변 중 칼슘 배설량을 증가시킴으로써 골다공증의 위험을 증가시키므로 하루 2잔 이상 섭취하지 않도록 한다.

2) 관절염(Arthritis)

관절염은 관절에 염증이 생겨 부은 것을 말한다. 관절의 말단은 관절 연골로 덮여 있고, 관절 연골과 관절 연골 사이에는 관절낭이 있으며, 관절액이 있어 윤활작용을 한다. 관절은 노화에 따른 체단백질, 체액 그리고 골밀도의 감소 및 체지방의 증가와 같은 체성분의 변화와 신경 내분비 조절, 면역계의 변화 등으로 염증이 발생하고, 관절염이 발생하게 된다. 관절염에는 골관절염, 류마티스관절염, 통풍 등이 있다그림 14-6.

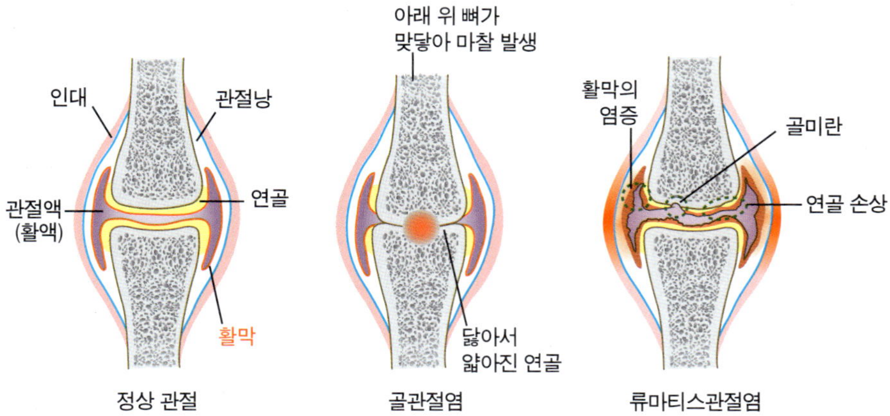

그림 14-6 골관절염과 류마티스관절염의 차이

(1) 골관절염(Osteoarthritis)

골관절염은 관절 내 뼈와 뼈의 완충작용을 하는 연골이 어떤 원인으로 인해 손상되어 나타나는 병으로 관절의 통증과 경직을 일으키는 비염증성 관절염이다. 즉, 뼈의 관절면을 감싸고 있는 관절 연골이 마모되어 연골 밑에 뼈가 노출되고, 관절 주변의 활액막에 염증이 생겨서 통증과 변형이 발생하는 질환으로 관절질환 중 발생률이 가장 높다. 이 질환은 퇴행성관절염, 관절증arthrosis, 골관절증 등으로 불리기도 하며, 주로 고관절hip, 슬관절knee, 척추spine 등의 부위에서 많이 발생한다. 2019년 국민건강통계 자료에 따르면 우리나라 65세 이상 노인 인구에서 골관절염의 의사 진단 경험률은 여자가 45.7%로 남자 12.1%에 비해 높다.

① 원인과 증상

골관절염의 위험을 증가시키는 요인은 연령, 여성, 비만, 심한 운동, 외상, 스트레스, 유전적 요인과 바이러스 감염 등이 있다. 또한 특정 직업은 지속적으로 관절 연골의 마찰과 손상을 일으킬 수 있어 위험요인이 될 수 있다그림 14-7.

골관절염의 증상은 계단을 오르내릴 때 발생하는 무릎 통증이 가장 흔하다. 통증은 오전보다는 오후에 더 심하며, 증세가 진행되면 무릎이 붓고 물이 차며 하루 종일 통증이 나타나게 된다. 또한 손가락 마디에도 골관절염이 발생할 수 있으며, 중년 여성에서 가장 잘 발생하고, 손가락 마디가 굵어지는 증상이 나타나므로 류마티스관절염과 구별이 필요하다그림 14-8.

② 골관절염의 치료

손상된 연골을 정상으로 돌리는 치료법은 현재까지는 없다. 골관절염 치료의 핵심은 관절의 염증과 통증을 감소시키고, 관절의 불능을 최소화하는 것이다. 비약물적 치료로는 신체 자세 교정, 적당한 신발의 착용, 체중 감소, 온열치료, 염증이 있는 관절의 휴식, 운동요법, 식사요법 등이 있다. 운동은 근력을 증가시켜 관절의 통증과 부동성을 감소시킨다. 약물치료는 스테로이드제제(비스테로이드계의 아스피린, 아세토아미노펜, 인도메타신, 이부프로펜 등), 엽산, 비타민 B_{12} 등이 있다. 최근에는 연골 성분인 글루코사민과 콘드로이틴이 골관절염의 치료를 위해 널리 사용되고 있는 영양보충제이다. 유럽의 경우 약품으로 분류되어 환자들에게 사용되고 있

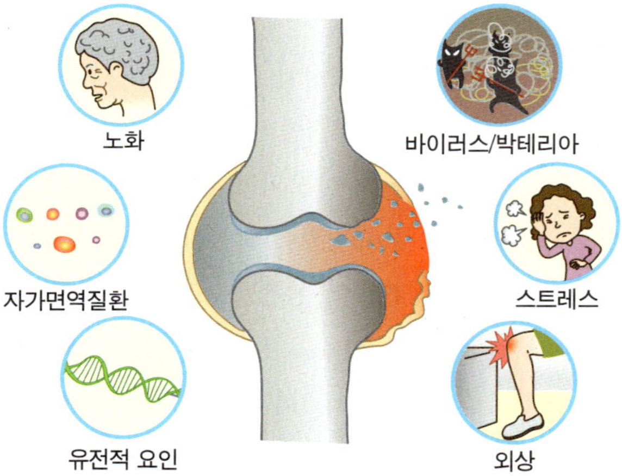

그림 14-7 골관절염의 원인

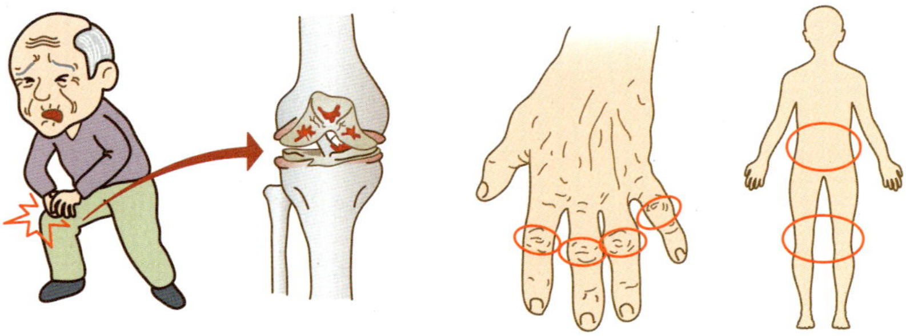

그림 14-8 골관절염이 잘 생기는 부위(무릎, 손끝 마디, 허리)

> **글루코사민과 콘드로이틴**
>
> 골관절염의 치료를 위해 널리 사용되고 있는 영양보충제이다.
>
> - 글루코사민 : 연골의 중요한 구성 성분인 글루코사미노글리칸과 프로테오글리칸을 합성하는 데 쓰이는 아미노당이다.
> - 콘드로이틴 : 연골에서 발견되는 특정한 글리코사미노글리칸(glycosaminoglycan)이다.

으나 미국은 염증을 가라앉히고 연골의 마모를 늦춘다는 증거가 불충분하여 식품으로 분류되어 쉽게 구입할 수 있다. 우리나라 역시 확실한 효과가 증명된 바가 없다.

③ 식사요법

골관절염 식사관리의 기본은 관절의 부담을 감소시키기 위해 표준체중을 유지할 수 있도록 열량 섭취를 조절하고, 비타민, 무기질, 항산화영양소를 충분히 섭취하는 것이다.

- 열량은 비만이 되지 않도록 표준체중 유지에 맞게 공급한다.
- 지속적인 산화에 의한 세포손상은 퇴행성 변화를 가져오므로 항산화제, 비타민 C, β-카로틴, 셀레늄이 많이 들어 있는 식품을 섭취하거나 보충제를 복용한다.
- 골관절염 환자의 경우 비타민 D와 칼슘 섭취가 부족하고 혈청의 비타민 D 수준도 낮아 권장 섭취량에 맞추어 섭취한다.
- 글루코사민, 콘드로이틴 등을 보충한다.

(2) 류마티스관절염(Rheumatoid arthritis)

류마티스관절염은 골관절염 다음으로 많은 관절질환으로 관절의 활막에 원인이 잘 알려지지 않은 만성염증이 시작되어 전신에 분포되어 있는 결합조직에 이어지는 전신적인 근골격계 증후군이다. 류마티스관절염의 발병률은 전체 인구의 1% 정도이며 남자보다 여자에게서 3~5배 더 많이 발생하고 30대의 여자에서 발병률이 높지만, 소아에서 노인에 이르기까지 모든 연령대에서 발생할 수 있다.

① 원인과 증상

류마티스관절염은 각종 감염, 비타민 결핍, 호르몬의 불균형, 면역학적 인체 반응, 염증 등이 원인이 될 수 있으며, 인체의 면역체계가 자신의 몸을 비정상적으로 공격하는 자가면역질환의 일종이다.

초기 증상은 손마디가 뻣뻣해지는 것이 특징인데 특히 아침에 자고 일어난 직후에 심하며, 관절을 움직이면 증세가 풀린다. 이는 관절 마디가 붓기 때문인데 활막의 활동성 만성염증으로 인해 나타난다. 증세가 심해지면 관절 부위에 통증과 변형이 일어나다가 손목, 발목, 발가락 등의 피하 결절까지 나타나고, 결국 관절의 기능을 잃기 때문에 초기에 관절염 진행을 억제하는 것이 중요하다그림 14-9.

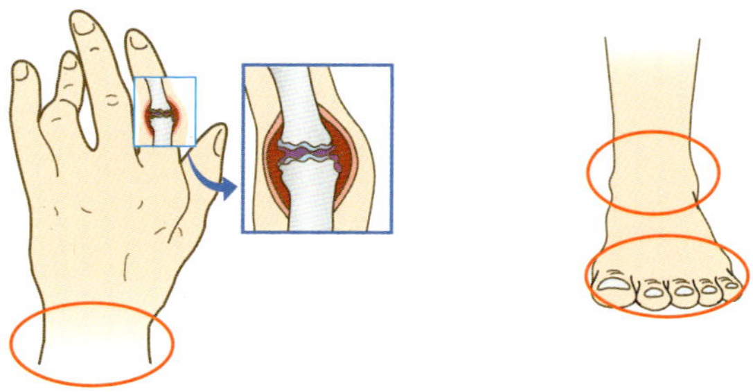

그림 14-9 **류마티스관절염이 잘 생기는 부위(손목, 발목, 발가락)**

② 치료

류마티스관절염의 확실한 원인과 치료가 확립되어 있지 않기 때문에 약물치료, 물리치료, 의학적 치료, 영양관리 모두가 매우 중요하다. 약물요법으로는 비스테로이드소염제, 호르몬의 일종인 스테로이드제제 같은 1차 약제와 인체의 면역체계에 영향을 주어 류마티스관절염 자체를 억제하는 면역억제제를 사용한다.

③ 식사요법

- 비만인 경우가 많으므로 정상체중을 유지하는 것이 중요하다.
- 단백질은 권장 섭취량 수준으로 섭취하되 영양공급이 불충분하고 염증이 있는 경우 체중 kg당 1.5~2.0g으로 충분히 섭취한다.
- ω-3 지방산은 항염증 작용을 하므로 섭취를 증가시킨다. 어유와 α-리놀렌산α-linolenic acid이 풍부한 아마유, 콩기름 등을 섭취한다. DHA와 EPA와 같은

ω−3 지방산은 관절의 염증과 연골의 분해를 촉진하는 화학물질의 합성을 감소시키며 보충제(DHA와 EPA) 복용 시 아침에 관절이 뻣뻣해지는 증상이나 진통제의 필요량을 감소시키는 효과가 있다.

- 엽산, 칼슘, 비타민 D, 비타민 E, 아연, 비타민 B_6, 비타민 B_{12}, 셀레늄을 충분히 섭취한다.

(3) 통풍(Gout)

통풍은 요산이 체내에 과도하게 축적되어 발생하는 질환이다. 다른 사람이 지나가면서 발생되는 바람에 의해서도 많이 아프고 온몸에 열이 난다고 하여 통풍이라고 한다.

① 원인과 증상

요산은 섭취한 음식이 소화되어 대사된 후 나오는 물질로 하루 약 750mg이 생성되고 이 중 2/3는 신장을 통해 소변으로 배설되는데, 혈액 내 요산이 지나치게 많으면 결정체로 변하고 관절 내 침착하여 염증을 유발한다. 관절 내 요산 결정이 생기면 백혈구가 탐식해서 염증을 일으키며, 다량의 요산이 생성되므로 pH는 산성으로 기울어져 세포가 결국 파괴되어 통풍이 발생된다.

통풍환자는 40~50대에 첫 발작을 경험하고 남자에서 발병률이 높은데, 이는 신장에서 요산 제거 능력이 나이가 들어감에 따라 감소하는 데 반해 여자는 폐경 이전까지 여성호르몬의 영향으로 요산 제거 능력이 유지되기 때문이다. 과거에는 퓨린이 많이 함유된 육류 섭취가 많은 부유층의 병으로 간주되었으나 요즘은 생활 수준 향상으로 사회계층의 구분 없이 발생한다. 과체중과 과도한 음주도 통풍 발생의 원인이 된다.

통풍의 초기 증상은 고요산혈증hyperuricemia 및 관절염 증상과 비슷한 발작 증세를 일으키는 심한 통증이다. 통풍의 발작은 야간에 갑자기 일어나고 한쪽 발가락 관절에 격통을 일으켜서 붉어지고 부어오르며 발열이 나타난다. 초기에는 수일이 지나면 통증이 저절로 소실되어 완전히 회복되는 것처럼 보이지만 상당기간이 지난 후 다시 통증이 발생한다. 통풍은 치료하지 않으면 발작성관절염의 빈도가 점점 증가하고 침범하는 관절 수도 많아지며 회복되는 시간도 점점 길어진다. 과잉의 요산이 혈액을 통하여 연골 관절 주위 조직에 침착되고 통풍결절은 귓바퀴에서 가장 흔하게 발견되며 손가락, 손, 발가락, 발목, 무릎, 신장에까지 나타난다그림 14-10.

② 진단 및 치료

통풍은 관절의 윤활액 검사와 혈청 요산 농도를 측정하여 진단 한다. 관절 윤활액 검사는 통풍이 의심되는 관절에서 주사기를 이용해 윤활액을 뽑아 현미경으로 요산 결정을 확인하는 방법이다. 혈청 요산 농도 측정은 혈액 검사로 보통 7.0mg/dL 이상이면 고요산혈증이라고 한다. 통증이 심하면 염증을 줄이기 위해 비스테로이드 소염제나 항통풍제인 콜키친, 경구 스테로이드제를 투여한다.

③ 식사요법

요산을 줄이기 위해 퓨린 함량이 높은 식품을 제한하고, 소변으로 요산 배설을 증가시키는 것이 중요하다.

- 퓨린의 섭취를 제한한다. 정상적인 경우는 하루 평균 600~1,000mg 정도의 퓨린이 함유된 식사를 하지만 통풍 환자는 100~150mg 정도로 제한하는 것이 바람직하다. 퓨린의 함량이 높은 육류의 섭취를 제한한다표 14-6. 식품의 퓨린체는 끓인 국물에 용출해 나오므로 조리 시 충분히 끓인 후에 국물을 제거하고, 육류나 어육류 국물에 조리한 채소 등에는 퓨린체가 베어들므로 피하는 것이 좋다.
- 수분을 충분히 섭취한다. 충분한 수분 섭취는 신장의 결석 형성 및 약제 사용으로 인한 탈수현상을 방지하고 혈중 요산 농도 희석 및 요산 배설을 촉진시키므로 콩팥질환이나 심장병이 없으면 하루에 3L가량의 수분을 공급하는 것이

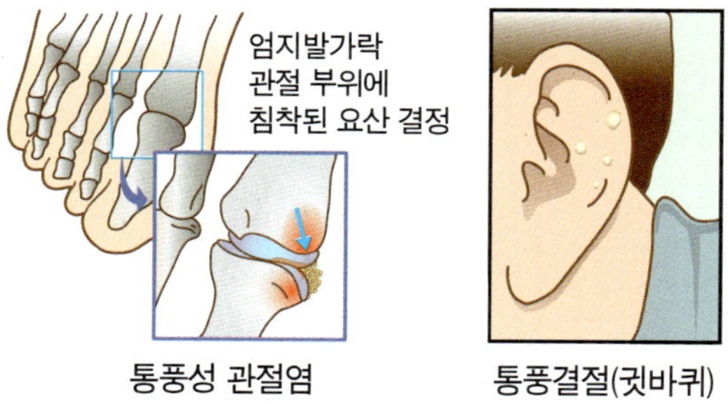

그림 14-10 통풍

바람직하다.

- 적정 체중을 유지할 수 있도록 열량 섭취를 조절한다. 통풍 환자는 비만인이 많고, 과도한 체중은 고요산혈증과 관련이 높으므로 정상체중을 유지하는 것이 바람직하다.
- 단백질은 인체 내에 필수적인 영양소이나 요산 생성에 관여하므로 과량의 섭취는 피한다. 우유와 달걀은 고단백질 식품이면서도 퓨린 함량이 극히 적으므로 통풍 환자들이 섭취할 수 있는 식품이다.
- 과잉의 지방 섭취는 콩팥에서의 요산 배설을 억제하여 고요산혈증을 초래하고, 통풍의 합병증인 고혈압, 심장병, 이상지질혈증, 비만 등과도 관련되므로 과량의 지방 섭취는 피한다.
- 탄수화물 섭취를 조절한다. 고탄수화물식은 신장에서의 요산 배설을 유발한다. 그러나 통풍 환자는 내당능력이 저하되어 있는 경우가 많아서 과잉 섭취는 피한다. 설탕, 사탕 등의 농축당은 중성지방 증가와 관련되어 비만을 조장하고, 과당은 요산 합성을 촉진하므로 주의한다.

표 14-6 식품 중의 퓨린 함량

(100g당)

식품군	퓨린 함량이 적은 식품 (0~15mg)	퓨린 함량이 중간인 식품 (50~150mg)	퓨린 함량이 많은 식품 (150~800mg)
곡류	곡류(오트밀, 전곡 제외), 빵, 떡, 국수	콩류(강낭콩, 잠두류, 완두콩)	–
어육류	달걀, 치즈, 우유	고기류, 가금류, 생선류, 조개류	• 내장 부위(심장, 간, 지라, 신장, 뇌, 혀) • 육즙, 거위, 생선류(정어리, 청어, 멸치, 고등어, 가리비, 조개)
채소류	채소류(나머지)	시금치, 버섯, 아스파라거스	–
기타	과실류, 설탕	–	–
주의사항	제한 없이 섭취할 수 있음	회복 정도에 따라 소량 섭취할 수 있음	급성기인 경우, 증세가 심할 때 섭취할 수 없음

출처 : 대한영양사협회, 임상영양관리지침서(제3판), 2008

- 알코올은 퓨린 생산을 증가시켜 혈중의 요산 함량을 증가시키고, 고산성혈증을 유발하며 요산 제거를 방해하므로 섭취를 제한한다.
- 퓨린 유도체가 많은 커피, 홍차를 제한한다.

2. 신경계 질환

1) 뇌전증(Epilepsy)

뇌전증은 뇌신경세포가 비정상적으로 과다하게 전기를 방출함으로써 뇌신경세포가 일시적으로 과도하게 흥분상태를 나타내어 발작이나 의식의 소실, 행동의 변화 등 뇌기능의 일시적인 마비가 만성적, 반복적으로 재발하는 질환으로 간질로 불린다.

(1) 원인과 증상

뇌의 신경세포에 손상을 주거나 신경세포의 정상적인 기능을 방해하는 것은 모두 간질의 원인이 될 수 있다. 뇌전증의 원인은 다양한데 출생 시 또는 출생 후 뇌손상, 임신 중의 영양상태, 두부외상, 독성물질, 뇌감염증, 종양, 뇌의 퇴행성 변화에 의해 발생할 수 있지만 발생기전을 알 수 없는 경우도 많다.

가장 흔하게 나타나는 증상은 운동성 경련 발작이다. 발작은 크게 부분발작과 전신발작으로 나뉜다. 부분발작은 대뇌 피질의 일부분에서 시작되는 신경세포의 흥분이 과도하여 나타나는 발작을 의미하고, 입맛을 다시거나 손을 휘저으며 자신의 행동을 기억하지 못한다. 전신발작은 가장 흔한 형태의 발작으로 대뇌 양쪽 반구의 광범위한 부분에서 시작되며 입에 거품을 물고 온몸이 뻣뻣해지고 떨며 소변과 대변을 지리기도 하고 발작 후 수면이 뒤따르며 일시적인 의식장애가 나타나기도 한다.

(2) 치료

뇌전증의 치료 목적은 모든 발작을 멈추게 하는 것으로 약물치료를 원칙으로 한다. 뇌전증 환자 10명 중 7~8명은 약물치료(항경련제)로 조절이 된다. 약물에 대한 저항성을 보이며 증세가 호전되지 않는 경우에는 뇌전증에 대한 외과적 수술이나 케톤식 식사요법을 이용한다. 항경련제의 장기적 복용 시 혈중 25(OH)D 농도를 낮추고, 엽산의 흡수를 방해하여 혈중 엽산 농도가 낮아질 수 있다.

(3) 식사요법 : 케톤식

케톤식은 항경련제가 사용되기 전부터 간질 환자의 치료법으로 이용되었다. 케톤식은 탄수화물과 단백질 함량이 많은 식품을 제한하고, 지방의 함유량을 높인 식사로 지방의 불완전 산화로 인해 체내에 과다한 케톤체를 형성함으로써 발작을 억제하고 약물의 사용량을 줄여 약물의 부작용을 최소화시키는 데도 도움을 기대하는 식사이다. 즉, 뇌세포가 주된 열량원으로 지방으로부터 공급되는 케톤체를 이용하게 하는 방법으로 10세 이하의 어린이에게서 특히 효과가 좋다. 이는 뇌에서 케톤체를 산화하여 열량원으로 사용하는 능력이 연령이 낮을수록 더 크기 때문이다.

- 저탄수화물, 고지방식을 제공한다. 총 열량 섭취량의 80~90%를 지방으로부터 공급받는데 지방 : 탄수화물과 단백질의 비율은 4 : 1로 유지한다. 지방의 섭취를 늘리기 위해 식물성 기름을 사용한 조리방법을 선택하고, 유지방, 중쇄중성지방을 섭취하게 한다. 중쇄중성지방식은 전체 섭취 열량의 60%를 MCT 오일로 제공하는 방법으로 보다 효과적으로 케톤산증을 유발할 수 있으며, 기존의 케톤식에 비해 탄수화물과 단백질 공급을 좀 더 많이 사용할 수 있어 케톤식이 맛이 없어 섭취하기 어려운 점을 해결해 줄 수 있으나 비용이 비싼 단점이 있다.
- 케톤식을 시작하기 전에 24~48시간 정도 금식을 한다. 식사의 조정기간은 보통 3~4일 정도이고 간질 발작이 완전히 조정되려면 보통 조정식을 시작한 후 10~20일 정도가 경과되어야 한다. 케톤식을 시작한지 1~2개월 이내에 경련이 호전되지 않으면 케톤식을 중단한다. 케톤 비율 4 : 1의 식사를 유지하여 경련이 나타나지 않고 1년 정도 경과하면 식사의 케톤 비율을 조절하기 시작한다. 케톤 비율을 3 : 1로 바꾸어 6개월간 경련이 나타나지 않으면 케톤 비율을

Know

케톤식의 영양소 기준량 산출 단계

① 연령에 맞는 표준체중을 계산한다.

② 체중 kg당 열량 섭취를 정한다.
열량은 연령과 표준체중에 기준한 권장 열량의 75%로 해야 하고, 아주 어리거나 매우 비만이 아니면 케톤생성비는 보통 4 : 1로 한다. 매우 비만한 경우 표준체중에 근거한 3 : 1 케톤식으로 진행한다.

③ 환자의 상태에 맞는 케톤성 : 항케톤성 비를 결정한다.
1g 지방 = 지방비 × 1g당 지방 열량
1g (단백질 + 탄수화물) = (탄수화물 + 단백질) × 1g당 탄수화물(단백질) 열량

④ 결정된 비율에 맞는 케톤성 : 항케톤성 비율에 맞는 단위 열량을 계산한다.

⑤ 총 열량을 단위 열량으로 나눈다.

⑥ 1일 섭취 지방량을 결정한다.

⑦ 성장 및 체조직 재생을 위해 체중 kg당 1g으로 단백질량을 계산한다.

⑧ 섭취 가능한 탄수화물양을 계산한다. 단, 탄수화물 양을 최소 10g 이상으로 한다.

2 : 1로 조정하여 6개월간 지속한다. 케톤 비율을 2 : 1까지 줄이고, 몇 개월간 경련이 나타나지 않으면, 금지된 음식을 점차적으로 식사에 도입시킨다.

- 열량을 약간 제한하여 제공한다. 시행 초기에는 적은 양으로 시작하여 점차 섭취량을 늘린다.
- 어린이의 경우 적절한 성장이 이루어질 수 있도록 단백질은 체중 kg당 1~1.2g으로 충분히 공급한다.
- 탄수화물은 비지방 성분 중에서 단백질을 뺀 나머지 양으로 제공한다. 탄수화물 함량이 높은 꿀, 설탕, 물엿 등의 조미료의 사용을 제한한다.
- 케톤식의 특성상 비타민과 무기질이 부족되기 쉬우므로 보충제를 사용한다.
- 수분은 하루 2L를 넘지 않도록 적당히 섭취한다. 과거에는 약간 탈수된 상태를 유지하여 소변 내 케톤체 농도를 높이기 위해 수분 섭취를 제한하였다. 그러나 수분 섭취를 늘리면 혈중 케톤체 농도와 항경련 작용에는 차이가 없고 소변 내 케톤체 농도는 감소하는 것으로 나타나 최근에는 수분 섭취를 제한하지 않는다.
- 알코올을 금하고, 적당한 수면과 운동을 하도록 한다. 스트레스는 발작의 원인이 될 수 있으므로 가능하면 스트레스를 받지 않도록 한다.

케톤식 준비 시 고려사항

케톤식은 일반적으로 맛이 없으므로 환자들이 장기간 섭취하는 데 어려움이 많다. 따라서 환자들의 식사를 맛있게 준비하기 위한 많은 노력이 요구된다.

- 다량의 지방 소화에 장애가 있는 환자에게는 소화제를 처방한다.
- 단맛을 내기 위해 인공 감미료를 사용한다.
- 과일이나 아이스크림의 후식에 거품을 낸 크림을 섞어서 준다.
- 크림을 채소와 함께 수프의 형태로 만든다.
- 마요네즈와 기름을 샐러드드레싱으로 충분히 사용한다.
- 채소를 버터나 마가린 등으로 조리한다.

2) 치매(Dementia)

치매는 뇌세포의 감소와 뇌조직의 위축으로 일상생활에 지장을 주는 기억과 인지능력의 점차적인 기능 저하로 발생하는 하나의 증후군으로 정상적인 노화과정에서 나타나는 생리적 건망증과는 구별된다.

(1) 원인 및 증상

치매는 원인에 따라 크게 알츠하이머병Alzheimer's disease과 혈관성 치매vascular dementia가 있다. 알츠하이머병은 치매 원인 중 가장 흔한 것으로 50~60%를 차지하며, 65세 이상 노인에게 발병하는 퇴행성 뇌질환이다. 혈관성 치매는 20~30%를 차지하고 뇌의 혈관이 혈전으로 막히거나 혈관이 좁아져 뇌혈류장애 또는 뇌졸중 이후에 발생한다. 또한 헌팅톤병, 파킨슨병, 크루츠펠트-제이야콥병 등 여러 원인에 의해 나타난다. 만성알코올 중독자는 알코올 자체가 뇌에 독성으로 작용하고 불규칙한 식사로 인해 비타민 B_1이 결핍되기 쉬운데 비타민 B_1 결핍증이 심한 경우에는 베르니케-코사코프증후군을 일으킬 수 있어 치매 발생 가능성이 있다. 소화기 흡수장애로 인한 비타민 B_{12}의 결핍은 악성빈혈(거대적혈모구빈혈)이 나타나며 심한 경우에는 치매로 발전할 수 있다.

알츠하이머병은 수년에 걸쳐 다르게 나타난다. 초기에는 일시적인 기억력 장애에서 대화를 나누기 어려워지고 어휘력, 이해력, 지능 등이 떨어지며 감정 조절이 잘 되지 않고 개인 위생에 무관심해져 잘 씻지 않으며, 길을 잃고 안절부절 못하는 등의 행동 및 운동장애로 이어진다. 혈관성 치매는 갑자기 발생하거나 상태가 급격히 악화되는 경우가 흔하며 알츠하이머병과 달리 초기부터 마비, 연하곤란, 시야장애, 보행장애, 소변 실금 등이 나타난다.

(2) 식사요법

혈관성 치매는 알츠하이머병에 비해 예방 가능성이 높다. 뇌혈관질환의 위험인자로 알려져 있는 식습관 및 생활습관을 교정 및 조절함으로써 치매 발생을 줄일 수 있다. 치매 환자는 부적절한 식사 섭취로 체중 감소와 영양불량을 초래하기 쉽다. 따라서 정상체중을 유지하고 스스로 식사할 수 있는 능력을 키울 수 있도록 도와주어야 한다.

- 균형식을 섭취하되 충분한 열량과 단백질을 섭취하여 체중을 유지하도록 한다.
- 탈수 예방을 위해 수분을 적절히 섭취하게 한다.
- 비타민 E, 셀레늄, 콜린을 충분히 공급한다.
- 엽산과 비타민 B_{12}는 결핍이 흔하게 나타나므로 충분히 제공한다.
- 수저를 제대로 사용할 수 없는 경우 핑거푸드(김밥, 주먹밥, 채소스틱, 감자, 고구마 등)를 제공한다.
- 서두르지 말고 천천히 꼭꼭 씹어서 식사하도록 한다.
- 소화되기 쉬운 조리법으로 소량씩 자주 공급한다.
- 알코올과 흡연은 제한한다.

3) 파킨슨병(Parkinson's disease)

파킨슨병은 뇌의 기저핵에 작용하여 몸이 원하는 대로 정교하게 움직일 수 있도록 하는 신경전달물질인 도파민이 부족하여 움직임에 장애가 나타나는 질환이다.

(1) 원인과 증상

파킨슨병의 원인은 5%는 유전성이고, 90% 이상은 특발성으로 원인은 아직 밝혀지지 않았다. 발병률은 연령이 많을수록 증가하여 주로 50~70대에서 나타나고, 여자보다 남자에서 발생 빈도가 높다.

증상은 몇 년에 걸쳐 서서히 나타나며 4대 주요 증상으로 안정 떨림, 경직, 느린 운동 및 자세 불안정성이 나타난다. 안정 떨림은 동작이나 행동을 중단하고 편안한 상태에 있을 때 주로 손가락이나 손목 관절과 같은 말단 관절에서 떨림이 나타나는 것을 말한다. 초기 파킨슨병 환자에게 나타나는 느린 운동은 옷의 단추 잠그기 또는 글씨 쓰기와 같은 세밀한 작업에 어려움을 갖게 되고 얼굴에 표정이 없어지는 현상이다. 병이 어느 정도 진행되면, 모든 관절을 약간 굴곡시키고 중력에 대한 안정감을 얻기 위해 구부정한 자세를 취하는데 이는 몸의 균형을 상실한 상태이며 보폭이 짧아지는 걸음걸이를 가진다그림 14-11.

(2) 치료

파킨슨병의 치료는 약물치료를 원칙으로 한다. 치료에 이용되는 약물로는 도파민제제가 가장 효과적이다. 레보도파levodopa, L-DOPA 요법은 도파민 전구물질인 레보도파(L-도파)를 투여하면 체내에서 대사되어 도파민으로 바뀌므로 최적의 치료 방법이다. L-도파는 체내에 흡수된 후, 뇌혈관 장벽을 통과하여 뇌로 운반되어 도파민으로 전환됨으로써 부족한 도파민을 보충해 주는 역할을 한다. 부작용으로 식욕부진, 구토, 미각감퇴, 변비 등의 증상이 나타날 수 있다. 그 외 물리치료, 운동요법 그리고 수술 등의 방법이 있다.

그림 14-11 파킨슨병의 증상

(3) 식사요법

식사요법의 목표는 도파민 투여 효과를 돕고, 신체적 기능을 유지하는 데 있다.

- 열량은 적정 체중을 유지할 수 있도록 섭취한다.
- 단백질은 체중 1kg당 약 0.8g의 섭취를 권장하며 양질의 단백질 급원을 이용한다. 단백질을 과잉 섭취하면 중성 아미노산이 장에서 흡수될 때 L-도파제제와 경쟁하여 혈액 및 뇌로 유입되는 속도를 늦추므로 L-도파의 흡수를 지연시켜 혈중 농도를 저하시킨다. 1일 단백질 권장 섭취량 중 아침과 점심식사에는 저단백식을 하여 활동량이 많은 낮에 경직으로 인한 행동에 지장을 적게 받도록 하고, 활동량이 적은 저녁과 밤에는 단백질을 증가시켜 끼니별 단백질 섭취량의 조정이 필요하다.
- 비타민 B_6 보충을 제한한다. 피리독신은 L-도파가 도파민으로 전환되는 과정에 조효소로 작용한다. 그러나 피리독신이 과량 존재하는 경우 L-도파가 중추신경계가 아닌 말초에서 대사되어 효력이 나타나지 않으므로 피리독신을 과다 섭취하지 않도록 한다.
- 식사는 소량씩 자주 섭취하고, 섭취하기 쉽게 작게 자르거나 부드러운 형태로 공급한다.
- 혼자 식사를 도울 수 있도록 포크를 사용하는 식품의 형태나 삼키는 능력이 감소하면 빨대를 이용할 수 있도록 식품을 제공한다.

4) 다발성경화증(Multiple sclerosis)

다발성경화증은 뇌, 척수, 시신경으로 구성된 중추신경계에 발생하는데, 건강한 수초와 축삭에 염증으로 수초와 축삭이 손상되어 신경자극의 전달에 장애가 발생하는 신경조직의 질환이다그림 14-12.

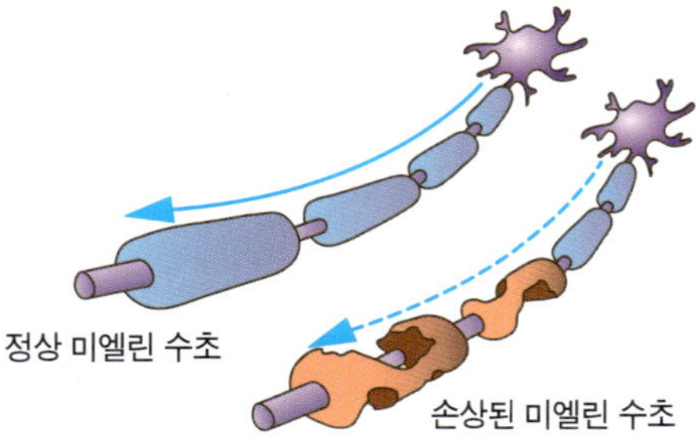

그림 14-12 다발성경화증

(1) 원인과 증상

다발성경화증의 원인은 아직 밝혀지지 않았지만 자가면역질환으로 환경적인 요인과 유전적인 요인이 복합적으로 작용한다. 유럽 및 북미지역의 백인은 동양인이나 흑인에 비해 많이 발생하고, 20~30대와 여자에서 남자보다 발병률이 높다.

증상은 뇌, 척수, 시신경으로 구성된 중추신경계에서 나타나므로 어떤 중추신경계가 영향을 받았느냐에 따라 증상이 다양하게 나타난다. 일반적인 증상으로는 시신경(시각장애/상실), 척수(감각 및 운동장애, 배뇨/배변장애, 성기능장애), 뇌간(겹쳐 보임), 대뇌(마비, 피로, 인지기능장애, 우울), 소뇌(보행 및 균형능력장애, 떨림, 어지러움) 등에 증상이 나타난다.

(2) 치료

다발성경화증의 치료방법으로 급성기에는 스테로이드 제제를 정맥주사 또는 경구로 복용한다. 면역조절제제는 재발의 횟수와 심한 정도를 줄이고 장애의 진행을 늦추도록 한다. 장기적인 질환 조절치료제는 β-인터페론, 글라티라머 아세테이트, 미토산트론, 티사브리 등이 병의 경과를 조절하고 완화시키는 데 사용된다.

(3) 식사요법

다발성경화증 환자에서는 활동량 감소와 우울증으로 인한 체중 증가가 흔하므로, 다발성경화증 식사요법의 목표는 체중관리와 수분 조절이다.

- 신경장애성 방광이 흔한데 소변을 참지 못하므로, 깨어 있는 동안에 수분을 섭취하고 자기 전에는 수분 섭취를 제한하다.
- 뇌신경의 손상으로 연하곤란이 나타날 수 있으므로 식이를 변경하여 흡인의 위험을 예방한다.
- 항산화 영양소인 β-카로틴, 비타민 C, 비타민 E, 셀레늄을 보충한다. 포화지방은 제한하고 ω-3 지방산은 보충한다.
- 신경장애성 대장으로 변비와 설사가 나타날 수 있어 식이섬유 섭취를 증가시킨다.

5) 중증근무력증(Myasthenia gravis)

중증근무력증은 신경 자극이 근육에 정상적으로 전달되지 못하여 근육이 쉽게 피로해지는 질환이다. 유병률은 인구 10만 명당 6~10명으로 비교적 드문 질환이다.

(1) 원인과 증상

신경 자극이 전달되는 신경말단부에서 아세틸콜린이 분비되고 아세틸콜린 수용체와 결합하여 근수축이 나타나는데 이 아세틸콜린 수용체의 변형이나 파괴 또는 차단 등으로 근수축이 나타나지 않게 된다. 이는 자가 항체에 의한 항원-항체 반응의 결과로 기전에 대해서는 밝혀지지 않았다.

가장 흔한 증상으로는 안검하수(눈꺼풀 처짐)와 가벼운 안구 운동장애가 초기 증상으로 나타나고, 복시(사물이 둘로 보임), 쉽게 피로하고, 발음이 부정확하며, 연하곤란, 팔다리의 힘이 빠져 근력 저하, 호흡곤란이 나타난다.

(2) 치료

약물요법, 흉선절제술, 방사선 조사, 혈장교환 등의 치료방법이 있다. 적절히 치료하면 환자의 약 70% 이상에서 완전한 정상생활이 가능하다. 약물요법으로는 아세틸콜린 양을 증가시킬 수 있는 항콜린에스테라제, 부신피질 호르몬제, 기타 면역억제제가 사용되며, 항체 생산의 중심부인 흉선을 제거하는 흉선제거술과 혈액으로부터 증상을 악화시키는 항체를 제거하는 혈장교환술이 있다.

(3) 식사요법

식사는 소량으로 자주 공급하며 저작과 삼키는 것에 어려움이 있어 삼키기 좋은 형태의 부드러운 음식을 공급한다. 또한 피로할 때 위험이 증가하므로 영양밀도가 높은 음식을 제공하는데 피로감이 적은 아침에 제공하는 것이 도움이 된다.

CHAPTER 15

선천성 대사장애

1. 선천성 대사장애질환 | 2. 단백질 대사장애질환 |
3. 탄수화물 대사장애질환 | 4. 무기질 대사장애질환

CHAPTER 15

학습목적

선천성 대사장애질환과 영양소 대사의 관계를 이해하고, 치료를 위한 식사요법에 활용할 수 있다.

학습목표

- 선천성 대사장애질환의 원인과 종류를 설명할 수 있다.
- 선천성 대사장애질환의 식사요법 기본원칙을 설명할 수 있다.
- 선천성 대사장애질환의 적절한 급원식품과 제한식품을 설명할 수 있다.
- 선천성 대사장애질환의 메뉴 작성 원리를 설명할 수 있다.

1. 선천성 대사장애질환

선천성 대사질환은 태어날 때부터 생화학적 대사에 결함이 있는 질환으로 체내 한 가지 이상의 효소나 조효소가 결핍 혹은 불활성화되어 발생한다. 또한 효소의 이상으로 대사되어야 할 물질이 그대로 인체에 축적되거나 독성을 일으켜 인체의 기능장애가 나타난다. 다양한 선천성 대사질환의 식사요법은 결함이 있는 효소의 기질이 되는 영양소의 섭취를 제한해야 하는 공통점이 있어 영양관리가 치료에 매우 중요한 요소가 된다. 선천성 대사질환은 조기에 발견할수록 치료의 효과를 높일 수 있고, 최근 환자들의 생존율이 증가하면서 성장기 이후 임신, 출산까지 생애 전반에 걸쳐 관리해야 할 필요성이 높아지고 있다. 현재까지 선천성 대사질환의 종류만도 약 600여 종에 달하고 새로운 질환들이 계속 발견되는 추세인데, 국내에서 보고되는 질환들은 **표 15-1**과 같으며 주요 질환에 대해 살펴보고자 한다.

표 15-1 주요 선천성 대사장애질환의 종류와 식사요법

구분	종류		효소 및 유전자 결손	결손에 따른 체내 축적물질	식사요법
단백질 대사 이상	페닐케톤뇨증	페닐케톤뇨증 (Phenylketonuria, PKU)	페닐알라닌 수산화효소	페닐알라닌, 페닐케톤	페닐알라닌 제한 티로신 보충
	유기산 대사 이상	단풍시럽뇨증 (Maple Syrup Urine Disease, MSUD)	곁가지 2-케토산 탈수소효소 복합체	α-케토산, 루신, 이소루신, 발린	곁가지 아미노산의 제한 비타민 B_1 보충
		메틸말론산혈증 (Methylmalonic acidemia)	MUT, MMAA, MMAB, MCEE, MMADHC 유전자	케톤, 글리신	저단백식 고탄수화물식
		프로피온산혈증 (Propionic acidemia)	프로피온 CoA 카르복실라아제	암모니아, 글리신, 부티르산	저단백식 고탄수화물식 고식이섬유식
		이소발렉린산혈증 (Isovaleric acidemia)	이소길초산 CoA 탈수소효소	루신, 이소발린, 글리신	루신 제한 저단백식
		글루타락산뇨증 1형 (Glutaric Aciduria type 1,GA 1)	글리타린 CoA 탈수소효소	라이신, 트립토판	라이신, 트립토판 제한
	요소회로 대사 이상	CPS 결핍증 (Carbamoyl phosphate synthetase defect)	카바모일인산 합성효소	글루타민, 아스파르트산, 알라닌	저단백식

구분	종류		효소 및 유전자 결손	결손에 따른 체내 축적물질	식사요법
	요소회로 대사 이상	OTC 결핍증 (Ornithine transcarbamylase defect)	오르니틴 카바밀전이효소	글루타민, 아스파르트산, 알라닌	저단백식 고탄수화물식 고지방식
		시트룰린혈증 (Citrullinaemia)	아르기니노숙신산 합성효소	시트롤린, 라이신, 글루타민, 알라닌	아르기닌 보충 저단백식 고탄수화물식
		아르기닌숙신산뇨증 (Argininosuccinic aciduria)	아르기니노숙신산 분해효소	글루타민, 알라닌, 시트룰린	아르기닌 보충 저단백식
		아르기닌혈증 (Argininaemia)	아르기닌 분해효소	아르기닌	저단백식
	호모시스틴뇨증	호모시스틴뇨증 (Homocystinuria)	주로 시스타티오닌 β-합성효소	호모시스테인	메티오닌 제한 시스테인 보충
탄수화물 대사 이상	갈락토스 혈증	갈락토스혈증 (Galactosemia)	주로 갈락토스 1-인산 유리딘 전이효소	갈락토스 1-인산	갈락토스 제한
	당원병	당원병 (Glycogen storage disease)	주로 글루코스 6-인산분해효소	글리코겐	탄수화물 조절 저혈당 예방
기타 대사 이상	윌슨병	윌슨병(Wilson disease)	copper transporting P-type ATPase(ATP7B) 유전자	구리	구리 제한 아연 보충
	고셔병	고셔병(Gaucher disease)	글루코 세레브로시다아제	글루세레브로사이드	빈혈 예방
	파브리병	파브리병(Fabry disease)	세라마이드 트라이헥소사이드	글리코스핑고리피드	염분 및 단백질 조절

출처 : 한국선천성대사질환협회(http://www.kcmd.or.kr), 2018

2. 단백질 대사장애질환

1) 페닐케톤뇨증(Phenylketonuria, PKU)

(1) 원인과 증상

페닐케톤뇨증은 페닐알라닌을 티로신으로 전환하는 과정에 필요한 페닐알라닌 수산화효소phenylalanine hydroxylase가 선천적으로 결손되어 발생하는 질환이다. 아미노산 대사에 영향을 미치는 유전질환 중 가장 흔하며 한국인은 5만 5,000명

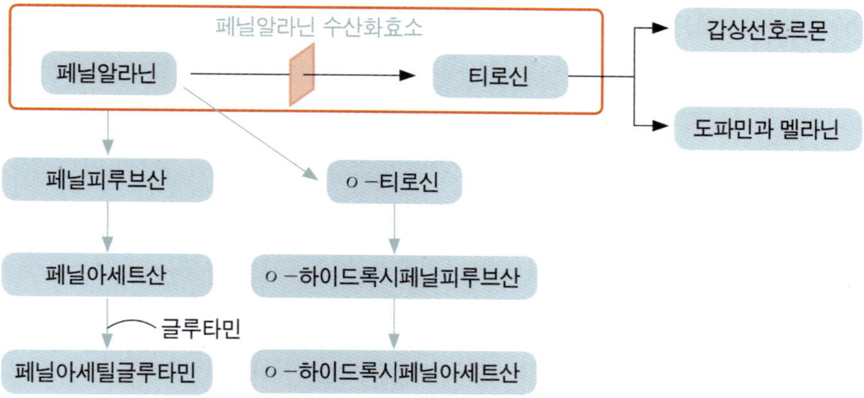

그림 15-1 페닐케톤뇨증의 대사장애

중 1명의 비율로 발병한다. 페닌알라닌 수산화효소가 결핍되어 혈중 페닐알라닌 농도는 증가하고 혈액과 소변에 페닐알라닌, 페닐알라닌 대사물질인 페닐피루브산, 페닐아세트산 등의 농도가 현저히 증가한다그림 15-1. 혈청 페닐알라닌 농도의 정상치는 3~8mg/dL이나 페닐케톤뇨증 환자의 경우 평균 16~20mg/dL 이상 유지된다. 소변을 통한 검사가 가장 간편하지만, 생후 첫 수일 동안 음성으로 측정될 수 있어 신생아는 생후 2~3일경 발뒤꿈치에서 혈액을 채취하여 검사하고, 이후 혈중 농도를 주기적으로 측정한다.

출생 시에는 특별한 증상이 없다가 모유 또는 분유를 먹기 시작하면서 식사량이 줄고, 구토, 습진, 담갈색 모발과 흰 피부색의 특징을 보인다. 앉기, 뒤집기, 걷기, 언어 등의 전신 운동발달이 지연되며 경련 및 정서적 불안정 증세를 보이고 특징적으로 환자의 땀과 소변에서 곰팡이 또는 쥐 오줌 비슷한 냄새가 난다. 초기에 발견하여 신생아부터 식사요법을 시행하면 정상아로 성장할 수 있으나 생후 1년까지 치료를 시작하지 않으면 뇌가 심한 손상을 입어 IQ가 평균 50 이하로 저하된다.

(2) 식사요법

① 페닐알라닌의 제한

혈중 비정상적으로 축적된 페닐알라닌을 정상 수준으로 줄이기 위해서는 페닐알라닌 농도가 높은 음식을 제한하는 것이 필요하다. 페닐알라닌 섭취량은 3개월 이전에는 50~70mg, 3세 이후 15~35mg 이내로 준수한다. 뇌 발육이 왕성한 영유아기는 엄격히 페닐알라닌을 제한해야 하기 때문에 페닐알라닌을 함유하지 않은 합성 단백질 식품이나 특수분유를 사용한다. 그러나 단백질 식품 대부분은 페닐알라닌을 함유하고 있어 엄격한 제한이 어렵고 아동기 성장과 발달을 위해 페닐알라닌과 티로신을 함유한 단백질을 공급하되 제한된 양을 사용한다. 열량은 정상아와 같고 충분한 비타민과 무기질을 공급한다. 혈중 페닐알라닌 농도는 유아기 전반에는 2~4mg/dL, 중학생 이후는 3~15mg/dL을 유지하며 월 1회 혈중 페닐알라닌 농도 측정과 인체 계측을 시행하고 3개월마다 혈액 검사와 정기적인 지능발달 검사 시행을 권고한다.

② 특수분유의 이용

페닐알라닌 섭취를 제한하고 그 외 단백질을 생리적 필요량만큼 공급하고자 할 때 PKU 환자를 위한 특수분유를 이용할 수 있다. 국내에서 시판되는 특수조제분유는 PKU 1단계(3세 이하 유아용)와 2단계(4세부터 성인까지 이용)로 구분되어 있고 칼슘, 철, 비타민 등 다양하게 포함되어 있다.

③ 생애주기별 식사관리

유아기에는 2세까지 특수분유가 주식이 될 수밖에 없어 이유식 시작 시기가 늦는데, 이유식을 시작하게 되면 어육류, 난류, 유제품 및 콩류 등 단백질 급원식품은 피하고 되도록 단백질 함량이 적은 채소와 과일을 이용한다. 유아기 이후 초등학교 취학 전후에는 페닐알라닌 제한 정도를 서서히 완화하는 저페닐알라닌식으로 공급한다. 그러나 페닐알라닌 섭취량이 필요량보다 지나치게 적으면 발육장애, 빈혈, 저단백혈증이 나타나고 혈중 농도가 정상 수준이어도 치료식의 중단 시기는 의사의 진단에 따라 가능하다.

PKU 이후 성인기 여성이 임신 시 식사요법을 준수하지 않으면 태아 혈액의 페닐알라닌이 상승하여 태아의 발육에 장애를 주고 소두증, 심기형, 지적장애, 유산 등을 일으킬 수 있다. 따라서 임신 이전부터 혈중 페닐알라닌 농도를 10mg/dL 이하로 유지하는 것이 중요하다.

2) 단풍시럽뇨증(Mayple Syrup Urine Disease, MSUD)

(1) 원인과 증상

단풍당뇨증은 루신, 이소루신, 발린 등의 측쇄 아미노산의 산화적 탈탄산반응에 관여하는 효소의 결함으로 발생하는 질환이다그림 15-2. 신생아 22만 5,000명 중 1명의 비율로 발생한다. 출생 시에는 정상으로 보이나 유아의 혈액 중 측쇄 아미노산 및 그로부터 만들어진 케톤산이 증가하여 소변에 측쇄 아미노산이 다량 배설된다.

출생 시 정상으로 보이나 4~5일이 지나면 식욕부진, 구토, 경련, 호흡곤란 등을 수반하고 소변과 땀에서 특유의 맥아당 단내가 난다. 조기에 치료되지 않으면 산독증과 감염, 중추신경계의 손상, 발작, 혼수에 이르고 결국 사망하게 된다.

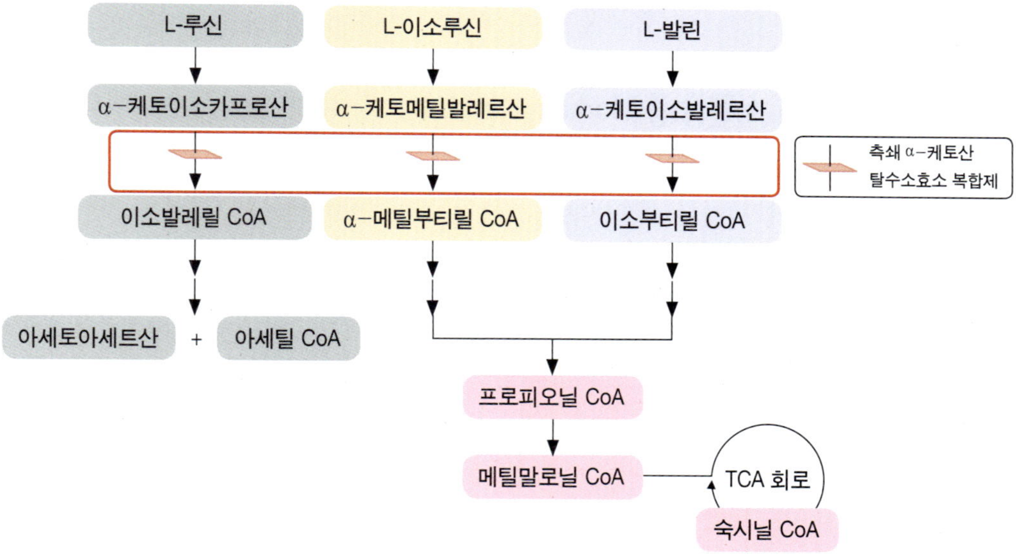

그림 15-2 단풍시럽뇨증의 대사장애

(2) 식사요법

측쇄 아미노산의 섭취를 제한해야 하지만 측쇄 아미노산은 성장과 발달에 필수적이기 때문에 혈청 농도와 환아의 성장상태를 명확히 분석하여 식사요법을 시행한다. 특히, 루신의 대사가 가장 손상되기 쉬우므로 혈중 루신 농도가 정상범위인

표 15-2 식품군별 측쇄 아미노산 함량

식품	교환량	이소루신(mg)	루신(mg)	발린(mg)	열량(kcal)
빵/곡류	0.3 교환	18	35	25	30
지방	1.5 교환	7	10	7	70
과일	1.5 교환	17	25	22	75
채소	0.8 교환	22	30	24	15
우유	0.5 교환	203	329	224	62

2~5mg/dL로 유지되도록 한다. 혈중 루신 농도가 10mg/dL 이상으로 상승 시 케톤산증 및 발작과 같은 신경계 증상이 나타나므로 측쇄 아미노산의 섭취를 엄격히 제한하고 탄수화물의 섭취 비율을 늘린다표 15-2.

3) 호모시스틴뇨증(Homocystinuria)

(1) 원인과 증상

호모시스틴뇨증은 함황아미노산 대사에 관여하는 효소의 결핍으로 혈액과 소변 중 호모시스테인 농도가 높은 상태를 말한다. 호모시스틴뇨증은 결핍효소가 3종류(시스타티오닌 β-합성효소, 메틸 호모시스테인 메틸전이효소, 메틸렌 THF 환원효소)로 결핍효소에 따른 세 형태로 구분한다그림 15-3. 시스타티오닌 합성효소 결핍이 가장 흔하다. 국내에서는 약 33만 명당 1명의 비율로 발생하고 있다.

지능장애, 경련, 골격 이상, 안과 이상, 동정맥의 혈전증이 주 증상이며, 영아기 이후 발달지연이 나타난다. 지능장애는 비교적 경증으로 IQ 30~75인 경우가 많고 약 20%에서는 지능이 정상이다. 시스타티오닌 합성효소 결핍으로 인한 호모시스틴뇨증은 3세 이후 환자의 90% 이상에서 수정체 탈구상태를 보이고 심근경색, 뇌혈전 색전증, 폐색전증을 일으켜 주요 사인이 된다.

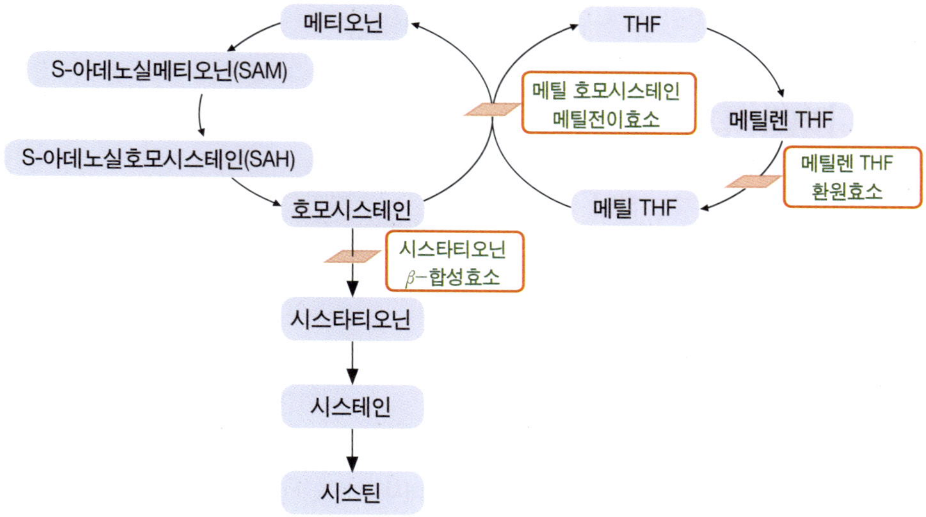

그림 15-3 함황아미노산의 대사장애

(2) 식사요법

호모시스틴뇨증은 형태에 따라 식사요법을 적용한다. 제1형은 호모시스테인의 전구체를 섭취하지 않는 것이다. 즉, 음식 중 메티오닌 섭취를 제한하고 시스틴을 공급한다. 시스타티오닌 합성효소는 조효소로 비타민 B_6를 필요로 하기 때문에 비타민 B_6를 하루 400mg 이상 대량 투입하면 효소활성을 높일 수 있다.

메틸 호모시스테인 메틸전이효소, 메틸렌 THF 환원효소가 결핍된 제2형과 3형의 경우에는 메티오닌이 감소하므로 메티오닌의 제한은 시행하지 않는다. 대부분 특수분유를 이용하며, 피리독신에 반응하는 환자는 단백질 제한식만 필요하고, 반응하지 않는 환자는 철저한 메티오닌 제한 식이와 시스틴 보충이 필요하다. 식품 중 메티오닌 함량은 불분명하나 단백질 함량의 약 2%로 계산한다.

4) 요소회로대사이상(Urea Cycle Detects, UCD)

(1) 원인과 증상

단백질뿐 아니라 펩티드, 아미노산 등 질소는 체내에서 최종 암모니아로 전환된

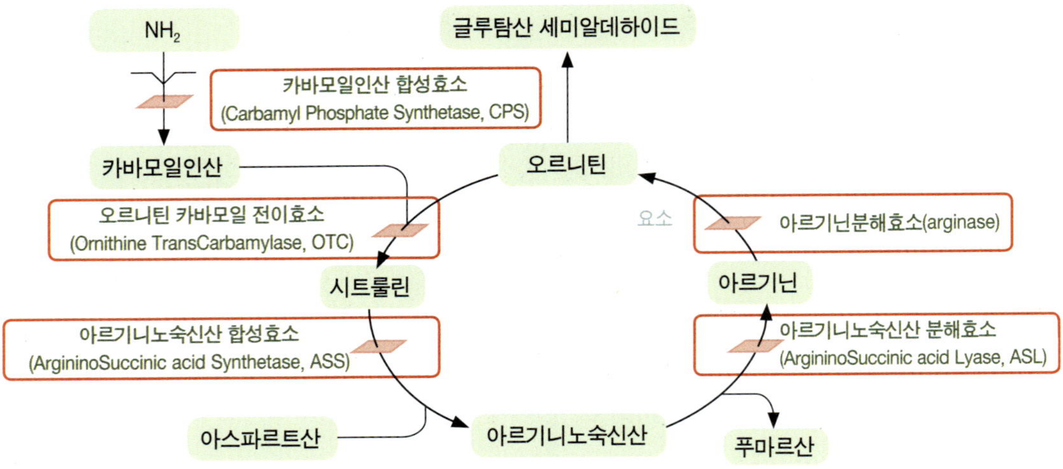

그림 15-4 요소회로의 대사장애

다. 암모니아는 정상적인 대사과정에서는 간에서 요소로 전환되어 신장을 통해 배설하며, 간에서 요소를 합성하는 요소회로에서는 아미노산인 아르기닌을 합성한다.

요소회로대사이상은 이 회로의 일부 효소가 선천적으로 결함되어 체내 암모니아가 축적되는 질환이다. 효소의 결핍이나 결함으로 요소회로의 기질이 되는 세린, 글라이신, 글루탐산, 아스파르트산은 대사되지 않고 혈청 농도가 높아지며, 회로의 중간생성물질인 시트룰린과 아르기닌은 부족해진다그림 15-4. 정확한 진단을 위해 혈액의 암모니아, 아미노산 농도 측정과 소변의 유기산 분석을 시행한다.

신생아의 경우 유즙 섭취량이 줄고, 구토, 보챔, 경련, 근육위축, 무호흡증, 혼수 등이 나타나며 장기적으로 지능 저하, 발달 지연, 신경학적 장애와 같은 후유증이 남는다.

(2) 식사요법

요소회로대사이상 환자의 영양관리 목표는 고암모니아혈증을 교정하여 체내 0~35mmol/L로 유지하고 정상적인 혈청 아미노산 수준을 유지하는 것이다. 또한 체단백 손실을 예방하고 표준체중을 유지하며 정상적인 성장을 도모하는 것이다. 단백질을 포함하여 질소 함유물질은 제한하고 합성이 제한된 아르기닌과 중간대사물질은 공급한다. 국내에서는 단백질 함량은 낮고 탄수화물의 함량이 높은 특수분유가 판매되고 있다. 또한 열량을 충분히 섭취하기 위해 과일, 시판 저단백질 식품, 단순당 간식을 이용하는 것도 적절하다. 바이러스나 세균 감염으로 질병상태를 악화시킬 수 있으므로 예방접종과 주변 환경위생에 신경을 쓰고 고암모니아혈증을 유발할 수 있는 해열제나 항생제의 복용에 주의한다.

3. 탄수화물 대사장애질환

1) 갈락토스혈증(Galactosemia)

(1) 원인과 증상

갈락토스혈증은 간에서 갈락토스가 포도당으로 전환되는 데 필요한 효소가 결핍되어 갈락토스뇨증과 함께 혈중 갈락토스가 증가하는 열성 유전성 대사질환이다. 전환효소의 결핍 종류에 따라 세 가지 형태가 있는데, 가장 흔한 것은 갈락토스 1-인산 유리딘 전이효소의 결핍이다그림 15-5. 2만 5,000~5만 명당 1명의 비율로 발생

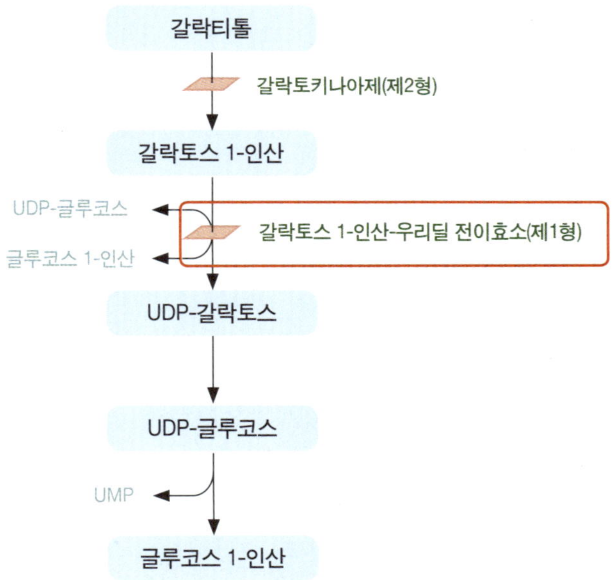

그림 15-5 갈락토스혈증의 대사장애

하는 희귀질환이다.

전형적으로 식욕부진, 체중감소, 안면 창백, 무기력, 발육지연, 황달, 복수, 말초부종, 출혈 등이 나타나며 구토, 설사, 복부팽만과 같은 위장질환, 백내장, 단백뇨, 중추신경장애로 인한 지능 저하를 보이고 치료하지 않으면 패혈증으로 사망하게 된다.

(2) 식사요법

갈락토스의 섭취를 철저하게 제한해야 하므로 모유, 우유, 유제품류를 제한하고 갈락토스를 제거한 특수분유를 섭취한다. 식사 내 우유, 치즈, 버터, 유청 분말, 카제인 칼슘염, 카제인 나트륨염, 우유 응고물 등 유당을 함유한 제품도 모두 제한한다. 따라서 이유기에는 유제품의 사용이 불가능하고 성장기 어린이에게는 우유가 필요하므로 카제인 가수분해물이나 두유를 대체 사용하는 것이 좋다. 이후 지속적으로 성장하여 고형식을 먹는 시기라면, 유당이 함유된 식품을 확인해야 한다표 15-3. 갈락토스 제한식사는 평생 지속하고, 극소량이라도 섭취하면 백내장이 재발하므로 주의해야 한다. 일부 약제나 영양보충제에도 갈락토스가 함유되어 있으므로 성분을 반드시 분석하고 의료진과 상의한다.

표 15-3 갈락토스 제한식품

구분	내용
우유 및 유제품류	모유 및 동물의 유즙, 모조우유, 크림, 각종 치즈, 요구르트, 아이스크림, 셔벗, 아이스밀크
과일류	• 유당 함유 과즙음료나 가공제품 • 대추야자, 파파야, 파프리카, 감, 토마토, 수박
채소류	제한된 첨가물로 가공했거나 빵, 버터, 크림과 함께 양념한 채소
어육류	• 크림, 버터, 빵가루를 입힌 고기, 생선, 난류, 가금류 • 우유 또는 유당을 넣어 만든 소시지 • 간, 심장, 췌장, 신장 등의 내장육
곡류	• 우유, 유제품, 유당이 첨가된 빵, 시리얼, 크래커, 감자 • 팬케이크, 와플, 프렌치토스트, 달걀빵, 버터가 함유된 빵
지방류	• 버터, 크림, 치즈 • 버터, 우유 또는 유당을 함유한 마가린이나 시판 샐러드드레싱

2) 당원병(Glycogen storage disease)

(1) 원인과 증상

당원병은 글리코겐 대사과정 중 효소의 유전적 결함으로 발생하는 열성 유전질환으로 손상효소에 따라 여러 형태가 있는데, 보통 글루코스-6-포스파타아제의 결핍으로 생기는 제1형이 가장 흔하다. 제2형은 α-1,4-글루코시다아제, 제3형은 아밀로-1,6-글루코시다아제의 결핍으로 발생한다. 국외의 경우 3만~10만 명 중 1명의 비율로 형태에 따라 발생 빈도가 매우 다른 것으로 알려져 있으나 국내 빈도는 정확하지 않다.

당원병의 형태별로 임상 증상은 차이가 있지만, 일반적으로 저혈당, 간비대, 이상지질혈증, 근무력증이 나타난다. 간 기능 부전으로 간경변, 복수, 문맥고혈압 등이 나타나고 진행 시 간이식이 필요하다.

(2) 식사요법

적절한 열량 섭취로 저혈당과 케톤증을 예방하는 것이 중요하다. 따라서 탄수화물을 주요 열량원으로서 규칙적으로 배분하여 충분히 섭취하고 평소 혈당을 정상화해야 한다. 소아의 경우 정상적인 성장발달을 돕기 위해 밤 동안에 경장영양으로 소량의 포도당을 투여해 주기도 한다. 혈중 농도에 따라 칼슘, 비타민 D, 철 보충제를 처방한다.

4. 무기질 대사장애질환

1) 윌슨병(Wilson's disease)

(1) 원인과 증상

윌슨병은 구리의 흡수에 관여하는 구리수송아데노신삼인산효소copper transporting P-type ATPase, ATP7B 유전자의 돌연변이에 의해 생긴 열성 유전질환이다. 보통 구리의 대사과정이 유전적으로 손상되어 체내 구리의 저장과 이동에 장애가 생기고 구리가 담즙으로 배설되지 못해 간, 두뇌, 각막, 신장, 적혈구 등에 축적되어 나타난다.

구리는 보통 일반적인 식사로 평균 4mg을 섭취하면 그중 절반인 2mg이 흡수되어 담즙으로 배설되나 윌슨병에서는 0.2~0.4mg만이 담즙으로 배설되고 1mg이 소변으로 배설된다. 인구 3만 명 중 1명의 비율로 발생하는 비교적 국내에서 흔한 유전성 대사질환이다.

증상은 어린 나이에는 간 기능 저하, 성장기 이후에는 신경계 이상이 나타난다. 구리가 축적됨에 따라 혈청 셀룰로플라스민 농도가 낮아지고 간효소 활성 증가, 용혈성 빈혈로 시작하여 간염이나 간경화로 발현되어 혼수로 빠지면 사망에 이를 수 있다. 청소년기 이후에는 손 떨림, 발음 불분명, 보행장애, 정서장애, 행동장애, 치매와 같은 신경학적 증상을 보인다. 그 외 골격 관절 이상, 세뇨관장애, 부갑상선저하증, 각막의 구리 침착 등이 나타난다.

(2) 식사요법

식사요법의 목표는 혈청 구리 수준을 감소시키고 체내 구리의 축적을 방지하는 것이다. 윌슨병은 조기진단 후 약물요법을 포함한 적절한 치료를 받으면 대부분 평생 건강하고 정상적인 생활을 할 수 있다. 약물치료는 평생 지속하는 편이며 완전히 회복상태라고 해서 치료를 중단하면 1~2년 이내에 비가역적인 간 손상이 초래된다. 윌슨병 치료약제의 기전은 D-페니실아민 함유로 구리 배설을 촉진하는 것이다. 그러나 항피리독신 작용이 있어 결핍될 수 있으므로 약물치료 시 피리독신을 하루 25mg/dL 정도 보충해야 한다. 또한 고용량의 아연을 복용하여 구리의 흡수를 낮출 수 있다. 구리 섭취량은 하루 2mg 이내로 조절하는데, 구리는 간, 어패류, 견과류, 초콜릿, 말린 과일, 버섯, 바나나, 밤, 감자에 많이 함유되어 있다.

대사장애질환에 대한 국가의 제도적 지원

- 선천성 대사장애질환은 원인을 조기에 발견하여 치료함으로써 지적장애 아동이 증가하지 않도록 예방하기 위해 제도적 지원을 시행한다.
- 모자보건사업의 일환으로 검사 비용을 환자를 대신하여 국가가 부담하고, 진단 후에는 18세 미만의 환아 중 특수조제 분유가 필요하다고 판단된 경우 의료 지원을 한다.
- 총 6종의 항목(페닐케톤뇨증, 갑상선기능저하증, 호모시스테인뇨증, 단풍당뇨증, 갈락토스혈증, 선천성 부신과형성증)에 대해 생후 7일 이내 검사를 실시한다.

PRACTICE

식사요법 실습

1. 식품교환표를 활용한 식단 작성 | 2. 연식 | 3. 경관급식
4. 점도 증진제를 이용한 연하보조식 | 5. 고단백식 | 6. 저지방식
7. 비만 환자의 영양관리과정(NCP) | 8. 당뇨병식
9. 신장질환 식품교환표를 활용한 식단 작성 | 10. 저염식의 응용원리
11. 이상지질혈증 영양관리과정(NCP) | 12. 케톤식

PRACTICE 1

식품교환표를 활용한 식단 작성

실습 목표

식품교환표를 이용하여 환자의 1일 식단을 작성할 수 있다.

실습 내용

- 대상 환자의 사례를 설정한다.
- 대상 환자의 열량 필요량을 산정한다.
- 산정한 필요 열량에 따라 식품교환표를 이용하여 환자의 1일 식단을 단계별로 작성한다.

대상자의 특성 기술

- 성별 :
- 연령 :
- 활동 정도 :
- 신장 : cm
- 체중 : kg
- 질병상태에 따른 식사요법 : 특별한 영양소의 조정이 필요하지 않음

표준체중의 산정

브로카변법

- 신장 161cm 이상 : 표준체중(kg) = [신장(cm) −100] × 0.9
- 신장 150~160cm : 표준체중(kg) = [신장(cm) − 150] × 0.5 + 50
- 신장 150cm 미만 : 표준체중(kg) = [신장(cm) − 100]

대한당뇨병학회

- 남자 = 키(m) × 키(m) × 22
- 여자 = 키(m) × 키(m) × 21

[대상자의 표준 체중 산정하기]

→

대상자의 열량 필요량 산정

필요 열량(kcal/일)

- 가벼운 활동 : 표준체중(kg) × 25~30(kcal)
- 보통의 활동 : 표준체중(kg) × 30~35(kcal)
- 심한 활동 : 표준체중(kg) × 35~40(kcal)

[대상자의 열량 필요량 산정하기]

→ 필요 열량 : 표준체중 ________ kg × ________ kcal/kg = ________ kcal

탄수화물, 단백질, 지방의 배분

19세 이상 성인의 탄수화물, 단백질, 지방의 열량 적정 구성비 55~65 : 7~20 : 15~30

- 탄수화물 : ____ kcal × ____ = ____ kcal ÷ 4kcal/g = ____ g
- 단백질 : ____ kcal × ____ = ____ kcal ÷ 4kcal/g = ____ g
- 지방 : ____ kcal × ____ = ____ kcal ÷ 9kcal/g = ____ g

각 식품군별 교환단위수 결정

<table>
<tr><th>구분</th><th>식품군</th><th>교환단위수</th><th>탄수화물(g)</th><th>단백질(g)</th><th>지방(g)</th><th>열량(kcal)</th></tr>
<tr><td>1</td><td>우유군</td><td></td><td></td><td></td><td></td><td></td></tr>
<tr><td>2</td><td>채소군</td><td></td><td></td><td></td><td></td><td></td></tr>
<tr><td>3</td><td>과일군</td><td></td><td></td><td></td><td></td><td></td></tr>
<tr><td colspan="7">계획한 탄수화물량 (　　)g − 현 단계까지의 탄수화물량 합계(　　)g = (a)g
곡류군 단위수 : (a) ÷ 23 = ____단위</td></tr>
<tr><td>4</td><td>곡류군</td><td></td><td></td><td></td><td></td><td></td></tr>
<tr><td colspan="7">계획한 단백질량 (　　)g − 현 단계까지의 단백질량 합계(　　)g = (b)g
어육류군 단위수 : (b) ÷ 8 = ____단위
→ 저지방 ____단위 / 중지방 ____단위 / 고지방 ____단위</td></tr>
<tr><td>5</td><td>어육류군
저지방
중지방
고지방</td><td></td><td></td><td></td><td></td><td></td></tr>
<tr><td colspan="7">계획한 지방량 (　　)g − 현 단계까지의 지방량 합계(　　)g = (c)g
지방군 단위수 : (c) ÷ 5 = ____단위</td></tr>
<tr><td>6</td><td>지방군</td><td></td><td></td><td></td><td></td><td></td></tr>
<tr><td></td><td>합계</td><td></td><td></td><td></td><td></td><td></td></tr>
</table>

설정된 교환단위수의 끼니별 배분

구분	곡류군	어육류군	채소군	지방군	우유군	과일군
아침						
간식						
점심						
간식						
저녁						
총계						

식품교환표에서 식품을 선택하여 식단 작성

끼니별로 배분한 교환단위에 맞추어 식품교환표에서 식품을 선택하여 식단을 계획한다.

구분	음식명	식품명	중량(g)	식품군	단위수
아침					
간식					
점심					
간식					
저녁					

실습 평가 및 고찰

- 대상자의 열량 및 영양 필요량에 맞추어 식단이 작성되었는가?
- 식품군의 배분이 균형적으로 이루어졌는가?
- 사용한 식품의 분량이 1회 분량으로 적당한가?
- 조리가 가능하도록 식재료의 배분이 이루어졌는가?

PRACTICE 2

연식

실습 목표

- 식품교환표를 이용하여 환자의 연식 식단을 계획할 수 있다.
- 연식에 허용되는 식품과 조리법을 선택할 수 있다.

실습 내용

- 대상 환자의 표준체중과 활동량에 근거하여 열량 필요량을 산정한다.
- 산정한 필요 열량에 따라 식품교환표를 이용하여 환자의 1일 식품군 및 교환단위를 배분한다.
- 배분된 식품교환단위에 맞춰 연식에 적합한 식재료와 조리법을 선택하여 식단을 작성한다.

대상자의 특성

- 성별 : 여성
- 연령 : 50세
- 활동 정도 : 가벼운 활동
- 신장 : 158cm
- 체중 : 62kg
- 질병상태에 따른 식사요법 : 특별한 영양소의 조정이 필요하지 않으나, 현재 유동식에서 연식으로 전환 단계에 있음

표준체중의 산정

[대상자의 표준 체중 산정하기]

→

대상자의 열량 필요량 산정

[대상자의 열량 필요량 산정하기]

→ 필요 열량 : 표준체중 ________ kg × ________ kcal/kg = ________ kcal

탄수화물, 단백질, 지방의 배분

- 탄수화물 : ____ kcal × ____ = ____ kcal ÷ 4kcal/g = ____ g
- 단백질 : ____ kcal × ____ = ____ kcal ÷ 4kcal/g = ____ g
- 지방 : ____ kcal × ____ = ____ kcal ÷ 9kcal/g = ____ g

각 식품군별 교환단위수 결정

구분	식품군	교환단위수	탄수화물(g)	단백질(g)	지방(g)	열량(kcal)
1	우유군					
2	채소군					
3	과일군					
계획한 탄수화물량 (　　)g – 현 단계까지의 탄수화물량 합계 (　　)g = (a)g 곡류군 단위수 : (a) ÷ 23 = ____단위						
4	곡류군					
계획한 단백질량 (　　)g – 현 단계까지의 단백질량 합계(　　)g = (b)g 어육류군 단위수 : (b) ÷ 8 = ____단위 → 저지방 _____단위 / 중지방 _____단위 / 고지방 _____단위						
5	어육류군 저지방 중지방 고지방					
계획한 지방량 (　　)g – 현 단계까지의 지방량 합계(　　)g = (c)g 지방군 단위수 : (c) ÷ 5 = ____단위						
6	지방군					
	합계					

설정된 교환단위수의 끼니별 배분

구분	곡류군	어육류군	채소군	지방군	우유군	과일군
아침						
간식						
점심						
간식						
저녁						
총계						

식품교환표에서 식품을 선택하여 연식 식단 작성

구분	음식명	식품명	중량(g)	식품군	단위수
아침					
간식					
점심					
간식					
저녁					

실습 평가 및 고찰

- 대상자의 열량 및 영양 필요량에 맞추어 식단이 작성되었는가?
- 식품군의 배분이 균형적으로 이루어졌는가?
- 연식에 사용 가능한 식품이 올바르게 선택되었는가?
- 연식에 사용 가능한 조리법이 올바르게 선택되었는가?

PRACTICE 3

경관급식

실습 목표

- 상업용 경관영양액의 종류와 특성을 안다.
- 환자의 상태에 따라 적합한 경관영양액의 선택방법을 안다.

실습 내용

- 상업용 경관영양액의 물리적 특성을 조사한다.
- 상업용 경관영양액의 영양적 특성을 조사한다.
- 상업용 경관영양액의 관능적 특성을 평가한다.

상업용 경관영양액의 물리적 · 영양적 특성을 확인하여 조사표를 작성한다.

특성 \ 제품명							
용도, 적용질환							
물리적 특성	농도						
	삼투압(mOsm)						
	신용질부하						
영양적 특성	3대 영양소 비율						
	영양소원	탄수화물					
		단백질					
		지방					
	영양소 함량 (100mL당)	열량(kcal)					
		식이섬유(g)					
		탄수화물(g)					
		단백질(g)					

특성 \ 제품명							
영양적 특성	영양소 함량 (100mL당)	지방(g)					
		나트륨(mg)					
		칼륨(mg)					
		칼슘(mg)					
		인(mg)					
		철(mg)					
		비타민 A(μgRAE)					
		비타민 D(μg)					
		비타민 B_1(mg)					
		비타민 B_2(mg)					
		비타민 B_6(mg)					
		비타민 B_{12}(mg)					
		비타민 C(mg)					
		비타민 K(μg)					
		엽산(μg)					
		니아신(mg)					
		기타					
관능적 특성		색					
		냄새					
		맛					
		기타					

상업용 경관영양액의 외관, 냄새, 맛, 질감 등의 관능적 특성을 묘사법으로 기술한다.

실습 평가 및 고찰

- 경관영양액의 용도에 따른 물리적 · 영양적 특성에 차이가 있는가?
- 경관영양액의 용도에 따른 관능적 특성의 차이가 있는가?

PRACTICE 4

점도 증진제를 이용한 연하보조식

실습 목표

연하 조절능력에 따른 음식 종류별 점도 증진제의 사용량을 조절할 수 있다.

실습 내용

음식의 종류에 따라 점도 증진제의 농도를 평가한다.

실습 1) 수분 함량이 많은 음료나 국을 이용한 연하보조식

재료

- 음료 종류 : 물, 우유, 오렌지주스, 콩나물국
- 상업용 점도 증진제 : 3가지(시럽, 꿀, 푸딩) 농도에 맞는 분량을 '점도 증진제 제품 종류' 표를 참고하여 준비한다.

조리법 및 분량

① 준비된 음료(100mL)에 포크를 사용하여 덩어리가 생기지 않도록 저으면서 점도 증진제를 첨가한다.

② 점도 증진제를 넣은 후 30초 정도 한 방향으로 저어 준다. 이때 같은 종류의 음료에 점도 증진제의 분량을 다르게 첨가하여 시럽 농도 → 꿀 농도 → 푸딩 농도의 점도가 되도록 점도를 변화시킨다.

사용 방법

사용 농도

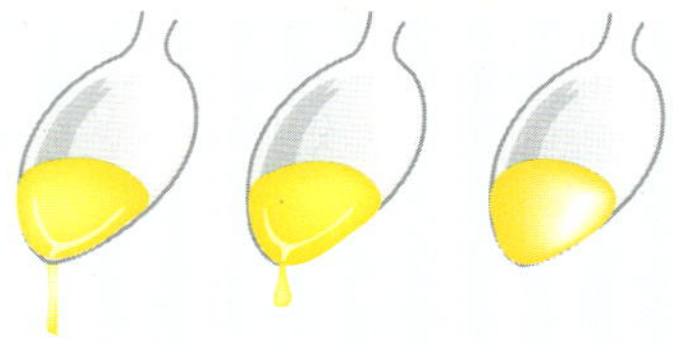

③ 혼합 후 액체에 점성이 생길 때까지 1~2분 정도 기다린 후 점도 상태를 확인하고 먹는다.

④ 맛을 보고 삼켰을 때 느낌이 어떤지 평가한다.

⑤ 준비된 다음 음료는 ①~④의 과정을 반복한다. 이때 음료마다 특성이 다르므로 계획한 점도가 되도록 점도 증진제의 분량을 조절하여 시럽 농도 → 꿀 농도 → 푸딩 농도의 점도가 되도록 한다.

※ 주의사항

단백질 음료(우유 등), 산도가 있거나 당분이 있는 음료(과일주스 등), 염분이 있는 국의 경우, 점도 증진제를 같은 양으로 섞어도 점도가 항상 동일하지 않으므로 적정한 점도 증진제 사용량을 확인하고 사용하는 것이 좋다.

실습 결과

음식 종류	분량	연하의 변화	색, 질감, 맛의 변화	푸딩 농도 찾기
물	예) 1/2포			
	1포			
	2포			
우유				
오렌지 주스				
콩나물국				

실습 평가 및 고찰

- 점도 증진제의 양에 따라 음식 종류별 맛의 변화가 있었는가?
- 동일한 양의 점도 증진제를 사용하였을 때, 음식 종류별 질감에 차이가 있는가?
- 점도 증진제 사용 시 문제점은 무엇인가?

점도 증진제 제품 종류

(물 100mL 기준)

제품명		그린비아 연하솔루션	뉴케어 토로미 퍼펙트	뉴케어 하이비스코	비스코업	비스코업에스
제품 사진		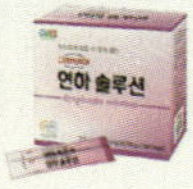			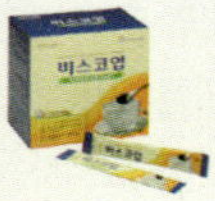	
총 내용량		135g (2.7g×50포)	150g (3g×50포)	330g	150g (3g×50포)	300g
섭취방법	시럽 농도	1.5g(1/2포)	1g(1/3포)	0.8g	1g(1/3포)	2g
	꿀 농도	2.7g(2포)	2g(2/3포)	1.3g	2g(2/3포)	3g
	푸딩 농도	5.4g(2포)	3g(1포)	2.5g	3g(1포)	4g
판매처		(주)정식품	대상(주)	대상(주)	(주)레오스푸드	(주)레오스푸드

제품명		연하이지	연하케어	토로미업 에이	토로미 파워 스마일	티크앤이지
제품 사진						
총 내용량		300g	150g (3g×50포)	150g (3g×50포)	125g (2.5g×50포)	227g
섭취방법	시럽 농도	3g	1g(1/3포)	0.8g(1/4포)	0.5g(1/5포)	4g
	꿀 농도	4g	2g(2/3포)	1.5g(1/2포)	1.2g(1/2포)	5.5g
	푸딩 농도	6g	3g(1포)	3g(1포)	2g(4/5포)	8g
판매처		유니푸드텍	한국 엔테랄푸드(주)	(주)한국 메디칼푸드	(주)한국 메디칼푸드	(주)한국 메디칼푸드

실습 2) 수분 함량이 적은 음식 및 과일을 이용한 연하보조식

재료

음식 종류 : 호박나물, 두부찜, 불고기, 바나나

조리법

A. 갈아서

① 준비한 음식을 믹서기에 최소한의 물을 넣고 갈아준다.
② 점도 증진제를 사용하여 점도를 맞춘다.

B. 다져서

① 준비한 음식을 각각 0.4cm 크기로 잘라 준비한다.
② 점도 증진제를 사용하여 점도를 맞춘다.

※ 주의사항

- 점도 증진제 사용 시 수분이 있어야 혼합되기 쉬우므로 조리 시 수분이 남아 있도록 준비한다.
- 음식 분량은 40g씩 준비하여 동일한 점도를 위해 점도 증진제의 사용량에 변화를 준다.

실습 결과

음식 종류	구분	점도 증진제 사용량	연하의 느낌	색, 질감, 맛의 변화
호박나물	A			
	B			
두부찜	A			
	B			
불고기	A			
	B			
바나나	A			
	B			

실습 평가 및 고찰

- 갈아서 만든 연하 보조식의 경우, 음식 종류별 동일한 점도를 찾기 위해 사용된 점도 증진제의 양에 차이가 있는가?
- 다져서 만든 연하 보조식의 경우 음식 종류별 동일한 점도를 찾기 위해 사용된 점도 증진제의 양에 차이가 있는가?
- 음식 종류별 점도 증진제 사용 시 차이점은 무엇인가?
- 동일한 음식의 경우 연하 보조식을 갈아서 만들 때와 다져서 만들 때 사용된 점도 증진제의 양에 차이가 있는가?
- 점도 증진제 사용 시 문제점은 무엇인가?

PRACTICE 5
고단백식

실습 목표

- 고단백식의 적용 대상을 안다.
- 식품교환표를 이용하여 고단백식을 계획할 수 있다.

실습 내용

- 질병상태에 따른 치료식의 특성에 따라 식단을 작성한다.
- 대상 환자의 상태에 맞게 계획된 고단백식의 식단을 조리한다.
- 조리된 고단백식을 환자식 식기에 분량대로 담아 시식 후 평가한다.

대상자의 특성 및 영양기준량

Case	• 48세 남성 • 신장 175cm, 평소 체중 68kg, 현재 체중 72kg • 활동 정도 : 사무직, 가벼운 활동 • 진단명 : 만성간염
단계 1 : 표준체중 산정	(175 − 100) × 0.9 = 67.5kg
단계 2 : 영양기준량 산정	• 열량 : 67.5kg × 35kcal = 2,362.5kcal ≒ 2,360kcal • 단백질 : 67.5kg × 1.5g/kg = 101g (해당 열량 101g × 4kcal = 404kcal) • 탄수화물 : 2,360kcal × 0.6 = 1,416kcal ÷ 4kcal/g = 354g • 지방 : 2,360kcal − 404kcal − 1,416kcal = 540kcal 540kcal ÷ 9kcal/g = 60g

2,360kcal 식단에 대한 교환단위의 배분 예

식품군	곡류군	어육류군			채소군	지방군	우유군	과일군
		저	중	고				
교환 단위수	12	3	3.5	−	8	3	2	2

고단백식 1일 식단 구성 예

(열량 : 2,357.5kcal, 탄수화물 : 344g, 단백질 : 104g, 지방 : 52.5g)

구분	음식명	식품명	중량(g)	식품군 단위수
아침	쌀밥	백미	90	곡류군 3
	시금치된장국	시금치	35	채소군 0.5
	쇠고기애호박볶음	쇠고기/애호박/양파	40/25/10	어육류군(중) 1/채소군 0.5
	두부조림	두부	80	어육류군(중) 1
	숙주나물	숙주	70	채소군 1
	배추김치	배추김치	25	채소군 0.5
간식	키위	키위	80	과일군 1
	두유	두유	200	우유군 1
점심	보리밥	백미/보리	90/15	곡류군 3.5
	쇠고기뭇국	쇠고기/무	40/35	어육류군(중) 1/채소군 0.5
	조기구이	조기	50	어육류군(저) 1
	감자채볶음	감자	70	곡류군 0.5
	오이생채	오이/양파	50/20	채소군 1
	배추김치	배추김치	25	채소군 0.5
간식	크래커	크래커	40	곡류군 2
	흰우유	흰우유	200	우유군 1
저녁	검정콩밥	백미/검정콩	90/10	곡류군 3/어육류군(중) 0.5
	콩나물국	콩나물	35	채소군 0.5
	닭볶음	닭고기/당근/양파/무	80/25/25/20	어육류군(저) 2/채소군 1
	근대나물	근대	35	채소군 0.5
	느타리버섯무침	느타리버섯	50	채소군 1
	깍두기	깍두기	25	채소군 0.5
간식	사과	사과	80	과일군 1

실습 평가 및 고찰

- 다양한 단백질 식품이 식단에 적용되었는가?
- 고단백식에 사용한 단백질 식품의 1회 분량은 적절한가?
- 식단 구성에서 개선할 점은 무엇인가?

PRACTICE 6

저지방식

실습 목표

- 저지방식의 적용 대상을 안다.
- 식품교환표를 이용하여 저지방식을 계획할 수 있다.

실습 내용

- 대상 환자의 질병상태에 따른 치료식의 종류를 안다.
- 대상 환자의 상태에 맞게 계획된 저지방식의 식단을 조리한다.
- 조리된 저지방식을 환자식 식기에 분량대로 담아 시식 후 평가한다.

대상자의 특성 및 영양기준량

Case	• 52세 여성 • 신장 163cm, 체중 55kg • 활동 정도 : 사무직, 보통의 활동 • 진단명 : 담낭염
단계 1 : 표준체중 산정	1.63 × 1.63 × 21 = 55.8kg
단계 2 : 비만도 판정	(현재체중/표준체중) × 100 = (55/55.8) × 100 = 98.5%
단계 3 : 영양기준량 산정	• 열량 : 55kg × 30kcal = 1,650kcal • 단백질 : 55kg × 1.2g/kg = 66g(해당 열량 : 66g × 4 kcal/g = 264kcal) • 지방 : 1일 20~30g으로 제한, 따라서 20g 제공 (해당 열량 : 20g × 9kcal/g = 180kcal) • 탄수화물 : 1,650kcal − 264kcal − 180kcal = 1,206kcal ÷ 4kcal/g = 301g

1,650kcal 식단에 대한 교환단위의 배분 예

식품군	곡류군	어육류군			채소군	지방군	우유군(저지방)	과일군
		저	중	고				
교환 단위수	10	3	0.5	−	7	2	1	3

저지방식 1일 식단 구성 예

(열량 : 1,647.5kcal, 탄수화물 : 297g, 단백질 : 68g, 지방 : 20.5g)

구분	음식명	식품명	중량(g)	식품군 단위수
아침	쌀밥	백미	90	곡류군 3
	시금치된장국	시금치	35	채소군 0.5
	북어찜	북어	15	어육류군(저) 1
	김구이(마른)	김	2	채소군 1
	숙주나물	숙주	35	채소군 0.5
	배추김치	배추김치	25	채소군 0.5
간식	키위	키위	80	과일군 1
점심	보리밥	백미/보리	90/15	곡류군 3.5
	쇠고기뭇국	쇠고기/무	20/14	어육류군(중) 0.5 /채소군 0.2
	조기구이	조기	50	어육류군(저) 1
	도토리묵	도토리묵	100	곡류군 0.5
	오이생채	오이/양파	50/20	채소군 1
	배추김치	배추김치	25	채소군 0.5
간식	바나나	바나나	100	과일군 2
	저지방우유	저지방우유	200	우유군(저) 1
저녁	쌀밥	백미	90	곡류군 3
	동태찌개	동태/무	50/21	어육류군(저) 1/채소군 0.3
	콩나물무침	콩나물	35	채소군 0.5
	근대나물	근대	35	채소군 0.5
	느타리버섯무침	느타리버섯	50	채소군 1
	깍두기	깍두기	25	채소군 0.5

실습 평가 및 고찰

- 저지방식에 사용 가능한 조리법이 적절하게 선택되었는가?
- 일반식과 비교하여 음식의 맛, 질감이 다양하게 포함되었는가?
- 저지방식에 사용한 지방 함량은 적절하였는가?
- 식단 구성에서 개선점은 무엇인가?

PRACTICE 7

비만 환자의 영양관리과정(NCP)

실습 목표

비만 환자 사례를 통해 영양관리과정 절차에 맞추어 문제점을 진단하고, 영양치료 계획을 수립할 수 있다.

실습 내용

- 환자의 영양판정 자료에 근거하여 영양진단문을 작성한다.
- 적절한 영양중재 방안을 모색하고 교육도구와 내용을 계획한다.

영양판정

영양판정	
환자 과거력	• 주 진단 및 주 증상 : 비만 • 병력 : 없음 • 약물처방 : 없음 • 기타 특이사항 : 가족력(부, 고혈압), 38세 남성, 미혼, 사무직종 근무
신체계측	신장 : 172cm 체중 : 92kg 평소체중 : 90kg 체중 변화 : +2kg 표준체중 : 64.8kg 조정체중 : 71.6kg 비만도 : 42% 허리둘레 : 106cm 체질량지수 : 31.1kg/m²
생화학적 자료, 의학적 검사	FBS : 98mg/dL, T-Chol : 178mg/dL, HDL-C : 55m/dL, LDL-C : 167mg/dL, TG : 140mg/dL, Hb : 12.2g/dL, Hct : 43%
영양 관련 신체 검사 자료	• 소화기 관련 증상 : 없음 • 활력 증후 : BP 125/80mmHg
식품/영양소와 관련된 식사력	1. 식품 및 수분/음료 섭취 • 1일 2회 식사, 이른 출근시간으로 아침식사를 건너뛰는 경우가 많음 • 점심 : 주로 회사 근처 식당을 이용하며, 면류나 일품요리를 좋아하여 칼국수, 자장면, 볶음밥 및 덮밥 등을 먹는 경우가 많음

<table>
<tr><th colspan="2">영양판정</th></tr>
<tr><td>식품/영양소와 관련된 식사력</td><td>• 저녁 : 퇴근시간이 불규칙하여 대부분 외식하며, 주 메뉴로는 햄버거 세트와 같은 패스트푸드를 주 5회 이상 먹음. 회식은 주 2회 이상 있으며, 회당 술(소주 1.5병, 맥주 2잔)과 기름진 육류 안주(삼겹살 300g 이상) 또는 탕류(감자탕, 순댓국) 등을 섭취함
• 과일은 주스 등의 형태로 주 1회 정도 마시며, 우유 및 유제품은 거의 먹지 않음
• 믹스커피를 하루 1잔 정도 마시고, 커피전문점에서 주 3~4회 커피를 마심(주로 카페모카)
• 점심식사 전 간식으로 빵을 자주 먹음(단팥빵, 크림빵 등)
• 견과류가 몸에 좋다고 들어서 아몬드, 호두 및 땅콩을 매일 각각 25g 이상 섭취
2. 열량 및 영양소 섭취량
• 열량 2,700kcal, 탄수화물 360g, 단백질 100g, 지방 96g
• 탄수화물 : 단백질 : 지방 열량 비율 = 53 : 15 : 32
3. 지식/신념/태도 : 건강에 대한 관심은 있는 편이나, 영양교육 경험은 없음
4. 약물과 약용 식품 보충제, 생리활성물질 : 보충제 섭취 있음(체중 감량을 위해 가르시니아 섭취)
5. 알코올 섭취 및 흡연 : 주 2회 소주 1.5병 + 맥주 2잔, 비흡연
6. 신체적 활동 및 기능 : 퇴근 후나 주말에는 주로 집에서 큰 신체적 활동 없이 지내고 있음. 자가운전자이고, 사무직종 근무로 신체활동은 저조함
7. 스트레스 : 직장 내 업무 스트레스가 있어, 주말에 집에서 주로 쉬면서 해소함</td></tr>
<tr><td>영양 필요량</td><td>• 열량 : 1,620kcal(산정기준 : 표준체중 기준, 가벼운 활동 25kcal/kg)
• 탄수화물 : 245g(산정기준 : 55~65%)
• 단백질 : 60g
• 지방 : ≤45g(산정기준 : 25% 미만)</td></tr>
</table>

영양진단(PES)

영양진단의 작성 순서는 다음과 같다.

① 영양판정 자료를 근거로 내용을 통해 환자 개개인의 주요 영양문제P : Problem를 파악한다.

② 영양문제를 일으키는 주요 원인E : Etiology은 무엇인지, 주요 판단의 근거는 무엇인지 증상/징후S : Symptom/sign를 명확히 판단한다.

③ 영양진단은 환자 개개인에 따라 여러 개로 진단될 수 있으며, 정해진 답은 없다. 그러나 PES 사이의 연관성은 반드시 확립되어야 한다.

영양진단 실습

영양진단		
문제	원인	증상/징후

* 부록 1의 영양관리과정 표준용어를 참고하여 작성한다.

영양진단 예

영양진단		
문제	원인	증상/징후
열량 섭취 과다	식품/영양관련 지식 부족, 운동 등 생활 습관 조절에 대한 지식 부족	• 열량 섭취량 : 2,700kcal(권장량 : 1,620kcal, 표준체중 기준) • 열량 소비 적음(사무직종 근무, 운동은 하지 않음, 자가운전자, 퇴근 후와 주말은 활동 없이 쉼)

영양중재

위의 '영양진단 실습'에서 작성한 영양문제에 따른 영양중재안을 작성하고, 영양중재 시 필요한 제공 교육자료에 대하여 제시한다.

<table>
<tr><th colspan="4">영양중재</th></tr>
<tr><td>영양처방</td><td colspan="3">1,800kcal(산정기준 : 조정체중 71.6kg, 가벼운 활동 25kcal/kg)
(표준체중 도달을 위해, 1차 단계로 조정체중을 적용)</td></tr>
<tr><td rowspan="6">영양중재</td><td colspan="3">■ 식품/영양소 제공 ■ 영양교육 ■ 영양상담 □ 다분야 협의</td></tr>
<tr><td>영양진단</td><td>중재 내용</td><td>목표/기대 효과</td></tr>
<tr><td>열량 섭취 과다</td><td>• 열량 섭취량 조절의 필요성 교육
• 운동별 열량 소모량 교육</td><td>• 처방된 열량(1,800kcal)을 주 5회 이상 섭취
• 주 3회 이상 유산소 운동 실시</td></tr>
<tr><td></td><td></td><td></td></tr>
<tr><td></td><td></td><td></td></tr>
<tr><td></td><td></td><td></td></tr>
<tr><td>제공 교육자료</td><td colspan="3">식품교환표, 외식, 간식 및 음료 종류별 열량</td></tr>
<tr><td>추후관리 일정</td><td colspan="3"></td></tr>
</table>

실습 평가 및 고찰

- 환자의 정보를 통해 영양진단(문제, 원인, 증상/징후)을 작성하고, 영양중재 계획(식품 및 영양소 제공, 영양교육, 영양상담 등)을 적절히 수립하였는가?
- 이 환자에게 효과적인 교육 자료는 어떠한 형태이며, 무슨 내용이 중점적으로 포함되어야 하는가?
- 이 환자의 영양중재 시 다분야협의를 진행한다면, 어떤 분야와의 유기적 협조가 필요한가?

PRACTICE 8

당뇨병식

실습 목표

- 당뇨 환자를 위한 뷔페식단을 식품교환표를 이용하여 계획할 수 있다.
- 개인별 열량에 맞는 식사를 선택하고 평가할 수 있다.

실습 내용

- 당뇨 환자에게 제공될 수 있는 뷔페식을 계획한다.
- 뷔페식 중 환자의 필요 열량에 따라 적절한 양을 선택한다.

뷔페식단 계획

대상자의 인원수에 맞추어 뷔페식단을 계획한다.

종류	음식명	식품군	1교환단위 중량(g)	인원수	준비량(g)
주식	쌀밥	곡류군			
	현미밥	곡류군			
	식빵	곡류군			
국	콩나물국	채소군			
	시금치된장국	채소군			
반찬	불고기	어육류군			
	두부조림	어육류군			
	조기구이	어육류군			
	오이생채	채소군			
	느타리버섯볶음	채소군			
	근대나물	채소군			
	양상추샐러드	채소군			
김치	배추김치	채소군			
	열무김치	채소군			
간식	우유	우유군			
	사과	과일군			
	귤	과일군			

개별 대상자에 맞는 열량을 계산하고 식품 교환단위수 배분

❶ 대상자의 특성 기술

- 성별 :
- 연령 :
- 활동 정도 :
- 신장 : cm
- 체중 : kg

❷ 표준체중의 산정 : ________ × ________ × ________ = ________ kg

❸ 대상자의 열량 필요량 산정 : 표준체중 _____ kg × _____ kcal/kg = _____ kcal

❹ 필요 열량 : (_____ kcal)에 따른 교환단위수 배분

식품군	교환단위수	아침	간식	점심	간식	저녁	간식
곡류군							
어육류군							
채소군							
지방군							
우유군							
과일군							

열량별 식품군 교환단위수 배분의 예

식품군 \ 열량(kcal)	1200	1300	1400	1500	1600	1700	1800	1900	2000	2100	2200	2300	2400	2500	2600	2700	2800
곡류군	5	6	7	7	8	8	8	9	10	10	11	11	12	13	13	13	14
어육류군	4	4	4	5	5	5	5	5	5	6	6	7	7	7	8	8	8
채소군	6	6	6	7	7	7	7	7	7	7	7	8	8	8	8	9	9
지방군	3	3	3	4	4	4	4	4	4	4	4	5	5	5	5	6	6
우유군	1	1	1	1	1	1	2	2	2	2	2	2	2	2	2	2	2
과일군	1	1	1	1	1	2	2	2	2	2	2	2	2	2	2	3	3

배분된 식품 교환단위수에 따라 점심식사와 간식에 해당하는 음식과 간식 선택

종류	음식명	식품군	선택단위수
주식	쌀밥 현미밥 식빵	곡류군 곡류군 곡류군	
국	콩나물국 시금치된장국	채소군 채소군	
반찬	불고기 두부조림 조기구이 오이생채 느타리버섯볶음 근대나물 양상추샐러드	어육류군 어육류군 어육류군 채소군 채소군 채소군 채소군	
김치	배추김치 열무김치	채소군 채소군	
간식	우유 사과 귤	우유군 과일군 과일군	

실습 평가 및 고찰

- 교환단위에 맞추어 음식이 적절히 선택되었는가?
- 선택한 단위수에 따른 음식의 1회 분량이 적당한가?
- 음식의 색, 질감, 맛이 다양하게 포함되었는가?
- 식후 포만감의 정도는 어떠한가?

PRACTICE 9

신장질환 식품교환표를 활용한 식단 작성

실습 목표

신장질환 식품교환표의 사용원리를 이해하고 이를 이용하여 콩팥병 환자의 식단을 작성할 수 있다.

실습 내용

- 대상 환자의 열량 및 영양소 필요량을 산정한다.
- 신장질환 식품교환표를 이용하여 환자의 1일 식단을 단계별로 작성한다.

대상자의 특성 및 영양기준량

Case	• 52세 남성 • 신장 : 165cm, 체중 : 70kg • 활동 정도 : 가벼운 활동 • 진단명/투석 여부 : 만성콩팥병, 투석치료 받고 있지 않음, 부종 있음
단계 1 : 표준체중 산정	1.65 × 1.65 × 22 ≒ 60kg
단계 2 : 영양기준량 산정	• 열량 : 60kg × 30kcal = 1,800kcal • 단백질 : 60kg × 0.7g/kg = 42g(전체 열량의 9%) • 인 ≤ 1,200mg • 나트륨 ≤ 2,000mg • 칼륨 ≤ 2,000mg

1,800kcal 식단의 신장질환 식품교환표 교환단위수 결정 예

식품군	곡류군	어육류군	채소군			지방군	우유군	과일군			열량 보충군
			저	중	고			저	중	고	
교환 단위수	9	2	4	1	0	6	0.5	1	1	0	2

식품군별 교환단위수의 결정방법

<table>
<tr><th></th><th>식품군</th><th>교환단위수</th><th>단백질(g)</th><th>나트륨(mg)</th><th>칼륨(mg)</th><th>인(mg)</th><th>열량(kcal)</th></tr>
<tr><td>1</td><td>우유군</td><td></td><td></td><td></td><td></td><td></td><td></td></tr>
<tr><td>2</td><td>어육류군</td><td></td><td></td><td></td><td></td><td></td><td></td></tr>
<tr><td>누계</td><td></td><td></td><td>a</td><td></td><td></td><td></td><td></td></tr>
<tr><td colspan="8">• 우유와 어육류군 단위수 : 계획한 단백질량 1/2 이상을 우유와 어육류군을 통해 섭취할 수 있도록 분배한다.
• 곡류군과 채소군 단위수 : 계획한 단백질량을 충족할 수 있도록 분배한다.
– 계획한 단백질량 : (　　)g – 현 단계까지의 단백질량 합계 (a)g = (b)g
– 곡류군 단위수(c) × 2 + 채소군 단위수(d) × 1 = b
※ 본 단계까지 나트륨의 기준량을 초과하지 않도록 한다.</td></tr>
<tr><td>3</td><td>곡류군</td><td>c</td><td></td><td></td><td></td><td></td><td></td></tr>
<tr><td rowspan="2">4</td><td>채소군 저</td><td rowspan="2">d</td><td></td><td></td><td></td><td></td><td></td></tr>
<tr><td>채소군 중</td><td></td><td></td><td></td><td></td><td></td></tr>
<tr><td>누계</td><td></td><td></td><td></td><td></td><td></td><td></td><td></td></tr>
<tr><td colspan="8">• 과일군 단위수 : 칼륨과 인의 기준량을 초과하지 않는 범위 내에서 단위수를 분배한다.</td></tr>
<tr><td rowspan="2">5</td><td>과일군(저)</td><td></td><td></td><td></td><td></td><td></td><td></td></tr>
<tr><td>과일군(중)</td><td></td><td></td><td></td><td></td><td></td><td></td></tr>
<tr><td>누계</td><td></td><td></td><td></td><td></td><td></td><td></td><td></td></tr>
<tr><td colspan="8">• 지방군 단위수 : '(계획한 열량 – 현 단계까지의 열량 합계) ÷ 45'로 산출된 단위수 이내의 범위에서 결정한다.</td></tr>
<tr><td>6</td><td>지방군</td><td></td><td></td><td></td><td></td><td></td><td></td></tr>
<tr><td>누계</td><td></td><td></td><td></td><td></td><td></td><td></td><td></td></tr>
<tr><td colspan="8">• 열량보충군 단위수 : (계획한 열량 – 현 단계까지의 열량 합계) ÷ 100 = ____________단위</td></tr>
<tr><td>7</td><td>열량보충군</td><td></td><td></td><td></td><td></td><td></td><td></td></tr>
<tr><td colspan="3">총계</td><td></td><td></td><td></td><td></td><td></td></tr>
</table>

설정된 교환단위수의 끼니별 배분

구분	곡류군	어육류군	채소군			지방군	우유군	과일군			열량 보충군
			저	중	고			저	중	고	
아침	2		1	1		1.5	0.5	1			1
점심	3	1	1			2					
간식	1					1					1
저녁	3	1	2			1.5			1		
총계	9	2	4	1		6	0.5	1	1		2

신장질환 식품교환표에서 식품을 선택하여 식단 작성

구분	음식명	식품명	중량(g)	단위수
아침	토스트	식빵	70	곡류군 2
		잼	35	열량보충군 1
		버터	3	지방군 0.5
	양상추샐러드	양상추	50	채소군(저) 0.7
		오이	10	채소군(저) 0.1
		당근	6	채소군(저) 0.2
		마요네즈	7	지방군 1
	우유	우유	100	우유군 0.5
	자두	자두	80	과일군(저) 1
점심	쌀밥	백미	90	곡류군 3
	애호박국	애호박	35	채소군(중) 0.5
	조기튀김	조기	40	어육류군 1
		식용유	5	지방군 1
	숙주나물	숙주	35	채소군(저) 0.5
		참기름	1.25	지방군 0.25
	김구이	김	1	채소군(저) 0.5
		참기름	2.5	지방군 0.5
	고구마순나물	고구마순	35	채소군(중) 0.5
		참기름	1.25	지방군 0.25

구분	음식명	식품명	중량(g)	단위수
저녁	쌀밥	백미	75	곡류군 2.5
	두부맑은국	두부	40	어육류군 0.5
		양파	20	채소군(저) 0.4
	잡채	쇠고기	20	어육류군 0.5
		당면	15	곡류군 0.5
		당근	7	채소군(저) 0.2
		양파	10	채소군(저) 0.2
		표고버섯(건)	5	채소군(저) 0.2
	가지나물	식용유	7.5	지방군 1.5
		가지	35	채소군(저) 0.5
	무초절이	참기름	2.5	지방군 0.5
	수박	무	35	채소군(저) 0.5
		수박	200	과일군(중) 1
간식	맛탕	고구마	100	곡류군 1
		물엿	30	열량보충군 1
		식용유	5	지방군 1

실습 평가 및 고찰

- 대상자의 열량 및 영양 필요량에 맞추어 식단이 작성되었는가?
- 단백질, 인, 칼륨과 나트륨 함량이 제한기준에 맞추어 식단이 작성되었는가?

PRACTICE 10

저염식의 응용원리

실습 목표

짠맛의 정도에 따른 기호도와 감칠맛이 짠맛에 미치는 영향을 이해하여 저염식에 응용할 수 있다.

실습 내용

- 소금 농도에 따른 짠맛 선호도를 평가한다.
- 감칠맛 성분의 첨가에 따른 짠맛 선호도를 비교 · 평가한다.

실습 1) 소금 농도에 따른 짠맛 선호도 평가

재료

정제염 6g, 물 1L, 전자저울, 계량컵, 계량스푼, 냄비, 염도계

다음과 같은 방법으로 5종류의 시료를 준비한다. 그릇에 해당하는 소금과 물을 넣고 소금이 녹을 때까지 충분히 잘 저어준다.

A : 소금 0.4g + 물 200mL

B : 소금 0.8g + 물 200mL

C : 소금 1.2g + 물 200mL

D : 소금 1.6g + 물 200mL

E : 소금 2.0g + 물 200mL

짠맛의 강도와 선호도에 대한 관능평가를 실시하고 염도계를 이용하여 염도를 측정한다.

구분	A	B	C	D	E
	소금 0.4g	소금 0.8g	소금 1.2g	소금 1.6g	소금 2.0g
짠맛 강도 (7점 척도)					
짠맛 선호도 (7점 척도)					
염도(%)					

* 짠맛 강도(7점 척도) : 1점 매우 약하다, 7점 매우 강하다
짠맛 선호도(7점 척도) : 1점 매우 싫다, 7점 매우 좋다

실습 2) 감칠맛의 첨가에 따른 짠맛 선호도 평가

재료

정제염 6g, 화학조미료(MSG) 0.25g, 물 1L, 전자저울, 계량컵, 계량스푼, 냄비, 염도계

다음과 같은 방법으로 5종류의 시료를 준비한다. 그릇에 소금과 MSG를 넣은 후 끓인 물 200mL를 부어 충분히 잘 저어준다.

A : 소금 0.4g + MSG 0.05g + 물 200mL

B : 소금 0.8g + MSG 0.05g + 물 200mL

C : 소금 1.2g + MSG 0.05g + 물 200mL

D : 소금 1.6g + MSG 0.05g + 물 200mL

E : 소금 2.0g + MSG 0.05g + 물 200mL

짠맛의 강도와 선호도에 대한 관능평가를 실시하고, 염도계를 이용하여 염도를 측정한다.

구분	A	B	C	D	E
	소금 0.4g + MSG 0.05g	소금 0.8g + MSG 0.05g	소금 1.2g + MSG 0.05g	소금 1.6g + MSG 0.05g	소금 2.0g + MSG 0.05g
짠맛 강도 (7점 척도)					
짠맛 선호도 (7점 척도)					
염도(%)					

* 짠맛 강도(7점 척도) : 1점 매우 약하다, 7점 매우 강하다
  짠맛 선호도(7점 척도) : 1점 매우 싫다, 7점 매우 좋다

실습 평가 및 고찰

- 가장 선호하는 소금의 짠맛 염도는 얼마인가?
- 저염식에서 일반적으로 권장되는 국의 염도는 얼마인가? 내가 선호하는 염도와는 얼마나 차이가 있는가?
- 소금 용액에 MSG를 첨가한 후 가장 선호하는 짠맛의 염도는 얼마인가?
- 소금과 MSG를 같이 첨가하는 경우 감칠맛을 내는 이유는 무엇인가?

PRACTICE 11

이상지질혈증 영양관리과정(NCP)

실습 목표

이상지질혈증 환자 사례를 통해 영양관리과정 절차에 맞추어 문제점을 진단하고 영양치료 계획을 수립할 수 있다.

실습 내용

- 환자의 식습관 문제점을 도출하고 영양상태 판정과 영양요구량을 도출한다.
- 적절한 영양중재방안을 모색하고 교육도구와 내용을 계획한다.

영양판정

영양판정	
환자 과거력	1. 주 진단 및 주 증상 : 이상지질혈증 2. 병력 : 없음 3. 약물처방 : Lipitor 40mg(리피토정 – 고중성지방혈증치료제) 4. 기타 특이사항 : 가족력(부, 뇌졸중), 52세 남성 기혼, 사무직종 근무
신체계측	신장 : 175.3cm 체중 : 78.2kg 평소체중 : 78kg 체중 변화 : 없음 표준체중 : ______kg 비만도 : ______% 체질량지수 : ______kg/m^2
생화학적 자료, 의학적 검사	T-Chol : 256mg/dL, HDL-C : 55mg/dL, LDL-C : 167mg/dL, TG : 280mg/dL, FBS : 98mg/dL, GOT/GPT : 39/50IU/L, S-alb : 3.3g/dL
영양 관련 신체 검사 자료	1. 소화기 관련 증상 : 없음 2. 활력 증후 : BP 122/78mmHg
식품/영양소와 관련된 식사력	1. 식품 및 수분/음료 섭취 • 1일 3회 식사, 대부분 불규칙적으로 식사 • 아침은 주 3~4회는 쌀밥 1공기와 김치, 김 위주로 먹지만 주 3~4회는 도넛 2개와 믹스커피를 섭취 • 점심은 주로 구내식당을 이용하며 잡곡밥 2공기와 국 1대접, 고기나 두부(2교환단위), 김치와 나물 각각 1접시 등 골고루 섭취

영양판정	
식품/영양소와 관련된 식사력	• 저녁은 회식이 없을 때 퇴근 후 10시경 백반 형태의 한식 메뉴로 식사를 하고, 보통 주 2회 이상 회식을 하는데, 회당 술(2병)과 기름진 육류안주(삼겹살 2인분)를 섭취 • 과일은 주말에만 2교환단위/회 섭취하고, 우유 및 유제품은 거의 먹지 않음 • 믹스커피를 하루 4잔 정도 마시고 담배는 피우지 않음 2. 열량 및 영양소 섭취량 : 열량 _____ kcal, 탄수화물 _____ g, 단백질 _____ g, 지방 _____ g 탄수화물 : 단백질 : 지방 열량 비율 = 3. 지식/신념/태도 : 건강에 대한 관심은 적은 편이며 질환에 따른 교육 경험은 없음 4. 약물과 약용 식품 보충제, 생리활성물질 : 보충제 섭취 없음 5. 알코올 섭취 및 흡연 : 주 2회 음주, 소주 2병/1회, 비흡연 6. 신체적 활동 및 기능 : 월 1회 등산동호회에서 4시간 정도의 산행 7. 스트레스 : 직장 내 약간의 업무 스트레스가 있음
영양필요량	열량 _____ kcal(산정기준 :) 탄수화물 ____ g(산정기준 :) 단백질 _____ g(산정기준 :) 지방 _______ g(산정기준 :) 기타 _______ g(산정기준 :)

영양문제를 일으키는 주요 원인E; etiology은 무엇인지, 주요 판단의 근거는 무엇인지 증상/징후S; symptom/sign를 명확히 판단한다.

영양진단

영양진단		
문제	원인	증상/징후

위의 '영양진단 실습'에서 작성한 영양문제에 따른 영양중재안을 작성하고, 영양중재 시 필요한 제공 교육 자료에 대하여 제시한다.

영양중재

영양중재			
영양처방			
영양중재	□ 식품/영양소 제공 □ 영양교육 □ 영양상담 □ 다분야 협의		
	영양진단	중재 내용	목표/기대 효과
제공 교육자료			
추후관리 일정			

실습 평가 및 고찰

- 환자의 검사 결과를 이상지질혈증의 기준에 대입하였을 때 부적절한 검사 항목은 무엇인가?
- 환자의 신체계측, 영양 섭취량, 영양 필요량은 적절하게 작성되었는가?
- 환자의 정보를 통해 영양진단(문제, 원인, 징후 및 증상)을 작성하고 영양중재 계획(식품 및 영양소 제공, 영양교육, 영양상담, 다분야 협의)을 모두 수립하였는가?
- 이 환자에게 효과적인 교육 자료는 어떠한 형태이며, 무슨 내용이 중점적으로 담겨야 하는가?
- 이 환자의 영양중재 시 다분야협의를 진행한다면, 어떤 분야와 유기적 협조가 필요한가?

PRACTICE 12

케톤식

실습 목표

케톤식의 원리를 이해하고, 케톤/항케톤 생성비에 맞춰 식단을 계획할 수 있다.

실습 내용

- 대상 환자의 케톤/항케톤 생성비를 계산하여 영양기준량을 정한다.
- 케톤식의 식단을 조리하여 시식 후 평가한다.

대상자의 특성

- 4세 남자 어린이
- 신장 112cm, 체중 20kg
- 활동 정도 : 육체적 활동이 왕성한 어린이

표준체중의 산정

어린이의 연령에 맞는 표준체중은 소아청소년 성장도표(부록 6)의 신장별 체중을 사용한다.

- 112cm 남아의 표준체중은 19.6kg ≒ 20kg

대상자의 열량 필요량 산정

1일 필요 열량(kcal) = 표준체중(kg) × 연령에 따른 체중당 필요 열량(kcal/kg)

※ 연령에 따른 체중당 필요 열량

연령	필요 열량(kcal/kg)
1세 미만	75~85
1~3세	70~75
4~6세	65~68
7~10세	55~60
11세 이상	30~40 또는 그 이하

출처 : 세브란스병원 소아신경과 외, 케톤 생성 식이요법을 위한 케톤식 식사 가이드, 2016

- 1일 필요 열량 = 20kg × 65kcal = 1,300kcal

케톤성 : 항케톤성 비 결정과 식이단위당 열량 산정

케톤성 : 항케톤성 비율에 따른 식이단위당 열량 계산방법

- 케톤성 : 항케톤성 = 3~4 : 1
- 지방 : 9kcal × 케톤성비 = __a__ kcal
- 탄수화물 + 단백질 : 4kcal × 항케톤성비 = __b__ kcal
- 해당 비율에서의 식이단위당 열량 : a + b = _____ kcal

계산 예

- 대상자의 케톤성 : 항케톤성 = 4 : 1
- 지방 9kcal/g = 9kcal ×4 = 36kcal
- 탄수화물 + 단백질 4kcal/g = 4kcal ×1 = 4kcal
- 4 : 1 비율의 식이에서 식이단위당 열량 : 36kcal + 4kcal = 40kcal

케톤성 : 항케톤성 비율에 맞는 단위 열량 결정

식이단위 : 필요 열량 ÷ 식이단위당 열량 = _________ 단위

계산 예

- 식이단위 : 1,300kcal ÷ 40kcal = 32.5단위

지방, 단백질, 탄수화물 양 결정

지방, 단백질, 탄수화물 양 계산방법

- 지방 : 식이단위 × 케톤성비 = _________ g
- 탄수화물 + 단백질 : 식이단위 × 항케톤성비 = _________ g
- 단백질 : 체중당 1g ⇒ 표준체중 × 1g = _________ g
- 탄수화물 : 탄수화물 + 단백질량 − 단백질량 = _________ g

계산 예

- 지방 : 32.5단위 × 4 =130g, 탄수화물 + 단백질 = 32.5단위 × 1 = 32.5g
- 단백질 : 1g/kg ⇒ 20g
- 탄수화물 : 32.5g − 20g = 12.5g

구분	1일	매끼
지방	130g	43.333g
단백질	20g	6.666g
탄수화물	12.5g	4.166g
열량	1,300kcal	433.333kcal

케톤식 1일 식단 구성 예

식품성분표를 이용하여 각 식품의 탄수화물, 단백질, 지방, 열량을 확인하면서 식단을 작성한다.

1,300kcal 케톤식 식단 구성의 예

(케톤 : 항케톤 = 4 : 1 열량 : 1,311 kcal, 탄수화물 : 12.50g, 단백질 : 20.19g, 지방 : 129.68g)

구분	음식명	식품명	중량(g)	탄수화물(g)	단백질(g)	지방(g)	열량(kcal)
아침	크림새우 샐러드	새우	11	0.011	2.211	0.099	10.340
		파프리카(노랑)	6	0.282	0.078	0.030	1.440
		양파	4.5	0.378	0.045	0.005	1.620
		올리브유	11	0.000	0.000	11.000	101.310
		마요네즈	2.5	0.255	0.023	1.985	18.975
		휘핑크림	16.5	0.462	0.347	6.105	56.925
		잣	4	0.704	0.616	2.460	25.600
	곤약잡채	실곤약	15	0.450	0.030	0.000	0.900
		달걀(전란)	7.5	0.120	0.750	0.825	11.175
		쇠고기	7.5	0.015	1.500	0.900	14.850
		오이	2.5	0.058	0.020	0.003	0.275
		당근	4	0.344	0.044	0.004	1.480
		두유	12.5	0.588	0.550	0.450	8.750
		아몬드	2.5	0.493	0.465	1.355	14.950
		참기름	2	0.008	0.002	1.988	18.300
		올리브유	16.1	0.000	0.000	16.100	148.281
	합계			2.075	3.361	21.625	218.961
점심	토마토 소고기 그라탱	쇠고기	10	0.020	2.000	1.200	19.800
		모차렐라치즈	5	0.620	0.880	0.505	10.750
		토마토	17.5	0.788	0.140	0.000	3.150
		애호박	5	0.280	0.045	0.005	1.300
		오이	3.5	0.081	0.028	0.004	0.385
		올리브유	16.3	0.000	0.000	16.300	150.123
		휘핑크림	10	0.280	0.210	3.700	34.500
	양배추 오징어쌈	오징어	7	0.000	1.365	0.091	6.650
		치즈	9	0.495	1.647	2.178	28.800
		양배추	12	0.528	0.168	0.012	2.400
		오이	3	0.069	0.024	0.003	0.330
		당근	3.5	0.301	0.039	0.004	1.295

구분	음식명	식품명	중량(g)	탄수화물(g)	단백질(g)	지방(g)	열량(kcal)
점심	양배추 오징어쌈	애호박	3.5	0.196	0.032	0.004	0.910
		우유	10	0.500	0.280	0.330	6.100
		올리브유	19	0.000	0.000	19.000	174.990
	합계			4.157	6.857	43.335	441.483
저녁	달걀케밥	달걀(전란)	20	0.320	2.000	2.200	29.800
		햄(슬라이스)	6	0.300	0.834	1.224	15.540
		양상추	5.5	0.253	0.033	0.000	0.990
		파프리카(초록색)	2.5	0.075	0.025	0.003	0.350
		숙주	3	0.051	0.066	0.003	0.360
		올리브유	12.5	0.000	0.000	12.500	115.125
		참깨	3	0.606	0.573	1.530	17.250
		마요네즈	5	0.510	0.045	3.970	37.950
저녁	두부가지 수프	두부	25	0.200	1.900	1.475	22.000
		가지	8	0.320	0.064	0.008	1.360
		양송이	4.6	0.221	0.161	0.005	0.782
		올리브유	15.6	0.000	0.000	15.600	143.676
		우유	12	0.600	0.336	0.396	7.320
		마요네즈	4	0.408	0.036	3.176	30.360
		프로맥스	0.5	0.000	0.455	0.015	1.900
		아보카도	5	0.310	0.125	0.935	10.155
	합계			4.174	6.653	43.039	434.918
총합				12.497	20.190	129.682	1311.572

실습 평가 및 고찰

- 일반식과 비교하여 어떠한 차이가 있는가?
- 케톤식의 식단의 색, 맛, 질감은 어떠한가?
- 지방 섭취를 높이기 위한 조리법이나 식재료의 사용은 적절하였는가?
- 식사 후 식단 구성에서 개선할 점은 무엇인가?

Appendix

부록

1. 영양관리과정 표준용어 | 2. 2020 한국인 영양소 섭취기준 |
3. 식품교환표 | 4. 경장영양액과 정맥영양액 |
5. 신장질환 환자를 위한 식품교환표 | 6. 2017 소아청소년 성장도표(신장별 체중)

❶ 영양관리과정 표준용어

1. 영양판정, 영양모니터링 및 평가 시 사용되는 표준용어

분류	소분류
식품/영양소와 관련된 식사력 영역	
식품과 영양소 섭취	식사력 : 식사처방, 식사 관련 경험, 식사 관련 환경
	열량 섭취
	식품과 음료 섭취 : 수분/음료 섭취, 식품 섭취, 모유/조제유 섭취
	장관 및 정맥영양 섭취
	생리활성물질 섭취 : 알코올 섭취, 생리활성물질 섭취, 카페인 섭취
	다량영양소 섭취 : 지방과 콜레스테롤 섭취, 탄수화물 섭취, 식이섬유 섭취
	미량영양소 섭취 : 비타민 섭취, 무기질/미량원소 섭취
약물과 약용식물 보충제 사용	–
지식/신념/태도	식품/영양 지식
	신념/태도
행동	충실도
	기피행동
	폭식과 제거하는 행동
	식사 중 행동
	사회적 네트워크
식품과 식품/영양 관련 자원 이용에 영향을 주는 요인	영양 프로그램 참가
	안전한 식품/식사의 이용
	안전한 식수의 이용
	식품/영양 관련 자원 이용
신체적 활동 및 기능	모유수유
	영양 관련/도구적 일상생활 수행능력
	신체활동
영양 관련 환자 중심 평가	영양적 측면에서의 삶의 질
신체계측 영역	
신체구성/성장/체중력	–
생화학적 자료, 의학적 검사와 처치 영역	

분류	소분류
산염기 평형, 전해질과 신장 프로필, 필수지방산 프로필, 위장관 프로필, 혈당/내분비 프로필, 염증성 프로필, 지방 프로필, 대사율 프로필, 무기질 프로필, 영양 결핍성 빈혈 프로필, 단백질 프로필, 소변 프로필, 비타민 프로필	–
영양 관련 신체검사자료 영역	
영양 관련 신체검사자료	–
과거력 영역*	
개인력	개인자료
환자/가족의 병력 및 건강력	환자/가족의 병력 및 건강력
	처치/치료/보완 및 대체의학
사회력	–

* 영양모니터링 및 평가에서는 사용하지 않음

2. 영양진단 시 사용되는 표준용어

분류	영양진단명
섭취 영역	
열량 평형 : 실제 또는 추정된 열량 섭취량	열량 소비 증가
	열량 섭취 부족
	열량 섭취 과다
경구 또는 영양집중지원 섭취 : 환자의 목표와 비교한 경구 섭취 또는 영양집중지원을 통한 식품 및 음료의 실제 또는 추정된 섭취	경구 식품/음료 섭취 부족
	경구 식품/음료 섭취 과다
	장관/정맥영양 공급 부족
	장관/정맥영양 공급 과다
	장관/정맥영양 주입 부적절
수분 섭취 : 환자의 목표와 비교한 실제 또는 추정된 수분 섭취량	수분 섭취 부족
	수분 섭취 과다

분류	영양진단명
생리활성물질 : 단일 또는 복합 기능성 식품 성분, 영양 성분, 식이보충제, 알코올 등 생리활성물질의 실제 또는 관찰된 섭취량	생리활성물질 섭취 부족
	생리활성물질 섭취 과다
	알코올 섭취 과다
영양소 : 이상적 수준과 비교한 특정 영양소군 또는 단일 영양소의 실제 또는 추정된 섭취	영양소 필요량 증가(구체적으로 명시)
	영양불량
	단백질-열량 섭취 부족
	영양소 필요량 감소(구체적으로 명시)
	영양소 불균형
	지방 섭취 부족
	지방 섭취 과다
	부적절한 지방 섭취(구체적으로 명시)
	단백질 섭취 부족
	단백질 섭취 과다
	부적절한 아미노산 섭취(구체적으로 명시)
	탄수화물 섭취 부족
	탄수화물 섭취 과다
	부적절한 탄수화물 종류의 섭취(구체적으로 명시)
	불규칙한 탄수화물 섭취
	식이섬유 섭취 부족
	식이섬유 섭취 과다
	비타민 섭취 부족(구체적으로 명시)
	비타민 섭취 과다(구체적으로 명시)
	무기질 섭취 부족(구체적으로 명시)
	무기질 섭취 과다(구체적으로 명시)
임상 영역	
기능적 : 바람직한 영양상태 결과를 저해하는 신체적 또는 기능적 변화	삼킴(연하) 장애
	씹기(저작) 곤란
	모유 수유 곤란
	위장관 기능 변화

분류	영양진단명
생화학적 : 약물이나 수술에 의해 또는 혈액 검사 결과 나타나는 영양소 대사능력의 변화	영양소 이용 장애
	영양 관련 검사 결과 변화(구체적으로 명기)
	음식–약물 상호작용
체중 : 평소 체중 또는 이상 체중과 비교한 오랫동안 유지된 체중 또는 변화된 체중	저체중
	비의도적 체중 감소
	과체중/비만
	비의도적 체중 증가
행동–환경 영역	
지식과 신념 : 보고, 관찰, 기록된 실제 지식이나 신념	식품 및 영양관리 지식 부족
	식품 및 영양 관련 사항에 대한 유해한 신념/태도
	식사/생활 양식 변화에 대한 준비 부족
	자기 모니터링 부족
	잘못된 식사패턴
	영양 관련 권장사항에 대한 순응도 부족
	바람직하지 못한 식품 선택
신체활동과 기능 : 보고, 관찰, 기록된 실제 신체활동, 자기관리, 삶의 질과 관련된 문제	신체 활동 부족
	신체 활동 과다
	자기 관리 의욕 부족 또는 능력 부족
	식품/식사 준비능력 장애
	영양과 관련된 삶의 질 저하
	자가 섭취 곤란
식품 안전과 이용 : 식품 이용과 식품 안전에 관련된 실제적인 문제	안전하지 않은 식품 섭취
	식품 이용의 제한

출처 : 대한영양사협회, 국제임상표준용어지침서, 2011

❷ 2020 한국인 영양소 섭취기준

한국인 성인 남녀(19~29세)의 1일 영양소 섭취기준

	남자				여자				임신부[2)	수유부[2)
	EAR	RNI	AI	UL	EAR	RNI	AI	UL		
에너지(kcal)	2,600[1)				2,000[1)				+0[3) +340 +450	+340
단백질(g)	50	65			45	55			+15[3) +30	+25
탄수화물(g)	100	130			100	130			+45	+80
식이섬유(g)			30				20		+5	+5
리놀레산(g)			13.0				10.0		+0	+0
알파-리놀렌산(g)			1.6				1.2		+0	+0
EPA+DHA(mg)			210				150		+0	+0
수분(mL)[4)			2,600				2,100		+200	+700
비타민 A(μg RAE)	570	800		3,000	460	650		3,000	+70	+490
비타민 D(μg)			10	100			10	100	+0	+0
비타민 E(mg α-TE)			12	540			12	540	+0	+3
비타민 K(μg)			75				65		+0	+0
비타민 C(mg)	75	100		2,000	75	100		2,000	+10	+40
티아민(mg)	1.0	1.2			0.9	1.1			+0.4	+0.4
리보플라빈(mg)	1.3	1.5			1.0	1.2			+0.4	+0.5
니아신(mg NE)[5)	12	16		35/1,000[6)	11	14		35/1,000[6)	+4	+3
비타민 B_6(mg)	1.3	1.5		100	1.2	1.4		100	+0.8	+0.8
엽산(μg DFE)[7)	320	400		1,000	320	400		1,000	+220	+150
비타민 B_{12}(μg)	2.0	2.4			2.0	2.4			+0.2	+0.4
판토텐산(mg)			5				5		+1	+2
비오틴(μg)			30				30		+0	+5
칼슘(mg)	650	800		2,500	550	700		2,500	+0	+0
인(mg)	580	700		3,500	580	700		3,500	+0	+0
나트륨(mg)			1,500	2,300[8)			1,500	2,300[8)	1500	1500
염소(mg)			2,300				2,300		2300	2300
칼륨(mg)			3,500				3,500		+0	+400
마그네슘(mg)	300	360		350[9)	230	280		350[9)	+40	+0
철(mg)	8	10		45	11	14		45	+10	+0
아연(mg)	9	10		35	7	8		35	+2.5	+5.0
구리(μg)	650	850		10,000	500	650		10,000	+130	+480
불소(mg)			3.4	10.0			2.8	10.0	+0	+0
망간(mg)			4.0	11.0			3.5	11.0	+0	+0
요오드(μg)	95	150		2,400	95	150		2,400	+90	+190
셀레늄(μg)	50	60		400	50	60		400	+4	+10
몰리브덴(μg)	25	30		600	20	25		500	+0	+3
크롬(μg)			30				20		+5	+20

1) 에너지 필요추정량
2) 임신부/수유부의 경우 비가임기 여성의 권장섭취량 또는 충분섭취량에 부가되는 양
3) 임신부 에너지 1,2,3 분기별 부가량, 단백질 2,3 분기별 부가량
4) 총 수분 섭취량
5) 1 mg NE(니아신 당량) = 1 mg 니아신 = 60 mg 트립토판
6) 니코틴산/니코틴아미드
7) Dietary Folate Equivalents
8) 만성질환위험감소섭취량
9) 식품 외 급원의 마그네슘에만 해당

출처: 보건복지부 · 한국영양학회, 2020 한국인 영양소 섭취기준, 2020

❸ 식품교환표

[식품군별 1교환단위 영양소 함량]

식품군		열량(kcal)	탄수화물(g)	단백질(g)	지방(g)
곡류군		100	23	2	–
어육류군	저지방	50	–	8	2
	중지방	75	–	8	5
	고지방	100	–	8	8
채소군		20	3	2	–
지방군		45	–	–	5
우유군	일반우유	125	10	6	7
	저지방우유	80	10	6	2
과일군		50	12	–	–

1. 곡류군

(당질 : 23g, 단백질 : 2g, 열량 : 100kcal)

식품명		1교환단위양(g)	목측량
밥류	쌀밥, 보리밥, 현미밥	70	1/3공기(소)
죽류	쌀죽	140	2/3공기(소)
알곡류 및 가루제품	기장, 백미, 보리(쌀보리), 율무, 차수수, 차조, 찹쌀, 팥(붉은 것), 현미, 녹말가루(5큰술), 미숫가루(1/4컵 소), 밀가루(5큰술)	30	3큰술
	녹두, 완두콩	70	완두콩(1/2컵 소)
국수류	건조한 국수류 : 냉면, 당면, 국수, 메밀국수, 스파게티, 쌀국수, 쫄면, 칼국수류	30	삶은 것 1/2공기(소)
	메밀국수(생)	40	
	우동(생)	70	
	삶은 국수류 : 국수, 스파게티, 쌀국수	90	
감자 및 전분류	고구마, 찰옥수수(생)	70	고구마(중 1/2개), 찰옥수수(생 1/2개)
	감자, 돼지감자, 토란	140	감자(중 1개)
떡류	가래떡, 백설기, 송편(깨), 인절미, 절편, 증편, 시루떡	50	가래떡(썬 것, 11~12개), 인절미 3개, 절편(1개, 5.5×5×1.5cm)
빵류	식빵	35	1쪽(11×10×1.5cm)
	모닝빵		중 1개
	바게트빵		중 2쪽

식품명		1교환단위양(g)	목측량
묵류	도토리묵, 녹두묵, 메밀묵	200	1/2모(6×7×4.5cm)
기타	크래커	20	5개
	강냉이(옥수수), 누룽지(건), 콘플레이크, 오트밀	30	강냉이(1.5공기 소), 누룽지(지름 11.5cm), 콘플레이크(3/4컵 소)
	밤, 은행	60	밤(대 3개), 은행(1/3컵 소)
	마	100	

2. 저지방 어육류군

(단백질 : 8g, 지방 : 2g, 열량 : 50kcal)

식품명		1교환단위양(g)	목측량
고기류	육포	15	1장(9×6cm)
	닭고기(껍질, 기름 제거한 살코기), 닭부산물(모래주머니), 쇠고기(사태, 홍두깨 등), 소간*, 돼지고기(기름기 전혀 없는 살코기), 오리고기, 칠면조	40	닭고기(소 1토막, 탁구공 크기), 쇠고기와 돼지고기(로스용 1장 12×10.3cm)
생선류	가자미, 광어, 대구, 동태, 미꾸라지(생), 병어, 복어, 아귀, 연어, 옥돔(반건), 적어, 조기, 참도미, 참치, 코다리, 한치, 홍어	50	소 1토막
건어물 및 가공품	굴비	15	1/2토막
	건오징어채*, 멸치, 뱅어포, 북어, 쥐치포	15	잔멸치(1/4컵 소), 뱅어포(1장), 북어(1/2토막), 쥐치포(1/2개, 1.2×7cm)
	게맛살, 어묵(찐 것)	50	게맛살(1⅔개), 어묵(찐 것, 1/3개, 5.5cm)
젓갈류	명란젓*, 어리굴젓, 창란젓*	40	
기타 해산물	날치알, 대하(생), 물오징어*, 깐새우*, 새우(중하)*	50	물오징어(몸통 1/3등분), 깐새우(1/4컵 소), 새우(중하, 3마리)
	개불, 굴, 꼬막조개, 꽃게, 멍게, 문어*, 전복*, 조갯살, 홍합	70	굴(1/3컵 소), 꽃게(소 1마리), 전복(소 2개), 멍게, 문어, 조갯살, 홍합(1/3컵 소)
	낙지, 미더덕	100	낙지(1/2컵 소), 미더덕(3/4컵 소)
	해삼	200	1⅓컵 소

* 콜레스테롤이 많이 함유된 식품

3. 중지방 어육류군

(단백질 : 8g, 지방 : 5g, 열량 : 75kcal)

식품명		1교환단위양(g)	목측량
고기류	돼지고기(안심), 샐러드햄, 소곱창*, 쇠고기(등심, 안심, 양지), 햄(로스)	40	쇠고기(등심, 안심, 로스용 1장, 12×10.3cm) 햄(로스, 2장, 8×6×0.8cm)
생선류	갈치, 고등어, 과메기(꽁치), 꽁치, 도루묵, 메로, 민어, 삼치, 임연수어, 장어*, 전갱이, 준치, 청어, 훈제연어	50	소 1토막
가공류	어묵(튀긴 것)	50	1장(15.5×10cm)
알류	달걀*	55	중 1개
	메추리알*	40	5개
콩류 및 가공품	검정콩, 대두(노란콩)	20	검정콩(2큰술)
	낫또	40	작은 포장 단위 1개
	두부	80	1/5모(420g 포장두부)
	연두부, 콩비지	150	연두부(1/2개), 콩비지(1/2봉, 2/3공기 소)
	순두부	200	1/2봉지(지름 5×10cm)

* 콜레스테롤이 많이 함유된 식품

4. 고지방 어육류군

(단백질 : 8g, 지방 : 8g, 열량 : 100kcal)

식품명		1교환단위양(g)	목측량
고기류 및 가공품	개고기, 닭고기(껍질 포함)#, 돼지갈비, 돼지머리(편육)#, 돼지족#, 런천미트#, 베이컨, 비엔나소시지#, 삼겹살#, 소갈비#, 소꼬리#, 프랑크소시지#	40	닭다리(1개), 런천미트(5.5×4×1.8cm), 베이컨(1 ¼장), 비엔나소시지(5개), 소갈비(소 1토막), 프랑크소시지(1 ⅓개)
생선류 및 가공품	유부, 치즈	30	유부(5장, 초밥용), 치즈(1.5장)
	통조림(고등어, 꽁치, 참치), 뱀장어*	50	통조림(고등어, 꽁치, 참치)(1/3컵 소), 뱀장어(소 1토막)

* 콜레스테롤이 많이 함유된 식품

포화지방산이 많이 함유된 식품

5. 채소군

(당질 : 3g, 단백질 : 2g, 열량 : 20kcal)

식품명		1교환단위양(g)	목측량
채소류	늙은호박(호박고지), 마늘, 무말랭이, 취나물(건)	7	무말랭이(불려서 1/3컵)
	깻잎, 단호박[¤], 대파, 더덕, 도라지[¤], 마늘종, 쑥[¤], 연근[¤], 우엉[¤]	40	깻잎 20장, 단호박(1/10개, 지름 10cm), 마늘종 3개(6.5~7cm), 연근(썰은 것 5쪽)
	곰취, 가지, 고구마줄기, 고비, 고사리(삶은 것), 고춧잎[¤], 근대, 냉이, 늙은호박(생), 단무지, 달래, 당근[¤], 돌나물, 두릅, (돌)미나리, 머위, 무, 무청(삶은것), 배추, 부추, (붉은)양배추, 브로콜리, (양)상추, 셀러리, 숙주, 시금치, 쑥갓, 아욱, 애호박, 양파, 열무, 오이, 원추리, 자운영(싹), 죽순(생, 통조림), 참나물, 청경채, 치커리, 케일, 콜리플라워(꽃양배추), 콩나물, 파프리카(녹, 적, 주황색), 풋고추, 풋마늘[¤], 피망	70	가지(지름 3cm×길이 10cm), 고구마줄기(익혀서 1/3컵), 고사리(삶은 것 1/3컵), 근대(익혀서 1/3컵), 늙은호박(생, 4×4×6cm), 당근(4×5cm 또는 대 1/3개), 무(지름 8cm×길이 1.5cm), 배추(중 3잎), 양배추(1/5개, 9×4×6cm), 상추(소 12장), 셀러리(길이 6cm 6개), 아욱(잎넓이 20cm 5장), 애호박(지름 6.5cm×두께 2.5cm, 중 1/3개), 오이(중 1/3개), 케일(잎넓이 30cm 1 ½개), 콩나물(익혀서 2/5컵), 파프리카(대 1개), 풋고추(중 7~8개), 피망(중 2개)
해조류	김	2	1장
	매생이[¤]	20	
	곤약, 미역(생 : 70, 건 : 6), 우뭇가사리(우무), 톳(생), 파래(생)	70	
버섯류	표고버섯(건조)	7	
	느타리버섯(생), 만가닥(건), 송이(생), 양송이(생), 팽이(생), 표고버섯(생)	50	느타리(생 7개, 8cm), 송이(생, 소 2개), 양송이(생 3개, 지름 4.5cm) 표고버섯(생, 대 3개)
김치류	갓김치, 깍두기, 배추김치, 총각김치	50	깍두기 10개(사방 1.5cm 크기), 배추김치(6~7개, 4.5cm), 총각김치(2개)
	나박김치, 동치미	70	
채소주스	당근주스	50	1/4컵(소)

[¤] 당질을 6g 이상 함유하고 있으므로 섭취 시 주의

6. 지방군

(지방 : 5g, 열량 : 45kcal)

식품명		1교환단위양(g)	목측량
견과류	검정깨(건), 참깨(건), 땅콩[†], 아몬드[†], 잣, 캐슈넛(조미)[†], 피스타치오[†], 해바라기씨, 호두, 호박씨(건, 조미), 흰깨(건, 볶은 것)	8	깨(1큰술), 땅콩(8개, 1큰술), 아몬드(7개), 잣(50알, 1큰술), 피스타치오(10개), 해바라기씨(1큰술), 호두(중 1.5개)
고체기름	마가린, 버터[#], 쇼트닝[#]	5	1작은술
	땅콩버터	8	
드레싱	라이트 마요네즈, 마요네즈	5	1작은술
	사우전드 드레싱, 이탈리안 드레싱, 프렌치 드레싱	10	2작은술
식용유	들기름, 미강유, 옥수수기름, 올리브유[†], 홍화씨기름[†], 참기름, 카놀라유[†], 콩기름, 포도씨유, 해바라기유	5	1작은술

[†]단일불포화지방산이 많은 식품

[#] 포화지방산이 많이 함유된 식품

7. 우유군

(일반우유 : 당질 10g, 단백질 6g, 지방 7g, 열량 125kcal)
(저지방우유 : 당질 10g, 단백질 6g, 지방 2g, 열량 80kcal)

식품명		1교환단위양(g)	목측량
일반우유	전지분유, 조제분유	25	5큰술
	두유(무가당), 락토우유, 일반우유	200	1컵(1팩)
저지방우유	저지방우유(2%)	200	1컵(1팩)

8. 과일군

(당질 : 12g, 열량 : 50kcal)

식품명		1교환단위양(g)	목측량
감	단감	50	중 1/3개
	연시, 홍시	80	소 1개, 대 1/2개
	곶감	15	소 1/2개
감귤류	귤	120	
	금귤	60	7개
	오렌지	100	대 1/2개
	유자	100	
	자몽	150	중 1/2개
	한라봉	100	
	귤(통조림)	70	
대추	대추(생것)	50	
	대추(건조)	15	5개
두리안	두리안	40	
딸기	딸기	150	중 7개
	산딸기	150	
리치	리치	70	
망고	망고	70	
매실	매실	150	
무화과	무화과(생것)	80	
	무화과(건조)	15	
멜론	멜론(머스크)	120	
바나나	바나나(생것)	50	중 1/2개
	바나나(건조)	10	
배	배	110	대 1/4개
복숭아	복숭아(백도)	150	소 1개
	복숭아(천도)	150	소 2개
	복숭아(황도)	150	중 1/2개
	백도(통조림), 황도(통조림)	60	반절 1쪽
블루베리	블루베리	80	
	블루베리(통조림)	50	

식품명		1교환단위양(g)	목측량
사과	사과(후지)	80	중 1/3개
살구	살구	150	
석류	석류	80	
수박	수박	150	중 1쪽
앵두	앵두	150	
올리브	올리브(생것)	60	
	올리브(건조)	15	
자두	자두	150	특대 1개
참외	참외	150	중 1/2개
체리	체리	80	
키위	키위	80	중 1개
토마토	방울토마토	300	
	토마토	350	소 2개
파인애플	파인애플	200	
	파인애플(통조림)	70	
파파야	파파야	200	
포도	청포도	80	
	포도	80	소 19알
	포도(거봉)	80	11개
	포도(건조)	15	
후루츠칵테일	후루츠칵테일(통조림)	60	
주스	배주스	80	
	사과주스	100	1/2컵(소)
	오렌지주스(무가당)	100	1/2컵(소)
	토마토주스	100	1/2컵(소)
	파인애플주스	100	1/2컵(소)
	포도주스	80	

출처 : 대한당뇨병학회, 당뇨병 식품교환표 활용지침(제3판), 2010.

❹ 경장영양액과 정맥영양액

1. 경장영양액

(1can 또는 200mL 해당량 기준)

제품명	일반			고섬유소		
	그린비아 티에프	뉴케어 300 TF	메디푸드 경관식 LD	그린비아 화이바	뉴케어 화이바	메디웰 뉴트리웰 화이바
열량(kcal)	200	200	200	200	200	200
열량구성비(%) (C:P:F)	65:15:20	57:16:27	58:15:27	57.5:17.5:25	53:16:31	57:16:27
삼투압 mOsm/kg H_2O	300	300	300	305	300	300
탄수화물(g)	34	14.25	30	31	14	30
식이섬유(g)	3	0	3	4.3	1.5	3
당류(g)	3	0	1 미만	2	0	2
단백질(g)	8	4	8	9	4	8
지방(g)	4.5	3	6	6	3.5	6
포화지방(g)	2	0.9	2	2	0.9	2
콜레스테롤(mg)	0	0	0	0	0	0
비타민 A(μg RE)	150	75	140	150	90	200
비타민 D(μg)	1	1	2	1	1	1.4
비타민 E(mg α-TE)	2	1	5.5	2	1	2.1
비타민 K(μg)	15	7.5	14	15	8	16
비타민 B_1(mg)	0.24	0.13	0.36	0.24	0.13	0.3
비타민 B_2(mg)	0.3	0.15	0.42	0.3	0.18	0.4
나이아신(mg NE)	2.3	1.6	3	2.3	3	3.2
비타민 B_6(mg)	0.3	0.15	0.45	0.3	0.18	0.4
엽산(μg)	58	40	120	58	45	85
비타민 B_{12}(μg)	0.48	0.24	2.4	0.48	0.24	0.6
비타민 C(mg)	20	14	30	20	20	20
비오틴(μg)	6	3	6	6	3.2	8
판토텐산(mg)	1	0.5	1	1	0.7	1.4
칼슘(mg)	140	70	140	140	70	160
인(mg)	140	75	140	140	70	140
철(mg)	2	103	1.8	2	1.1	2
아연(mg)	2	1.55	1.7	2	1.3	2.4
마그네슘(mg)	44	22	22	58	20	44
나트륨(mg)	120	90	180	140	90	140
칼륨(mg)	200	117.5	308.5	220	150	280
염소(mg)	120	108	–	120	120	–
요오드(μg)	19.5	15	45	30	11	30
망간(mg)	0.46	0.3	0.6	0.7	0.4	0.7
구리(mg)	0.1	0.15	0.12	0.16	0.2	0.16
셀레늄(μg)	5.5	3	8.25	5.5	3	5
크롬(μg)	5	3	4.5	5	3	2
몰리브덴(μg)	2.5	1.5	3.75	2.5	1.5	10

(1can 또는 200mL 해당량 기준)

제품명	당뇨질환					
	그린비아 DM	그린비아 당뇨솔루션	뉴케어 당뇨식DM	메디푸드 당뇨식 글루트롤	메디웰 당뇨식	메디푸드 당뇨식 글루트롤 1.5
열량(kcal)	200	200	200	200	200	300
열량구성비(%) (C:P:F)	45:20:35	40:20:40	39:18:43	40:17:43	40:20:40	40:17:43
삼투압 mOsm/kg H_2O	320	270	310	330	310	500
탄수화물(g)	25	22	22	23.5	21	34
식이섬유(g)	5	3	5	7	5	7
당류(g)	3	1 미만	4	3	4	4
단백질(g)	10	10	9	9	11	13
지방(g)	8	9	9.6	9.5	9	14
포화지방(g)	1.5	2	1.4	0.8	1.5	1.2
콜레스테롤(mg)	0	0	0	0	1	0
비타민 A(μg RE)	150	225	150	210	200	280
비타민 D(μg)	1	1	1	2	1.4	3
비타민 E(mg α-TE)	2	4.8	2	11	4	16.5
비타민 K(μg)	9.75	15	15	14	16	21
비타민 B_1(mg)	0.24	0.24	0.26	0.36	0.3	0.48
비타민 B_2(mg)	0.3	0.3	0.3	0.42	0.4	0.56
나이아신(mg NE)	2.3	3.2	3.2	3	3.2	4.5
비타민 B_6(mg)	0.3	0.3	0.3	0.45	0.4	0.6
엽산(μg)	58	58	80	120	85	140
비타민 B_{12}(μg)	0.48	0.96	0.48	1.68	0.6	2.4
비타민 C(mg)	20	40	28	50	40	75
비오틴(μg)	6	6	6	6	8	9
판토텐산(mg)	1	1	1	1	1.4	1.5
칼슘(mg)	140	150	154	140	160	140
인(mg)	140	140	140	105	140	140
철(mg)	2	2	2.4	1.8	2	2.4
아연(mg)	2	4	2.4	1.7	2.4	2.1
마그네슘(mg)	58	58	44	22	35	22
나트륨(mg)	160	140	160	180	160	250
칼륨(mg)	250	235	220	175	280	260
염소(mg)	120	210	150	–	–	–
요오드(μg)	19.5	30	30	45	30	53
망간(mg)	0.46	0.8	0.48	0.6	0.7	0.75
구리(mg)	0.1	0.16	0.16	0.12	0.16	0.16
셀레늄(μg)	5.5	5.5	–	8.25	7	11
크롬(μg)	5	5	–	4.5	2	6
몰리브덴(μg)	2.5	2.5	–	3.75	10	5

(1can 또는 200mL 해당량 기준)

제품명	신장질환				고단백			
	그린비아 알디	뉴케어 케이디	그린비아 알디플러스	뉴케어 케이디플러스	그린비아 고단백솔루션	뉴케어 하이프로틴	매디푸드 고단백VHP	메디웰 프로틴1.5
열량(kcal)	400	400	400	400	200	200	200	300
열량구성비(%) (C:P:F)	57:08:35	62:6:32	50:15:35	52:15:33	53:26:21	47:27:26	30:25:45	50:18:32
삼투압 mOsm/kg H_2O	800	830	800	930	380	390	300	480
탄수화물(g)	58	64	51	53	26	24	24	38
식이섬유(g)	2	4	2	2	–	1	3	1
당류(g)	1	4	1	6	5	3.2	0	4
단백질(g)	8	6	15	15	13	13	13	13
지방(g)	16	14	16	15	4.5	6	7	11
포화지방(g)	4.6	1.1	4.6	5	1.5	1.8	1.7	2.5
콜레스테롤(mg)	0	0	0	0	0	0	0	2.5
비타민 A(μg RE)	70	150	70	200	225	400	140	300
비타민 D(μg)	1	0.8	1	4	1	1	2	2.1
비타민 E(mg α–TE)	6	2.48	6	4	4.8	10	5.5	3
비타민 K(μg)	16	18.6	16	19	15	15	14	23
비타민 B_1(mg)	0.24	0.32	0.24	0.4	0.24	0.26	0.36	0.5
비타민 B_2(mg)	0.3	0.38	0.3	0.6	0.3	0.3	0.42	0.5
나이아신(mg NE)	3.2	3.98	3.2	6	2.3	3.2	3	4.8
비타민 B_6(mg)	1	0.38	1	0.8	0.3	0.3	0.45	0.6
엽산(μg)	116	100	116	200	58	80	120	120
비타민 B_{12}(μg)	0.48	0.6	0.48	0.6	0.96	0.48	2.4	0.9
비타민 C(mg)	50	35	50	60	40	30	35	30
비오틴(μg)	20	11	20	11	6	6	6	12
판토텐산(mg)	1	1.24	1	1.4	1	1	1	2.1
칼슘(mg)	240	240	360	240	150	140	180	210
인(mg)	75	95	170	140	140	140	230	200
철(mg)	2	3	2	4	2	2.4	3.4	3
아연(mg)	2	5	2	5	4	4	4.5	3.6
마그네슘(mg)	40	40	40	40	44	44	24	75
나트륨(mg)	130	120	160	140	200	210	160	255
칼륨(mg)	170	150	185	150	310	240	185	420
염소(mg)	120	110	120	170	200	210	–	–
요오드(μg)	30	–	30	30	30	30	45	45
망간(mg)	0.8	0.4	0.8	0.4	0.8	0.4	0.6	1.05
구리(mg)	0.16	0.18	0.16	0.4	0.16	0.16	0.2	0.24
셀레늄(μg)	5.5	–	5.5	6	5.5	8	8.25	–
크롬(μg)	5	–	5	6	5	8	4.5	–
몰리브덴(μg)	2.5	–	2.5	3	2.5	4	3.75	–

(1can 또는 200mL 해당량 기준)

제품명	농축			기타
	뉴케어 칼로리1.5	메디푸드 1.5	그린비아1.5	그린비아 키즈
열량(kcal)	300	300	300	200
열량구성비(%) (C:P:F)	51:17:32	57:16:27	55:17.5:27.5	43:12:45
삼투압 mOsm/kg H_2O	520	460	380	340
탄수화물(g)	41	45.5	41	21
식이섬유(g)	3	5	0	–
당류(g)	3	0	1 미만	8
단백질(g)	13	12	13	6
지방(g)	11	9	9	10
포화지방(g)	2.3	3	3	3.5
콜레스테롤(mg)	0	0	0	0
비타민 A(μg RE)	225	210	225	150
비타민 D(μg)	2	3	1.5	4
비타민 E(mg α–TE)	3	5.5	3	2
비타민 K(μg)	20	21	22.5	10
비타민 B_1(mg)	0.4	0.48	0.36	0.17
비타민 B_2(mg)	0.46	0.56	0.45	0.23
나이아신(mg NE)	6	4.5	4.8	2.3
비타민 B_6(mg)	0.46	0.6	0.45	0.23
엽산(μg)	165	140	87	60
비타민 B_{12}(μg)	0.9	3.6	0.72	0.37
비타민 C(mg)	40	40	30	20
비오틴(μg)	11	9	9	3.67
판토텐산(mg)	1.4	1.5	1.5	1
칼슘(mg)	180	140	140	200
인(mg)	180	140	140	125
철(mg)	3	2.4	2	3.5
아연(mg)	3.3	2.1	2	2
마그네슘(mg)	45	22	51	33
나트륨(mg)	240	215	180	90
칼륨(mg)	300	308	300	260
염소(mg)	240	–	150	180
요오드(μg)	30	53	30	18
망간(mg)	1	0.75	0.7	0.4
구리(mg)	0.4	0.16	0.16	0.17
셀레늄(μg)	6	11	8.25	7.5
크롬(μg)	6	6	7.5	–
몰리브덴(μg)	3	5	3.75	–

2. 정맥영양액

제품명	중심정맥용			말초정맥용		
	Olimel N9E	Smofkabiven	Combiflex	Nutriflex	Smofkabiven	Nutriflex lipid peri
Total Volume(mL)	1,000	1,477	1,875	1,000	1,448	1,875
총 열량(kcal)	1,070	1,600	1,900	480	1,006	1,433
NPC(kcal)	830	1,300	1,615	320	822	1,195
kcal/mL	1.07	1.08	1.01	0.48	0.69	0.76
NPC/N	93	108	140	56	110	124
Dextrose(g)	110	187	225	80	103	120
Protein(g)	57	75	72	40	46	60
Lipid(g)	40	56	75	–	41	75
Soybean(LCT)(%)	20	30	50	–	30	50
MCT(%)	–	30	50	–	30	50
Olive(%)	80	25	–	–	25	–
Fish oil(ω–3)(%)	–	15	–	–	15	–
Na^+(mEq)	35.0	60.0	75.0	27.0	36.0	75.0
K^+(mEq)	30.0	45.0	52.5	15.0	28.0	45.0
Ca^{++}(mEq)	7.0	7.6	12.0	2.5	4.6	9.0
Mg^{++}(mEq)	8.0	15.0	12.0	4.0	9.2	9.0
Cl^-(mEq)	45.0	52.0	67.5	31.6	32	72.0
SO_4^-(mEq)	–	15.0	–	–	9.2	–
Acetate(mEq)	54.0	157	67.5	19.5	96	60.0
Zn^{++}(mEq)	–	0.12	0.10	–	0.06	0.1
phosphate(mmol)	15	19	22.5	5.70*	11.9	11.25
삼투압(mOsm/L)	1,310	1,500	1,215	900	850	840

❺ 신장질환 환자를 위한 식품교환표

<table>
<tr><th colspan="2">구분</th><th>단백질(g)</th><th>나트륨(mg)</th><th>칼륨(mg)</th><th>인(mg)</th><th>열량(kcal)</th></tr>
<tr><td colspan="2">곡류군</td><td>2</td><td>2</td><td>30</td><td>30</td><td>100</td></tr>
<tr><td colspan="2">어육류군</td><td>8</td><td>50</td><td>120</td><td>90</td><td>75</td></tr>
<tr><td rowspan="3">채소군</td><td>1(칼륨 저함량)</td><td rowspan="3">1</td><td rowspan="3">미량</td><td>100</td><td rowspan="3">20</td><td rowspan="3">20</td></tr>
<tr><td>2(칼륨 중등함량)</td><td>200</td></tr>
<tr><td>3(칼륨 고함량)</td><td>400</td></tr>
<tr><td colspan="2">지방군</td><td>0</td><td>0</td><td>0</td><td>0</td><td>45</td></tr>
<tr><td colspan="2">우유군</td><td>6</td><td>100</td><td>300</td><td>180</td><td>125</td></tr>
<tr><td rowspan="3">과일군</td><td>1(칼륨 저함량)</td><td rowspan="3">미량</td><td rowspan="3">미량</td><td>100</td><td rowspan="3">20</td><td rowspan="3">50</td></tr>
<tr><td>2(칼륨 중등함량)</td><td>200</td></tr>
<tr><td>3(칼륨 고함량)</td><td>400</td></tr>
<tr><td colspan="2">열량보충군</td><td>0</td><td>3</td><td>20</td><td>5</td><td>100</td></tr>
</table>

출처 : 대한영양사회, 신장질환 식품교환표, 1997

1. 곡류군

(단백질 2g, 나트륨 2mg, 칼륨 30mg, 인 30mg, 열량 100kcal)

식품명	무게(g)	목측량	식품명	무게(g)	목측량
쌀밥	70	1/3공기	가래떡	50	썰은 것 11개
국수(삶은 것)*	90	1/2공기	백설기	40	6×6×3cm
식빵*	35	1쪽	인절미	50	3개
백미	30	3큰술	절편(흰떡)	50	2개
찹쌀	30	3큰술	카스텔라	30	6.5×5×4.5cm
밀가루	30	5큰술	크래커	20	5개
마카로니(건)	30		콘플레이크	30	3/4컵

* 단백질과 나트륨 함량이 높으므로 1일 1회 이하로 섭취하도록 주의함

주의식품 : 칼륨, 인 함량이 높음

식품명	무게(g)	목측량	식품명	무게(g)	목측량
감자†‡	180	대 1개	호밀†	30	3큰술
고구마†	100	중 1/2개	밤(생)‡	60	중 6개
토란†‡	250	2컵	은행†‡	60	
검정쌀†‡	30	3큰술	메밀국수(마른 것)†	30	
보리쌀†	30	3큰술	메밀국수(삶은 것)‡	90	
현미쌀†‡	30	3큰술	시루떡†	50	
보리밥†	70	1/3공기	보리미숫가루‡	30	5큰술
현미밥†‡	70	1/3공기	빵가루‡	30	
녹두†‡	30	3큰술	오트밀†‡	30	1/3컵
율무†‡	30	3큰술	핫케이크가루‡	25	
차수수†‡	30	3큰술	옥수수†‡	50	1/2개
차조†‡	30	3큰술	팝콘†	20	
팥(붉은 것)†‡	30	3큰술			

† 칼륨 ≥ 60mg, ‡인 ≥ 60mg

2. 어육류군

(단백질 8g, 나트륨 50mg, 칼륨 120mg, 인 90mg, 열량 75kcal)

식품명	무게(g)	목측량	식품명	무게(g)	목측량
고기류			북어	10	중 1/4토막
쇠고기	40	로스용 1장 (12×10.3cm)	새우	40	중하 3마리, 보리새우 10마리
돼지고기	40	로스용 1장(12×10.3cm, 탁구공 크기)	문어[△]	50	1/3컵
닭고기	40	소 1토막(탁구공 크기)	물오징어[△]	50	중 1/4마리(몸통)
개고기	40	소 1토막(탁구공 크기)	꽃게[△]	50	중 1/2마리
소간	40	1/4컵	굴[△]	70	1/3컵
소갈비	40	소 1토막	낙지[△]	70	1/2컵
우설	40	1/4컵	전복	70	중 1마리
돼지족, 돼지머리, 삼겹살	40	썰어서 4쪽(3×3cm)	알류 및 콩류		
소곱창	60	1/2컵	달걀	60	대 1개
소꼬리	60	소 2토막	메추리알	60	5개
생선류			두부	80	1/6모
각종 생선류	40	소 1토막	순두부	200	1컵
건어물 및 해산물			연두부	150	1/2개
뱅어포	10	1장			

[△] 염분이 많으므로 물에 담가 염분을 충분히 뺀 후 조리함

주의식품 : 칼륨, 나트륨 함량이 높음

식품명	무게(g)	목측량	식품명	무게(g)	목측량
검정콩[†]	20	2큰술	치즈[§]	40	2장
노란콩[†]	20	2큰술	잔멸치(건)[§]	15	1/4컵
햄(로스)[§]	50	1쪽(8×6×1cm)	건오징어[§]	15	중 1/4마리(몸통)
런천미트[§]	50	1쪽(5.5×4×2cm)	조갯살[§]	70	1/3컵
프랑크소시지[§]	50	1.5개	깐 홍합[§]	70	1/3컵
생선 통조림[§]	40	1/3컵	어묵[§]	80	

[†] 칼륨 ≥ 200mg, [§] 나트륨 ≥ 250mg

3. 채소군

채소군 1(칼륨 저함량)

(단백질 1g, 나트륨 미량, 칼륨 100mg, 인 20mg, 열량 20kcal)

식품명	무게(g)	목측량	식품명	무게(g)	목측량
달래	30	생 1/2컵	양파	50	익혀서 1/2컵
당근	30	생 1/2컵	양배추	50	익혀서 1/2컵
김	2	1장	가지	70	익혀서 1/2컵
깻잎	20	20장	고비(삶은 것)	70	익혀서 1/2컵
풋고추	20	중 2~3개	고사리(삶은 것)	70	익혀서 1/2컵
표고버섯(생)	30	중 5개	무	70	익혀서 1/2컵
더덕	30	중 2개	숙주	70	익혀서 1/2컵
치커리	30	중 12잎	오이	70	익혀서 1/2컵
배추	70	소 3~4장	죽순(통조림)	70	익혀서 1/2컵
양상추	70	중 3~4장	콩나물	70	익혀서 1/2컵
마늘종	40	익혀서 1/2컵	피망	70	익혀서 1/2컵
파	40	익혀서 1/2컵	녹두묵	100	1/4모
팽이버섯	40	익혀서 1/2컵	메밀묵	100	1/4모
냉이	50	익혀서 1/2컵	도토리묵	100	1/4모
무청	50	익혀서 1/2컵			

채소군 2(칼륨 중등 함량)

(단백질 1g, 나트륨 미량, 칼륨 200mg, 인 20mg, 열량 20kcal)

식품명	무게(g)	목측량	식품명	무게(g)	목측량
무말랭이	10	불려서 1/2컵	우엉	50	익혀서 1/2컵
두릅	50	3개	풋마늘	50	익혀서 1/2컵
상추	70	중 10장	고구마순	70	익혀서 1/2컵
셀러리	70	6 cm 길이 6개	느타리 버섯†	70	익혀서 1/2컵
케일	70	10 cm 길이 10장	열무	70	익혀서 1/2컵
도라지	50	익혀서 1/2컵	애호박	70	익혀서 1/2컵
연근	50	익혀서 1/2컵	중국부추	70	익혀서 1/2컵

†인이 많이 함유된 식품

채소군 3(칼륨 고함량)

(단백질 1g, 나트륨 미량, 칼륨 400mg, 인 20mg, 열량 20kcal)

식품명	무게(g)	목측량	식품명	무게(g)	목측량
양송이 버섯†	70	중 5개	쑥†	70	익혀서 1/2컵
고춧잎	50	익혀서 1/2컵	쑥갓	70	익혀서 1/2컵
아욱	50	익혀서 1/2컵	시금치	70	익혀서 1/2컵
근대	70	익혀서 1/2컵	죽순	70	익혀서 1/2컵
머위	70	익혀서 1/2컵	취	70	익혀서 1/2컵
물미역	70	익혀서 1/2컵	당호박	100	익혀서 1/2컵
미나리	70	익혀서 1/2컵	늙은 호박†	150	익혀서 1/2컵
부추	70	익혀서 1/2컵			

†인이 많이 함유된 식품

4. 지방군

(단백질 0g, 나트륨 0mg, 칼륨 0mg, 인 0mg, 열량 45kcal)

식품명	무게(g)	목측량	식품명	무게(g)	목측량
들기름	5	1작은술	카놀라유	5	1작은술
미강유	5	1작은술	쇼트닝	5	1.5작은술
옥수수기름	5	1작은술	마가린	6	1.5작은술
유채기름	5	1작은술	버터	6	1.5작은술
콩기름	5	1작은술	마요네즈	7	1.5작은술
참기름	5	1작은술			

주의식품 : 단백질, 인, 칼륨 함량이 높음

식품명	무게(g)	목측량	식품명	무게(g)	목측량
베이컨	7	1조각	참깨	8	1큰술
땅콩	10	10개(1큰술)	피스타치오	8	10개
아몬드	8	7개	해바라기씨	8	1큰술
잣	8	1큰술	호두	8	대 1개 또는 중간 1.5개

5. 우유군

(단백질 6g, 나트륨 100mg, 칼륨 300mg, 인 180mg, 열량 125kcal)

식품명	무게(g)	목측량	식품명	무게(g)	목측량
요구르트(액상)°	300	1.5컵 (100g 포장단위 3개)	두유	200	1컵
요구르트(호상)°	200	1컵 (100g 포장단위 2개)	연유(가당)°	60	1/2컵
우유	200	1컵	조제분유	25	5큰술
락토우유	200	1컵	아이스크림°°	150	1컵
저지방우유(2%)	200	1컵			

1컵 = 200cc

° 요구르트나 연유(가당)는 1교환단위의 열량이 기준치의 1.5배임

°° 아이스크림은 1교환단위의 열량이 기준치의 2.5배임

6. 과일군

과일군 1(칼륨 저함량)

(단백질 미량, 나트륨 미량, 칼륨 100mg, 인 20mg, 열량 50kcal)

식품명	무게(g)	목측량	식품명	무게(g)	목측량
귤(통)	80	18알	자두	80	대 1개
금귤*	60	7개	파인애플	100	중 1쪽
단감	80	중 1/2개	파인애플(통)*	120	대 1쪽
연시	80	소 1개	포도	100	19개
레몬	80	중 1개	깐 포도(통)*	100	
사과	100	중 1/2개	프루츠칵테일(통)*	100	
사과주스	100	1/2컵			

*과일 통조림은 시럽을 제외해야 함

과일군 2(칼륨 중등 함량)

(단백질 미량, 나트륨 미량, 칼륨 200mg, 인 20mg, 열량 50kcal)

식품명	무게(g)	목측량	식품명	무게(g)	목측량
귤	100	중 1개	살구	150	3개
다래	80		수박	200	1쪽
대추(건)	20	8개	오렌지	150	중 1개
대추(생)	60	8개	오렌지주스	100	1/2컵
배	100	대 1/4개	자몽	150	중 1/2개
딸기	150	10개	파파야	100	
백도	150	중 1/2개	포도(거봉)	100	11개
황도	150	중 1/2개			

과일군 3(칼륨 고함량)

(단백질 미량, 나트륨 미량, 칼륨 400mg, 인 20mg, 열량 50kcal)

식품명	무게(g)	목측량	식품명	무게(g)	목측량
곶감	50	중 1개	천도복숭아	200	소 2개
멜론(머스크)	120	1/8개	키위	100	대 1개
바나나	120	중 1개	토마토	250	대 1개
앵두	120		체리토마토	250	중 20개
참외	120	소 1/2개			

7. 열량보충군

(단백질 0g, 나트륨 3mg, 칼륨 20mg, 인 5mg, 열량 100kcal)

식품명	무게(g)	식품명	무게(g)
과당	25	양갱	35
꿀	30	엿	30
녹말가루	30	물엿	30
당면	30	젤리	30
마멀레이드	40	잼	35
사탕	25	캐러멜	25
설탕	25	칼로리-S	25

주의식품 : 칼륨, 인 함량이 높음

식품명	무게(g)	식품명	무게(g)
초콜릿	20	황설탕	25
흑설탕	25	로열젤리	80

❻ 2017 소아청소년 성장도표(신장별 체중)

신장(cm)*	체중(kg) 표준점수		신장(cm)*	체중(kg) 표준점수	
	남자 3~18세	여자 3~18세		남자 3~18세	여자 3~18세
88	–	12.3	114	20.4	20.1
89	–	12.6	115	20.7	20.5
90	13.2	12.9	116	21.1	20.9
91	13.4	13.1	117	21.5	21.3
92	13.7	13.4	118	22.0	21.7
93	13.9	13.6	119	22.4	22.2
94	14.2	13.9	120	22.8	22.6
95	14.5	14.2	121	23.3	23.1
96	14.7	14.4	122	23.8	23.6
97	15.0	14.7	123	24.3	24.0
98	15.2	15.0	124	24.9	24.5
99	15.5	15.2	125	25.4	25.1
100	15.8	15.5	126	26.0	25.6
101	16.0	15.8	127	26.6	26.1
102	16.3	16.1	128	27.2	26.7
103	16.6	16.4	129	27.8	27.3
104	16.9	16.7	130	28.4	27.9
105	17.2	17.0	131	29.1	28.5
106	17.6	17.4	132	29.7	29.1
107	17.9	17.7	133	30.4	29.7
108	18.2	18.0	134	31.1	30.4
109	18.6	18.3	135	31.8	31.0
110	18.9	18.7	136	32.6	31.7
111	19.2	19.0	137	33.3	32.3
112	19.6	19.4	138	34.0	33.0
113	20.0	19.8	139	34.8	33.6

신장(cm)*	체중(kg) 표준점수		신장(cm)*	체중(kg) 표준점수	
	남자 3~18세	여자 3~18세		남자 3~18세	여자 3~18세
140	35.6	34.3	164	55.4	55.3
141	36.4	35.0	165	56.3	56.0
142	37.2	35.8	166	57.2	56.8
143	37.9	36.6	167	58.2	57.6
144	38.7	37.4	168	59.1	58.3
145	39.6	38.3	169	60.0	59.1
146	40.4	39.2	170	60.9	59.9
147	41.2	40.2	171	61.8	60.7
148	42.0	41.3	172	62.6	61.4
149	42.9	42.3	173	63.4	–
150	43.7	43.3	174	64.2	–
151	44.6	44.4	175	65.0	–
152	45.4	45.4	176	65.8	–
153	46.3	46.4	177	66.6	–
154	47.1	47.4	178	67.5	–
155	47.9	48.3	179	68.4	–
156	48.7	49.2	180	69.3	–
157	49.5	50.1	181	70.2	–
158	50.3	50.9	182	71.1	–
159	51.1	51.6	183	72.0	–
160	52.0	52.4	184	72.9	–
161	52.8	53.2	185	73.8	–
162	53.7	53.9	186	74.7	–
163	54.5	54.6			

* 2세(24개월) 이상의 신장은 선 키로 측정

표준점수 : 각 신장별 체중의 50분위수와 같음

출처 : 보건복지부 · 질병관리본부 · 대한소아과학회, 2017 소아청소년성장도표, 2017

참고문헌

공성호 외 8인(대한외과대사영양학회 가이드라인/임상시험위원회). 영양지원의 실제(1) – 영양 필요량 산출 및 영양공급경로의 결정. *Surgical Metabolism and Nutrition* 4(2) : 51–57, 2013

구재옥 외 5인. **식사요법(제3판)**. 교문사, 2017

김동우 외 4인. **식사요법**. 한국방송통신대학교출판문화원, 2019

김동욱 외 2인. **케톤생성식이요법**. 고려의학, 2002

김명희 외 13인. **식사요법**. 광문각, 2011

김미리 외 5인. **핵심원리 이해를 위한 실험조리**. 파워북, 2015

농촌진흥청 국립농업과학원. **국가표준식품성분DB 9.3**. 농촌진흥청, 2021

만성콩팥병대책위원회 · 대한신장학회 · 재단법인 신장학연구재단. **만성콩팥병 진료지침**. 대한신장학회, 2008

대한간학회. **비알코올 지방간질환 진료 가이드라인**. 대한간학회, 2021

대한간학회. **알코올 간질환 진료 가이드라인**. 대한간학회, 2013

대한간학회. **한국인 간질환 백서**. 대한간학회, 2021

대한감염학회. **제1회 감염관리 최신지견 감염관리 전문과정 자료집**. 대한감염학회, 2017

대한고혈압학회. **2018년 고혈압 진료지침**. 대한고혈압학회, 2018

대한골대사학회. **골다공증의 진료지침**. 대한골대사학회, 2020

대한당뇨병학회. **2015 당뇨병 진료지침**. 대한당뇨병학회, 2015

대한당뇨병학회. **2021 당뇨병 진료지침**. 대한당뇨병학회, 2021

대한당뇨병학회. **Diabetes fact sheet in Korea 2018**. 대한당뇨병학회, 2018

대한당뇨병학회. **당뇨병 식품교환표 활용지침(제3판)**. 대한당뇨병학회, 2010

대한비만학회. **비만 진료지침 2020**. 대한비만학회, 2020

대한신장학회. **급성콩팥병의 예방과 관리를 위한 5가지 생활 수칙**. 대한신장학회, 2013

대한영양사협회. **국제임상영양표준용어 지침서(제2판)**. 대한영양사협회, 2011

대한영양사협회. **식사 계획을 위한 식품교환표(개정판)**, 2010

대한영양사협회. **임상영양관리지침서(제3판)**. 대한영양사협회, 2008

대한영양사회. **신장질환 식품교환표**, 대한영양사회, 1997

대한외과대사영양학회. **외과대사 영양지침서**. 대한외과대사영양학회, 2013

대한의학회. **이상지질혈증 치료지침(제3판)**. 대한의학회, 2015

백희준. **고도비만환자의 수술 전 후 영양관리**. 대한비만대사외과학회지 5(1) : 4–10, 2016

보건복지부. **소아 · 청소년 이상지질혈증 진단기준**. 보건복지부, 2014

보건복지부. **2019 국민건강통계**. 보건복지부, 2020

보건복지부 · 중앙암등록본부 · 국립암센터. **국가 암등록 사업 연례보고서**. 보건복지부, 2019

보건복지부 · 질병관리본부. **심뇌혈관질환 예방과 관리를 위한 9대 생활 수칙(개정판)**. 보건복지부 질병관리본부, 2011

보건복지부 · 질병관리본부 · 대한소아과학회. **2017 소아청소년 성장도표**. 보건복지부, 2017

보건복지부 · 한국영양학회. **2015 한국인 영양소 섭취기준**. 보건복지부, 2015

세브란스 병원 소아신경과 · 세브란스병원 영양팀 · 삼성에버랜드(주). **케톤 생성 식이요법을 위한 케톤식 식사 가이드**. 싸이프레스, 2016

손숙미 외 5인. **임상영양학(제3판)**. 교문사, 2018

승정자 외 7인. **식사요법 실습서**. 파워북, 2008

식품의약품안전처. **삼키기 어려운 어르신을 위한 식품섭취안내서**. 식품의약품안전처, 2016

식품의약품안전처. **알아두면 힘이 되는 식품알레르기 표시바로알기**. 식품의약품안전처, 2016

이보경 외 4인. **이해하기 쉬운 임상영양관리 및 실습**. 파워북, 2021

이종호 외 9인. **임상영양치료를 위한 병태생리학**. 교문사, 2013

임경숙 외 5인. **임상영양학**. 교문사, 2014

통계청. **사망원인통계연보**. 통계청, 2020

한국지질 · 동맥경화학회. **이상지질혈증 치료지침 제4판**. 한국지질 · 동맥경화학회, 2018

황원민. **만성콩팥병의 단계별 최적의 치료 전략**. 2016년 대한내과학회 춘계학술대회. 51–57, 2016

American Dietetic Association. *Manual of Clinical Dietetics*, 5th ed. American Dietetic Association, 1996

American Dietetic Association · Dietitians of Canada. *Manual of Clinical Dietetics, 6th ed*. American Dietetic Association, 2000

A. S. P. E. N. Board of Directors Guidelines for use of total parental nutrition in the hospitalized adult Papitent. JPEN J Parental Enteral Nutr 10(5) : 441–445, 1986

Detsky AS et al. *What is subjective global assessment of nutritional status?* JPEN J Parenter Enteral Nutr 11(1) : 8–13, 1987

Diabetes Prevention Program (DPP) Research Group. *The Diabetes Prevention Program (DPP): description of lifestyle intervention*. Diabetes Care 25(12) : 2165–71, 2002

Elliott L et al. *The clinical guide to oncology nutrition, 2nd ed*. American Dietetic Association, 2006

Gibson RS. *Principles of nutritional assessment*. Oxford University Press, 1990

Gottschlich MM et al. *Nutritional Support Dietetics Core curriculum, 2nd ed*. ASPEN, 1993

Gropper SS, Smith JL. *Advanced nutrition and human metabolism, 6th ed*. Wadsworth, Cengage Learning, 2013

Karim et al. *Interventions to prevent respiratory diseases–Nutrition and the developing world*. Paediatr Respir Rev 22 : 31–37, 2017

Kidney Disease: Improving Global Outcome(KDIGO) CKD Work Group. *KDIGO 2012 Clinical Practice Guideline for the Evaluation and Management of Chronic Kidney Disease*. Kidney Int 3S : 1–150, 2013

Lee RD, Nieman DC. *Nutritional assessment, 6th ed*. McGraw–Hill Education, 2013

Lim S et al. *Increasing prevalence of metabolic syndrome in Korea: the Korean National Health and Nutrition Examination Survey for 1998–2007*. Diabetes Care 34(6) : 1323–8, 2011

Lindstrom J et al. *The Finnish Diabetes Prevention Study (DPS): Lifestyle intervention and 3–year results on diet and physical activity*. Diabetes Care 26(12) : 3230–6, 2003

Manhan LK, Raymond JL. *Krause's Food and nutrition care process, 14th ed*. Elsevier, 2017

National Institute of Health (NIH) · National Heart, Lung and Blood Institute (NHLBI). *Your guide to lowering your blood pressure with DASH*. U.S Department of Health and Human Services, Public Health Services, NIH Publication No. 06–4082, Originally printed 1998, Revised April 2006

World Health Organization(WHO) · International Agency for Research on Cancer. *World cancer report*. International Agency for Research on Cancer, 2003

World Health Organization(WHO) · United Nations Children's Fund(UNICEF) · United

Nations University(UNU). *Iron deficiency anaemia assessment, prevention, and control: A guide for programme managers*. World Health Organization, 2001

World Health Organization(WHO). *Assessment of fracture risk and its application to screening for postmenopausal osteoporosis*. Report of a WHO Study Group. Technical Report Series, No. 843. World Health Organization, 1994

World Health Organization(WHO). *National cancer control programmes: Policies and managerial guidelines, 2nd ed*. World Health Organization, 2008

World Health Organization(WHO). *Obesity: Preventing and managing the global epidemic. Report of a WHO consultation*. World Health Organization, 2000

국가암정보센터 HYPERLINK https://HYPERLINK ; http://www.cancer.go.kr/lay1/S1T645C647/contents.do ; https://www.cancer.go.kr/lay1/S1T645C647/contents.do ; https://www.cancer.go.kr/lay1/S1T645C647/contents.do ; https://www.cancer.go.kr/lay1/S1T645C647/contents.do

대한신장학회 http://www.ksn.or.kr/

서울대학교병원 http://www.snuh.org/health/nMedInfo/nList.do

서울아산병원 http://www.amc.seoul.kr/asan/healthinfo/disease/diseaseSubmain.do

식품의약품안전처, https://www.mfds.go.kr

한국정맥경장영양학회 http://www.kspen.org/

한양대학교병원 https://seoul.hyumc.com/seoul/healthInfo/diseaseInfo.do?action=detail&searchCondition=diseaseDiv&searchCommonCd1=0001&searchCommonCd2=2190

http://iddsi.org/framework/

https://leader.pubs.asha.org/article.aspx?articleid=2292328

찾아보기

ㅈ

저자소개

김미현 숙명여자대학교 식품영양학과 이학박사
현재 공주대학교 식품영양학과 교수

배윤정 숙명여자대학교 식품영양학과 이학박사
현재 한국교통대학교 식품영양학전공 교수

성미경 캐나다 토론토대학교 영양학박사
현재 숙명여자대학교 식품영양학과 교수

연지영 숙명여자대학교 식품영양학과 이학박사
현재 서원대학교 식품영양학과 교수

이지선 숙명여자대학교 식품영양학과 박사수료
현재 가톨릭대학교 서울성모병원 영양팀장

임희숙 순천향대학교 의과학과 보건학박사
현재 경희대학교 동서의학대학원 노인학과 교수

조혜경 숙명여자대학교 식품영양학과 이학박사
현재 숙명여자대학교 식품영양학과 강사

최미경 숙명여자대학교 식품영양학과 이학박사
현재 공주대학교 식품영양학과 교수

개정판

식사요법 및 실습

2018년 9월 5일 초판 발행
2022년 3월 5일 개정판 발행

지은이 | 김미현 · 배윤정 · 성미경 · 연지영
이지선 · 임희숙 · 조혜경 · 최미경
발행인 | 유제구
발행처 | 도서출판 파워북
주 소 | 경기도 고양시 일산동구 호수로 358-25
동문타워2차 529호
전 화 | (02) 730-1412
F A X | (031) 908-1410
등 록 | 1997. 1. 31 제 2014-000067호
편 집 | 북스북스

정가 27,000원
ISBN 978-89-8160-480-6 (93590)

잘못된 책은 바꿔드립니다.